EUL VERLAG

PLANUNG, ORGANISATION UND UNTERNEHMUNGSFÜHRUNG

Herausgegeben von Prof. Dr. Dr. h. c. Norbert Szyperski, Köln, Prof. Dr. Winfried Matthes, Wuppertal, Prof. Dr. Udo Winand, Kassel, Prof. (em.) Dr. Joachim Griese, Bern, Prof. Dr. Harald F. O. von Kortzfleisch, Koblenz, Prof. Dr. Ludwig Theuvsen, Göttingen, und Prof. Dr. Andreas Al-Laham, Kaiserslautern

Band 119
Martin Eckert
Evolution von Familienunternehmen – Organisationsstruktur, Marktumfeld und Unternehmenserfolg
Lohmar – Köln 2008 • 358 S. • € 54,- (D) • ISBN 978-3-89936-677-8

Band 120
Lars-Johann Fischer
Wertorientiertes Kundenmanagement bei M&A-Transaktionen
Lohmar – Köln 2008 • 362 S. • € 54,- (D) • ISBN 978-3-89936-682-2

Band 121
Caroline Merk
Cooperation among Airlines – A Transaction Cost Economic Perspective
Lohmar – Köln 2008 • 278 S. • € 48,- (D) • ISBN 978-3-89936-692-1

Band 122
Frank P. Schmitz
Unterstützungsnetzwerke auslandschinesischer Unternehmungsgründungen
Lohmar – Köln 2008 • 258 S. • € 57,- (D) • ISBN 978-3-89936-735-5

Band 123
Baris Calisan
Anbieterinitiiertes Outsourcing – Ein marktorientiertes Management-Konzept für strategische Unternehmenspartnerschaften, dargestellt am Beispiel der deutschen und türkischen Textil- und Bekleidungsindustrie
Lohmar – Köln 2009 • 364 S. • € 64,- (D) • ISBN 978-3-89936-774-4

JOSEF EUL VERLAG

Dissertation zur Erlangung des Grades eines Doktors der
Wirtschafts- und Sozialwissenschaften der Universität Hamburg,
Fakultät Wirtschafts- und Sozialwissenschaften
(Rechtsnachfolge der HWP – Hamburger Universität für Wirtschaft und Politik)

Originaltitel der Dissertation:
Anbieterinitiiertes Outsourcing. Entwicklung eines marktorientierten Management-Konzeptes für strategische Unternehmenspartnerschaften am Beispiel der deutschen Textil- und Bekleidungsindustrie und Outsourcing in der Türkei

Erstgutacher: Prof. Dr. Horst Zündorf
Zweitgutachter: Prof. Dr. Manfred Sommer

Tag des Wissenschaftlichen Gesprächs: 23.12.2008

Reihe: Planung, Organisation und Unternehmungsführung · Band 123

Herausgegeben von Prof. Dr. Dr. h. c. Norbert Szyperski, Köln, Prof. Dr. Winfried Matthes, Wuppertal, Prof. Dr. Udo Winand, Kassel, Prof. (em.) Dr. Joachim Griese, Bern, Prof. Dr. Harald F. O. von Kortzfleisch, Koblenz, Prof. Dr. Ludwig Theuvsen, Göttingen, und Prof. Dr. Andreas Al-Laham, Kaiserslautern

Dr. Baris Calisan

Anbieterinitiiertes Outsourcing

Ein marktorientiertes Management-Konzept für strategische Unternehmenspartnerschaften, dargestellt am Beispiel der deutschen und türkischen Textil- und Bekleidungsindustrie

EUL VERLAG

Bibliographische Information der Deutschen Bibliothek

Die Deutsche Bibliothek verzeichnet diese Publikation in der Deutschen Nationalbibliothek; detaillierte bibliographische Daten sind im Internet über <http://dnb.ddb.de> abrufbar.

Dissertation, Universität Hamburg, 2008, unter dem Titel: Anbieterinitiiertes Outsourcing – Entwicklung eines marktorientierten Management-Konzeptes für strategische Unternehmenspartnerschaften am Beispiel der deutschen Textil- und Bekleidungsindustrie und Outsourcing in der Türkei

ISBN 978-3-89936-774-4
1. Auflage März 2009

JOSEF EUL VERLAG GmbH
Brandsberg 6
53797 Lohmar
Tel.: 0 22 05 / 90 10 6-6
Fax: 0 22 05 / 90 10 6-88
E-Mail: info@eul-verlag.de
http://www.eul-verlag.de

Bei der Herstellung unserer Bücher möchten wir die Umwelt schonen. Dieses Buch ist daher auf säurefreiem, 100% chlorfrei gebleichtem, alterungsbeständigem Papier nach DIN 6738 gedruckt.

In memoriam Prof. Dr. Helmut Führbaum

Danksagung

Zuvörderst danken möchte ich meinen Eltern, die mit schier unendlicher Geduld und Aufmerksamkeit meine Dissertation vom Anfang bis zum Ende mitverfolgt und mich in jeder nur erdenklichen Form unterstützt haben. Mein innigster Dank gebührt auch meinen Angehörigen, Freundinnen und Freunden, die mir bei den Recherchen mit Rat und Tat zur Seite standen oder ihre moralische Unterstützung zukommen ließen; genannt seien: meine Schwester Frau Neslihan Calisan (München), Frau Pınar Can Kaya (Istanbul), Herr Hakan Ebcim (München), Frau Gaye Elmas Başar (Istanbul), Herr Thomas Feddersen-Raymond (Hamburg), Herr Tobias Hase (München), Herr Hakan Koçak (München), Herr Dr. Yavuz Köse (München) sowie Herr Marc Kunz (Hamburg). Bedanken möchte ich mich auch bei Herrn Levent Bekan (Istanbul) und Herrn Ali Rıza Köse (Istanbul), insbesondere für die anregenden Gespräche über die Textil- und Bekleidungsindustrie. Frau Marisa Shabaz von der Fakultät für Wirtschafts- und Sozialwissenschaften der Universität Hamburg danke ich für die geduldige Beantwortung meiner Fragen zum Promotionsverfahren und für ihre freundliche Hilfe bei organisatorischen Angelegenheiten.

Mein besonderer Dank gilt Herrn Prof. Dr. Horst Zündorf, der nach dem Tod meines Doktorvaters die Betreuung meiner Doktorarbeit übernahm und mit seiner fachlichen und persönlichen Unterstützung den erfolgreichen Abschluss meiner Promotion ermöglichte. Herrn Prof. Dr. Manfred Sommer danke ich herzlich für die Übernahme des Zweitgutachtens.

An letzter und hervorgehobener Stelle möchte ich meinen verstorbenen Doktorvater Herrn Prof. Dr. Helmut Führbaum nennen, ohne dessen inspirierende Hilfe, kluge Kritik und unvergleichlichen Humor meine Doktorarbeit nicht zustande gekommen wäre. Die Erinnerung an ihn und daran, sein Doktorand gewesen sein zu dürfen, werde ich ein Leben lang bewahren. Seinem Andenken sei dieses Buch herzlich zugeeignet.

München, im Januar 2009 Baris Calisan

INHALTSÜBERSICHT SEITE

INHALTSVERZEICHNIS SEITE

ABKÜRZUNGSVERZEICHNIS

AG	Aktiengesellschaft
ATC	Agreement Textiles and Clothing (Allgemeines Abkommen über Textilien und Bekleidung)
BR	Bundesrepublik
BRD	Bundesrepublik Deutschland
bzw.	beziehungsweise
CAD	Computer Aided Design
CMT	Cut, Make and Trim (Lohnveredelungsarbeiten)
CEO	Chief Executive Officer
DFÜ	Datenfernübertragung
d.h.	das heißt
ECR	Efficient Consumer Response
EDI	Electronic Data Interchange (elektronischer Datenaustausch)
EDV	elektronische Datenverarbeitung
engl.	englisch, auf Englisch
et al.	et alius, et alii
etc.	et cetera
EU	Europäische Union
f.	folgende
F&E	Fertigung und Entwicklung
ff.	fortfolgend
GATT	General Agreement on Tariffs and Trade (Allgemeines Zoll- und Handelsabkommen)
Hrsg.	Herausgeber
hrsg. von	herausgegeben von
i.e.	id est
IT	Informationstechnologie
İTHİB	İstanbul Tekstil ve Hammadde İhracatçıları Birliği [Verband der Textil- und Rohstoffexporteure Istanbul]
İTKİB	İstanbul Tekstil ve Konfeksiyon İhracatçıları Birliği [Vereinigung

	der Textil- und Bekleidungsexporteure Istanbuls]
LTA	Long Term Agreement (Langfristiges Abkommen über Baumwolltextilien)
MFA	Multi Fibre Agreement (Multifaserabkommen)
MOE	mittel- und osteuropäische Transformationsländer
OECD	Organization for Economic Cooperation and Development (Organisation für wirtschaftliche Zusammenarbeit und Entwicklung)
o.S.	ohne Seitenangabe
POS	Point of Sale
PPS	Produktplanung und -steuerung
PV	Passive Veredelung
RCA	Revealed Competitive Advantage
RFI	Request for Information
RFP	Request for Proposal
S.	Seite/n
sog.	so genannte/r/s
STA	Short Term Agreement (Kurzfristiges Abkommen über Baumwolltextilien)
TAD	Tekstil Araştırma Dergisi [Zeitschrift für Textilforschung]
TAM	Tekstil Araştırma Merkezi [Zentrum für Textilforschung]
TİGSAD	Türkiye İç Çamaşır Giyim Sanayiciler Derneği [Verband der Unterwäsche-Industriellen der Türkei]
TGSD	Türkiye Giyim Sanayicileri Derneği [Verband der Bekleidungsindustriellen der Türkei]
USA	United States of America (Vereinigte Staaten von Amerika)
vgl.	vergleiche
WTA	World Textile Agreement (Welttextilabkommen)
WTO	World Trade Organization (Welthandelsorganisation)
WZ 2003	Klassifikation der Wirtschaftszweige 2003
z.B.	zum Beispiel

ABBILDUNGSVERZEICHNIS SEITE

TABELLENVERZEICHNIS SEITE

KAPITEL 1: EINLEITUNG

1.1 Problemstellung

Seit dem 1. Januar 2005 hat sich die Situation auf dem Weltmarkt für Textilien und Bekleidung fundamental verändert. Mit dem Datum 1. Januar 2005 ist für den weltweiten Handel mit Textilien und Bekleidung eine neue Epoche angebrochen. Denn am 1. Januar 2005 sind die seit einem halben Jahrhundert geltenden GATT-Regelungen (*General Agreement on Tariffs and Trade*) ausgelaufen und wurden endgültig in die WTO (*World Trade Organization*) integriert. Damit fielen auch die bis dahin gültigen Quoten für den weltweiten Handel mit Textilien und Bekleidung; der bislang streng reglementierte internationale Warenverkehr mit Textilien und Bekleidung ist nun nahezu vollständig liberalisiert und unterliegt fortan keinen mengenmäßigen Importbeschränkungen mehr. Dienten die Quotenregelungen in den vergangenen vier Dekaden dem Schutz der heimischen Textil- und Bekleidungsindustrien vor allem der europäischen Industrieländer, so wird der Wegfall der Quoten weltweit für *alle* Textil- und Bekleidungsindustrien folgenschwere Auswirkungen haben; einige deutliche Veränderungen auf dem Welttextilmarkt sind bereits zum jetzigen Zeitpunkt – unmittelbar nach der Quotenliberalisierung – feststellbar.

Zweifelsohne ist das Jahr 2005 ein historischer Wendepunkt für den globalen Handel und die Produktion von Textilien und Bekleidung und stellt für alle nationalen Textil- und Bekleidungsindustrien eine Herausforderung dar, die maßgeblich ihre eigene ökonomische Zukunft bestimmen wird. Bereits heute kann mit Sicherheit gesagt werden, dass der Wegfall der Quoten gravierende Marktverschiebungen zur Folge haben wird, insbesondere zu Gunsten so genannter „Niedriglohnländer" wie etwa China und Indien, deren Produktion und Exporte durch die Quoten bislang künstlich klein gehalten wurden und jetzt buchstäblich von einem Tag auf den anderen massiv erhöht werden können. Mittel- und langfristig werden diese Länder die lukrativen Märkte in den westlichen Industrienationen dominieren. Als Verlierer dieser Entwicklung gelten vor allem Schwellenländer wie die Türkei oder die neuen EU-Mitgliedstaaten Mittel- und Osteuropas, die sich unter dem Schutz der Quoten zu bedeutenden Textilproduzenten entwickelten, aber nunmehr dem Lohnkostendruck der „Niedriglohnländer" nicht standhalten können. Für die Textil- und Bekleidungshersteller dieser Länder – allen voran Unternehmen in der Türkei, für die die EU der wichtigste Absatzmarkt ist – bedeutet die Liberalisierung der Textilquoten nicht nur einen deutlichen Verlust von Marktanteilen, sondern grundsätzlich eine existenzielle Bedrohung ihres unternehmerischen Fortbestandes.

Dies gilt, wenngleich in geringerem Ausmaß, auch für die Textil- und Bekleidungsunternehmen der EU-15; betrachtet man im Speziellen die deutsche Textil- und Bekleidungsindustrie, so ist angesichts der sich abzeichnenden Marktdominanz asiatischer Produkte bei der Mehrzahl der Hersteller eine resignative Stimmung vorherrschend. Obschon die deutsche Textil- und Bekleidungsindustrie in den vergangenen drei Jahrzehnten einen umfassenden Strukturwandel vollzogen hat, ist die Branche heute wenig zukunftsfroh. Viele Bekleidungshersteller erwarten mit großer Besorgnis die Auswirkungen der Importpenetration aus China und Indien. Denn mit dem Quotenwegfall geht für die überwiegend mittelständische geprägte (also häufig kapitalschwache) Textil- und Bekleidungsindustrie nicht nur eine enorme Schwächung ihrer Wettbewerbfähigkeit einher, vielmehr wird es unter der nun wesentlich erschwerten Marktsituation um die Frage einer strategischen Neuausrichtung zur Sicherung der unternehmerischen Existenz gehen. Diese Frage stellt sich aktuell nicht nur für deutsche, sondern ebenso für türkische Textil- und Bekleidungshersteller. Das heißt, dass es trotz der grundsätzlichen strukturellen Unterschiede zwischen der deutschen und der türkischen Bekleidungsindustrie eine interessante Parallelität der branchenspezifischen Probleme und aktuellen Herausforderungen gibt. Die akute Bedrohung der Wettbewerbsposition und der damit verbundene Verlust von Marktanteilen ist, betriebswirtschaftlich betrachtet, eine Gemeinsamkeit zwischen deutschen und türkischen Textil- und Bekleidungsherstellern, die – auf unternehmerischer Ebene – ein gemeinsames, sprich kooperatives Vorgehen bereits nahe legt.

Ohne Übertreibung kann gesagt werden, dass sowohl für die Mehrzahl der deutschen als auch der türkischen Hersteller der zu erwartende Verdrängungswettbewerb mit Textil- und Bekleidungsprodukten aus Asien *das* zentrale Thema ist, welches alle wichtigen unternehmerischen Entscheidungen und Maßnahmen maßgeblich bestimmt. Aus der betriebswirtschaftlichen Perspektive sind daher Analysen und spezifische Lösungskonzepte – wie das in der vorliegenden Dissertation ausgearbeitete – gleichermaßen für deutsche als auch für türkische Textil- und Bekleidungsunternehmen von herausragendem Interesse.

1.2 Zielsetzung

Outsourcing umschreibt ein Konzept der strategischen Unternehmensführung, das mittlerweile in der unternehmerischen Praxis weit verbreitet und in der betriebswirtschaftlichen Forschung ausgiebig untersucht ist. Typischerweise wird Outsourcing von international orientierten und organisierten Unternehmen im Rahmen von strategischen Umstrukturierungsprozessen angewendet. Der dem amerikanischen Wirtschaftsleben entlehnte und längst im deutschen Sprachgebrauch geläufige Begriff Outsourcing bezeichnet die langfristige Auslagerung von unternehmensinternen Funktionsbereichen an externe Dienstleister. Vor dem Hintergrund eines grundlegenden Wandels im unternehmerischen Denken, der sich in Schlagwörtern wie „Downsizing", „Lean Management", „Konzentration auf die Kernkompetenzen" oder „Business Process Reengineering" ausdrückt, haben zahlreiche Unternehmen seit Anfang der 1990er Jahre Unternehmensfunktionen und -prozesse outgesourcet.

Zweifelsohne ist Outsourcing als besondere Form der zwischenbetrieblichen Dienst- oder Lieferantenleistung eine aussichtsreiche Wachstumsbranche. Im Fokus der Outsourcing-Entscheidung und -Umsetzung steht der Abbau von Kosten. Dennoch kann und sollte das Kostenkriterium allein nicht ausschlaggebend für die Realisierung von Outsourcing-Maßnahmen sein, denn schließlich ist mit dem Kostenabbau nicht zwangsläufig der dauerhafte unternehmerische Erfolg gewährleistet. Deshalb betonen einschlägige wissenschaftliche Beiträge und in immer stärkerem Maße auch Erfahrungsberichte aus der Praxis den *strategischen* Charakter von Outsourcing, ja warnen sogar ausdrücklich vor einem rein kostengetriebenem, kurzfristig orientierten Outsourcing. Neben der Reduzierung von Kosten rückt die Restrukturierung und Verschlankung von Unternehmensaktivitäten in den Mittelpunkt der unternehmerischen Entscheidung, mit der in schwierigen Zeiten die Chance auf eine verbesserte Marktposition eröffnet werden kann.

Anbieterinitiiertes Outsourcing ist ein neuer Terminus, der erstmalig im Rahmen der vorliegenden Dissertation in die Betriebswirtschaftslehre eingeführt wird. *Anbieterinitiiertes Outsourcing* umschreibt eine innovative Form der langfristigen strategischen Partnerschaft, die proaktiv vom Outsourcing-Dienstleister angeregt und konzipiert wird; das Ziel ist eine optimale, wunschgerechte und kostensenkende Bedarfsdeckung des Outsourcing-Anwenders. Bisher wurde Outsourcing in der betriebswirtschaftlichern Forschung hauptsächlich aus der

Perspektive des Nachfragers, also des outsourcenden Unternehmens untersucht. Hingegen betrachtet die vorliegende Dissertation Outsourcing nicht nur aus der spezifischen Sicht des Anbieters, also des Outsourcing-Dienstleisters, vielmehr wird mit *anbieterinitiiertem Outsourcing* der betriebswirtschaftlichen Wissenschaft ein innovatives, und der unternehmerischen Praxis ein implementierfähiges Management-Konzept zur Verfügung gestellt. Hierfür wird in der Dissertation ein eigenständiges, theoriegeleitetes *Organisationsmodell* entwickelt.

Im Fall von konventionellem Outsourcing „sucht“ sich das Unternehmen, das Outsourcing-Maßnahmen durchführen will, den geeigneten Dienstleister, zum Beispiel durch eine Ausschreibung oder die Vermittlung einer Unternehmensberatung. *Anbieterinitiiertes Outsourcing* verläuft in entgegengesetzter Richtung: Hier ist es der Outsourcing-Dienstleister, der proaktiv an das outsourcende Unternehmen mit dem Angebot einer Outsourcing-Kooperation herantritt, eine Outsourcing-Maßnahme anregt und das Outsourcing-Projekt maßgeschneidert realisiert.

Übertragen auf die Problemstellung der vorliegenden Dissertation: Es soll ein *marktorientierter* und zugleich *theoriegestützter* Konzeptrahmen für türkische Textil- und Bekleidungsproduzenten entwickelt werden, der deutsche Unternehmen von der Vorteilhaftigkeit überzeugt, Gesamt- oder Teilbereiche der Fertigung in die Türkei auszulagern. Demnach betrifft die Outsourcing-Entscheidung genuin wertschöpfende Bereiche der Textil- und Bekleidungsproduktion. Hieraus wiederum erschließt sich, dass die unternehmerische Zusammenarbeit zwischen Outsourcer und Outsourcing-Dienstleister – auch und gerade wegen der aktuellen Entwicklungen nach 2005 – weit über die Bindungsintensität einer „normalen“ Kooperation hinausgeht und den Charakter einer *strategischen Partnerschaft* annimmt. Als betriebswirtschaftliches Optimalziel einer solchen strategischen Partnerschaft wird dabei eine Win-win-Konstellation anvisiert, die beiden Partnern eine langfristige und effiziente Zusammenarbeit gewährleistet. Vor dem eingangs skizzierten aktuellen Problemhintergrund bedeutet dies: Deutschen und türkischen Textil- und Bekleidungsunternehmen soll es mithilfe eines anbieterinitiierten Outsourcing gelingen, dauerhafte und gemeinschaftliche Partnerschaften einzugehen, um der beherrschenden Marktstellung asiatischer Produkte gemeinsam so weit entgegenzuwirken, dass eine rentable Wertschöpfung für beide Partner sichergestellt ist. Folglich ist es eine wesentliche Fragestellung der Dissertation, die Angebotspotenziale der türkischen sowie die Nachfrage-Potenziale der deutschen Seite innerhalb der textilen Wertschöpfungskette zu analysieren.

Darüber hinaus soll mit dem Konzeptrahmen für *anbieterinitiiertes Outsourcing* ein wissenschaftlich fundiertes Organisations- und Entscheidungsmodell herausgearbeitet werden. Dementsprechend wird Outsourcing aus der theoretischen Perspektive als ein betriebswirtschaftliches Organisations- und Entscheidungsproblem betrachtet. Dabei stützt sich das innovative Konzept für *anbieterinitiiertes Outsourcing* in seiner wissenschaftstheoretischen Ausrichtung auf Theorien und theoretische Ansätze, die in der Betriebswirtschaftslehre weit verbreitet und allgemein anerkannt sind. Insofern ist es ein vorrangiges Ziel der vorliegenden Dissertation, einen innovativen Beitrag zur betriebswirtschaftlichen Outsourcing-Forschung zu leisten.

1.3 Gang der Untersuchung

Kapitel 1: Einleitung

In diesem Kapitel wird, entsprechend den allgemein üblichen wissenschaftlichen Usancen, die *Problemstellung*, die *Zielsetzung* sowie der *Gang der Untersuchung* der Dissertation dargelegt.

Kapitel 2: Grundlagen

Im Grundlagen-Kapitel der Dissertation wird in komprimierter Form das für die Analysen der nachfolgenden Kapitel erforderliche „Vorwissen" wiedergegeben. Dementsprechend bildet dieses Kapitel die Grundlage für das Verständnis aller weiteren Untersuchungen, d.h. dass im weiteren Verlauf der Arbeit immer wieder auf den Informationsbestand dieses Kapitels zurückgegriffen wird. Hierzu wird in einem ersten Schritt eine allgemeine Abhandlung über die *Globalisierung* vorgeführt, in der u.a. aufgezeigt wird, dass es sich bei der Textil- und Bekleidungsindustrie de facto um einen globalisierten Industriezweig handelt. Dabei wird auch – in groben Zügen – die Frage der *Internationalisierung der Unternehmensaktivitäten* behandelt. In einem nächsten Schritt werden die *Strukturmerkmale der Textil- und Bekleidungsindustrie* abgesteckt, wobei es insbesondere um die Charakterisierung und die Besonderheiten des *textilwirtschaftlichen Produktionsprozesses*, also der textilen Wertschöpfungskette geht. Der nächste Abschnitt beschäftigt sich mit den *außenwirtschaftlichen Rahmenbedingungen*, die für die Themenstellung der Dissertation von exponierter Bedeutung sind: die *EU-Osterweiterung*, die *Zollunion der EU mit der Türkei* sowie der *Wegfall der weltweiten Textilquoten.*

Kapitel 3: Entwicklung eines theoretischen Bezugsrahmens für Outsourcing als Form der strategischen Partnerschaft

Dieses Kapitel bildet den *theoretischen Bezugsrahmen* der Arbeit. Daher wird in diesem Kapitel Outsourcing ausschließlich aus dem Blickwinkel der betriebswirtschaftlichen Theorie analysiert. *Kapitel 3* liefert auch wichtige theoretische Aspekte und Ansätze, die für die nachfolgenden Marktanalysen (*Kapitel 4* und *5*) sowie die Entwicklung des theoriegeleiteten Konzeptrahmens (*Kapitel 6*) unentbehrlich sind.

Zunächst werden die zentralen Begriffe der Dissertation definiert und klar abgegrenzt: *Outsourcing* und *strategische Partnerschaft*. Dann folgt ein Abschnitt, in dem die themenrelevanten *theoretischen Dimensionen* von Outsourcing beleuchtet werden: Hierbei wird u.a. der *strategische Charakter* einer Outsourcing-Entscheidung diskutiert; des Weiteren wird Outsourcing im Kontext des *kostenrechnerischen Ansatzes*, des *ressourcenbasierten Ansatzes*, des *Lean-Konzepts*, des *Konzepts der Kernkompetenzen* sowie des *Konzepts der Wertkette* betrachtet. Abgeschlossen wird dieser Abschnitt mit einer Untersuchung des Outsourcing-Konzepts im Licht der *Transaktionskostentheorie*. Im darauffolgenden Abschnitt wird – zum ersten Mal in der Outsourcing-Forschung – eine Outsourcing-Kooperation jeweils aus Nachfrager- und Anbieter-Sicht analysiert. Die theoretische Betrachtung folgt voneinander getrennt, während die methodische Herangehensweise jeweils analog verläuft. In einem ersten Schritt werden – zunächst aus einer wechselseitig-partnerschaftlichen Perspektive – *übergeordnete Leitideen* für die Realisierung und den dauerhaften Fortbestand einer Outsourcing-Partnerschaft herausgearbeitet. Dann folgt ein Abschnitt, in dem *operationalisierbare Kategorien* aufgezeigt werden, mittels derer sich die wechselseitige Kooperationsfähigkeit zwischen Outsourcing-Dienstleister und Outsourcer bestimmen und bewerten lässt. Im Mittelpunkt dieses Abschnittes steht jedoch eine *nachfragerseitige Chancen-Risiken-Analyse* und parallel hierzu eine *anbieterseitige Chancen-Risiken-Analyse* einer Outsourcing-Partnerschaft. *Kapitel 3* als Ganzes versteht sich als theoriegeleitete, branchenübergreifende Analyse, gleichwohl wird gegebenenfalls auf Besonderheiten der Textil- und Bekleidungsindustrie hingewiesen.

Kapitel 4: Potenzialanalyse der deutschen Textil- und Bekleidungsindustrie als Outsourcing-Nachfrager

Kapitel 4 setzt sich aus zwei Teilen zusammen: einem problembezogenen Überblick über die deutsche Textil- und Bekleidungsindustrie sowie einer spezifischen Chancen-Risiken-Analyse von Outsourcing-Potenzialen, die sich auf die theoretischen Vorgaben des Bezugrahmens aus *Kapitel 3* stützt.

Im ersten Abschnitt erfolgt eine Untersuchung der deutschen Textil- und Bekleidungsindustrie. Hierbei geht es jedoch nicht um eine umfassende, sektorale Betrachtung, vielmehr sollen gezielt solche Gesichtspunkte und Daten untersucht werden, die für die konkrete Problemstellung der Dissertation von Bedeutung sind. Die dabei aufgegriffenen Aspekte betreffen u.a. die *Struktur*, die *Wettbewerbsfähigkeit*, die *Standortfaktoren* sowie die *aktuellen Herausforderungen* der deutschen Textil- und Bekleidungsindustrie.

Im zweiten Abschnitt werden explizite *Outsourcing-Potenziale* aufgezeigt und zugleich einer unternehmerischen *Chancen-Risiken-Analyse* unterzogen. *Kapitel 4* schließt mit einer *zusammenfassenden Interpretation* der Analyseergebnisse.

Kapitel 5: Potenzialanalyse der türkischen Textil- und Bekleidungsindustrie als Outsourcing-Anbieter

Hinsichtlich Aufbau und Methodik verläuft *Kapitel 5* analog zum vorangegangenen *Kapitel 4*. Dadurch wird nicht nur eine bessere Übersichtlichkeit erreicht; vielmehr ermöglicht die Parallelität im äußeren Aufbau eine klare und wissenschaftlich plausible Vergleichbarkeit zwischen den Ergebnissen der Marktanalysen.

Dementsprechend wird auch in *Kapitel 5* zunächst ein genauer Blick auf *Struktur und Entwicklung* des Sektors geworfen. Doch auch bei der Analyse der türkischen Textil- und Bekleidungsindustrie geht es nicht um eine erschöpfende Aneinanderreihung von Fakten und Daten; es sollen zielorientiert solche Aspekte aufgegriffen werden, die unmittelbar in die darauffolgende *Chancen-Risiken-Analyse* einfließen. In diesem Kapitel sollen bereits auch Fragestellungen aufgeworfen werden, die in die praxisrelevanten Management-Implikationen des zu entwickelnden Konzeptrahmens (*Kapitel 6*) einfließen werden. Abschließend wird eine *zusammenfassende Interpretation* der Analyseergebnisse von *Kapitel 5* wiedergegeben.

Kapitel 6: Theoriegeleitete Entwicklung eines integrativen Konzeptes für anbieterinitiiertes Outsourcing

In diesem Kapitel wird ein eigenständiger, innovativer Konzeptrahmen für *anbieterinitiiertes Outsourcing* ausgearbeitet. Die Darstellung stützt sich in theoretischer Hinsicht auf die Erkenntnisse aus *Kapitel 3*; wenn es geboten erscheint, wird auch auf die Ergebnisse der Marktanalysen aus *Kapitel 3* und *4* verwiesen. Daneben werden auch die Implementierungschancen des Konzeptrahmens, also dessen „Praxistauglichkeit“, in diesem Kapitel überprüft.

Der erste Abschnitt von *Kapitel 6* steckt die *theoretischen Grundlagen und Prämissen* ab, auf die sich das anbieterinitiierte Outsourcing-Konzept stützt. Hierfür werden in der Betriebswirtschaftslehre allgemein anerkannte und weit verbreitete theoretische Ansätze herangezogen, insbesondere aus der *Entscheidungs- und Organisationstheorie* und der *Management-Theorie*. Dabei wird der Gegenüberstellung des *marktorientierten* und des *ressourcenbasierten Ansatzes* ein besonderer Stellenwert beigemessen, da diese Fragestellung eine Kern-Problematik der gesamten Arbeit – nämlich die sog. „Marktorientierung" – betrifft. Im darauffolgenden zweiten Abschnitt wird ein Management-Konzept für *anbieterinitiiertes Outsourcing* entwickelt. Dabei wird die Outsourcing-Situation als ein Entscheidungs- und Organisationsmodell entworfen, die dementsprechend anhand von Entscheidungs- und Organisationsprozessen bzw. -teilprozessen dargestellt werden kann. In prozessualer Hinsicht ist das Konzept als ein vierstufiges *Phasenmodell* angelegt, d.h. formal lässt sich die anbieterinitiierte Outsourcing-Partnerschaft als eine sequenzielle Abfolge von *Initiierungsphase*, *Konfigurationsphase*, *Implementierungsphase* und *Interaktionsphase* betrachten. Ergänzend zu den theoriegeleiteten Überlegungen und Gestaltungsmethoden werden auf jeder Stufe auch praxisrelevante Fragen zu *Management-Implikationen für deutsch-türkische Outsourcing-Partnerschaften* diskutiert.

<u>Kapitel 7: Schlussbetrachtung</u>

Kapitel 7 ist das Schlusskapitel der Dissertation. In einer *Zusammenfassung* sollen die wichtigsten Ergebnisse der Dissertation kursorisch beleuchtet werden.

KAPITEL 2: GRUNDLAGEN

2.1 Unternehmerisches Handeln unter den Vorzeichen der Globalisierung

Der Trend zu grenzüberschreitenden Produktionsverlagerungen – also ein Outsourcing unternehmerischer Wertschöpfungsaktivitäten aus dem Ausland – ist ein Phänomen, das im Zusammenhang mit der *Globalisierung der Wirtschaft* gesehen werden muss. Daher werden einleitend einige Stichworte zur Globalisierung gegeben (*Kapitel 2.1.1*). Dann folgt ein Abschnitt, in dem Begrifflichkeiten, Formen und Strategien der *Internationalisierung von Unternehmensaktivitäten* umrissen werden (*Kapitel 2.1.2*). In *Kapitel 2.1.3* werden zentrale Aspekte der *Globalisierung in der Textil- und Bekleidungsindustrie* erörtert; dabei soll anhand aussagekräftiger Ausprägungen und Größen gezeigt werden, dass es sich bei der Textil- und Bekleidungsindustrie de facto um einen globalen Wirtschaftszweig handelt.

2.1.1 Begriff, Bedeutung und Indikatoren der Globalisierung

Die „Globalisierung" ist ein facettenreiches und komplexes Phänomen, das neben der für diese Untersuchung zentralen ökonomischen Perspektive auch eine politische, kulturelle, technologische, soziale und ökologische Dimension umfasst. Synonymisch umschrieben heißt „globalisieren" „auf die ganze Erde ausdehnen".[1] Dagegen scheint eine einheitliche und klare inhaltliche Abgrenzung des Begriffs kaum möglich, da die Spannbreite der vorhandenen Definitionen zu breit gefächert ist – selbst die Frage, was die Globalisierung von reiner Internationalisierung und dem generellen Bedeutungsverlust nationalstaatlicher Grenzen unterscheidet, kann nicht in pauschalen, universal gültigen Antwortkategorien zusammengefasst werden.[2]

Seit etwa zwei Jahrzehnten ist die Globalisierung als schlagwortartiger Begriff sowohl in der öffentlichen Diskussion als auch im wissenschaftlichen Diskurs allgegenwärtig. Als wesentliche **Treiber der Globalisierung** werden dabei zuvörderst die rapide technologische

[1] DUDEN (2001), S. 662.
[2] Vgl. hierzu z.B. VARWICK (2001), S. 136.

Entwicklung im Telekommunikations- und EDV- Bereich sowie die politisch gesteuerte Liberalisierung der Weltwirtschaft genannt. Dabei werden die **Chancen und Risiken der Globalisierung** höchst unterschiedlich beurteilt. So wird einerseits die weltweite Steigerung des Lebensstandards, die politische Stabilisierung und Sicherung des Friedens, die Erhöhung des Wirtschaftswachstums sowie das Aufholen der Entwicklungsländer erhofft, andererseits aber auch wachsende Arbeitslosigkeit und Armut, internationale politische Konflikte und Krisenherde, Umweltprobleme sowie zunehmende wirtschaftliche Missverhältnisse zwischen reichen und armen Ländern auf die Globalisierung zurückgeführt. Aus wissenschaftlich-ökonomischer Sicht ist die Globalisierung ein die Weltwirtschaft in jeder Hinsicht beeinflussendes Paradigma, das den zweifellos wichtigsten *Megatrend* [3] der heutigen Zeit beschreibt. Dementsprechend nimmt es nicht wunder, dass der Begriff „Globalisierung" in den Wirtschaftswissenschaften in vielen verschiedenen Zusammenhängen auftaucht und unterschiedlich interpretiert wird. Dabei gilt die ökonomische Tragweite der Globalisierung als unumstritten, ja zumeist wird gerade deren tief greifende Auswirkungen auf die Wirtschaft, also deren ökonomische Effekte besonders hervorgehoben und dargestellt.

Eine Definition der OECD (Organisation für wirtschaftliche Zusammenarbeit und Entwicklung) liefert hierbei einen hilfreichen Ansatz für ein grundlegendes Verständnis; sie bezeichnet Globalisierung als einen „Prozess, durch den Märkte und Produktion in verschiedenen Ländern immer mehr voneinander abhängig werden – dank der Dynamik des Handels mit Gütern und Dienstleistungen und durch die Bewegung von Kapital und Technologie."[4] Zuvörderst beschreibt Globalisierung also keinen abgeschlossenen Ist-Zustand, sondern einen in der ökonomischen Gegenwart noch fortschreitenden Prozess. Die wesentlichen Kennzeichen dieses Prozesses sind die zunehmende Intensität der wirtschaftlichen Verflechtungen und deren wachsende geographische (globale) Reichweite. Hiervon abgeleitet, können drei unmittelbar durch die Globalisierung vorangetriebene **Tendenzen in der Wirtschaft** ausgemacht werden:

- Die voranschreitende Liberalisierung und Integration der Weltmärkte durch den internationalen Handel mit Gütern und Dienstleistungen,

[3] NAISBITT ET AL. (1990) definieren den Begriff *Megatrend* wie folgt: „Megatrends tauchen nicht einfach auf und verschwinden dann wieder. Diese großen gesellschaftlichen, ökonomischen, politischen und technologischen Veränderungen entfalten sich langsam und üben – wenn sie erst einmal wirksam geworden sind – dann ihren Einfluß eine ganze Zeitlang auf uns aus: zwischen sieben und zehn Jahren oder länger.". NAISBITT ET AL. (1990), S. 9f.

[4] PLATE (2003), o. S.

- der grenzüberschreitende Know-how- und Kapitaltransfer (z.B. in Form von Direktinvestitionen) sowie
- die Internationalisierung der Unternehmensaktivitäten.[5]

Zweifelsohne sind diese drei verallgemeinerten Charakteristika der Globalisierung eng miteinander verknüpft, ja bedingen sogar einander. Für die Diskussion betriebswirtschaftlicher Problemstellungen spielt dies eine übergeordnete Rolle: Aus den drei oben genannten Wesensmerkmalen geht hervor, dass prinzipiell zwar zwischen der Globalisierung von Märkten und Unternehmen unterschieden werden kann, sich jedoch beide Bereiche nicht scharf voneinander trennen lassen.[6] Daher scheint eine solche wissenschaftliche Herangehensweise, die sich auf die isolierte Betrachtung von entweder ausschließlich Unternehmen oder Märkten beschränkte, wenig sinnvoll.

Ein wichtiges Indiz für die ökonomische Globalisierung, die zudem den engen Zusammenhang zwischen der Globalisierung von Märkten und unternehmerischen Tätigkeiten verdeutlicht, ist das rasante Wachstum des weltweiten Handels. *Abbildung 1* gibt die Entwicklung des Welthandels von 1948 bis 2003 wider:

Abbildung 1: Entwicklung des Welthandels von 1948 bis 2003

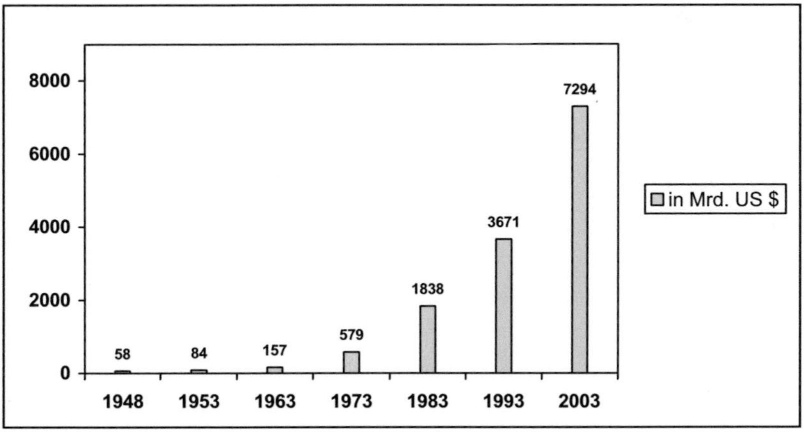

Quelle: eigene Darstellung nach Daten der WTO[7]

[5] Die Internationalisierung der Unternehmensaktivitäten, insbesondere deren Treiber und Formen, wird im nachfolgenden *Kapitel 2.1.2* eingehend diskutiert.
[6] Vgl. SCHNEIDER (2004), S. 7.
[7] Im Internet: http://www.wto.org/english/res_e/statis_e/its2004_e/section2_e/ii02.xls (Abruf am 23.02.2005)

Aus *Abbildung 1* geht hervor, dass sich das Welthandelsvolumen seit den sechziger Jahren des vergangenen Jahrhunderts von Jahrzehnt zu Jahrzehnt mindestens verdreifacht, von 1963 bis 1983 mehr als verzehnfacht hat. Seit den neunziger Jahren hat sich dieses rapide Wachstum jedoch deutlich verlangsamt: In den letzten beiden Dekaden seit 1983 hat sich das Welthandelsvolumen jeweils verdoppelt. Betrachtet man die Entwicklung als Ganzes, dann ist der Welthandel heute 125-mal so groß wie nach dem Ende des Zweiten Weltkrieges.

Dass der Welthandel allerdings global sehr ungleichmäßig verteilt ist, wird aus *Abbildung 2* ersichtlich, welche die einzelnen Anteile der Weltregionen am Weltexport im Jahr 2003 wiedergibt:

Abbildung 2: Anteile der Weltregionen am Weltexport 2003

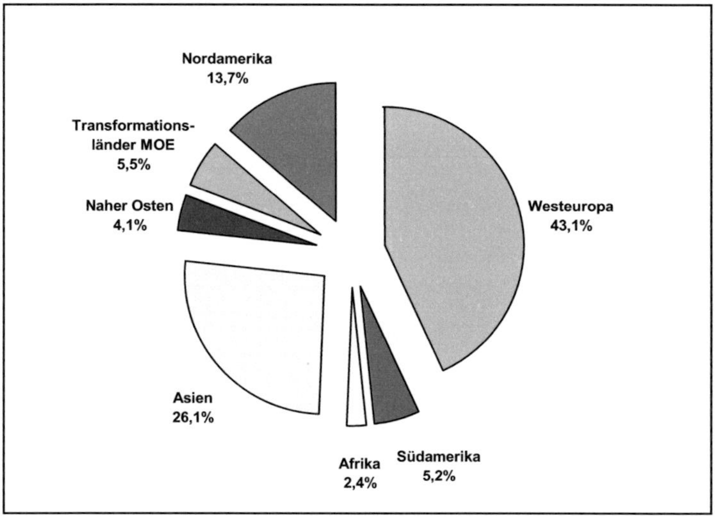

Quelle: eigene Darstellung nach Daten der WTO[8]

Abbildung 2 zeigt deutlich, dass es im Welthandel ein Ungleichgewicht zu Gunsten der westlichen Industrieländer (Westeuropa und Nordamerika: 56,8%) gibt. Der größte und bevölkerungsreichste Kontinent Asien kommt auf nicht einmal zwei Drittel der Exportleistung Westeuropas – und auch das nur dank der Außenhandelsstärke Japans und Chinas. Weit abgeschlagen dahinter liegen die Transformationsländer Mittel- und Osteuropas (MOE),

[8] Im Internet: http://www.wto.org/english/res_e/statis_e/its2004_e/section2_e/ii02.xls (Abruf am 23.02.2005).

die Schwellenländer Südamerikas und des Nahen Ostens sowie die Entwicklungsländer Afrikas, deren Anteile zusammen genommen (17,2%) knapp die Ausfuhren Nordamerikas übertreffen.

2.1.2 Internationalisierung der Unternehmensaktivitäten

Die Globalisierung der Wirtschaft ist einerseits das Resultat, andererseits die Voraussetzung für die Internationalisierung von Unternehmen. Denn zum einen ist die zunehmende produktionsseitige Verflechtung der Volkswirtschaften das Ergebnis der Entscheidungen und Aktivitäten der Gesamtheit aller grenzüberschreitend tätigen Unternehmen, zum Anderen resultiert aus der Globalisierung für jedes einzelne Unternehmen eine wesentliche Umweltveränderung, die weitreichende Auswirkungen auf Strategie, Struktur und betriebliche Funktionen nach sich zieht. Die Globalisierung ist ein Thema, mit dem sich zu Beginn des 21. Jahrhunderts nahezu jedes erfolgsorientierte Unternehmen auseinandersetzen muss; in der wirtschaftlichen Realität dürfte sich heute kaum ein Unternehmen finden lassen, dessen Wertschöpfung nicht auf die eine oder andere Weise durch Globalisierungseffekte betroffen ist. Die internationale Konfiguration der Unternehmensaktivitäten wird hierbei als eine Möglichkeit gesehen, den aktuellen Herausforderungen auf angestammten (heimischen) Märkten zu begegnen und durch neue Chancen im Ausland Wettbewerbsvorteile zu realisieren.

In der betriebswirtschaftlichen Literatur finden sich für die Bezeichnung „Internationalisierung“ bzw. „internationale Unternehmen“ unterschiedliche Definitionen, die als spezifische Merkmale die Umsatzanteile im Ausland, die Höhe der Direktinvestitionen, die Nationalität der Mitarbeiter oder andere heranziehen.[9] Auch werden die Begriffe „internationales Unternehmen“, „multinationales“ und „transnationales Unternehmen“ von manchen Autoren gleichbedeutend benutzt, von anderen wiederum wird eine Unterscheidung nach bestimmten quantitativen und qualitativen Kriterien getroffen.[10] Im weitesten Sinne gilt ein Unternehmen dann als „international“, wenn es Aktivitäten im Ausland durchführt. Somit ist die Klassifizierung als internationales Unternehmen unabhängig von der Art der Auslandsaktivitäten, d.h.

[9] Vgl. WOLF (1994), S. 28ff.

[10] Vgl. SCHNEIDER (2004), S. 28ff, der die wissenschaftliche Uneinheitlichkeit in der Begriffsverwendung an Hand von verschiedenen einschlägigen Definitionen diskutiert. In der vorliegenden Arbeit wird prinzipiell den eindeutigeren Begriffen „grenzüberschreitend“ (für „international“ und „transnational“) und „länderübergreifend“ (für „multinational“) der Vorzug gegeben.

nicht an einen bestimmten Funktionsbereich (Beschaffung, Fertigung, Absatz) gebunden. Umso bedeutender ist die Frage, ab welchem Grad des Auslandsengagements ein Unternehmen als international gelten kann, da nicht jede unternehmerische Auslandsaktivität zwangsläufig zu einem internationalen Unternehmen führt (z.B. die bloße Kreditaufnahme im Ausland). Obwohl von der Wissenschaft zahlreiche unterschiedliche Messkonzepte zur Beurteilung des Internationalisierungsgrades zur Verfügung gestellt werden (z.B. Anteil des Auslandsumsatzes am Gesamtumsatz, Anzahl der Beschäftigten im Ausland, Höhe der Direktinvestitionen etc.), liegt bis heute keine einheitliche und eindeutige quantitative Festlegung vor.[11] Um den Internationalisierungsgrad eines Unternehmens anhand von qualitativen Kriterien zu klassifizieren, können die Unternehmensziele herangezogen werden. Demzufolge gilt ein Unternehmen dann als international (bzw. als „transnationales Unternehmen“), wenn die Auslandsaktivitäten zur Erreichung und Sicherstellung der Unternehmensziele von wesentlicher Bedeutung sind. Eine solche Herangehensweise wirft jedoch wiederum das methodische Problem auf, ob und wie das Merkmal „Bedeutung“ valide gemessen werden kann. *Tabelle 1* führt die wesentlichen **Motive und Formalziele** der erwerbswirtschaftlich orientierten Internationalisierung von Unternehmensaktivitäten auf:

Tabelle 1: Internationalisierung der Unternehmensaktivitäten: Internationalisierungsmotive und Formalziele

Internationalisierung der Unternehmensaktivitäten	
Internationalisierungsmotive	Formalziele
• gesättigter Inlandsmarkt • lukrativer Auslandsmarkt • Kostenvorteile im Ausland • Verbesserte Krisenfestigkeit • Macht-/ Imagezuwachs	• Gewinn • Rentabilität • Wachstum • Sicherheit • Prestige

Quelle: eigene Darstellung

Es liegt auf der Hand, dass konkrete Motive und Ziele der Internationalisierung von Unternehmen zu Unternehmen sehr unterschiedlich sein können. Eine Konkretisierung der Motive und Ziele hängt vor allem von der Form der grenzüberschreitenden Unternehmensaktivität ab. Üblicherweise wird bei der Schematisierung der verschiedenen Formen unternehmerischer Auslandsaktivitäten eine Unterscheidung nach der *Intensität des Kapital- bzw. Ressourcen-*

[11] Vgl. PERLITZ (2000), S. 10f.

transfers vorgenommen. Demnach kann idealtypisch zwischen drei verschiedenen **Formen der Internationalisierung** unterschieden werden:

- Außenhandel,
- Kooperationen ohne Kapitalbeteiligung oder
- Kooperationen mit Kapitalbeteiligung (Direktinvestitionen).

Diesen drei Idealtypen der Internationalisierung wiederum können einzelne charakteristische Auslandsaktivitäten zugeordnet werden (vgl. *Abbildung 3*).

Abbildung 3: Formen der Internationalisierung

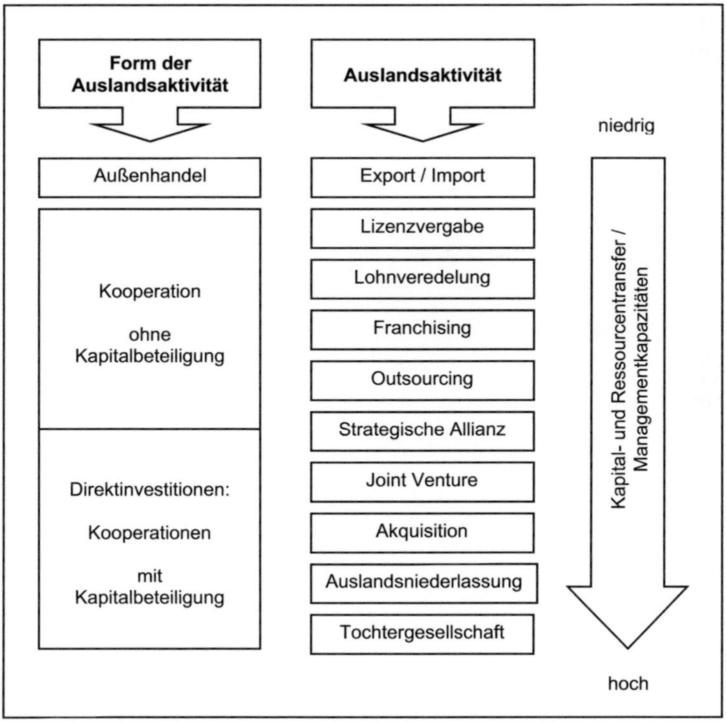

Quelle: eigene Darstellung in Anlehnung an SCHNEIDER (2004), S. 34

Der Außenhandel erfordert die geringste Bindung unternehmensinterner Ressourcen. Bei internationalen Kooperationen ist die Unterscheidung zwischen Kooperationen mit und ohne Kapitalbeteiligung von zentraler Bedeutung. Internationale Kooperationen ohne Kapitalbeteiligung können in Form von internationalen Lizenzvergaben, Lohnveredelung, internationalem Franchising sowie internationalen Outsourcing-Kooperationen realisiert werden. Auf letzteren liegt der Fokus der vorliegenden Studie. Aber auch die Lohnveredelung ist, wie im weiteren Verlauf noch dargestellt wird, gerade für die Textil- und Bekleidungsindustrie eine immens wichtige Kooperationsform (vgl. *Kapitel 2.2.4*). Strategische Partnerschaften, bei denen es sich in inhaltlicher und zeitlicher Hinsicht zumeist um projektbezogene Grundsatzvereinbarungen zur partnerschaftlichen Zusammenarbeit handelt, nehmen eine Zwitterstellung ein, da sie eine gemeinsame Beteiligung beider Partnerunternehmen beinhalten können. Ein Joint Venture ist eine Gesellschaft im Ausland, die von mindestens zwei Unternehmungen aus verschiedenen Staaten gegründet wird. Auch die Akquisition von Unternehmen im Ausland ist eine in Frage kommende Form der Internationalisierung, insbesondere in solchen Fällen, in denen im Zielland ein organisches Wachstum nicht möglich bzw. nicht gewünscht ist. Die intensivste Form der Kapitalbeteiligung im Ausland stellt die Gründung einer Auslandsniederlassung bzw. einer Auslandstochtergesellschaft dar.

Grundsätzlich gilt: Je größer das Volumen des Kapital- bzw. Ressourcentransfers bei einer internationalen Kooperation ist, umso wichtiger ist deren strategische Bedeutung für die transnationale Unternehmung. Dabei kann ein Unternehmen, das seine Aktivitäten auf die internationale oder globale Marktsituation ausrichtet, verschiedene **Internationalisierungsstrategien** verfolgen. Ein in Wissenschaft und Praxis gleichermaßen beliebtes Modell zur typologischen Unterscheidung unternehmerischer Internationalisierungsstrategien ist das EPRG-Schema von PERLMUTTER. (1969)[12]. Dieser Management-Ansatz unterscheidet zwischen vier idealtypischen strategischen Grundausrichtungen:

- ethnozentrische („Heimatland-orientierte"),
- polyzentrische („Gastland-orientierte"),
- regiozentrische („Regionen-orientierte") oder
- geozentrische („Welt-orientierte") Internationalisierungsstrategien.

Je nach einzelnem Strategietyp erfolgt eine unterschiedlich gewichtete Verteilung der Entscheidungs- und Verantwortungskompetenzen zwischen (inländischer) Zentrale und (ausländischer) Niederlassung. Die Entscheidung für die jeweilige Internationalisierungsstrategie hängt zum einen von den Zielen der Unternehmensführung und zum Anderen von

[12] Vgl. z.B. MEFFERT ET AL. (1998), S. 25f sowie HERMANNS ET AL. (1994), S. 116.

den Voraussetzungen der Branche, des Zielmarktes und den Ressourcen der Zentrale bzw. der Niederlassung ab.

2.1.3 Globalisierung in der Textil- und Bekleidungsbranche

Die Globalisierung in der Textil- und Bekleidungsindustrie kann mithilfe von verschiedenen Argumentationsgebäuden begründet und interpretiert werden. Entsprechend ist das Spektrum der in wirtschaftswissenschaftlichen Beiträgen vorzufindenden Erklärungsversuche und Leitgedanken – je nach Standpunkt und Gewichtung des Verfassers – weit gestreut. So deutet beispielsweise HEYMANN (2005a) die Globalisierung der Textil- und Bekleidungsindustrie als „eine der wichtigsten Folgen der *Regulierung des Textil- und Bekleidungshandels* in den vergangenen Dekaden".[13] Demgegenüber betonen SCHNEIDER (2004) und NUNNENKAMP (1995) die Bedeutung der *internationalen Arbeitsteilung* für die globale Textil- und Bekleidungsproduktion.[14] AUDET (1996) dagegen nennt die *wachsende Importpenetration* und die *räumliche Ungebundenheit von Vor- und Endfertigungsprozessen* als Hauptursachen für die globalisierte Textil- und Bekleidungsindustrie.[15] HERMANN (1996) skizziert vier Hauptmerkmale, derentwegen „die Textil- und Bekleidungsindustrie als stark internationalisiert bzw. globalisiert angesehen werden muß"[16]: die *globale Homogenisierung der Nachfrage* bei Textilien und Bekleidung (1), die *globale Standardisierung von Marketingmaßnahmen* (2), die *globale Ausrichtung von Produktionsstrukturen* (3) sowie die *globale Ausrichtung von Absatzstrukturen* (4).[17] Die Untersuchungen von ADLER (2003) gipfeln in der Aussage, dass sich die Textil- und Bekleidungsindustrie im Zuge der Globalisierung „von einem produzierenden Industriezweig nationaler Ausrichtung zu einem dienstleistungsorientierten Wirtschaftssektor im internationalen Leistungsnetzwerk mit Lieferanten und Kunden" gewandelt habe.[18]

Trotz der Heterogenität dieser und weiterer Erklärungsansätze, kann die Globalisierung in der Textil- und Bekleidungsindustrie, ausgehend von allgemeinen Überlegungen zur ökono-

[13] HEYMANN (2005a), S. 3 (Im Original ohne Kursivsetzung).
[14] Vgl. SCHNEIDER (2004), S. 83 sowie NUNNENKAMP (1995), S. 545f und 552.
[15] Vgl. AUDET (1996), S. 325.
[16] HERMANN (1996), S. 77.
[17] Vgl. HERMANN (1996), S. 77-79.
[18] ADLER (2003), S. 55.

mischen Globalisierung, auf einige theoretische Wesenszüge heruntergebrochen werden. Wie eingangs dargestellt (*Kapitel 2.1.1*), offenbart sich die Globalisierung zum einen in einer höheren Mobilität der Produktionsfaktoren Arbeit, Kapital und technisches Wissen und zum Anderen in einem höheren Güterverkehr. Also beziehen sich die Auswirkungen der Globalisierung hauptsächlich auf die Bereiche Produktion und Absatz, die wiederum in einem gegenseitigen Einflussverhältnis zueinander stehen. Übersetzt in unternehmerisch relevante Dimensionen, ergeben sich somit für die Globalisierung in der Textil- und Bekleidungsindustrie zwei Ausprägungsformen:

- Die erste Ausprägungsform ist der **Produktionsprozess** (bzw. die Faktorebene). Die Globalisierung in der Textil- und Bekleidungsindustrie äußert sich in kosten- oder absatzorientierten Produktionsverlagerungen. Dieser Umstand wird vor allem durch die relativ geringe Transportkostenintensität der textilen Rohstoffe und Vor- und Endprodukte sowie durch die lineare Mehrstufigkeit der Textil- und Bekleidungsproduktion (vgl. *Kapitel 2.2.2*) begünstigt.
- Die zweite Ausprägungsform ist das **Produktionsergebnis** (bzw. die Güterebene). Die Globalisierung in der Textil- und Bekleidungsindustrie äußert sich im intensiven Austausch von Wertschöpfung zwischen geographisch weit voneinander entfernten Volkswirtschaften. Dies spiegelt sich in der exponierten Bedeutung des globalen Textil- und Bekleidungshandels wider. Als augenfälligster Beweis hierfür kann angeführt werden: Bekleidung im europäischen Stil (für den Herrn: Hose, Hemd, Krawatte, Anzug; für die Dame: Rock, Bluse, Kleid, Kostüm etc.) bzw. dessen US-amerikanische Ausprägung (Jeanshose, T-Shirt, Sportswear etc.) ist in allen Ländern der Erde verbreitet oder zumindest häufig vorzufinden. Kurz: Bekleidung ist mutatis mutandis ein globales Produkt (vgl. *Kapitel 2.2.3*).

Fakt ist, dass seit alters her Textilwaren und Bekleidung in *jedem* Staat der Welt produziert wurden und werden. Tradition und Fertigkeiten hierfür sind überall vorhanden, wiewohl die Ausstattung mit Rohstoffen, Arbeitskräften und Technologie von Land zu Land sehr unterschiedlich ist. Um eine Vorstellung über Bedeutung und Volumen der globalen Textil- und Bekleidungsindustrie zu geben, sind in *Tabelle 2* die weltweit größten Handelsländer aufgelistet:

Tabelle 2: Die größten Textil- und Bekleidungs-Handelsländer auf dem Welttextilmarkt 2004

in Mio US-Dollar

Ausfuhr		Einfuhr	
1. China	95.284	1. USA	96.394
2. Hongkong	39.393	2. Deutschland	36.836
3. Italien	34.196	3. Hongkong	31.239
4. Deutschland	25.835	4. Großbritannnien	27.864
5. Türkei	17.622	5. Japan	27.287
6. USA	17.049	6. Frankreich	24.281
7. Frankreich	15.160	7. Italien	19.337
8. Republik Korea	14.230	8. China	16.847
9. Indien	13.641	9. Spanien	12.815
10. Belgien	13.637	10. Belgien	11.203

Quelle: GESAMTTEXTIL (2006), o.S., Tabelle 18

Gerade die Exportstärke Deutschlands mag, angesichts der in der deutschen Textil- und Bekleidungsbranche seit mittlerweile drei Jahrzehnten schwelenden Debatte über die Wettbewerbsfähigkeit des Produktionsstandorts Deutschland, zunächst überraschen, kann jedoch grosso modo mit dem Erfolg durch Produkt- und Produktionsinnovationen (vor allem bei Heimtextilien und technischen Textilien) sowie grenzüberschreitenden Produktionsverlagerungen (vor allem bei Bekleidung) erklärt werden.[19] Obzwar die türkische Textil- und Bekleidungsindustrie aktuell insbesondere von China und Indien bedroht wird, ist davon auszugehen, dass sich deren Position binnen weniger Jahre dauerhaft um eine oder zwei Stellen verbessern dürfte.[20]

Inwieweit der europäische Textil- und Bekleidungsmarkt von der Globalisierung betroffen ist, kann aus der Verteilung der zehn größten Textil- und Bekleidungsexporteure in die EU erschlossen werden (vgl. *Abbildung 4* und *Abbildung 5*):

[19] Ausführlich in *Kapitel 4.1.*
[20] Ausführlich in *Kapitel 5.1.*

Abbildung 4: Die zehn größten Textilexporteure in die EU

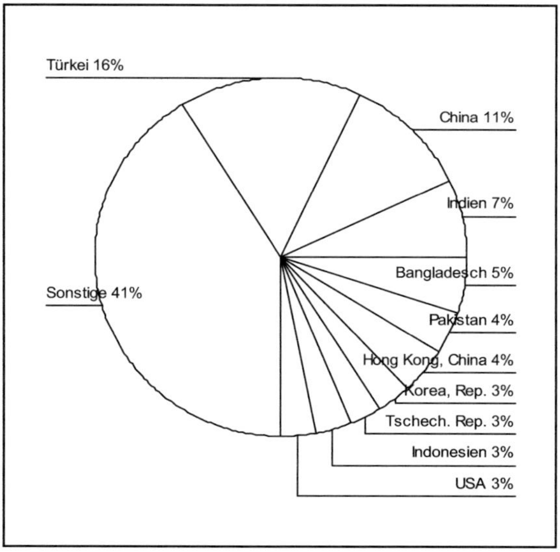

Quelle: NORDAS (2004), S.20

Abbildung 5: Die zehn größten Bekleidungsexporteure in die EU

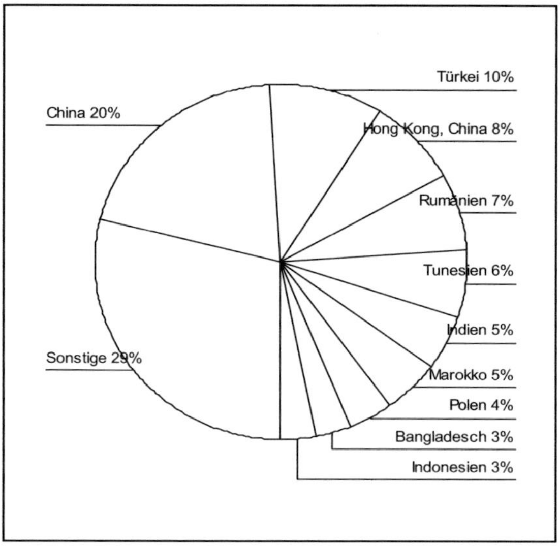

Quelle: NORDAS (2004), S.21

Hinsichtlich des weiteren Verlaufs dieser Studie ist zu erwähnen ist, dass die in *Abbildung 4* und *Abbildung 5* aufgeführten Länder sich in einem direkten und ausgesprochen aggressiven Wettbewerb um Anteile am lukrativen EU-Markt gegenüberstehen. Denn die Aufnahmekapazität des Textil- und Bekleidungsmarktes der EU ist weitgehend konstant, steile Wachstumskurven nurmehr in bestimmten Nischen möglich und der private Konsum ohnehin sehr konjunkturreagibel. Dementsprechend wird sich der **globale Wettbewerb um Marktanteile** in den nächsten Jahren sogar noch verschärfen. Diese Entwicklung betrifft auch und vor allem die Türkei, für die die EU – und im Speziellen Deutschland – der wichtigste Handelspartner ist.

Die Textil- und Bekleidungsindustrie ist auch und gerade deshalb eine globalisierte Industrie, weil sie – bis vor kurzem – einer strengen *weltweiten Regulierung* unterlag. Sicher ist die Globalisierung der Textil- und Bekleidungsproduktion zu einem großen Teil eine Folge der rigiden Importbeschränkungen der westlichen Industrieländer im Rahmen des **Welttextilabkommens (WTA)**. Zum 1. Januar 2005 ist das WTA abgelaufen. Damit sind sämtliche Handelsschranken gefallen, was für den Welttextilhandel enorme Veränderungen mit sich bringen wird (vgl. *Kapitel 2.3.3*). Infolge der Quotenregelung entwickelten sich in der Vergangenheit viele Schwellen- und Entwicklungsländer zu wichtigen Standorten für die Textil- und Bekleidungsproduktion, die eigentlich keine spezifischen Voraussetzungen dafür vorweisen konnten, z.B. über keine Tradition in der industriellen Bekleidungsproduktion oder keine eigene Textilaufbereitung verfügten und daher auf Importe von Vorleistungen angewiesen waren.[21] In diesen Ländern kam es binnen relativ kurzer Zeit zu einem erheblichen Aufbau von Beschäftigung und Produktionskapazitäten. Typische Beispiele hierfür sind die Länder Mittel- und Osteuropas, Afrika, Mittel- und Südamerika, der gesamte ostasiatische Raum, aber auch die Türkei. In diesen Staaten zeigte sich, dass die Textil- und Bekleidungsproduktion als Einstiegsbranche für die Industrialisierung wenig entwickelter Länder ideal geeignet ist, vor allem wegen des schnell zu erlernenden Know-hows und der geringen Investitionskosten.[22] Andererseits führte die einseitige Fokussierung auf den Textil- und Bekleidungssektor zu einer starken Exportabhängigkeit dieser Staaten. Außerdem sind Länder mit großer Textil- und Bekleidungsproduktion nahezu immer von nur wenigen Abnehmerländern bzw. -regionen (hauptsächlich USA und EU) und von Zulieferungen

[21] Vgl. HEYMANN (2005a), S. 3.
[22] Vgl. die aufschlussreichen Ausführungen von HERMANN (1996), S. 250ff über die Textil- und Bekleidungsindustrie als Startindustrie in Schwellen- und Entwicklungsländern.

textiler Vorprodukte abhängig. Mit dem Wegfall der Importquoten wird die Position dieser Länder noch weiter geschwächt werden.

Dies gilt, wenn auch in geringerem Ausmaß, auch für die westlichen Industrieländer, deren Textil- und Bekleidungsindustrien seit Jahrzehnten rückläufig sind. Relativ niedrige Investitionskosten sowie geringe Anforderungen an die Qualifikation der Beschäftigten förderten die Verlagerung von lohnintensiven Bereichen der Textil- und Bekleidungsproduktion in das kostengünstigere Ausland, ja für zahlreiche Textil- und Bekleidungsunternehmen war der Schritt über die Grenze oft die einzige Möglichkeit zur Existenzsicherung. Damit wurde das Ziel, den Beschäftigungsschwund im heimischen Textilsektor mit Hilfe von Quotenregulierungen einzudämmen, weitgehend verfehlt. Hierbei ist jedoch zu berücksichtigen, dass auch ohne den Schutz durch Quoten (etwa aufgrund des Welttextilabkommens) das Schrumpfen der Textil- und Bekleidungsindustrien in den westlichen Hochlohnländern nicht hätte aufgehalten, sondern allenfalls verlangsamt werden können.

2.2 Strukturmerkmale der Textil- und Bekleidungsindustrie

Im ersten Abschnitt wird die Textil- und Bekleidungsindustrie terminologisch und definitorisch abgegrenzt und die systematische Erfassung ihrer einzelnen *Wirtschaftszweige* wiedergegeben (*Kapitel 2.2.1*). Anschließend erfolgt eine überblickshafte Darstellung der Textil- und Bekleidungsherstellung, wobei der Blick auch und besonders auf *organisationale* und *produktionstechnische Aspekte des Outsourcing* von Produktionsbereichen gerichtet werden soll, da auf diese im weiteren Verlauf der Studie immer wieder zurückgegriffen werden wird (*Kapitel 2.2.2*). Im darauffolgenden *Kapitel 2.2.3* wird ein genauer Blick auf die *Produkte der Textil- und Bekleidungsindustrie* geworfen, wobei der Fokus weniger auf Textilendprodukte und mehr auf Bekleidungsprodukte gelegt werden soll. In diesem Zusammenhang werden zentrale branchenspezifische Begriffe und Einteilungen wie *Sparte*, *Genre*, *Modegrad* und *Saisonalität* vorgestellt. Der letzte Abschnitt (*Kapitel 2.2.4*) beleuchtet eine für Textil- und Bekleidungshersteller geradezu typische und außerordentlich wichtige Form der unternehmerischen Kooperation, die sog. *Passive Veredelung*.

2.2.1 Branchenabgrenzung und -struktur

Die Textil- und die Bekleidungsindustrie sind der verarbeitenden Industrie zuzuordnen. Die Textilindustrie produziert textile Vor- oder Endprodukte, welche von der Bekleidungsindustrie zu Bekleidungsprodukten weiterverarbeitet werden. Die Produktion und der Absatz der Wirtschaftszweige der Textilindustrie und der Bekleidungsindustrie sind Teil der gesamten Textilwirtschaft, welche sämtliche Akteure des Marktes umfasst, also die Textil- und Bekleidungsindustrie als Produzent von textilen Erzeugnissen, den Groß- und Einzelhandel mit Textilien und Bekleidung sowie die Nachfrager bzw. Endverbraucher.[23] Üblicherweise werden die Textilindustrie und die Bekleidungsindustrie in der Wissenschaft – wie auch in der amtlichen Klassifikation – nicht separat behandelt, sondern unter dem Begriff „Textil- und Bekleidungsindustrie“ zusammengefasst, da beide Branchen strukturell, produktionstechnisch und wirtschaftspolitisch eng miteinander verknüpft sind. Produktionsseitig zeigt sich dies daran, dass die Textilindustrie der wichtigste Zulieferer der Bekleidungs-

[23] Vgl. RATHKE (1996), S.12 sowie KUTZ (2000), S. 85.

industrie ist.[24] *Abbildung 6* zeigt die amtliche Klassifikation der verschiedenen Wirtschaftszweige des Textil- und Bekleidungsgewerbes, Ausgabe 2003 (WZ 2003). Diese Systematik weist jedem einzelnen Wirtschaftszweig eine eigene Ordnungsnummer zu. Die WZ 2003 hat die bis Ende 2002 gültige WZ 93 (aus dem Jahr 1993) abgelöst. Laut den Erläuterungen des STATISTISCHEN BUNDESAMTES dient die WZ 2003 dazu, die wirtschaftlichen Tätigkeiten von Unternehmen, Betrieben und anderen statistischen Einheiten in allen amtlichen Statistiken einheitlich zu erfassen. Sie baut auf der durch EG-Verordnungen verbindlich eingeführten statistischen Systematik der Wirtschaftszweige in der Europäischen Gemeinschaft auf.[25] Somit ist die WZ 2003 für alle Mitgliedsstaaten der Europäischen Union für die Erhebung und Darstellung von statistischen Daten bindend. Im Übrigen wird die WZ 2003 auch für die Textil- und Bekleidungsindustrie der Türkei im Zuge der Annäherung an die EU verbindlich werden; nicht zuletzt weil es die bürokratische Abwicklung beim Export von Gütern in die EU enorm erleichtert, werden bereits heute von der Mehrzahl der türkischen Textil- und Bekleidungsunternehmen die Richtlinien der WZ 2003 umgesetzt.

[24] Vgl. das *Literaturverzeichnis* der vorliegenden Studie: Die Mehrzahl der Arbeiten, die sich mit dem übergreifenden Thema „industrielle Textil- und Bekleidungsproduktion“ beschäftigen, führen im Titel die Begriffe „Textil- und Bekleidungsindustrie“ oder „Textilwirtschaft“. Lediglich bei einigen speziellen Abhandlungen, die sich ausschließlich der Textilproduktion bzw. der Bekleidungsproduktion widmen, ist dies nicht der Fall.

[25] Im Internet: http://www.destatis.de/allg/d/klassif/wz2003.htm (Abruf am 11.03.2005).

Abbildung 6: Klassifikation der Wirtschaftszweige des Textil- und Bekleidungsgewerbes[26]

WZ 2003	Bezeichnung
DB	**Textil- und Bekleidungsgewerbe**
17	Textilgewerbe
	Spinnstoffaufbereitung und Spinnerei
17.11	Baumwollaufbereitung und -spinnerei
17.11.0	Baumwollaufbereitung und -spinnerei
17.12	Wollaufbereitung und Streichgarnspinnerei
17.12.0	Wollaufbereitung und Streichgarnspinnerei
17.13	Wollaufbereitung und Kammgarnspinnerei
17.13.0	Wollaufbereitung und Kammgarnspinnerei
17.14	Flachsaufbereitung und -spinnerei
17.14.0	Flachsaufbereitung und -spinnerei
17.15	Zwirnen und Texturieren von Filamentgarnen, Seidenaufbereitung und -spinnerei
17.15.0	Zwirnen und Texturieren von Filamentgarnen, Seidenaufbereitung und -spinnerei
17.16	Herstellung von Nähgarn
17.16.0	Herstellung von Nähgarn
17.17	Sonstige Spinnstoffaufbereitung und Spinnerei
17.17.0	Sonstige Spinnstoffaufbereitung und Spinnerei
17.2	Weberei
17.21	Baumwollweberei
17.21.1	Baumwollweberei (ohne Möbel-, Dekorations- Gardinen- und Stoffweberei)
17.21.2	Möbel- und Dekorationsstoffweberei
17.21.3	Gardinenstoffweberei
17.22	Streichgarnweberei
17.22.0	Streichgarnweberei
17.23	Kammgarnweberei
17.23.0	Kammgarnweberei
17.24	Seiden- und Filamentgarnweberei
17.24.0	Seiden- und Filamentgarnweberei
17.25	Sonstige Weberei
17.3	Textilveredlung
17.30	Textilveredlung
17.30.0	Textilveredlung
17.4	Herstellung von konfektionierten Textilwaren (ohne Bekleidung)
17.40	Herstellung von konfektionierten Textilwaren (ohne Bekleidung)
17.40.1	Herstellung von Haus-, Bett- und Tischwäsche
17.40.2	Herstellung von Bettwaren (ohne Matratzen)
17.40.3	Herstellung von konfektionierten textilen Artikeln für die Innenausstattung
17.40.4	Herstellung von sonstigen konfektionierten textilen Artikeln, anderweitig nicht genannt
17.5	Sonstiges Textilgewerbe (ohne Herstellung von Maschenware)
17.51	Herstellung von Teppichen
17.51.0	Herstellung von Teppichen
17.52	Herstellung von Seilerwaren
17.52.0	Herstellung von Seilerwaren
17.53	Herstellung von Vliesstoff und Erzeugnissen daraus (ohne Bekleidung)
17.53.0	Herstellung von Vliesstoff und Erzeugnissen daraus (ohne Bekleidung)
17.54	Textilgewerbe, anderweitig nicht genannt

[26] In der Terminologie des STATISTISCHEN BUNDESAMTES wird völlig korrekt statt „Industrie" der Begriff „Gewerbe" benutzt, da dieser beispielsweise auch Einzelunternehmen oder handwerklich orientierte Kleinunternehmen miteinschließt. Dagegen sollen in dieser Studie ausdrücklich nur industriell organisierte, also potenziell exportfähige Textil- und Bekleidungsunternehmen berücksichtigt werden. Die amtliche Abkürzung für das Textil- und Bekleidungsgewerbe lautet „DB".

Abbildung 6: Fortsetzung

WZ 2003	Bezeichnung
17.54.1	Bandweberei und -flechterei
17.54.2	Sonstiges Textilgewerbe, anderweitig nicht genannt
17.6	Herstellung von gewirktem und gestricktem Stoff
17.60	Herstellung von gewirktem und gestricktem Stoff
17.60.1	Herstellung von gewirktem und gestricktem Stoff (ohne Gardinenstoff)
17.60.2	Herstellung von gewirktem Gardinenstoff
17.7	Herstellung von gewirkten und gestrickten Fertigerzeugnissen
17.71	Herstellung von Strumpfwaren
17.71.0	Herstellung von Strumpfwaren
17.72	Herstellung von Pullovern, Strickjacken u.ä. Waren
17.72.0	Herstellung von Pullovern, Strickjacken u.ä. Waren
18	Bekleidungsgewerbe
18.1	Herstellung von Lederbekleidung
18.10	Herstellung von Lederbekleidung
18.2	Herstellung von Bekleidung (ohne Lederbekleidung)
18.21	Herstellung von Arbeits- und Berufsbekleidung
18.21.0	Herstellung von Arbeits- und Berufsbekleidung
18.22	Herstellung von Oberbekleidung (ohne Arbeits- und Berufsbekleidung)
18.22.1	Herstellung von gewebter Oberbekleidung für Herren und Knaben
18.22.2	Herstellung von gewebter Oberbekleidung für Damen und Mädchen
18.22.3	Herstellung von gewirkter und gestrickter Oberbekleidung
18.23	Herstellung von Wäsche
18.23.1	Herstellung von gewebter Wäsche (ohne Miederwaren)
18.23.2	Herstellung von gewirkter und gestrickter Wäsche (ohne Miederwaren)
18.23.3	Herstellung von Miederwaren
18.24	Herstellung von sonstiger Bekleidung und Bekleidungszubehör
18.24.1	Herstellung von Sportbekleidung
18.24.2	Herstellung von Hüten und sonstigen Kopfbedeckungen
18.24.3	Herstellung von Bekleidung und Bekleidungszubehör für Kleinkinder
18.24.4	Herstellung von sonstigen gewirkten und gestrickten Fertigerzeugnissen
18.24.5	Herstellung von Bekleidungszubehör, anderweitig nicht genannt
18.3	Zurichtung und Färben von Fellen, Herstellung von Pelzwaren
18.30	Zurichtung und Färben von Fellen, Herstellung von Pelzwaren
18.30.0	Zurichtung und Färben von Fellen, Herstellung von Pelzwaren

Quelle: STATISTISCHES BUNDESAMT[27]

Wenn man die WZ 2003 zwecks besserer Überschaubarkeit nach Produktionsverfahren bzw. -ergebnissen zusammenfasst, ergeben sich folgende Oberkategorien: Zur Textilindustrie zählen demnach die *Spinnstoffaufbereitung und Spinnerei* (DB 17.1), die *Weberei* (DB 17.2), die *Textilveredelung* (DB 17.3), die *Herstellung von Heimtextilien* (DB 17.4) die *Herstellung von Teppichen* (DB 17.5), die *Herstellung von Maschenstoffen und Gardinen* (DB 17.6) sowie die *Herstellung von Strumpfwaren, Pullovern, Strickjacken u.ä.* (DB 17.7). Die Bekleidungsindustrie umfasst die *Herstellung aller Arten von Bekleidung und Bekleidungszubehör (Accessoires) aus Leder* (DB 18.1) und *Textilien* (DB 18.2), außer Strumpfwaren, Pullovern und Strickjacken, sowie die *Verarbeitung von Fellen und Pelzen* (DB 18.3).[28] Es

[27] Klassifikation der Wirtschaftszweige, Ausgabe 2003 (WZ 2003), S. 7-8. – Im Internet: http://www.destatis.de/download/d/klassif/wz03.pdf (Abruf am 11.03.2005).

[28] Im Übrigen gehört die Herstellung von Schuhen gemäß WZ 2003 weder zur Textil- noch zur Bekleidungsindustrie, sondern ist der Lederindustrie zuzurechnen (DC 19.3).

gilt festzuhalten, dass die einzelnen Wirtschaftszweige der Textil- und Bekleidungsindustrie – und somit auch einzelne Textil- und Bekleidungsunternehmen – durch die jeweiligen **Endprodukte ihrer textilen Wertschöpfungskette** (vgl. *Kapitel 2.2.2*) charakterisiert sind.

2.2.2 Der textilwirtschaftliche Produktionsprozess

2.2.2.1 Die textile Kette

Der Begriff „textilwirtschaftlicher Produktionsprozess“ (oder synonym „textilindustrieller Produktionsprozess“) ist eine Umschreibung für den produktionstechnischen Lebensweg einer Textilfaser vom Rohstoff bis zum fertigen Bekleidungsstück. Der textilwirtschaftliche Produktionsprozess verläuft in einer Richtung und umspannt alle produktionstechnischen Schritte von der Herstellung von Textilien (Textilindustrie) bis zur Herstellung von Bekleidung (Bekleidungsindustrie). Hierbei ist die Textilindustrie der wichtigste Zulieferer der Bekleidungsindustrie, die Bekleidungsindustrie ihrerseits der wichtigste Abnehmer der Textilindustrie. Das wesentliche Charakteristikum der industriellen Produktion von Textilien und Bekleidung ist die *Mehrstufigkeit* und in der Regel strenge *lineare Determiniertheit der Verarbeitungsfolge*. Das bedeutet, dass die einzelnen Verarbeitungsschritte des textil-industriellen Produktionsprozesses seriell voneinander abhängig sind, d.h. nur nacheinander, aber nicht parallel durchgeführt werden können.[29] Die Abfolge des Warenflusses von Produktionsstufe zu Produktionsstufe verläuft in der Textil- und Bekleidungsindustrie, von einigen Ausnahmen abgesehen, immer einseitig und in eine Richtung, d.h. jede Stufe des Produktionsprozesses verarbeitet Waren von vorgelagerten Märkten und beliefert nur die nachgelagerte Stufe. Aufgrund dieser seriellen Abhängigkeit der Lieferbeziehungen wird der textilwirtschaftliche Produktionsprozess auch als **Textil-Pipeline** oder **textile Kette** bezeichnet.[30]

Aus unternehmerischer Sicht bietet die serielle Mehrstufigkeit der textilen Kette eine Möglichkeit zur Rationalisierung der Wertschöpfung durch Arbeitsteilung. Denn die zentrale Voraussetzung hierfür – die räumliche, zeitliche und organisatorische Teilbarkeit der einzelnen Produktionsprozesse –, ist geradezu idealtypisch gegeben. Die Teilbarkeit beschränkt sich nicht nur auf die **intraorganisationale Aufteilung** der Produktionsstufen auf

[29] Vgl. TÜCKING (1999), S. 12.
[30] Vgl. z.B. RATHKE (1996), S. 15 oder HERMANN (1996), S. 93 und S. 152.

verschiedene Standorte *innerhalb des Unternehmens*, sondern ermöglicht auch die **inter-organisationale Aufteilung** der Produktionsstufen *zwischen zwei Unternehmen.*[31] Daher vermag es kaum zu überraschen, dass sich in der textilen Kette eines Textilerzeugnisses oder Bekleidungsproduktes typischerweise eine Vielzahl einzelner Unternehmen aneinanderreihen, sprich durch spezialisierte Zulieferverhältnisse eng miteinander verknüpft sind. Auch soll bereits an dieser Stelle betont werden, dass die unternehmensübergreifende (sprich inter-organisationale) Koordinierung der Wertschöpfungskette in der Textil- und Bekleidungsindustrie von heute auch und gerade in verstärktem Maße über Ländergrenzen hinweg praktiziert wird. Begründet durch die relativ geringe Standortbindung der textilwirtschaftlichen Produktionsstufen sind grenzüberschreitende Unternehmenskooperationen und Produktionsverlagerungen in der Textil- und Bekleidungsbranche seit Langem gängige und weit verbreitete unternehmerische Praxis (vgl. *Kapitel 2.2.4*).

Da es eine zentrale Problemstellung der vorliegenden Arbeit ist, die Möglichkeiten, Chancen und Risiken von Produktionsauslagerungen (produktionsorientiertes Outsourcing) zu untersuchen, ist es zumindest für ein eindeutiges Begriffsverständnis vonnöten, die einzelnen Stufen der Textil-Pipeline zu skizzieren. Der **textilindustrielle Produktionsprozess** umfasst im Allgemeinen fünf übergeordnete Bereiche:

- 1. Stufe: die Herstellung und Aufbereitung von textilen Rohstoffen (Spinnstoffaufbereitung),
- 2. Stufe: die Garnherstellung (Spinnstoffverarbeitung),
- 3. Stufe: die Herstellung textiler Flächen (Garn- oder Gespinstverarbeitung),
- 4. Stufe: die Veredlung von Textilerzeugnissen sowie
- 5. Stufe: die Konfektion von Textil- oder Bekleidungsprodukten.[32]

Dabei entspricht das Produktionsergebnis einer jeweiligen Stufe immer dem Vormaterial der nächsten Verarbeitungsstufe. *Abbildung 7* veranschaulicht die kettenförmige Aneinanderreihung der einzelnen Produktionsstufen:

---

[31] Vgl. HERMANN (1996), S. 97.

[32] Vgl. z.B. HERMANN (1996), S. 91, RATHKE (1996), S. 14f, TÜCKING (1999), S. 14ff, RIESCH (1998), S. 90ff oder SCHNEIDER (2004), S.94ff.

Abbildung 7: Schema der textilen Kette

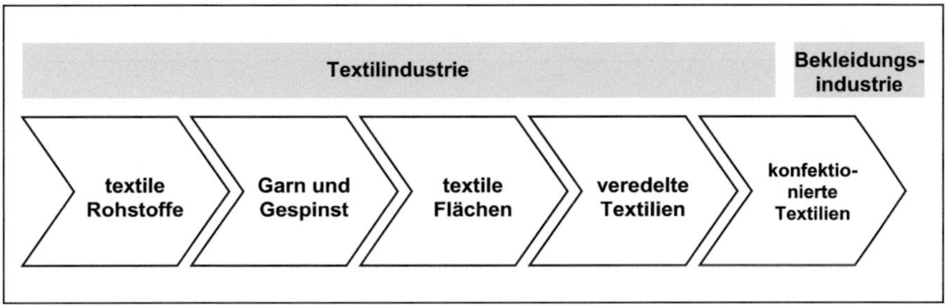

Quelle: eigene Darstellung

Am Anfang der textilen Kette steht die Gewinnung natürlicher bzw. die Herstellung künstlicher Textilfasern. Gleichwohl ist dieser Bereich nicht zur Textilindustrie, sondern, je nach Art der Textilfaser, zur Agrarwirtschaft (z.B. die Gewinnung von Wolle durch Schafzucht) oder Chemiefaserindustrie (z.B. die Herstellung von synthetischen Fasern) zu zählen. Dem folgt die erste Stufe der verarbeitenden Textilindustrie, die *Spinnstoffaufbereitung und Spinnerei* (WZ 2003, DB 17.1)[33]: Hierbei werden die textilen Fasern, also Naturfasern (pflanzlicher, tierischer oder mineralischer Herkunft) oder chemischen Fasern (auf synthetischer, zellulosischer oder anorganischer Basis) für den Spinnprozess vorbereitet.[34] Auf der nächsten Stufe der textilen Kette, der *Spinnstoffverarbeitung* (DB 17.1), werden die natürlichen oder chemischen Textilfasern in der Spinnerei zu Garn versponnen. Anschließend erfolgt die *Garn- und Gespinstverarbeitung* (DB 17.2 und 17.5), wobei durch Weben, Wirken, Stricken, Tuften und Vliesen textile Flächengebilde (Gewebe, Gewirke, Geflechte sowie Teppiche) gewonnen werden.[35] Diese textilen Flächen wiederum werden in der Stufe der *Textilveredlung* chemisch oder mechanisch behandelt („veredelt"), also gefärbt, bedruckt oder geplättet (DB 17.3 und 17.6).[36] Ergebnis dieser Produktionsstufe ist, laiensprachlich gesprochen, handelsüblicher „Stoff" (z.B. Meterware, Dekorationsstoffe, Gardinen). In der letzten Stufe der textilen Kette, der *Konfektion* oder *Konfektionierung* (DB 17.4 und 18) werden die veredelten textilen Flächen zu technischen Textilien, Heim- und Haustextilien oder Bekleidung endverarbeitet. Deswegen ist der Bereich der Konfektion sowohl der Textil- als auch der Bekleidungsindustrie zugehörig. Zur Konfektion sind jene Tätigkeiten zuzuordnen, die ein textiles Erzeugnis (z.B. Garn, Gewebe oder Maschenstoff) in

---

[33] Zur Brancheneinteilung der Textil- und Bekleidungsindustrie nach WZ 2003 vgl. *Kapitel 2.2.1.*

[34] Vgl. TÜCKING (1999), S. 14.

[35] Vgl. SCHNEIDER (2004), S. 94.

[36] Vgl. HERMANN (1996), S. 91.

einen handelsfertigen Zustand bringen.[37] In den Bereich der Textilindustrie fällt die Konfektion aller textilen Fertigprodukte (z.B. Zelte, Bettwäsche, Verbandsmaterial, Verpackungsmaterialien, handelsfertiges Nähgarn) außer Bekleidung. Dagegen zählt zur Bekleidungsindustrie nur die Herstellung (Konfektion) von Bekleidungstextilien. *Abbildung 8* gibt einen schematischen Gesamtüberblick über den textilwirtschaftlichen Produktionskomplex:

Abbildung 8: Institutionelles und prozessorientiertes Strukturmodell der textilindustriellen Produktion

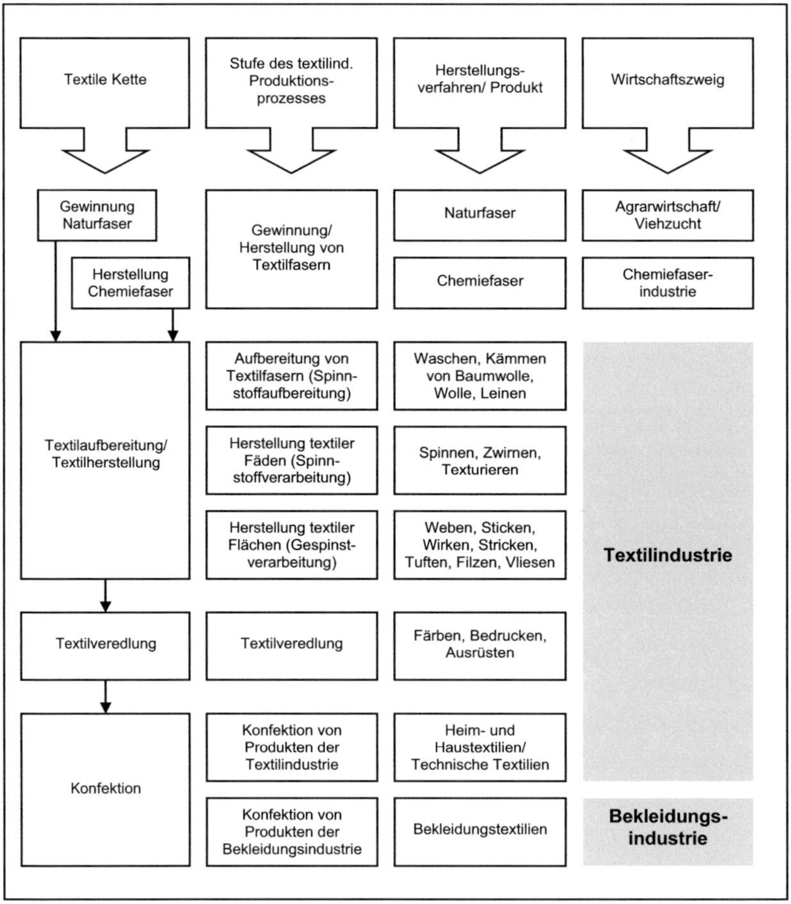

Quelle: eigene Darstellung in Anlehnung an SCHNEIDER (2004), S. 93 und HERMANN (1996), S. 92

---

[37] Vgl. SCHNEIDER (2004), S. 95.

2.2.2.2 Die Konfektion von Bekleidungstextilien

Auch die Konfektion von Bekleidungstextilien ist in einzelne, aufeinander folgende Verarbeitungsstufen unterteilt. Diese sind, im Gegensatz zur Konfektion in der Textilindustrie, durch einen geringen Grad der maschinellen Automatisierung gekennzeichnet, d.h. die meisten Arbeitsschritte – von der veredelten textilen Fläche zum fertigen Bekleidungsstück – können nur manuell und individuell, von *einer* Arbeitskraft an *einem* bearbeiteten Einzelstück ausgeführt werden. Daher sind Skalenvorteile, die auf technischen Fortschritt basieren, in der Bekleidungsproduktion kaum mehr zu realisieren.[38] Vor dem Hintergrund hoher Arbeits- und geringer Sachanlagenintensität haben viele Bekleidungsunternehmen den Bereich der Konfektion ganz oder zum Teil in Niedriglohnländer verlagert bzw. outgesourcet. Eine zentrale Herausforderung für verlagerte bzw. ausgelagerte (Teil-)Bereiche der Bekleidungskonfektion besteht darin, die Schnittstelle zwischen zwei geographisch voneinander getrennten Verarbeitungsfolgen möglichst zeitnah und ohne Reibungsverluste zu koordinieren. Im weiteren Verlauf der vorliegenden Studie wird immer wieder auf die Wertschöpfungsstruktur der Bekleidungsproduktion rekurriert werden. Um zumindest eine grobe Vorstellung von der Konfektion eines Bekleidungsstückes zu erhalten, ist in *Abbildung 9* die Abfolge der einzelnen Produktionsstufen und Verarbeitungsvorgänge schematisch dargestellt:

[38] Vgl. SCHNEIDER (2004), S. 96.

Abbildung 9: Die Wertschöpfungsstufen der Bekleidungskonfektion

Produktionsstufe	Verarbeitungsvorgänge
Kreation	Design, Materialauswahl, Entwurf von Musterteilen
Kollektion	Zusammenstellung der Kollektion, Präsentation (Modenschau), Erstellung von Schnittkopien
Meterware	Stoffrollen auspacken und bereitstellen
Legen	Stoffrollenvorlage, Übereinanderlegen von Stoffbahnen
Zuschnitt	Lagentransfer, Schnittgradierung, Schnittmuster auflegen/ auftragen, Schneiden/ Stanzen, Abräumen
Nähen	Vernähen der zugeschnittenen Teile, An- und Aufbringen von weiteren Zutaten (Knöpfe, Stickereien etc.), Einnähen von Markenzeichen und -logos (Etiketten)
Bügeln	
Endfertigung	Qualitätskontrolle, Anbringen von Verkaufsanhängern (Labeling)
handelsfertiges Bekleidungsstück	Zusammenlegen, Verpacken, Registrieren

Quelle: eigene Darstellung in Anlehnung an RIESCH (1998), S. 115 und TÜCKING (1999), S. 16

2.2.3 Charakterisierung der Textil- und Bekleidungsprodukte

2.2.3.1 Unterscheidungskategorien textiler Erzeugnisse

Als Textil- und Bekleidungsprodukte werden sämtliche textilen Güter verstanden, d.h. alle textilen Erzeugnisse, die als *Zwischenerzeugnisse* von anderen Industrien weiterverarbeitet werden (z.B. textile Filter, Reifencord, Airbags) oder als *Fertigerzeugnisse* vom Endverbraucher konsumiert werden (z.B. Bekleidung, Zelte, Verbandsmull). Die Produkte der Textil- und Bekleidungsindustrie können, ihrem Verwendungszweck entsprechend, in drei übergeordnete **Kategorien** unterteilt werden:

- Bekleidungstextilien,
- Heim- und Haustextilien und
- technische Textilien.[39]

Zu den Bekleidungstextilien zählen solche Textilien, die zu Bekleidung weiterverarbeitet werden (laiensprachlich „Tuche“, „Stoff“), sowie jedwede textilen Bekleidungsprodukte[40]. Als Heim- und Haustextilien werden Textilien bezeichnet, die im privaten Haushalt, in öffentlichen Gebäuden oder sonstigen Räumlichkeiten Anwendung finden (z.B. Gardinen, Teppiche, Tischdecken, Bettwäsche, Handtücher). Allen technischen Textilien ist gemein, dass sie eine bestimmte technische, zweckorientierte Funktion erfüllen (z.B. Förderbänder, Sicherheitsgurte, Segel, Schusswesten, Säcke, Netze).[41]

Dass die Textil- und die Bekleidungsindustrie stark miteinander verzahnt sind und daher auf der Ebene der Produktion eine gemeinsame Betrachtung notwendig und sinnvoll ist, wurde bereits im vorangegangenen *Kapitel 2.2.2* dargestellt. Außerdem dürfte unmittelbar einleuchten, dass eine vereinheitlichende Betrachtung *aller* Produkte der Textil- und Bekleidungsindustrie weder aus praktischen Gründen möglich noch überhaupt zweckmäßig ist; hierfür ist das Spektrum unterschiedlicher Textilprodukte schlicht zu breit gefächert. Mit anderen Worten: Die Markt- und Umweltbedingungen von Bekleidungstextilien, Heimtextilien und technischen Textilien unterscheiden sich so gravierend voneinander, dass zwangsläufig bei einer Untersuchung der Textil- und Bekleidungsindustrie eine Präferenz für eine der drei Kategorien gesetzt werden muss. Hierzu einige plakative Beispiele: Die Märkte

[39] Vgl. z.B. JACOBI (1990), S. 9.
[40] Nicht-textile Bekleidungsprodukte sind z.B. Schuhe, Gürtel, Handtaschen sowie Schmuck und Accessoires aus Holz, Metall oder anderen nicht-textilen Materialien.
[41] Technische Textilien werden in der Umgangssprache häufig fälschlicherweise als „Industrietextilien“ bezeichnet.

einer Seidenkrawatte (Bekleidungstextilie) sind nun einmal andere als diejenigen eines Wischtuches (Heimtextilie), dessen Märkte wiederum unterscheiden sich erheblich von denen eines Yachtsegels (technische Textilie). Um zu plausiblen Aussagen und überzeugenden Ergebnissen zu gelangen, muss sich jede wissenschaftliche Studie auf die fokussierte Betrachtung *einer* der drei Hauptkategorien der Textilproduktion beschränken. Deshalb soll im weiteren Verlauf der vorliegenden Untersuchung das Hauptaugenmerk auf Bekleidungstextilien gelegt werden.[42] Gleichwohl sollte dies im Folgenden nicht als strenge Einschränkung verstanden werden, da in bestimmten sachspezifischen Zusammenhängen der Bekleidungsproduktion auch Produkte aus den Bereichen Heimtextilien und technische Textilien Berücksichtigung finden müssen.

2.2.3.2 Die Produkte der Bekleidungsindustrie

Die Produkte der Bekleidungsindustrie lassen sich in verschiedene **Fachsparten** einteilen.[43] In der Bekleidungsbranche ist – auch international – folgende Kategorisierung üblich:

- Damenoberbekleidung (DOB),
- Herren- und Knabenoberbekleidung (HAKA),
- Kinderbekleidung (KOB/ KIKO),
- Sportbekleidung,
- Arbeits- und Berufsbekleidung,
- Wäsche,
- Miederwaren und
- sonstige Bekleidungserzeugnisse. [44]

Die in Klammern wiedergegebenen Schreibweisen entsprechen den in der deutschen Bekleidungsbranche weit verbreiteten und allgemein gebräuchlichen Abkürzungen.

Verwunderlicherweise gibt es in der Bekleidungsbranche keine allgemein verbindliche Auflistung oder Norm, welche die Produkte der Bekleidungsindustrie expressis verbis aufzählt. D.h. weder behördlicherseits (z.B. vom STATISTISCHEN BUNDESAMT) noch von

[42] Dies gilt insbesondere für die in *Kapitel 4* und *Kapitel 5* dargestellte Marktanalysen der deutschen bzw. der türkischen Textil- und Bekleidungsindustrie. Auch das in *Kapitel 6* zu entwickelnde Konzept für *anbieterinitiiertes Outsourcing* fokussiert solche Unternehmen, deren Kerngeschäft in der Produktion von Bekleidungstextilien besteht.

[43] Es sei nochmals darauf hingewiesen, dass es Bekleidungsprodukte gibt, die nicht von der Bekleidungsindustrie stammen (z.B. Schuhe, Gürtel).

[44] Vgl. z.B. TÜCKING (1999), S. 20 oder HERMANNS (1999), S. 36.

Seiten der zahlreichen Fachverbände der Bekleidungshersteller (z.B. BUNDESVERBAND BEKLEIDUNGSINDUSTRIE E.V. (BBI), Köln) ist niedergelegt, welche textilen Produkte denn im Einzelnen als **Bekleidungsprodukte** zu definieren sind. D.h. hierzu fehlt eine einheitliche Definition. Umso erstaunlicher ist, dass keines der im *Literaturverzeichnis* der vorliegenden Arbeit angeführten Werke auf diesen doch bemerkenswerten Umstand hinweist. Eigentlich sollte es eine Selbstverständlichkeit sein, bei der wissenschaftlichen oder praxisspezifischen Beschäftigung mit der Bekleidungsindustrie, auf eine systematische Zusammenfassung der Bekleidungsprodukte zurückgreifen zu können. Um dieser Lücke Abhilfe zu schaffen, seien im Folgenden die wichtigsten Produkte der Bekleidungsindustrie genannt:[45]

- Damenoberbekleidung: Kleider, Kostüme/ Jackenkleider, Röcke, Hosen (inkl. Jeans), Jacken (inkl. Anoraks), Blazer, Hosenanzüge, Mäntel, Blusen, T-Shirts/ Oberteile/ Poloshirts, Strickwaren[46] (z.B. Pullover, Cardigans, Twinsets), Sweatshirts, Strümpfe und Socken.[47]
- Herren- und Knabenoberbekleidung: Hosen (inkl. Jeans), Jacken (inkl. Anoraks), Anzüge (z.B. Zweiteiler, Dreiteiler, Smoking, Frack), Jacketts/ Sakkos, Mäntel, Hemden, T-Shirts/ Poloshirts, Strickwaren[48] (z.B. Pullover, Pullunder, Strickjacken), Westen, Sweatshirts, Strümpfe und Socken.[49]
- Kinderoberbekleidung: Kinderhosen (inkl. Jeans), Kinderjacken (inkl. Anoraks), Kindermäntel, Kinderstrickwaren, Kinder-T-Shirts/ -Oberteile/ -Poloshirts, Kindersweatshirts, Mädchenkleider, Mädchenkostüme/ Jackenkleider, Mädchenblazer, Mädchenröcke, Mädchenblusen, Knabenanzüge, Knabenhemden[50], Kinderstrümpfe und -socken.[51]
- Sportbekleidung (Damen, Herren, Kinder): je nach Sportart: Sporthosen, Sporthemden, Sportpullover, Sportjacken (z.B. Skibekleidung, Golfbekleidung, Tennisbekleidung).

---

[45] Die Zusammenstellung der Bekleidungsprodukte basiert auf einer „Warengruppenliste" der GESELLSCHAFT FÜR KONSUMFORSCHUNG (GFK) und wird von dieser hauptsächlich bei Befragungen oder für Statistiken genutzt. Im Internet: http://www.gfk.de/produkte/statisch/services/produkt_1_1_052.php (Abruf am 21.03.2005).

[46] Entgegen der Klassifikation gemäß WZ 2003, DB 17.72 (vgl. *Kapitel 2.2.1*) werden Strickwaren in dieser Zusammenstellung zu Produkten der Bekleidungsindustrie und nicht der Textilindustrie gezählt.

[47] Entgegen der Klassifikation gemäß WZ 2003, DB 17.71 (vgl. *Kapitel 2.2.1*) werden Strumpfwaren in dieser Zusammenstellung zu Produkten der Bekleidungsindustrie und nicht der Textilindustrie gezählt.

[48] Vgl. *Fußnote 46.*

[49] Vgl. *Fußnote 47.*

[50] Knaben bis zum Alter von ca. 12 Jahren tragen Kinderoberbekleidung, Bekleidung für heranwachsende Knaben (bis zum 18. Lebensjahr) wird zur HAKA gezählt.

[51] Vgl. *Fußnote 47.*

- Arbeits- und Berufsbekleidung (Damen, Herren): Jacken, Hosen, Hemden, Overalls, Kittel, Schürzen.
- Wäsche (Damen, Herren, Kinder): Tageswäsche, Nachtwäsche, Badewäsche, Morgen- und Bademäntel.
- Miederwaren (Damen): Büstenhalter, Bustiers, Tops, Mieder, Korsagen, Korsette, Strumpfhalter, Strumpfbänder, Strumpfwaren.[52]
- Sonstige Bekleidungserzeugnisse (Damen, Herren, Kinder): Hüte, Mützen, Schals, Handschuhe, Krawatten, Fliegen, Krawattenschals, Tücher, Einstecktücher (Pochettes), Lederbekleidung, Pelzbekleidung.

Jedes Bekleidungsstück hat einen **Verkaufspreis**, der grundsätzlich zum einen von der Qualität und zum Anderen von der spezifischen Vermarktung (z.B. der Markierung) abhängig ist. Gerade die Marke eines Bekleidungsstückes ist ein wesentlicher Indikator für dessen Preis; prinzipiell gilt: je exklusiver die Bekleidungsmarke, umso höher der Preis. In der Bekleidungsbranche ist es üblich, Bekleidungsstücke (genauer gesagt: die jeweilige Bekleidungsmarke) durch unterschiedliche Abstufungen von Exklusivität zu charakterisieren. Dementsprechend ist jede Bekleidungsmarke in einer bestimmten Preislage, dem so genannten **Genre** positioniert. Es wird unterschieden zwischen:

- Luxusgenre,
- Hochpreisgenre,
- Mittleres Genre und
- Niedrigpreisgenre.[53]

Auch feinere Unterteilungen sind denkbar. Allerdings ist mit der Klassifizierung in Genres nicht automatisch ein expliziter Preisspielraum festgelegt, d.h. für die Preisbildung innerhalb eines einzelnen Genres gibt es keine verbindlichen Richtlinien. Eine Einteilung der Bekleidungsmarken und -stücke nach Genres ist also keine behördliche oder fachverbandseigene Vorgabe, sondern eine allgemein verbreitete, branchenspezifische Usance.

Ein weiteres Kriterium zur Charakterisierung der Bekleidungsprodukte ist deren **Modegrad** und **Saisonalität**.[54] Der Absatz von Bekleidungsprodukten ist charakterisiert von wieder-

[52] Vgl. *Fußnote 47*.
[53] Vgl. z.B. CALISAN (2005), S. 117 oder HERMANNS (1999), S. 37.
[54] Vgl. hierzu die aufschlussreichen Ausführungen von TÜCKING (1999), S. 22f.

kehrenden Schwankungen mit konstanter Zyklusdauer. Diese Saisonzyklen des bekleidungswirtschaftlichen Absatzes leiten sich ab von

- der klimatischen (jahreszeitlichen) Saisonabhängigkeit und
- der künstlichen (modebedingten) Saisonabhängigkeit der Bekleidungsprodukte.[55]

Erstere hängt mit der Nachfrage nach warmer, leichter oder wetterfester Bekleidung im Wandel der Jahreszeiten zusammen. Letztere bedingt sich durch die modisch begrenzte „Gültigkeit" einer Kollektion, die nur innerhalb einer einzigen Frühjahr/Sommer- bzw. Herbst/Winter-Saison abgesetzt werden kann. In beiden Saisonzyklen wird der Konsum von Bekleidungsprodukten vom jeweiligen Zeitgeschmack – der Mode – beeinflusst. Mode ist ein komplexes soziologisches, psychologisches und ökonomisches Phänomen mit methodisch schwer beschreibbaren oder messbaren Dimensionen. Mode ist ein kontinuierlicher und dynamischer Prozess und äußert sich in zumeist kurzfristigen, vorübergehenden Erscheinungsformen und -varianten, die typischerweise von einer kleinen Gruppe von Innovatoren auf breitere Bevölkerungsgruppen übertragen werden. Dabei ist die Mode allgemeingültig, d.h. weder auf gesellschaftliche Gruppen oder Einzelpersonen beschränkt, und unterscheidet sich insofern vom individuellen „Geschmack". Aus ökonomischer Sicht lässt sich von der Mode auf qualitative Konsumgewohnheiten während eines bestimmten Zeitabschnitts schließen. Dabei hängt es vom Modegrad der jeweiligen Bekleidungsmarke ab, ob in den laufenden Kollektionen aktiv Trends gesetzt oder schon angelaufene Entwicklungen adaptiert werden. Ein modisch ambitioniertes, erfolgsorientiertes Bekleidungsunternehmen zielt stets darauf ab, die eigene Produktpolitik an der aktuellen Mode auszurichten und, umgekehrt, den Modemarkt so weit wie möglich im eigenen Interesse zu beeinflussen. Dem Verbraucher soll mit der Bekleidungsmarke nicht nur ein Produkt, sondern vielmehr ein bestimmtes Life-Style-Konzept angeboten werden. Ziel ist es, aus dem einmaligen Käufer einen markentreuen Kunden zu machen, der sich mit dem von der Bekleidungsmarke reflektierten Lebensstil identifizieren kann. Denn dadurch sind für das Bekleidungsunternehmen – auch langfristig – bessere Renditen gewährleistet.[56] Üblicherweise werden Bekleidungsprodukte je nach Modegrad einer der drei folgenden Kategorien zugeordnet:

- Basic-/ Standardware,
- Saisonware und
- hochmodische Ware.[57]

---

[55] Vgl. TÜCKING (1999), S. 25.
[56] Vgl. CALISAN (2005), S. 109-114.
[57] Vgl. HERMANN (1996), S. 479f.

Basic- oder Standardware bezeichnet Bekleidungsprodukte, die, manchmal mit geringen modischen Veränderungen, über mehrere Saisonen hinweg vertrieben werden (z.B. einfarbige T-Shirts, Wäsche, Strumpfwaren). Saisonware umfasst solche Bekleidungsstücke, die nur vom Anfang bis zum Ende einer Frühjahr/Sommer- bzw. Herbst/Winter-Saison abgesetzt werden (z.B. Wintermäntel, Sommeranzüge, Sommerkleider). Dagegen dauert der Lebenszyklus hochmodischer Ware in manchen Fällen nur wenige Wochen; Hersteller hochmodischer Bekleidung sind z.B. vertikal integrierte Modeketten wie HENNES & MAURITZ, ZARA und MANGO, alle internationalen Designermarken sowie Nischenanbieter für bestimmte Jugendszenen oder Avantgarde-Gruppierungen. Grundsätzlich gilt für alle Bekleidungsprodukte: je höher der Modegrad, umso kürzer der Produktlebenszyklus.

2.2.4 Passive Veredelung

2.2.4.1 Definition und Bedeutung der Passiven Veredelung

Seitens der Textil- und Bekleidungsindustrie werden im Rahmen der internationalen Arbeitsteilung vermehrt Herstellungshandlungen in Drittländern vorgenommen. Dies geschieht in den meisten Fällen wegen der betriebswirtschaftlichen Motivation, niedrigere Lohnkosten im Ausland auszunutzen. Damit aber bei der (Wieder-)Einfuhr der im Ausland bearbeiteten Erzeugnisse nicht die volle Zollbelastung zum Tragen kommt, können Textil- und Bekleidungshersteller das besondere Zollverfahren der „Passiven Veredelung“ in Anspruch nehmen.[58]

Die Passive Veredelung (synonym auch „Lohnveredelung“ oder „passiver Veredelungsverkehr“ genannt) ist eine besondere Form der Produktionsverlagerung, die gerade von der deutschen Textil- und Bekleidungsindustrie in den letzten drei Jahrzehnten in immer stärkerem Maße genutzt wurde und wird. Es ist durchaus nicht übertrieben zu sagen, dass die heutige Wettbewerbsfähigkeit deutscher Textil- und Bekleidungsproduzenten zu großen Teilen auf der Inanspruchnahme des Passiven Veredelungsverkehrs beruht.

Der Passive Veredelungsverkehr (PV) ist eine spezielle Form der grenzüberschreitenden Unternehmenskooperation, zumeist ohne Kapital- und Know-how-Transfer (vgl. *Kapitel*

[58] Vgl. BUNDESMINISTERIUM DER FINANZEN (2004), o.S.

2.1.2), die allgemein folgendermaßen definiert wird: Halbfertige Erzeugnisse werden aus einem Zollgebiet in ein anderes exportiert, dort weiterverarbeitet („veredelt") und anschließend wieder in das Ursprungsland unter Nutzung von Zollvergünstigungen importiert.[59] Von exponierter Bedeutung hierbei ist, dass bei dieser speziellen Form des Außenhandelsverkehrs nicht der gesamte Warenwert der reimportierten Güter, sondern nur die im Ausland erbrachte Wertschöpfung verzollt wird (sog. „Differenzverzollung").

Der PV unterliegt dem Handelsregime der EU und ist streng reglementiert. Grundsätzlich wird zwischen zwei Arten des PV unterschieden:

- Zollamtlich zu bewilligender PV und
- wirtschaftlicher PV.[60]

Der *zollamtlich zu bewilligende Passive Veredelungsverkehr* ist im Zollkodex der EU geregelt und räumt für Wiedereinfuhren unter bestimmten (strengen) Voraussetzungen Zollvergünstigungen und -befreiungen ein. Entscheidend ist, dass vor Durchführung der Veredelungsarbeiten im Ausland die Zollbehörde die Ursprungseigenschaften des Vormaterials feststellt (EU-Ursprung oder Drittlands-Ursprung) und einen sog. „PV-Schein" (Grenzüberschreitungsbescheinigung) ausstellt, der als Warenbegleitdokument die halbfertigen Textilien bei der temporären Ausfuhr begleitet. Bei der Wiedereinfuhr ist dann nur der Differenzzoll zu entrichten, welcher auf den Differenzbetrag zwischen dem Zollwert des Vormaterials und dem Zollwert der Fertigwaren erhoben wird. Demgegenüber wird unter dem *wirtschaftlich Passiven Veredelungsverkehr* der Transfer verstanden, der mit Ländern abgewickelt wird, deren Importe *nicht* mit Zöllen belegt werden. D.h. veredelte Produkte können zollfrei eingeführt werden, sofern die Textilien innerhalb der EU oder im Rahmen von Zollunionen oder anderen Präferenzabkommen veredelt wurden. Der wirtschaftliche PV betrifft insbesondere:

- Polen, Tschechien, die Slowakei, Slowenien und Ungarn (EU-Mitglieder seit Mai 2004; vgl. *Kapitel 2.3.1*),
- die Türkei (seit 1996 Zollunion mit der EU, offizieller EU-Beitrittskandidat seit 2004; vgl. *Kapitel 2.3.2*),

---

[59] Vgl. z.B. SCHNEIDER (2004), S. 147, INSTITUT DER DEUTSCHEN WIRTSCHAFT (2002), S. 42 oder STRUBE (1999), S. 112.

[60] Vgl. z.B. ADLER ET AL. (1995), S. 7.

- Rumänien und Bulgarien (seit 1997/1998 Präferenzabkommen mit der EU, EU-Beitrittsverhandlungen 2004 abgeschlossen, seit Januar 2007 EU-Mitgliedsländer) sowie
- Kroatien (offizieller EU-Beitrittskandidat seit 2004, EU-Beitrittsverhandlungen in Aussicht gestellt).

Tabelle 3 listet die für Deutschland zwanzig wichtigsten Veredelungslieferanten von Textilien und Bekleidung auf:

Tabelle 3: Die für Deutschland zwanzig wichtigsten Veredelungslieferanten von Textilien und Bekleidung

Ränge 2001	PV-Lieferanten	in Millionen Euro	Änderung der Rangplätze seit 1993[1)]
1	Polen	1.015,4	0
2	Rumänien	877,9	0
3	Tschechien	510,3	+4
4	Tunesien	345,1	+1
5	Ungarn	327,2	-2
6	Slowakei	279,7	+7
7	Ukraine	236,7	–[2)]
8	Slowenien	228,0	-4
9	Bulgarien	222,9	+5
10	Kroatien	221,9	-4
11	Marokko	176,4	-3
12	Türkei	162,1	-2
13	Mazedonien	154,4	-1
14	Litauen	140,6	–[2)]
15	Portugal	108,4	-4
16	Bosnien-Herzegowina	67,0	–[2)]
17	Italien	63,4	+1
18	Bundesrepublik Jugoslawien	60,8	–[2)]
19	Griechenland	59,8	-10
20	Russische Föderation	58,3	-1

1) Pluszeichen = Rangverbesserung / Minuszeichen = Rangverschlechterung

2) Diese Länder waren 1993 noch nicht unter den zwanzig größten Lieferanten.

Quelle: INSTITUT DER DEUTSCHEN WIRTSCHAFT (2002), S. 44

Demnach ist die Zusammensetzung der wichtigsten Veredelungslieferanten für die deutsche Textil- und Bekleidungsindustrie sehr heterogen. *Tabelle 3* zufolge bestehen die intensivsten Veredelungskooperationen mit Staaten der EU (insgesamt neun Staaten). Auch der Veredelungsverkehr mit den südosteuropäischen EU-Beitrittskandidaten wird von deutschen Textil- und Bekleidungsherstellern bevorzugt in Anspruch genommen. Hierzu zählen ebenso

Länder wie die BR Jugoslawien, Mazedonien, Bosnien-Herzegowina, die Ukraine und die Russische Föderation, deren politische und wirtschaftliche Zusammenarbeit mit der EU, insbesondere aber mit Deutschland in den nächsten Jahren sogar noch an Bedeutung und Volumen gewinnen dürfte; überraschenderweise verzeichnen in jüngster Zeit gerade die politisch eher als instabil zu bezeichnenden Staaten BR Jugoslawien und die Ukraine enorme Wachstumsraten, vor allem aufgrund des zollamtlich zu bewilligenden PV.[61] Darüber hinaus pflegt die deutsche Textil- und Bekleidungsindustrie traditionell intensive Veredelungsbeziehungen zu Tunesien und Marokko, wobei diese afrikanischen Länder zu Gunsten der mittel- und südosteuropäischen Transformationsländer immer mehr Marktanteile verlieren. Das gleiche gilt für die Türkei: Obwohl von Zollschranken weitgehend befreit, verliert der **Veredelungsverkehr zwischen Deutschland und der Türkei** seit einigen Jahren kontinuierlich an Volumen, da die türkischen Veredler infolge real gestiegener Lohnkosten immer weniger wettbewerbsfähig werden.

Denn für die in Deutschland ansässigen Textil- und Bekleidungshersteller, die mit einem immer stärker anwachsenden ausländischen Wettbewerbsdruck konfrontiert sind, ist der PV insbesondere aus Kostengesichtspunkten interessant.[62] Auch für die Textilindustrie, aber vor allem für die Bekleidungsindustrie, deren Arbeitsabläufe einen hohen Anteil an Handarbeit aufweisen, stellt das hohe deutsche Arbeitskostenniveau einen enormen Kostenblock dar. Deshalb sind seit den 1970er Jahren deutsche Bekleidungshersteller in immer stärkerem Umfang dazu übergegangen, auf Grundlage des PV fertigungsrelevante Tätigkeiten auszulagern und in Niedriglohnländern ausführen zu lassen. Dabei werden die arbeitsintensiven Konfektionsarbeiten (Zuschneiden, Nähen) im Ausland realisiert, während die Entwicklungstätigkeiten (Kreation, Zusammenstellung der Kollektion) weiterhin im Inland verbleiben.[63]

Maßgeblich für die ökonomische Vorteilhaftigkeit des PV ist der organisationale Aufbau der Bekleidungsproduktion. Die für die Bekleidungskonfektion charakteristische modulare Linearität des Produktionsprozesses (die *textile Kette*; vgl. *Kapitel 2.2.2*) erleichtert die Restrukturierung betrieblicher Funktionen und ist geradezu prädestiniert für die **Auslagerung**

[61] Vgl. INSTITUT DER DEUTSCHEN WIRTSCHAFT (2002), S. 44 und *Abbildung 4*.

[62] Vgl. hierzu z.B. den Artikel „Ein Shirt reist um die Welt. Von den Etiketten der meisten Textilien ist schon vor vielen Jahren der Hinweis ‚Made in Germany' verschwunden. Die Globalisierung in der Textilbranche" von BAUER ET AL. (2004) in der SÜDDEUTSCHEN ZEITUNG vom 09.09.2004, S. 24.

[63] Vgl. hierzu *Abbildung 9* (*Kapitel 2.2.2*).

kostenintensiver Arbeitsabläufe. Daher kann die Bekleidungsproduktion vergleichsweise leicht fraktioniert und kostenrational reorganisiert werden, ohne dass dabei im Gegenzug erhebliche Störungsverluste des Produktionsprozesses in Kauf genommen werden müssten. Laut einer etwas zugespitzten, aber prinzipiell zutreffenden Einschätzung des IFO-INSTITUTS ist dieser Umstand „dafür verantwortlich, dass es in Deutschland noch Bekleidungsunternehmen gibt.“ [64]

2.2.4.2 Vor- und Nachteile der Passiven Veredelung

Der PV bietet sich also für solche Textil- und Bekleidungsunternehmen an, die sich einem steigenden Preisdruck ausgesetzt sehen und ihre Produktion rationalisieren wollen, denen aber Kapital- und Ressourcenausstattung für Direktinvestitionen zum Aufbau einer eigenen Auslandsproduktion fehlen. Dies trifft in der deutschen Textil- und Bekleidungsindustrie vor allem auf kleine und mittelständische Unternehmen zu.[65] Für diese Textil- und Bekleidungsproduzenten bietet der PV – im Vergleich zu anderen Strategien wie Eigenfertigung, vollstufige Auftragsfertigung im Ausland oder Zukauf ausländischer Handelsware – eine Reihe von **Vorteilen**, insbesondere:

- Die enge, oft längerfristige Kooperation mit ausländischen Konfektionsbetrieben auf Grundlage des PV erlaubt es, bestimmte Standards hinsichtlich Qualität und Liefertreue zu erreichen bzw. abzusichern.
- Der PV ermöglicht es den deutschen Textil- und Bekleidungsunternehmen, ihre Kernkompetenzen und spezifischen Produktionsfaktoren (z.B. Fühlungsvorteile bei Design und Mode, technisches Wissen) weiterhin im Inland zu nutzen und auszubauen. So können heimische Standorte zumindest in Teilbereichen aufrecht erhalten werden.
- Der PV erfordert, im Gegensatz zur Errichtung eigener Produktionsstätten im Ausland (Direktinvestitionen), keinen Kapitaltransfer. Dies kommt den typischerweise kleinen und mittelständischen Textil- und Bekleidungsunternehmen sehr entgegen, deren Mehrzahl mit einem erhöhten Preiswettbewerb zu kämpfen hat, aber nicht über hinreichende Ressourcen für andere, kapitalintensive Formen des Auslandsengagements verfügt.[66]

---

[64] ADLER (2003), S. 57.
[65] Vgl. SCHRENK (2000), S. 167 sowie SCHNEIDER (2004), S.149.
[66] Gerade dieser Punkt ist, wie sich im weiteren Verlauf immer wieder zeigen wird, ein wichtiges Kriterium für die Outsourcing-Entscheidung.

- Die Möglichkeit der Differenzverzollung begünstigt den PV gegenüber anderen Formen der Internationalisierung der Produktion.
- PV-Kooperationen, die über einen längeren Zeitraum sowohl für den Auftraggeber als auch für den Lieferanten den gewünschten Erfolg bringen, können ohne große Reibungsverluste in intensivere Formen der grenzüberschreitenden Zusammenarbeit, z.B. Outsourcing, verfestigt werden. Insofern stellt der PV eine *Vorstufe zu (möglichen) Outsourcing-Partnerschaften* dar. [67] [68]

Hingegen sind mögliche **Risiken** des PV vor allem in folgenden Punkten zu sehen:

- Die politischen und wirtschaftlichen Rahmenbedingungen in vielen PV-Ländern gelten als instabil.
- Die Erfahrung zeigt, dass Kostenvorteile durch niedrige Lohnkosten grundsätzlich nur kurz- und mittelfristig erzielt werden können. Nach anfänglich niedrigen Arbeitskosten ist typischerweise ein Ansteigen des Lohnkostenniveaus in den meisten sog. „Niedriglohnländern“ zu beobachten.
- Die Produktivität (Stückzahl je Arbeitsstunde) an PV-Standorten ist deutlich geringer als in Deutschland.
- Die kalkulierten Kostenvorteile werden geschmälert durch hohen Verwaltungsaufwand, Qualitätsmängel, schlechte Liefertreue, mangelnde interkulturelle Kompetenzen, Kommunikationsprobleme etc.
- Erfolgskritische Größen wie Transaktionskosten, Währungsrisiken, zusätzliche Transport- und Lagerkosten etc. werden häufig unterschätzt.

Zweifelsohne wird der Passive Veredelungsverkehr auch in Zukunft eine wichtige Rolle in der Textil- und Bekleidungsindustrie spielen. Doch mittlerweile genügt es oft nicht, mit teilweisen Produktionsverlagerungen im Rahmen des PV den aktuellen Herausforderungen des Marktes adäquat zu begegnen. Der Trend zu umfassenden oder sogar vollständigen Produktionsverlagerungen wird sich in der Textil- und Bekleidungsproduktion verstärken. Angesichts des stetig steigenden, nicht nur preislichen Wettbewerbsdrucks werden aber auch nicht rein kostenorientierte, sondern gleichzeitig **strategisch ausgerichtete Kooperations-**

[67] Vgl. ADLER (1995), S.40 sowie RIESCH (1998), S. 256.

[68] Die Frage ob und inwiefern vorhandene PV-Kooperationen gerade zwischen deutschen und türkischen Textil- und Bekleidungsunternehmen in Form von Outsourcing-Kooperationen vertieft werden können, soll im weiteren Verlauf dieser Studie immer wieder aufgegriffen werden.

formen, wie z.B. Outsourcing, zunehmend in das optionale Blickfeld der Textil- und Bekleidungsunternehmen geraten.

2.3 Außenwirtschaftliche Rahmenbedingungen der Textil- und Bekleidungsindustrie

In diesem Kapitel sollen diejenigen außenwirtschaftlichen Rahmenbedingungen abgesteckt werden, die im weiteren Verlauf der Untersuchung eine besondere Rolle spielen. Seit jeher gelten die Textil- und Bekleidungsindustrien in den mittel- und osteuropäischen Ländern, allen voran Polen, Rumänien und Tschechien, als direkte Wettbewerber der türkischen Produzenten. Im Zuge der Aufnahme in die Europäische Union erlangten diese Länder gegenüber der Türkei (teilweise) Wettbewerbsvorteile. Ohne Zweifel hat der Prozess der *EU-Ostweiterung* die Situation auf dem europäischen Textil- und Bekleidungsmarkt nachhaltig verändert, mit dem EU-Beitritt im Jahr 2004 ist der Strukturwandel in Osteuropa keineswegs abgeschlossen. Daher wird in *Kapitel 2.3.1* diese Entwicklung nachgezeichnet und auf Entwicklungen und Tendenzen in der Phase vor und nach dem EU-Beitritt der mittel- und osteuropäischen Länder hingewiesen. *Kapitel 2.3.2* fokussiert die *Zollunion der Europäischen Union mit der Türkei*, insbesondere deren Auswirkungen auf die türkische Textil- und Bekleidungsindustrie seit dem Inkrafttreten im Jahr 1996. In *Kapitel 2.3.3* wird das wichtigste textilpolitische Ereignis der letzten Jahre betrachtet, deren Nachwirkungen weltweit für die Textil- und Bekleidungsindustrie von exponierter Bedeutung sind und dementsprechend im weiteren Verlauf der vorliegenden Studie immer wieder problematisiert werden: Das Auslaufen des Welttextilabkommens und damit der *Wegfall der Importquoten zum 1. Januar 2005.*

2.3.1 Die EU-Osterweiterung

2.3.1.1 Die Verwirklichung der EU-Osterweiterung

Am 1. Mai 2004 sind acht Länder Mittel- und Osteuropas (außerdem: Malta und Zypern) der Europäischen Union beigetreten: Polen, Ungarn, die drei baltischen Staaten Estland, Lettland und Litauen, die Tschechien, die Slowakei sowie Slowenien. Der Beitritt der Länder Bulgarien und Rumänien erfolgte am 1. Januar 2007, Kroatien ist offizieller Beitrittskandidat bislang ohne festen Beitrittstermin. Somit umfasst die EU jetzt 27 statt bisher 15 Mitgliedstaaten. Mithin hat sich die Fläche der EU um über 30% ausgedehnt, ihre Bevölkerung um 75

Millionen Menschen zugenommen und die Kaufkraft des Binnenmarktes 800 Mrd. Euro hinzugewonnen.[69]

Die neuen EU-Mitglieder können heute als funktionierende Marktwirtschaften mit freiheitlich-demokratischen Gesellschaften westlicher Prägung bezeichnet werden. Dagegen zeigt der ökonomische Vergleich gravierende Unterschiede zwischen den alten und neuen Mitgliedern: Zwar übertreffen Länder wie Polen, Ungarn die Slowakei und Litauen mit beachtlichen Wachstumsraten zwischen vier und sieben Prozent die Altmitglieder der EU-15. Gleichwohl beträgt das Bruttoinlandsprodukt pro Kopf (BIP) der neuen Mitgliedsländer im Mittel nur 52% des Wertes in der gesamten erweiterten EU. Nimmt man das BIP zu Kaufkraftparitäten als Maß, ist Slowenien (mit 78% des EU-BIPs) das am höchsten entwickelte Land; danach folgen der Reihe nach: Tschechien (70% des EU-BIPs), Ungarn (62%), die Slowakei (54%), Estland (51%), Litauen (49%), Polen (47%) und Lettland (43%).[70]

Die politische Bedeutung der EU-Osterweiterung für die Zukunft Europas steht völlig außer Frage. Die Aufnahme der mittel- und osteuropäischen Länder in die EU gilt allgemein als großer Schritt in der Sicherung der Friedensordnung und politischen Stabilität. Indessen wird in den meisten ökonomischen Analysen eruiert, dass ein Großteil der wirtschaftlichen Integrationswirkungen, die aufgrund der EU-Osterweiterung erwartet werden können, bereits in der Phase *vor* dem Beitritt eingetreten ist.[71] Die Einschätzungen gehen davon aus, dass die wesentlichen Erweiterungseffekte schon in den 1990er und frühen 2000er Jahren stattgefunden haben, als zum einen die Perspektive des EU-Beitritts und zum Anderen verschiedene Europa-Abkommen mit den Beitrittskandidaten die internationalen Handels- und Investitionsströme in diese Länder beflügelte. So prognostiziert auch GÜNTER VERHEUGEN, seinerzeit EU-Erweiterungskommissar, dass „man nicht mit signifikanten zusätzlichen Wachstumsschüben als unmittelbarer Folge der Erweiterung rechnen [kann], da wesentliche Marktöffnungseffekte bereits in der Vorbereitungsphase eingetreten sind.“[72]

[69] Vgl. BAUMANN (2003), S. 1 sowie BAUMANN (2004), S. 127. Die zitierten Daten sind exklusive Bulgarien und Rumänien.
[70] Vgl. VETTER (2005), S. 6. Die zitierten Daten sind vom März 2005.
[71] Vgl. z.B. RAGNITZ (2004a), S. 199, LAMMERS (2004), 275 sowie RAGNITZ (2004b), S. 283.
[72] VERHEUGEN (2003), S. 1314.

Nichtsdestotrotz zählt gerade Deutschland zu den Gewinnern des osteuropäischen Integrationsprozesses und wird auch weiterhin von der EU-Erweiterung profitieren. Vor allem aufgrund der geographischen Nähe und ihrer kulturellen Affinität zu Deutschland gelten die neuen EU-Mitglieder sowohl als immer wichtiger werdende Handelspartner als auch als lukrative Absatzmärkte für deutsche Produkte. Lag der Anteil der acht mittel- und osteuropäischen Beitrittsländer an den Warenimporten im Jahr 1990 bei 2,4%, waren es im Jahr 2002 bereits 7,6%; bei den Ausfuhren stieg der Anteil von 3% auf 8%.[73] Damit hat Deutschland relativ (im Verhältnis zu den Gesamtexporten) mit 8% nach Österreich die zweithöchste Exportintensität in die neuen EU-Mitglieder. Absolut ist Deutschland mit über 50 Mrd. Euro Exporten in die neuen Mitgliedsstaaten deren wichtigster Handelspartner, was einem Marktanteil von fast 30% entspricht.[74]

2.3.1.2 Folgen für die Textil- und Bekleidungsindustrie

Die Textil- und Bekleidungsindustrie spielt in den neuen EU-Mitgliedsstaaten durchweg eine wichtigere Rolle als in den EU-15. Gleichwohl nimmt diese Bedeutung aufgrund des verschärften globalen Wettbewerbs und struktureller Veränderungen auf nationaler Ebene stetig ab. Ähnlich wie im Fall der Türkei liegen die wichtigsten Absatzmärkte in den alten Mitgliedsländern der EU-15. Im Zuge der Erweiterung boten sich für westeuropäische Textil- und Bekleidungsproduzenten zwar vereinzelt attraktive Investitionsmöglichkeiten, doch generell wird sowohl der Trend zu Produktionsverlagerungen als auch die Praxis des Passiven Veredelungsverkehrs (vgl. *Kapitel 2.2.4*) sich deutlich abschwächen.[75] Insgesamt war das Volumen der Kapitalflüsse in die neuen EU-Mitglieder bislang eher gering und wurde darüber hinaus zum Großteil bereits vor dem offiziellen Beitrittstermin realisiert; daher ist für diese Länder nicht das Volumen, sondern die Qualität der Investitionen entscheidend. Dies gilt insbesondere für bereits bestehende Outsourcing-Kooperationen zwischen deutschen Textil- und Bekleidungsherstellern und Unternehmen in den neuen Mitgliedsländern. BRÜCKER (2004) bedauert zu Recht, dass „über den Umfang des ‚Outsourcing' mit den Beitrittsländern keine belastbaren Daten vorliegen", die weiter gehende Aussagen und Prognosen erlaubten.[76]

Für die deutsche Textil- und Bekleidungsindustrie ist der Güterverkehr mit den mittel- und osteuropäischen Beitrittsländern traditionell von herausragender Bedeutung. Im Jahr 2002

[73] Vgl. RAGNITZ (2004a), S. 199f.
[74] Vgl. BANK AUSTRIA CREDITANSTALT (2004), S. 20.
[75] Vgl. hierzu KOMMISSION DER EUROPÄISCHEN GEMEINSCHAFTEN (2003), S. 10.
[76] BRÜCKER (2004), S. 281.

gingen 53% der gesamten deutschen Textil- und Bekleidungsexporte in diese Länder, der Großteil davon freilich, um im Passiven Veredelungsverkehr als Fertigwaren wieder reimportiert zu werden.[77] Doch auch die private Nachfrage nach deutschen Textilien dürfte mit steigenden Einkommen künftig anwachsen. Hingegen wird Osteuropa im Welthandel mit Textilien und Bekleidung in den kommenden Jahren Markteinteile einbüßen.[78] Wichtigster Standortvorteil der mittel- und osteuropäischen Länder sind zweifelsohne die **niedrigen Arbeitskosten**. Die Arbeitnehmerentgelte in der Textil- und Bekleidungsindustrie liegen in den neuen Mitgliedsstaaten bei nur einem Zehntel bis einem Fünftel des westdeutschen Niveaus (, wobei der Lohnkostenvorteil gegenüber der ostdeutschen Wirtschaft geringer ausfällt). Allerdings ist auch die Arbeitsproduktivität in den neuen Mitgliedsländern deutlich niedriger als in Deutschland, sie liegt bei rund einem Viertel. Lediglich Slowenien weist mit etwa 40% des deutschen Wertes ein deutlich höheres Produktivitätsniveau auf. Dementsprechend relativiert sich der nominale Arbeitskostenvorteil; die Lohnstückkosten als die aussagekräftigere Größe betragen in den neuen EU-Mitgliedsländern rund zwei Drittel bis drei Viertel des deutschen Durchschnittsniveaus.[79]

Das steile Lohngefälle zwischen der Textil- und Bekleidungsindustrie der alten EU-Mitglieder (EU-15) und den neu hinzugekommenen mittel- und osteuropäischen Ländern wird aus *Tabelle 4* ersichtlich. Deutschland wird in der Höhe der Lohnkosten nur noch von Dänemark übertroffen. Angesichts der enormen Lohnkostenunterschiede, die Lohnkosteneinsparungen von bis zu 90% ermöglichen, sind die zumeist lohnkosteninduzierten Produktionsverlagerungen von deutschen Textil- und Bekleidungsunternehmen aus betriebswirtschaftlicher Sicht verständlich.

[77] Vgl. BAUMANN (2003), S. 1.
[78] Vgl. HEYMANN (2005a), S. 9.
[79] Vgl. hierzu RAGNITZ (2004b), S. 284.

Tabelle 4: Arbeitskostenvergleich in der Textil- und Bekleidungsindustrie der EU

EU-Land	Gesamte Lohnkosten je Arbeitsstunde in Euro	Index: Westdeutschland=100
Dänemark	23,19	113
Westdeutschland	20,59	100
Niederlande	20,11	98
Schweden	19,13	93
Belgien	19,07	93
Finnland	18,47	90
Österreich	16,67	81
Frankreich	15,12	73
Italien	14,24	69
Großbritannien	14,14	69
Irland	14,07	68
Spanien	11,80	57
Ostdeutschland	11,56	56
Griechenland	8,19	40
Portugal	5,76	28
Tschechien	3,44	17
Polen	3,06	15
Ungarn	3,02	15
Slowakei	2,40	12

(Stand: 2002)

Quelle: GESAMTTEXTIL (2004), o.S., Tabelle 17

Zum Vergleich: Die Stundenlöhne in der verarbeitenden Industrie der **Türkei** lagen im Jahr 2004 bei etwa 2,60 Euro.[80] Damit liegt das Preisniveau der türkischen Lohnkosten zwar weit niedriger als in den meisten EU-Staaten, d.h. die Türkei wäre nach reinen Kostengesichtspunkten mit den neuen EU-Mitgliedsländern wettbewerbsfähig. Gleichwohl ist in den letzten Jahren in der Türkei (wie übrigens auch in den neuen EU-Ländern) eine steigende Tendenz bei den reellen Lohnkosten zu beobachten. Kurzfristige Gewinner dieser Entwicklung sind vor allem die jüngsten EU-Mitglieder Rumänien und Bulgarien, aber auch die Ukraine, Kroatien, die BR Jugoslawien und Mazedonien, die allesamt (hauptsächlich als Passive Veredler) bislang sogar noch kostengünstiger produzieren (vgl. *Kapitel 2.2.4*). Mittelfristig wird es zu einem deutlichen Anstieg der Löhne in den mittel- und osteuropäischen EU-Mitgliedsstaaten kommen, wodurch deren Wettbewerbsfähigkeit auf dem textilen Weltmarkt stark geschwächt werden wird.[81] In einigen Bereichen der Textil- und Bekleidungsproduktion gilt Osteuropa schon jetzt als zu kostenintensiv. Dies liegt unter anderem daran, dass das

---

[80] FAZ (2005a), S. 10.

[81] Vgl. hierzu z.B. BANK AUSTRIA CREDITANSTALT (2004), S. 17, BAUMANN (2004), S. 127 sowie KOMMISSION DER EUROPÄISCHEN GEMEINSCHAFTEN (2003), S. 11.

Arbeitskräftepotenzial (auch infolge rückläufiger Geburtenraten) zunehmend abnimmt. Außerdem entstehen in den neuen EU-Ländern durch den Beitritt höhere Kosten wegen der Anpassung an EU-Standards in den Bereichen Arbeitnehmerrechte, Sicherheit, Transport sowie Umwelt- und Gesundheitsschutz.[82] Die Textil- und Bekleidungsindustrie der mittel- und osteuropäischen Länder steht fortan – ähnlich wie die Türkei (vgl. *Kapitel 5.1.4*) – in einem überaus harten Wettbewerb mit noch billiger produzierenden Ländern wie China und Indien, deren Lohnkosten wesentlich niedriger sind. Mittlerweile ist es weder der mittel- und osteuropäischen noch der türkischen Textil- und Bekleidungsindustrie möglich, im Preiswettbewerb mit den „Dumpinglohn-Ländern" China, Indien, Bangladesch oder Indonesien zu bestehen. In Anbetracht dieser sich immer deutlicher abzeichnenden Entwicklung müssen sich die europäischen Textil- und Bekleidungsunternehmen verstärkt auf die Steigerung ihrer Wettbewerbsfähigkeit durch Qualität und Kreativität, Forschung und Innovation sowie die Entwicklung neuer Kompetenzen konzentrieren.

2.3.2 Die Zollunion zwischen der Europäischen Union und der Türkei

2.3.2.1 Allgemeine Auswirkungen der Zollunion für die Türkei

Seit beinahe einem halben Jahrhundert orientiert sich die Türkei politisch, wirtschaftlich und kulturell eng an der westeuropäischen Integrationszone, der heutigen Europäischen Union. Auch wenn die Geschichte der politischen Beziehungen zwischen der EU und der Türkei – bis heute – zahlreiche Phasen der Annäherung und der Entfremdung verzeichnet, bemühte sich die Türkei in den letzten Jahrzehnten fortwährend um die Aufnahme in den europäischen Wirtschaftsraum, ja es wäre kaum übertrieben zu behaupten, dass alle richtungsweisenden Entscheidungen der türkischen Innen- und Außenpolitik auf das langfristige Ziel der EU-Mitgliedschaft ausgerichtet waren.

Bereits 1959, ein Jahr nach der Gründung der Europäischen Wirtschaftsgemeinschaft zwischen den damals sechs Mitgliedstaaten (Belgien, Frankreich, Italien, Luxemburg, Niederlande, West-Deutschland) beantragte die Türkei offiziell die Aufnahme in den geplanten gemeinsamen Markt. Das zu diesem Zweck eingeleitete Verfahren sah zunächst eine eingeschränkte Mitgliedschaft als sog. „assoziiertes Mitglied" vor. Ein entsprechendes „Abkommen zur Gründung einer Assoziation zwischen der Europäischen Wirtschafts-

[82] Vgl. HEYMANN (2005a), S. 8.

gemeinschaft und der Türkei“ (sog. Ankara-Abkommen) wurde am 12. September 1963 unterzeichnet und trat am 1. Dezember 1964 in Kraft. Ein wichtiges wirtschaftspolitisches Ziel des Assoziationsabkommens war die sukzessive Aufhebung von Zöllen und tarifären Handelshemmnissen, die im Zusatzprotokoll von 1970 explizit geregelt und zum 1. Januar 1973 wirksam wurde. Seitdem werden von Seiten der EU keine Zölle auf industrielle Importe aus der Türkei erhoben. Für die Türkei einigte man sich auf eine 22-jährige Übergangsphase, in der die stufenweise Aufhebung von Importzöllen für EU-Mitglieder und die Übernahme des EU-Außenzolls bewerkstelligt werden sollte.[83] Dieser Prozess sollte bis zum 1. Januar 1995 abschlossen sein und mit dem Beitritt der Türkei in der EU-Zollunion vollendet werden.

Tatsächlich wurde die **Zollunion zwischen der EU und der Türkei**, wenn auch mit einem Jahr Verspätung, zum 1. Januar 1996 verwirklicht, nachdem das Europäische Parlament am 13. Dezember 1995 einen entsprechenden Vertrag mit Zweidrittelmehrheit ratifiziert hatte. Die Zollunion mit der EU bedeutet für die Türkei die Schaffung eines freien Güterverkehrs mit Waren des Verarbeitenden Gewerbes und die Übernahme des EU-Außenzolltarifs.[84] Kohle und Stahl waren bis 2001 von dieser Regelung ausgenommen, für Agrarprodukte galt eine Übergangsfrist bis 2005.[85] Jedoch gingen mit der Zollunion neben Handelsliberalisierungen gleichzeitig auch andere, fundamentale Veränderungen einher. So verpflichtete sich die Türkei zur Übernahme und strikten Einhaltung der EU-Handels- und Wettbewerbsregularien. Letztere betreffen insbesondere Rechtsvorschriften im Bereich der Wettbewerbsregeln und des Schutzes des geistigen Eigentums.[86] Des Weiteren hat die Türkei im Rahmen der Zollunion auch alle Textil-abkommen der EU mit Drittstaaten (also allen anderen Nicht-EU-Staaten) übernommen. Daher stellt TÜCKING (1999) zutreffend fest, dass „damit die Türkei das erste Land ist, welches vor einer Vollmitgliedschaft eine Zollunion und damit die höchste wirtschaftliche Integrationsstufe mit der EU eingeht.“[87]

Der Vertrag über die Zollunion zwischen der EU und der Türkei, der am 1. Januar 1996 in Kraft trat, umfasst im Wesentlichen Regelungen bezüglich

- des freien Warenverkehrs und der Handelspolitik,
- der landwirtschaftlichen Erzeugnisse,

[83] Vgl. LOHRMANN (1999), S. 87.
[84] Vgl. ZSCHIEDRICH ET AL. (2003), S. 292.
[85] Vgl. TÜCKING (1999), S. 75.
[86] Vgl. LOHRMANN (1999), S. 87.
[87] Vgl. TÜCKING (1999), S. 75.

- des Zollrechts sowie
- der Rechtsangleichung der Türkei an die EU.

Laut Artikel 3 Absatz 3 des Vertragswerks umfasst das Gebiet der Zollunion die Außengrenze der Europäischen Union und der Republik Türkei. Somit ist die Türkei verpflichtet, alle Rechte und Vorschriften – also sämtliche Verordnungen des Rates und der Kommission der EU – im wirtschaftlichen Bereich umzusetzen und deren Einhaltung zu prüfen und zu gewährleisten.[88] Bei allen Warenein- und Warenausfuhren finden also für die Türkei – wie für ein Mitglied der EU – die Zoll- und Abgabevorschriften und mengenmäßigen Beschränkungen der EU Anwendung. Fortan haben die EU und die Türkei eine gemeinsame und einheitliche Handelspolitik, die sowohl türkischen als auch EU-Unternehmen einen **freien Warenverkehr** auf dem gemeinsamen Markt garantiert. Doch gerade an diesem Punkt setzen manche kritischen Stimmen an. Vor allem diejenigen Ökonomen, die, aus der Perspektive der Türkei, in der Zollunion ein einseitiges Abhängigkeitsverhältnis oder gar einen außenwirtschaftspolitischen Souveränitätsverlust sehen.[89] Denn Fakt ist, dass die Türkei als Nicht-EU-Mitglied zwar nicht an den in Brüssel getroffenen Entscheidungen des EU-Rats beteiligt ist, diese aber uneingeschränkt übernehmen und umsetzen muss.[90]

Die Aufhebung der Zölle und mengenmäßigen Beschränkungen infolge der Zollunion hat sich rasch auf den Außenhandel der Türkei ausgewirkt. *Tabelle 5* gibt die Außenhandelsentwicklung der Jahre 1994 bis 2002 wider:

Tabelle 5: Die Außenhandelsentwicklung der Türkei in den Jahren 1994 bis 2002 (in Mio. US-Dollar)

Jahr	Exporte	Änderung (%)	EU (%)	Importe	Änderung (%)	EU (%)	Bilanzsaldo
1994	18.105	18	47,6	23.270	-20,9	44,1	-5.164
1995	21.637	19,5	51,2	35.709	53,5	46,9	-14.071
1996	23.224	7,3	49,7	43.626	22,2	53,0	-20.402
1997	26.261	13,1	46,6	48.558	11,3	51,2	-22.297
1998	26.973	2,7	50,0	45.921	-5,4	52,2	-18.947
1999	26.587	-1,4	53,9	40.671	-11,4	52,6	-14.084
2000	27.774	4,5	52,2	54.502	34	48,8	-26.727
2001	31.334	12,8	51,4	41.399	-24	44,1	-10.064
2002	35.081	11,1	51,5	50.832	22	45,5	-15.751

Quelle: ZSCHIEDRICH ET AL. (2003), S. 297

[88] Vgl. hierzu die detaillierten Ausführungen von ARSLAN (2000), S. 330ff.
[89] Deutlich kritisch über die wirtschaftlichen Effekte der Zollunion für die Türkei äußern sich beispielsweise ARSLAN (2000), S. 325ff, ZSCHIEDRICH ET AL. (2003), S. 314 sowie SEZGIN ET AL. (2000), S. 180.
[90] Vgl. ARSLAN (2000), S. 325.

Tabelle 5 verdeutlicht, dass sich unmittelbar vor und nach der Verwirklichung der Zollunion sowohl das Import- als auch das Exportvolumen absolut steigerte. Doch die gesamte Außenhandelsentwicklung der Jahre 1994 bis 2002 verlief keineswegs stetig; von 1994 bis 1998 ist bei den Einfuhren und den Ausfuhren ein deutliches Wachstum zu verzeichnen, welches jedoch in den Jahren danach ausgesprochen volatil ausfällt.[91] Darüber hinaus überrascht, dass sich das Handelsvolumen zwischen der Türkei und der EU aufgrund der Zollunion zwar vergrößert hat, jedoch die EU-Anteile an den Einfuhren und Ausfuhren der Türkei sich nur unwesentlich verschoben haben. Im Endeffekt verharrten die Ausfuhren in die EU und Einfuhren aus der EU anteilsmäßig bei den Werten, die bereits in den Jahren vor der Zollunion bestand hatten (also grosso modo etwa jeweils 50%).

Unterschieden nach einzelnen Gütergruppen, ist infolge der Zollunion eine deutliche Steigerung des Imports von Investitions- und Konsumgütern augenfällig.[92] Während die Einfuhren von Investitionsgütern die Bemühungen um eine Verbesserung der türkischen Wettbewerbsfähigkeit verdeutlichen, sind die erhöhten Konsumgütereinfuhren auf eine Steigerung des Realeinkommens zurückzuführen. Diese erhöhte Konsumbereitschaft der türkischen Bevölkerung ist aber nur bedingt auf den Wegfall von Zöllen zurückzuführen, vielmehr ist deren Ursache vornehmlich im Rückgang der Inflation, in gesunkenen Zinsen und in der realen Aufwertung der Türkischen Lira zu suchen. Wenngleich das Importwachstum auf lange Sicht zum Handelsbilanzdefizit beitrug, führte indes der angestiegene Konsum ausländischer Waren zu einer Aufklärung der türkischen Konsumenten im Bereich der Warenqualität, internationalen Standards und Verbraucherrechte uns somit letztlich zu einer Erhöhung des allgemeinen Lebensstandards.

2.3.2.2 Auswirkungen der Zollunion auf die türkische Textil- und Bekleidungsindustrie

Auch in Bezug auf die Textil- und Bekleidungsindustrie sind die auf die Zollunion zurückzuführenden Auswirkungen nicht linear und monokausal verlaufen. In der Phase unmittelbar vor und nach dem Inkrafttreten der Zollunion stiegen die Investitionen in diesem Sektor rapide an; es wurden vermehrt Investitionsgüter, insbesondere moderne, technisch hochwertige Sachanlagen zur Textil- und Bekleidungsproduktion importiert. Vor allem in den beiden Jahren vor 1996 wurde von Seiten der türkischen Textil- und Bekleidungshersteller

[91] Diese außergewöhnliche Volatilität der Wachstumsraten ist mit der leichten Krisenanfälligkeit der türkischen Wirtschaft zu erklären, die seit jeher äußerst sensibel z.B. auf Veränderungen der innenpolitischen Rahmenbedingungen oder Entwicklungen an den internationalen Finanzmärkten reagiert.

[92] Vgl. ZSCHIEDRICH ET AL. (2003), S. 299.

umfangreich investiert, so stiegen diese 1995 im Vergleich zum Vorjahr um 71,9%.[93] Der Grund hierfür ist eindeutig in der euphorischen Erwartungshaltung der türkischen Textil- und Bekleidungsproduzenten zu sehen, die unter den Bedingungen der Zollunion einen regelrechten Exportboom in die EU erhofften und deshalb ihre Kapazitäten beträchtlich aufstockten. Doch blieb der erwartete Exportschub für Textilien und Bekleidung aus; ein gravierendes Anwachsen des Außenhandelsvolumens, das unmittelbar auf Effekte durch die Handelsliberalisierung zurückzuführen wäre, konnte für die Phase nach dem Beginn der Zollunion nicht ausgemacht werden.[94] *Abbildung 10* zeigt die Entwicklung der Textil- und Bekleidungsexporte in den Jahren 1993 bis 2002:

Abbildung 10: Die Textil- und Bekleidungsexporte der Türkei in den Jahren 1993 bis 2002 (in Mrd. US-Dollar)

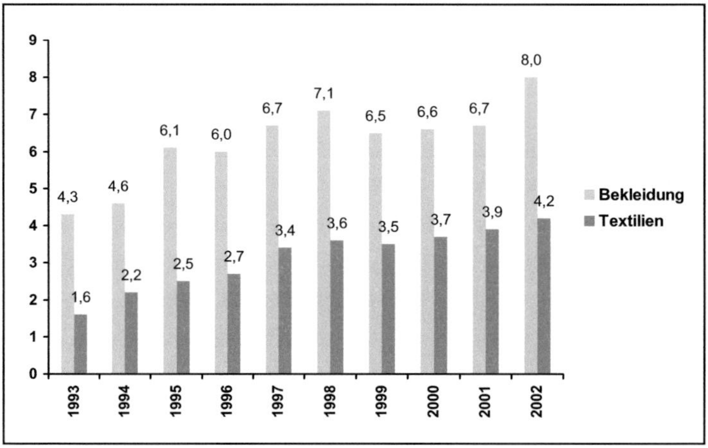

Quelle: ZSCHIEDRICH ET AL. (2003), S. 301

Im abgebildeten Zeitraum nimmt der Export von Textilien und Bekleidung insgesamt zwar zu, die Wachstumskurve verläuft jedoch nicht linear, explizit: 1996 (das Jahr des Inkrafttretens der Zollunion!) und 1999 verzeichneten die Bekleidungsausfuhren ein negatives Wachstum, 1999 auch die Textilienausfuhren. Als Ursachen für diese Entwicklung können

[93] Vgl. LOHRMANN (1999), S. 90.

[94] Dieser Trend wirkt zum Teil bis heute fort und schwächt die globale Wettbewerbsposition der türkischen Textil- und Bekleidungsindustrie. Zwar konnten in den Jahren 2000 bis 2005 beträchtliche Exportzuwächse verzeichnet werden, doch diese gehen weniger auf eine wertmäßige, sondern auf eine mengenmäßige Steigerung der Exporte zurück. Gerade dieser Punkt wird bei der Analyse der aktuellen Wettbewerbsbedingungen einer genaueren Betrachtung unterzogen werden (vgl. *Kapitel 5.1.2*).

sowohl ökonomische als auch vorökonomische Argumente angeführt werden. Zum einen machte sich in der zweiten Hälfte der neunziger Jahre eine rezessionsbedingte Abnahme der Textil- und Bekleidungsnachfrage – insbesondere im wichtigsten Abnehmerland Deutschland – bemerkbar. Hinzu kamen real gestiegene Löhne in der türkischen Textil- und Bekleidungsbranche, der überbewertete Kurs der Türkischen Lira sowie die wachsende Konkurrenz aus den mittel- und osteuropäischen Ländern und aus dem Fernen Osten.[95] Zum Anderen liegen die Wachstumsprobleme der türkischen Textil- und Bekleidungsfaktoren in der Vernachlässigung von Faktoren wie Qualität, Design und modischer Aktualität begründet. Insbesondere auf den anspruchsvollen EU- bzw. deutschen Märkten lassen sich in Bezug auf Kosten und Exporterfolge nur Länder vergleichen, die für den Kunden substituierbare Güter anbieten. Gerade für die sehr international ausgerichtete Bekleidungsbranche, aber auch für den Bereich der Textilproduktion, ist es von existenzieller Bedeutung, die Vorlieben der Konsumenten genau zu kennen und mithin flexibel und zeitnah auf Modeerscheinungen zu reagieren.[96] Denn Mode ist im Allgemeinen ein relativ kurzlebiges, immer aber ein internationales Phänomen. Im Hinblick auf türkische Textil- und Bekleidungsunternehmen können erhebliche Defizite im Bereich des strategischen Marketing festgestellt werden. Beispielsweise ist ein bis heute akutes Problem, dass es bis auf wenige Ausnahmen nicht gelang, eigene, genuin türkische Marken aufzubauen und diese zielgruppenorientiert auf den Märkten zu positionieren. Aber auch die einseitige Exportorientierung auf die EU-15 unter Vernachlässigung der lukrativen Märkte in den neuen Mitgliedsländern, in den USA und im Nahen Osten gilt nach wie vor als zentrales Risikopotenzial.[97]

Zusammengefasst kann gesagt werden, dass die wirtschaftlichen Effekte der Zollunion für die Türkei deutlich geringer ausfielen als erwartet und für die türkische Textil- und Bekleidungsindustrie nach anfänglich euphorischer Erwartungshaltung mehr oder minder eine jähe Enttäuschung brachte. Allerdings nicht zu unterschätzen ist die politische Dimension der Zollunion, die für die Türkei eine noch engere Bindung an die EU bedeutet und, nach einer jahrzehntelangen Phase der „Vorbereitung", den Wunsch nach einer baldigen Vollmitgliedschaft weiter beflügelt. Gleichwohl merkt ARSLAN (2000) zu Recht kritisch an, dass „nach der Verwirklichung der Zollunion sich die Frage stellt, ob die Türkei für das Gefüge des großen

[95] Vgl. ZSCHIEDRICH ET AL. (2003), S. 301.
[96] Vgl. LOHRMANN (1999), S. 95.
[97] Das Fehlen eigener, globaler Marken zählt zu den wichtigsten, aktuellen Marketing-Defiziten der türkischen Textil- und Bekleidungsindustrie und stellt für die Unternehmen eine enorme Herausforderung dar. Eine ausführliche Darstellung erfolgt in *Kapitel 5.1.4*.

Europa noch Bedeutung hat, oder ob Europa mit dem Zollabkommen alles erreicht hat, was es wollte.“[98]

2.3.3 Die Integration des Welttextilabkommens in die allgemeinen GATT-Bestimmungen

2.3.3.1 Überblick

Das Jahr 2005 markiert eine nachhaltige Zäsur im Welthandel mit Textilien und Bekleidung. Zum 1. Januar wurden gemäß den Vorgaben des *Agreement on Textile and Clothing* (ATC) die noch verbliebenen Importquoten aufgelöst. Somit werden in Zukunft im internationalen Textil- und Bekleidungshandel, nach mehr als vierzig Jahren der Quotenpolitik und des regulierten Güterverkehrs, endgültig die Regeln des *General Agreement on Tariffs an Trade* (GATT) umgesetzt. Der jahrzehntelange Protektionismus der Industrienationen, die zum Schutz ihrer heimischen Textil- und Bekleidungsindustrien stets selektive Mengenrestriktionen und strenge Importschranken angewendet hatten, fand mit Beginn des Jahres 2005 ein Ende.

Die Entwicklung von der ursprünglich als „vorübergehende Sonderregelung“ gedachten, rigiden Quotenregelung des Welttextilhandels bis zur vollständigen Handelsliberalisierung verlief in mehreren vertraglich geregelten Etappen. *Tabelle 6* gibt eine Übersicht über die wichtigsten Vertragswerke und deren Geltungsdauer:

[98] ARSLAN (2000), S. 333.

Tabelle 6: Chronologie der wichtigsten multilateralen Abkommen über den Handel mit Textilien und Bekleidung

Datum des Inkrafttretens	Abkommen
1. Oktober 1961	Kurzfristiges Baumwollabkommen (STA)
1. Oktober 1961	Langfristiges Baumwollabkommen (LTA)
1. Oktober 1967	1. Verlängerung des LTA
1. Oktober 1970	2. Verlängerung des LTA
1. Oktober 1973	3. Verlängerung des LTA
1. Januar 1974	Welttextilabkommen (WTA I)
1. Januar 1978	revidiertes Welttextilabkommen (WTA II)
1. Januar 1982	revidiertes Welttextilabkommen (WTA III)
1. Juli 1986	revidiertes Welttextilabkommen (WTA IV)
1. August 1991	1. Verlängerung des WTA IV
1. Januar 1993	2. Verlängerung des WTA IV
1. Januar 1994	3. Verlängerung des WTA IV
1. Januar 1995	Abkommen über Textilien und Bekleidung (ATC)

Quelle: eigene Darstellung in Anlehnung an SCHRENK (2000), S. 88 sowie STRUBE (1999), S. 38

2.3.3.2 Historische Entwicklung des Welttextilabkommens

Seit über vier Jahrzehnten wurde der internationale Handel mit Textilien durch Mengenbeschränkungen reglementiert. Den Anstoß für regulierende Eingriffe in den Welttextilhandel gab die nach dem Zweiten Weltkrieg zunehmende Importkonkurrenz der Niedriglohnländer und später auch der Staatshandelsländer (d.h. die Länder des Ostblocks), der sich die heimischen Produzenten der westlichen Industrienationen in verstärktem Maße gegenübersahen. Als Folge dieser Bedrohung durch verstärkten Wettbewerb wurden zunächst einzelne bilaterale Selbstbeschränkungsabkommen abgeschlossen, denen aber bald – auf Initiative der US-amerikanischen Regierung – multilaterale Regelungen folgten: 1961 das kurzfristige Abkommen über Baumwolltextilien (*Short Term Arrangement*, STA) und danach 1962 das langfristige Abkommen über Baumwolltextilien (*Long Term Arrangement*, LTA), welches bis 1973 zweimal verlängert wurde. Das STA war keineswegs ein missglückter Versuch, den Textil- und Bekleidungshandel nur kurzfristig zu beschränken, sondern als Vorläufer internationaler Abkommen mit längerer Laufzeit gedacht. Denn auch ohne den damals schon beschleunigten Strukturwandel vollständig zu überblicken, konnte mit einer zügigen Integration in die allgemeinen GATT-Regeln nicht gerechnet werden. Das STA und das LTA regelten den Handel mit Waren, die mindestens zu 50% aus Baumwolle bestanden, und ermöglichte eine Abweichung von den allgemeinen GATT-Prinzipien im Falle einer „Marktzerrüttung“ (engl. *Market disruption*). Per Definition lag eine solche Marktzerrüttung dann vor, wenn die Importe eines bestimmten Landes auf **Dumping-Maßnahmen** eines anderen Landes beruhten, d.h. wenn die Einfuhr von Textilien sprunghaft anstieg und zu Preisen erfolgte, die deutlich unter dem Preisniveau des Einfuhrlandes lagen. In einem solchen Fall ist immer von einer ernsthaften Beeinträchtigung oder Gefahr für heimische Produzenten auszugehen. Deshalb wurde es dem Einfuhrland bei massiven Billigimporten ermöglicht, seinen Markt selektiv und gezielt gegenüber einzelnen Lieferländern durch Mengenbeschränkungen zu schützen und somit gegen das allgemeine GATT-Prinzip der Nichtdiskriminierung zu verstoßen, welches im Güterverkehr die Gleichbehandlung jedes GATT-Mitgliedes vorschreibt.[99]

Die rasante Zunahme der textilwirtschaftlichen Bedeutung und des Handels mit synthetischen Fasern, die nicht aus Baumwolle gewonnen werden, bewog die Signatarstaaten des LTA zu einer grundlegenden Neufassung und Ausweitung der Quotenregelungen. Infolgedessen wurde, nach dem Auslaufen des LTA, das **Welttextilabkommen** (*World Trade Agreement*, WTA) abgeschlossen, welches am 1. Januar 1974 in Kraft trat. Da die im WTA festgelegten Beschränkungen fortan Produkte aus Baumwolle, Wolle und synthetischen Fasern umfassten, wird dieses Abkommen auch als **Multifaserabkommen** (*Multifibre Arrangement*, MFA) bezeichnet. Im Zuge der Umsetzung des WTA wurde eine Vielzahl bilateraler Einzelabkommen geschlossen, die für jedes Land und jede textile Produktkategorie Höchstmengen und Wachstumsraten dieser Höchstmengen festschrieben. Denn Sinn und Zweck des WTA war einerseits die Textilexporte der Entwicklungsländer durch die schrittweise Liberalisierung zu fördern, andererseits sollten die Textil- und Bekleidungsindustrien der westlichen Importländer vor der Niedriglohnkonkurrenz geschützt werden, um ihnen Zeit für die notwendigen strukturellen Anpassungen zu gewähren. Als oberste Prämisse galt es, der Zerrüttung der Märkte vorzubeugen und dadurch die Wettbewerbsposition der heimischen Produktionsstätten zu stärken.[100]

---

[99] Vgl. hierzu SCHNEIDER (2004), S. 97, TÜCKING (1999), S. 54 sowie RATHKE (1996), S. 4.

[100] Vgl. hierzu SCHNEIDER (2004), S. 98f, TÜCKING (1999), S. 58f, RATHKE (1996), S. 5f sowie RIESCH (1998), S. 44f.

In der Folge wurde das WTA mehrmals verlängert – allerdings mit von Stufe zu Stufe immer restriktiveren Bestimmungen. Dies wurde vor allem von Seiten der Europäischen Gemeinschaft forciert, deren Textil- und Bekleidungsindustrie stärker unter Druck geraten war als die der USA. Die von den Beschränkungen des WTA betroffenen Produkte wurden in 114 Kategorien und 5 sensible Gruppen mit unterschiedlichen Wachstumsraten eingeteilt. Die Klassifizierung in eine der fünf Gruppen war von der Höhe des Konfektions- bzw. Lohnanteils an den Textil- und Bekleidungswaren abhängig. Demnach wurden textile Fertigwaren mit hohem Konfektionsanteil als „sensibel" eingestuft, textile Vorprodukte ohne Konfektionsanteil dagegen als „nicht sensibel".[101] Inwieweit die Zielsetzungen des WTA letztlich erreicht wurden, ist Gegenstand kontroverser Diskussionen. So schlussfolgert beispielsweise RIESCH (1998):

> „Die Vereinbarungen konnten den massiven Anpassungsdruck für die Textil- und Bekleidungsindustrie in den Industrieländern mit den unerwünschten Folgen eines zunehmenden Importdrucks, steigender Unternehmenskonkurse und starke Beschäftigungseinbrüche nicht verhindern, sondern ihn eventuell nur geringfügig abmildern und zeitlich strecken. Die mehrfache Verlängerung des Welttextilabkommens, das ursprünglich als vorübergehende Maßnahme zur Erleichterung des Strukturwandels in den Industrieländern vorgesehen war, läßt ein gewisses Mißverhältnis zwischen der wirtschaftlichen Intention des Multifaserabkommens und dem letztlich erreichten Grad der Realisierung dieser Vorhaben erkennen."[102]

1994 lief das WTA schließlich aus und wurde durch **ATC-Abkommen** (*Agreement on Textiles and Clothing*) das abgelöst. Zuletzt vereinte das WTA 52 Staaten, die fast 80% des weltweiten Handels mit Textilien und Bekleidung bestritten.[103]

2.3.3.3 Das Allgemeine Abkommen über Textilien und Bekleidung (ATC)

Auf der Grundlage des ATC (*Agreement on Textiles and Clothing*), das im Rahmen der „Uruguay-Runde" 1993 abgeschlossen wurde und zum 1. Januar 1995 in Kraft trat, sollte die Textil- und Bekleidungsbranche endlich in das GATT integriert werden, um so der endgültigen und vollständigen Liberalisierung des Welttextilhandels den Weg zu ebnen.[104] Der Abschluss dieser letzten GATT-Runde und die Einrichtung der **Welthandelsorganisation** (World Trade Organization, WTO) als Nachfolgerin des GATT bedeuteten für die weltweite Textil- und Bekleidungsindustrie den Anbruch fundamentaler Veränderungen. Die neu gegründete WTO, der seitdem Verwaltung, Überwachung und Weiterentwicklung der

---

[101] Vgl. hierzu TÜCKING (1999), S. 59, RATHKE (1996), S. 5f sowie RIESCH (1998), S. 44f.
[102] RIESCH (1998), S. 45.
[103] Vgl. TÜCKING (1999), S. 59.
[104] Vgl. hierzu STRUBE (1999), S. 39.

Übereinkünfte der Uruguay-Runde obliegen, ersetzte das GATT von 1949, das aus einer Gesamtheit von Regeln bestand, jedoch keine Institution im Hintergrund hatte.[105] Das umfassende Regelwerk des ATC sah – unter dem Dach der WTO – die stufenweise Integration des seit 1974 geltenden Welttextilabkommens WTA in die allgemeinen GATT-Regeln vor, mit dem Ziel, bis 2005 bestehende WTA- und Nicht-WTA-Handelsschranken sämtlich und vollständig abzuschaffen. Die WTO-Länder sollten innerhalb eines Zeitraums von zehn Jahren alle Quoten des WTA abbauen.[106] Dabei war der vom ATC vorgegebene Liberalisierungsfahrplan von vornherein asymmetrisch angelegt, d.h. bis 2002 waren 51% des Textil- und Bekleidungshandels zu integrieren, danach sollten bis zum 1. Januar 2005 die die restlichen 49% den GATT-Bestimmungen unterstellt werden. Im Einzelnen verlief die Integration des Welttextilabkommens in vier Phasen mit jeweils unterschiedlichen Liberalisierungsquoten, die in *Tabelle 7* wiedergegeben sind; als Basisjahr für die zu integrierenden Prozentsätze wurde 1990 festgelegt, dessen gesamtes Textilhandelsvolumen die Maßgabe für die Quotenumsetzung war:

Tabelle 7: Die Liberalisierungsquoten für den Welthandel mit Textilien und Bekleidung laut ATC

Frist	zu integrierende Mindestmenge (%)	kumuliert (%)
01.01.1995	16	16
01.01.1998	17	33
01.01.2002	18	51
01.01.2005	49	100

Quelle: eigene Darstellung in Anlehnung an NORDAS (2004), S. 13

2.3.3.4 Folgen der Integration für den Welttextilhandel

Mit dem Wegfall der Importquoten zum 1. Januar 2005 werden für den Welttextilhandel fundamentale, langfristige Veränderungen einhergehen. Mit Sicherheit wird es mittel- und langfristig zu gravierenden Verschiebungen der Marktanteile kommen. Die Folgen für die großen Textil- und Bekleidungsindustrien sind bereits absehbar und ergeben folgendes Bild: **China** wird als der große Gewinner hervorgehen, aber auch Länder wie Indien, Pakistan, Bangladesch und Indonesien werden von der Beseitigung der Handelsschranken profitieren.

[105] Vgl. SCHNEIDER (2004), S. 100.
[106] Vgl. SCHNEIDER (2004), S. 104f sowie RIESCH (1998), S. 45f.

Diese Länder werden vor allem aufgrund ihrer preislichen Wettbewerbsfähigkeit Weltmarktanteile hinzugewinnen. Dagegen werden diejenigen Schwellen- und Entwicklungsländer mit bedeutenden Textil- und Bekleidungsindustrien als Verlierer dieses Wettbewerbs hervorgehen, allen voran die Produzenten in Fernost, Afrika, Mittel- und Südamerika, die dem Kostendruck aus China nicht werden standhalten können. Zu den großen Verlierern wird, langfristig gesehen, wahrscheinlich auch die **Türkei** gezählt werden müssen – diese Frage wird im weiteren Verlauf noch eingehend diskutiert werden (vgl. *Kapitel 5.1.4*).[107] Auch die mittel- und osteuropäischen Länder, insbesondere die neuen EU-Mitglieder, werden geschwächt hervorgehen, da aber in diesen Länder die Textil- und Bekleidungsexporte nicht mehr einen dominierenden Anteil an den Gesamtausfuhren ausmachen, werden die Einbußen relativ gering ausfallen. Dies gilt allgemein auch für die Textil- und Bekleidungsindustrien der westlichen Industrieländer, die sich ohnehin schon seit Jahrzehnten in einem schleichenden Strukturwandel befinden – freilich verbunden mit einem kontinuierlichen Kapazitätsabbau bzw. der Kapazitätsverlagerung in das kostengünstigere Ausland.

Dennoch sieht sich auch die EU durch den explosionsartigen Anstieg der **Importe aus China** massiv bedroht. Im ersten Quartal des Jahres 2005 sind die Einfuhren in einigen Produktkategorien um über 400% in die Höhe geschossen, so z.B. bei Herrenhosen um bis zu 413% und bei Pullovern um 534%.[108] Gleichzeitig ist mit dem Importanstieg ein rapider Preisverfall eingetreten, so z.B. bei Herrenhosen um 24%, bei Pullovern um 47%, bei Damenoberbekleidung sogar um 50%.[109] Mit Bezug auf diese Zahlen kommentiert EU-Handelskommissar PETER MANDELSON: „Die Entwicklung der Einfuhren aus China ist in einigen Kategorien Besorgnis erregend. Wir können nicht ruhig zusehen, wie unsere Industrie verschwindet.“[110] Diese Besorgnis ist durchaus nicht übertrieben, denn laut Schätzungen des europäischen Textilverbandes EURATEX drohen mittelfristig rund eine Million Arbeitsplätze in der EU wegzufallen.[111] Zieht man rückblickend für das gesamte Jahr 2005 Bilanz, dann bestätigt sich die übermäßige Handelsmacht Chinas auf den Welttextilmärkten. So konnte China 2005 seine Textil- und Bekleidungsexporte in die USA und in die EU um 40% steigern, während der gesamte Welthandel mit Textilien um Bekleidung – trotz der Quoten-

[107] Diese Frage bildet eine der Kernproblemstellungen der vorliegenden Arbeit.
[108] Vgl. TEXTILWIRTSCHAFT Nr. 17 (2005), S. 8.
[109] Vgl. hierzu FINANCIAL TIMES DEUTSCHLAND vom 25.04.2005, S. 21.
[110] TEXTILWIRTSCHAFT Nr. 17 (2005), S. 8.
[111] Vgl. hierzu FINANCIAL TIMES DEUTSCHLAND vom 27.04.2005, S. 11.

liberalisierung! – um lediglich 5% anstieg. Der Weltmarktanteil Chinas erhöhte sich auf 24%.[112]

Die aktuelle Situation für die europäische Textil- und Bekleidungsindustrie ist also infolge des Quotenwegfalls überaus ernst geworden. Dennoch kann mitnichten von einer plötzlich eingetretenen, überraschenden Entwicklung gesprochen werden. Seit dem Beitritt zur WTO im Jahr 2001 hat China von der stufenweisen Aufhebung der Handelsbeschränkungen profitiert. Laut einem Bericht der EU-Kommission nahmen die Einfuhren von Warenkategorien, die für China gemäß der dritten Stufe des ATC liberalisiert wurden (vgl. *Tabelle 7*), bereits im Jahr 2002 wertmäßig um 46% und mengenmäßig um 192% zu, bei einem Rückgang des durchschnittlichen Stückpreises um 50%.[113] In den beiden darauffolgenden Jahren setzte sich dieser Trend ungebrochen fort und wird auch in den nächsten Jahren nicht nur anhalten, sondern sich womöglich noch zuspitzen, nicht zuletzt deshalb, weil China sich seit Jahren auf den Wettbewerb auf dem Welttextilmarkt vorbereitet hat, z.B. durch verstärkte Investitionen, den enormen Ausbau von Produktionskapazitäten, aber auch durch staatliche Subventionen. Welche Herausforderungen angesichts dieser **dramatischen Marktverzerrung** sich im Speziellen für die deutschen und für die türkischen Textil- und Bekleidungshersteller ergeben, wird im weiteren Verlauf noch zu untersuchen sein.[114]

---

[112] Vgl. TEXTILWIRTSCHAFT Nr. 30 (2006), S. 12.
[113] Vgl. KOMMISSION DER EUROPÄISCHEN GEMEINSCHAFTEN (2003), S. 14.
[114] Diese Kernproblematik wird in den Analysen der *Kapitel 4.1.4* sowie *Kapitel 5.1.4* eingehend untersucht.

KAPITEL 3: ENTWICKLUNG EINES THEORETISCHEN BEZUGSRAHMENS FÜR OUTSOURCING ALS FORM DER STRATEGISCHEN PARTNERSCHAFT

3.1 Begriffsbestimmungen

In nachfolgendem Abschnitt sollen zwei wichtige Kernbegriffe der vorliegenden Arbeit vorgestellt und diskutiert werden: *Outsourcing* und *Strategische Partnerschaft*. Diese beiden Begriffe bilden die zentralen Bezugspunkte für den weiteren Fortgang der theoretischen und empirischen Analysen. Aus diesem Grund geht es in den folgenden Ausführungen nicht darum, allumfassende Definitionen zu geben oder die Begriffe in ihren sämtlichen theoretischen Facetten zu beleuchten (eine differenzierte theoretische Analyse erfolgt in *Kapitel 3.2, 3.3* und *3.4*), sondern vorerst die für diese Studie relevanten Aspekte zu benennen und hervorzustellen. In *Kapitel 3.1.1* wird eine terminologische und definitorische Abgrenzung von *Outsourcing* vorgeführt, im Anschluss daran folgt in *Kapitel 3.1.2* eine begriffliche Annäherung an den Terminus *Strategische Partnerschaft*, welcher aus dem Bereich der Unternehmensführung stammt und eine Spezifikation des Begriffs *Unternehmenskooperation* darstellt. Sowohl in Bezug auf *Outsourcing* als auch auf *Strategische Partnerschaft* soll – gemäß der Problemstellung dieser Studie – das Augenmerk auf das Attribut *strategisch* gelegt werden.

3.1.1 Outsourcing

Outsourcing gewinnt in vielen Bereichen der Wirtschaft sowohl in der produzierenden Industrie als auch im Dienstleistungssektor immer mehr an Bedeutung. Outsourcing ist ein Begriff modernen Managements; als **Management-Konzept** ist Outsourcing heute ein wichtiges und häufig angewendetes Instrument der Unternehmensführung. Grundsätzlich ist Outsourcing eine *strategische* Entscheidung und dementsprechend Teil der Unternehmensstrategie.

Der Begriff *Outsourcing* ist ein Kunstwort, das aus dem angloamerikanischen Wirtschaftsleben stammt und sich aus den englischen Wörtern *outside*, *using* und *ressource* zusammensetzt.[115] Hierunter wäre zunächst – sinngemäß übersetzt – eine „Nutzung externer Ressourcen" zu verstehen. Mittlerweile sind das Nomen „Outsourcing" und das davon abgeleitete Verb „to outsource" feste Bestandteile des englischen Wortschatzes.[116] Im Zuge des Zeitgeistes, dessentwegen immer häufiger und mit Vorliebe amerikanisch-englische Begriffe entlehnt werden, haben „Outsourcing" und das Verb „outsourcen" in der ersten Hälfte der 1990er Jahre nicht nur in die deutschsprachige Betriebswirtschaftslehre Eingang gefunden, sondern auch in die deutsche Standardsprache: In der dritten Auflage des DUDEN (1996) ist „Outsourcing" verzeichnet[117], wohingegen in der zweiten Auflage des DUDEN (1989) der entsprechende Eintrag noch fehlt.[118]

Auf der betriebswirtschaftlich-wissenschaftlichen Ebene des Begriffsinhaltes ist festzustellen, dass sich für *Outsourcing* bis dato **keine einheitliche Definition** durchgesetzt hat und mithin die Auslegungen je nach Autor und Kontext weit auseinandergehen können.[119] Dies liegt unter anderem auch daran, dass sich das Begriffsverständnis und die Ausprägungsformen in der wirtschaftlichen Praxis im Lauf der Zeit (genauer: innerhalb der letzten 15 Jahre) stark verändert haben.[120] Nichtsdestotrotz herrscht in der Outsourcing-Forschung Konsens über bestimmte zentrale Kernelemente des Outsourcing-Begriffs. Eine solche allgemein gehaltene Annäherung an den Outsourcing-Begriff bietet das GABLER WIRTSCHAFTSLEXIKON (2000):

> „Verlagerung von Wertschöpfungsaktivitäten des Unternehmens auf Zulieferer. Outsourcing stellt eine Verkürzung der Wertschöpfungskette bzw. Leistungstiefe des Unternehmens dar. Durch die Inanspruchnahme qualifizierter, spezialisierter Vorlieferanten für Komponenten und Dienstleistungen werden Produktions-, Entwicklungs-, aber auch Dienstleistungsgemeinkosten des Unternehmens häufig reduziert. Durch Konzentration auf die Kernaktivitäten werden Kostenvorteile realisiert, die operative und strategische eigene Marktposition so verbessert. Strategisch wichtig ist, dass im Rahmen des Outsourcing Schlüsseltechnologien und -kompetenzen nicht aufgegeben werden, weil auf diese Weise eine unerwünschte Abhängigkeit vom Vorlieferanten entstehen könnte."[121]

Diese plausible und zugleich eingängige Begriffsdefinition kann als die *aktuell gültige* gelten und ist gleichsam „der kleinste gemeinsame Nenner" der in der Outsourcing-Literatur vertretenen unterschiedlichen Positionen. Im Kern ist Outsourcing somit ein Synonym für die

[115] Vgl. hierzu z.B. BACHER (2000), S. 22, FRISCHMUTH ET AL. (2005), S. 333, GULDEN (2000), S. 151, KÖHLER-FROST (1995), S. 13, NAGENGAST (1997), S. 47 sowie SCHÄTZER (1999), S. 43.
[116] Vgl. z.B. OXFORD ADVANCED LEARNER'S DICTIONARY (2000), S. 901.
[117] DUDEN (1996), S. 1110.
[118] Das Verb „outsourcen" erscheint erstmalig in der vierten Auflage des DUDEN (2001), S. 1173.
[119] Vgl. z.B. BACHER (2000), S. 20, NAGENGAST (1997), S. 47ff sowie SCHÄTZER (1999), S. 42.
[120] Vgl. hierzu die Ausführungen in *Kapitel 3.2.1*.
[121] GABLER WIRTSCHAFTSLEXIKON (2000), S. 2344f.

dauerhafte Betrauung eines unternehmensexternen Dienstleistern mit unternehmensinternen Aufgaben und Funktionen.[122]

Die Beschäftigung mit der Frage, ob Aktivitäten intern oder extern durchgeführt werden sollen (Make-or-buy), gehört zu den zentralen Aufgaben der Unternehmensführung und zu den typischen Untersuchungsfeldern betriebswirtschaftlicher Analysen. Daher ist Outsourcing als kein substanziell neuartiger Management-Ansatz, sondern als spezielle Management-Methode im Rahmen von **Make-or-buy-Entscheidungen**, also der Entscheidung zwischen Eigenfertigung oder Fremdbezug von Leistungen zu verstehen. Mit anderen Worten: Wenngleich in der betriebswirtschaftlichen Literatur der Begriff *Outsourcing* als solcher erst etwa seit Beginn der 1990er Jahre verwendet wird, so ist die betriebswirtschaftliche Fragestellung nach Eigenfertigung oder Fremdbezug wesentlich älter. Im Bereich der Materialwirtschaft und für bestimmte Dienstleistungen (z.B. Logistik) wurde diese Diskussion bereits in den 1960er Jahren geführt.[123] Aber im Unterschied zu reinen Make-or-buy-Entscheidungen, die typischerweise einmalig oder kurzfristig getroffen werden, bezeichnet Outsourcing die regelmäßige und dauerhafte Inanspruchnahme von externen statt bisher internen Ressourcen. BRUCH (1998) formuliert dies wie folgt:

> „Das Besondere bei Outsourcing ist, daß es sich nicht um eine kurzfristige oder zufällig andauernde, sondern um eine gezielt *langfristige Externalisierung* [im Original kursiv] bestimmter Teilleistungen einer Unternehmungen und deren Übernahme durch einen Externen handelt.“[124]

Prinzipiell kann Outsourcing für sämtliche betriebliche Leistungen und Funktionen angewendet werden. Jedoch gilt klar zu unterscheiden zwischen Outsourcing in

- nicht-wertschöpfenden Bereichen (z.B. Gebäudereinigung, Kantine, Personalabrechnung, Werkschutz) sowie
- wertschöpfenden bzw. strategisch relevanten Bereichen (z.B. Produktentwicklung, Forschung und Entwicklung, produktive Einbindung des Dienstleisters in die Wertschöpfungskette).

Ersteres entspricht Outsourcing klassischen Typs, letzteres der neueren Ausprägungsrichtung von Outsourcing. Die vorliegende Arbeit befasst sich ausschließlich mit Outsourcing in

---

[122] Ähnliche Begriffsdefinitionen finden sich z.B. bei BACHER (2000), S. 29, BRUCH (1998), S. 16, GULDEN (2000), S. 151 sowie NAGENGAST (1997), S. 56.

[123] Als ein wichtiger Vorreiter der Make-or-buy-Diskussion in Deutschland gilt WOLFGANG MÄNNEL, dessen Beiträge maßgeblich zu einem verstärkten Interesse an der Frage zwischen Eigenfertigung und Fremdbezug beitrugen. Vgl. insbesondere MÄNNEL (1969a) und MÄNNEL (1969b).

[124] BRUCH (1998), S. 17.

wertschöpfenden bzw. strategisch relevanten Bereichen. Im Mittelpunkt soll dabei die Betrachtung von Outsourcing als eine Form der zwischenbetrieblichen Kooperation zur Erreichung ökonomischer Unternehmensziele stehen. D.h. Outsourcing wird als **strategische Wertschöpfungspartnerschaft** verstanden. Die übergeordneten Leitideen einer solchen langfristigen und strategisch orientierten Outsourcing-Partnerschaft sind vor allem: die Konzipierung einer engen, partnerschaftlichen Zusammenarbeit, die Ausrichtung auf eine Win-win-Konstellation und der Aufbau einer stabilen und vertrauensvollen zwischenbetrieblichen Beziehung. Diese ideellen Grundsätze sind keineswegs wünschenswerte Idealziele oder gar wohlklingende Worthülsen, sondern notwendige Elemente einer erfolgsorientierten Unternehmenspartnerschaft, die es konzeptionell umzusetzen gilt.

3.1.2 Strategische Partnerschaft

Obzwar der Begriff *Strategische Partnerschaft* ein in der Betriebswirtschaftslehre fest etablierter und weit verbreiteter Terminus ist, existiert – wie auch Fall des Begriffs *Outsourcing* – keine allgemeingültige wissenschaftliche Definition desselben. Unter einer Strategischen Partnerschaft wird im Folgenden eine längerfristig ausgerichtete zwischenbetriebliche Kooperation zwischen zwei rechtlich und wirtschaftlich voneinander unabhängigen Unternehmen verstanden. Die unternehmerische Zusammenarbeit im Rahmen einer Strategischen Partnerschaft ist ein zielorientiertes Bündnis zur Erreichung bestimmter ökonomischer Ziele durch intensives gemeinschaftliches und vertrauensvolles Handeln. [125]

Eine Strategische Partnerschaft bezeichnet also eine spezielle Form der **unternehmerischen Kooperation**. Der Begriff *Partnerschaft* wird meistens synonym und ohne klare Abgrenzung für *unternehmerische Kooperation* bzw. *Zusammenarbeit* verwendet, „hat aber den zusätzlichen Aspekt einer intensiven und vertrauensvollen Zusammenarbeit.“[126] Um die Spannweite

[125] Neben der Bezeichnung *Strategische Partnerschaft* existiert auch der Begriff *Strategische Allianz*, der zumeist synonym gebraucht wird. Im Unterschied zur Strategischen Partnerschaft schließt die Strategische Allianz jedoch auch die Möglichkeit der kapitalmäßigen Beteiligung am Kooperationspartner mit ein (z.B. in Form eines gemeinsamen Joint-Ventures). Da es sich in einem solchen Fall nicht mehr um Outsourcing-Kooperationen im engeren Sinne (d.h. mit rechtlich und/oder wirtschaftlich voneinander unabhängigen Partnern) handelt, wird diese Form der unternehmerischen Zusammenarbeit in der vorliegenden Studie bewusst ausgeklammert. Deshalb soll im Folgenden ausschließlich der unmissverständliche Begriff *Strategische Partnerschaft* benutzt werden.

[126] QUACK (2000), S. 12.

des Begriffsverständnisses von Strategischen Partnerschaften darzustellen, ist es daher vonnöten, zunächst den Begriff der *Kooperation* einzugrenzen.

Im allgemeinen Sprachgebrauch versteht man unter einer Kooperation die „Zusammenarbeit verschiedener [Wirtschafts]partner, von denen jeder einen bestimmten Aufgabenbereich übernimmt.“[127] In der Betriebswirtschaftslehre wird der Begriff der Kooperation üblicherweise eingeengt, es existiert jedoch keine einheitliche Definition; je nach Autor und Sichtweise weichen die Begriffsauffassungen mehr oder weniger stark voneinander ab. Im weitesten Sinne wird unter einer Kooperation *jede* Form der Zusammenarbeit zwischen Personen und Institutionen im Wirtschaftsleben verstanden. In der Mehrzahl der betriebswirtschaftlichen Definitionen wird der Begriff der Kooperation weiter eingeengt und mit der Zusammenarbeit zwischen verschiedenen *Unternehmen* gleichgesetzt[128].

Dementsprechend definiert das GABLER WIRTSCHAFTSLEXIKON (2000) eine Kooperation als eine „Zusammenarbeit zwischen meist wenigen, rechtlich und wirtschaftlich selbständigen Unternehmungen zur Steigerung der gemeinsamen Wettbewerbsfähigkeit.“[129] WÖHE ET AL. (2000) präzisieren dieses Begriffsverständnis:

> „Die Kooperation ist durch die freiwillige Zusammenarbeit von Unternehmen, die rechtlich – und in den nicht der vertraglichen Zusammenarbeit unterworfenen Bereichen auch wirtschaftlich – selbständig bleiben, gekennzeichnet. Die beteiligten Unternehmen geben somit lediglich einen Teil ihrer wirtschaftlichen Souveränität auf. Die Zusammenarbeit erfolgt in der Regel zu dem Zweck, durch die Zusammenlegung einzelner Unternehmensfunktionen (z.B. Einkauf, Forschung und Entwicklung) die Wettbewerbsfähigkeit zu steigern.“[130]

Klar abzugrenzen ist der Begriff Kooperation vom betriebswirtschaftlichen Terminus der *Konzentration*. Im Gegensatz zur Kooperation ist die Konzentration mit einer Einschränkung oder der völligen Aufhebung der wirtschaftlichen rechtlichen Selbständigkeit mindestens eines der beteiligten Unternehmen verbunden. So wird etwa bei HEINEN (1972) – ein weiteres „klassisches“ Lehrbuch der Betriebswirtschaftslehre – erläutert:

> „Als Unternehmungskonzentration soll eine Zusammenfassung von Unternehmungen bezeichnet werden, die von einer wirtschaftlichen Integration begleitet ist. Diese kann organisatorische und kapitalwirtschaftliche Verbindungen in unterschiedlichem Ausmaß beinhalten.“[131]

---

127 DUDEN FREMDWÖRTERBUCH (1990), S. 430.
128 Vgl. hierzu FLEISCHER (1997), S. 10.
129 GABLER WIRTSCHAFTSLEXIKON (2000), S. 1817.
130 WÖHE ET AL. (2000), S. 321.
131 HEINEN (1972), S. 111; vgl. hierzu auch WÖHE ET AL. (2000), S. 321.

Geben die Unternehmen beim Zusammenschluss auch ihre rechtliche Selbständigkeit auf, spricht man von einer *Fusion* (Verschmelzung), wobei in einem solchen Fall nach dem Zusammenschluss nur noch eine rechtliche Einheit (Firma) existiert.[132]

Grundsätzlich kann eine Kooperation (bzw. eine Strategische Partnerschaft) anhand der beiden Merkmale **Bindungsintensität** und **Bindungsrichtung** charakterisiert werden.[133] Die *Bindungsintensität* einer Kooperation wird in einem Vertrag niedergelegt. Der Kooperationsvertrag ist, neben den national und international geltenden Gesetzen, die rechtlich verbindliche Grundlage der Kooperation und regelt die Konditionen der Zusammenarbeit, also die Gestaltung, die Ziele, den Umfang, das Ausmaß, die Dauer, die Vergütung etc.[134] Das Merkmal *Bindungsrichtung* bezieht sich auf die Stellung der kooperierenden Unternehmen am Markt. Idealtypisch können Kooperationen gemäß ihrer Bindungsrichtung in drei Arten unterteilt werden, und zwar in

- horizontale Kooperationen (zwischen Unternehmen der gleichen Wertschöpfungsstufe),
- vertikale Kooperationen (zwischen Unternehmen unterschiedlicher, aber miteinander in leistungswirtschaftlicher Verbindung stehender Wertschöpfungsstufen) sowie
- laterale Kooperationen[135] (zwischen Unternehmen, die weder durch Wertschöpfungsstufen noch durch Branchenzugehörigkeit miteinander verbunden sind).[136]

Bei jeder Kooperation verpflichten sich die beteiligen Unternehmen zu koordiniertem Handeln in bestimmten Bereichen und unter Einsatz bestimmter Ressourcen, d.h. sie geben *freiwillig* einen Teil ihrer Entscheidungsautonomie an die Kooperation ab. Diese – gegenständlich und zeitlich – begrenzte Einbuße an Entscheidungsfreiheit ist insofern ein weiteres,

[132] Vgl. WÖHE ET AL. (2000), S. 321.

[133] Die Begriffe *Bindungsintensität* und *Bindungsrichtung* für die Charakterisierung von Strategischen Partnerschaften wurden von MÜLLER-STEWENS (1993) geprägt. Vgl. MÜLLER-STEWENS (1993), Sp. 4068f und Sp. 4070.

[134] Nach HEINEN (1972) ist der Vertrag ein unabdingbares Kriterium für eine Kooperation. Dementsprechend lautet seine Definition des Begriffes wie folgt: „Kooperation bedeutet Zusammenschluß auf vertraglicher Basis zur gemeinsamen Erfüllung betrieblicher Funktionen oder Teilaufgaben. Die zusammengefaßten Unternehmungen geben ihre rechtliche und ihre wirtschaftliche Selbständigkeit nur in beschränktem Maße auf, soweit es zur Zusammenarbeit nach Vertrag erforderlich wird." Vgl. HEINEN (1972), S. 111f.

[135] Anstelle von *lateral* sind auch die Bezeichnungen *diagonal* und *konglomerat* gebräuchlich.

[136] Vgl. hierzu BACHER (2000), S. 14, FLEISCHER (1997), S. 15, GERTH (1975), Sp. 2258, MÜLLER-STEWENS (1993), Sp. 4070, THOMMEN ET AL. (2003), S. 80 sowie WÖHE ET AL. (2000), S. 321f.

konstitutives Strukturmerkmal der Kooperation, da sie eine als *Partnerschaft* definierte unternehmerische Zusammenarbeit klar von der Alternative eines unternehmerischen Alleingangs abgrenzt.[137] Hieraus ergibt sich, dass jede Kooperation im Bereich zwischen Entscheidungsautonomie und gegenseitiger Abhängigkeit (Interdependenz) abläuft.[138] Spätestens an dieser Stelle stellt sich die Frage, welches zwischenbetriebliche Zusammenwirken bereits als Kooperation bezeichnet werden kann und dementsprechend nicht mehr eine freie Transaktion über den Markt darstellt.[139] Die Antwort auf diese Frage liegt in der **Gemeinsamkeit der Motive und Ziele** der kooperierenden Unternehmen. Ein Unternehmen wird sich dann für eine strategische Kooperation entscheiden, wenn das Durchführen bestimmter Aktivitäten in Gemeinschaft mit einem Partner vorteilhafter ist als

- die alleinige (unternehmensinterne) Durchführung über die Hierarchie oder
- das Eingehen einer mehr oder weniger engen (unternehmensexternen) Geschäftsbeziehung über den Markt oder
- der kapitalmäßige Zusammenschluss mit dem Partnerunternehmen (Konzentration oder Fusion).[140]

Wie bereits aus den vorgestellten Definitionen hervorging, ist der Zweck einer Kooperation allgemein die Verbesserung der Wettbewerbsfähigkeit; ein Unternehmen geht grundsätzlich eine Kooperation mit einem anderen Unternehmen ein, um ökonomisch darstellbare Vorteile zu erzielen und dadurch die eigene Position auf dem Markt zu stärken.[141] Die konkreten betriebswirtschaftlichen Formalziele einer Strategischen Partnerschaft ergeben sich aus den monetären Zielen (z.B. Gewinnsteigerung, Umsatzsteigerung, Renditesteigerung, Kostendegression) und den nicht-monetären Zielen (z.B. Marktzutritt, Größenvorteile, Zeitvorteile, Risikominimierung, Technologievorteile) des einzelnen Unternehmens. Abgeleitet von den jeweiligen Zielen, unterscheidet TRÖNDLE (1987) in seiner viel beachteten Arbeit zwischen zwei Arten von Kooperationen:

- redistributive Kooperationen (gemeinsame Ziele der Partner) sowie

[137] Vgl. FLEISCHER (1997), S. 12. GERTH (1975) bezeichnet dies sogar als „Selbständigkeitseinbuße“ des einzelnen Unternehmens. Vgl. GERTH (1975), Sp. 2260.

[138] Vgl. hierzu TRÖNDLE (1987), S. 16ff.

[139] Vgl. HÖFER (1997), S. 4.

[140] Vgl. BRONDER ET AL. (1998), S. 27.

[141] Eine Strategie der Unternehmensführung, die diesen Gedanken weiterführt, ist die sog. *Win-win-Konstellation*. Eine Win-win-Konstellation beschreibt einen Zustand, in dem auch die ökonomischen Vorteile des jeweiligen Partners konzeptionell Berücksichtigung finden. Ziel der Win-win-Konstellation ist es, durch die Berücksichtigung der ökonomischen Interessen des Partners die Kooperation als solche zu stabilisieren, Konflikten vorzubeugen und dadurch den langfristigen Fortbestand der Kooperation zu sichern.

- reziproke Kooperationen (unterschiedliche Ziele der Partner).[142]

Die Besonderheit einer Strategischen Partnerschaft ist die **strategische Relevanz** der unternehmerischen Zusammenarbeit. In Abgrenzung zur reinen Kooperation sind die Ziele einer Strategischen Partnerschaft nicht nur operativer, sondern auch strategischer Art. Zugleich dominieren die strategischen Ziele die operativen. Die Bedeutung des Attributs *strategisch* und dessen Operationalisierung in ökonomische Größen hängt stets vom vorliegenden Einzelfall ab. Eine grundsätzliche und allgemeingültige Deutung des Begriffs postulieren THOMMEN ET AL. (2003) in ihrem Lehrbuch:

> „Mit dem Begriff „strategisch“ will man zum Ausdruck bringen, dass eine solche Unternehmensverbindung sowohl für die langfristige Existenz als auch für den langfristigen Erfolg des ganzen Unternehmens von großer Bedeutung ist. Insbesondere geht es darum, Wettbewerbsvorteile gegenüber der Konkurrenz zu erlangen.“ [143]

Aus dieser Definition geht hervor, dass Wettbewerbsvorteile nicht nur durch unternehmensinterne, sondern auch durch außerhalb der eigenen Unternehmensgrenzen ausgeübte Aktivitäten realisiert und verteidigt werden können. Mit der Betrachtung des Outsourcing als Form der Strategischen Partnerschaft wird somit in Rede gestellt, dass aus der strategischen Entscheidung für die Eigenherstellung oder den Fremdbezug betrieblicher Funktionen langfristige Folgen für die Wettbewerbsposition eines Unternehmens erwachsen können.

Der **Erfolg** einer Strategischen Partnerschaft (d.h. der Zielerreichungsgrad der ökonomischen und außer-ökonomische Ziele im Rahmen der Strategischen Partnerschaft) ist grundsätzlich abhängig von der Intensität der Beziehung zwischen den Partnern, also den betrieblichen und persönlichen Interaktionen zwischen den kooperierenden Unternehmen. Dennoch garantiert das Eingehen einer Strategischen Partnerschaft nicht a priori die Erreichung der gesteckten Ziele, vielmehr wird der Erfolg von der individuellen Ausgestaltung des Kooperationsverhältnisses bestimmt. Hierfür muss die Strategische Partnerschaft als *echte* Partnerschaft aufgefasst und gelebt werden; wie dies im Rahmen einer Outsourcing-Kooperation zum Tragen kommen kann, erläutert REINECKE (1996) anhand von zehn konstitutiven Merkmalen einer „echten“ Partnerschaft (*vgl. Tabelle 8*). Zu unterscheiden ist hierbei zwischen Merkmalen, die Voraussetzung für eine „echte“ Partnerschaft gelten und solchen, die während der Ausführung berücksichtigt werden müssen.

[142] Vgl. TRÖNDLE (1987), S. 22.
[143] THOMMEN ET AL. (2003), S. 85.

Tabelle 8: Zehn Merkmale „echter" Partnerschaften

	Merkmal	
Voraussetzungen	1. wahrgenommener Nutzen	► finanzielle Ergebnisse, Prozess- oder Produktinnovation, Risikoteilung
	2. hohe Bedeutung	► Langfristigkeit , hohe finanzielle Investitionen
	3. gegenseitige Abhängigkeit	► komplementäre Kompetenzen und Ressourcen
	4. Kulturkompatibilität	► gemeinsame Einstellungen und Werte, Vertrauen
	5. Commitment	► Anreizsysteme, transparente Vereinbarungen, gemeinsame Ziele
Ausführung	6. Höchstleistung	► Engagement und Involvement
	7. offene Information	► Integrität, kein Opportunismus, geteiltes Wissen
	8. klare Schnittstellen	► klare Kompetenzenallokation, Konfliktmanagement
	9. Integration	► persönliche Beziehungen auf allen Ebenen, Verantwortung, Flexibilität
	10. Kontinuität	► auf Dauer angelegt, personelle Kontinuität, Lernprozesse

Quelle: eigene Darstellung in Anlehnung an REINECKE (1996), S. 184

Diese zehn konstitutiven Merkmale einer erfolgsorientierten Strategischen Outsourcing-Partnerschaft gilt es im weiteren Verlauf stets zu überprüfen und gegebenenfalls kritisch zu hinterfragen.

3.2 Theoretische Dimensionen von Outsourcing

Dieser Abschnitt analysiert theoretische Denk- und Konzeptansätze aus der Betriebswirtschaftslehre, mit deren Hilfe das Zustandekommen und die Gestaltung von Outsourcing-Kooperationen erklärt werden kann. *Kapitel 3.2.1* betrachtet die *Wandlungstendenzen von Outsourcing* im historischen Zeitablauf, insbesondere im Hinblick auf deren Rezeption und wissenschaftliche Aufarbeitung in der Outsourcing-Forschung. Der historischen Entwicklungsrichtung von Outsourcing Rechnung tragend, werden anschließend in *Kapitel 3.2.2* die *taktisch-operative* und *strategische* Sichtweise von Outsourcing einander gegenübergestellt. Demfolgend werden in *Kapitel 3.2.3* die zwei wichtigsten Erfolgsversprechen von Outsourcing – Kosten- und Kompetenzvorteile – unter Bezugnahme auf den *kostenrechnerischen Ansatz* und den *ressourcenbasierte Ansatz* gegeneinander abgewogen. *Kapitel 3.2.4* vergleicht kernnahes und kernfernes Outsourcing, indem hierfür das *Lean-Konzept*, das *Konzept der Kernkompetenzen* und das *Konzept der Wertkette* herangezogen werden. Das letzte Kapitel dieses Abschnittes, *Kapitel 3.2.5*, widmet sich dem verbreitetsten und aussagekräftigsten theoretischen Erklärungsansatz für Outsourcing, der *Transaktionskostentheorie*. Die Outsourcing-Forschung bietet eine mittlerweile beachtliche Zahl wissenschaftlicher Beiträge, die das Phänomen Outsourcing mithilfe betriebswirtschaftlicher Theorien erklären; die theoretischen Gesichtspunkte von Outsourcing sind in nahezu jede Richtung untersucht und umfassend dargestellt. Es sei daher betont, dass es an dieser Stelle nicht darum gehen kann, diese theoretischen Überlegungen im Einzelnen nachzuvollziehen und wiederzugeben. Vielmehr möchte dieser Abschnitt einen konzisen Überblick über die vielseitigen theoretischen Herangehensweisen in der Outsourcing-Diskussion geben, sofern diese für den weiteren Verlauf der Arbeit relevant sind.

3.2.1 Historische Erscheinungsformen und -trends

Vor dem Hintergrund sich verändernder Bedarfsstrukturen hat Outsourcing seit seinen Anfängen Ende der 1980er Jahre bis heute einen kontinuierlichen Wandel vollzogen. Die in der betrieblichen Praxis fortwährend weiterentwickelten Ausprägungsformen und -trends wurden von der Outsourcing-Forschung absorbiert und vorhandene theoretische Ansätze immer wieder aktualisiert und ergänzt. Mit anderen Worten: Innovative Stoßrichtungen im

Outsourcing wurden meist zuerst im Wirtschaftsleben entwickelt und erst *danach* von der betriebswirtschaftlichen Forschung untersucht. Outsourcing ist also grundsätzlich ein Trend aus der Praxis, entsprechende theoriegeleitete Konzepte wurden von der Outsourcing-Forschung erst im Nachhinein formuliert.[144]

Die Ursprünge von Outsourcing reichen in die 1950er Jahre zurück, als vereinzelt damit begonnen wurde, die – zumeist mit Großrechnern betriebene – Datenverarbeitung an externe, spezialisierte Dienstleister auszulagern.[145] Aber erst in den 1980er Jahren taucht für die Fremdvergabe von Dienstleistungen der aus der Management-Praxis stammende Begriff *Outsourcing* auf.[146] Gleichwohl bleibt die Verwendung des Begriffs bis in die Mitte der 1990er Jahre uneinheitlich. In manchen Beiträgen wird Outsourcing mit der Fremdvergabe von Dienstleistungen nur aus dem Bereich der Informationstechnologie (IT) gleichgesetzt.[147] Doch das Gros der wissenschaftlichen Literatur aus den 1990er Jahren benutzt den Begriff Outsourcing grundsätzlich für Auslagerungsvorgänge in *allen* betrieblichen Funktionsbereichen. Zunächst umfasst Outsourcing nach diesem Verständnis vor allem nicht-wertschöpfende Leistungen.[148] Seit etwa dem Jahr 2000 wird Outsourcing vermehrt als Partnerschaftsmodell zur Optimierung von Wertschöpfungsaktivitäten verstanden; in diesem Zusammenhang rückt die strategische Bedeutung von Outsourcing-Entscheidungen in den Vordergrund der Betrachtungen.[149] Damit werden Outsourcing-Kooperationen nicht mehr nur auf ein reines Lieferantenverhältnis im Rahmen einer Dienstleistungserbringung beschränkt, sondern gezielt auf die Aktivierung von Potenzialen einer solchen Zusammenarbeit – z.B. in Form von realisierten Synergieeffekten – ausgeweitet. Den vorläufigen Schlusspunkt in dieser Entwicklungsreihe setzt die Diskussion über das Outsourcing von ganzen Geschäftsprozessen, das sog. *Business Process Outsourcing*: Hierbei handelt es sich um die Auslagerung von Durchführung und Management eines oder mehrerer komplexer Geschäftsprozesse an einen externen Dienstleister.[150]

---

[144] Insofern ist die vorliegende Arbeit, die ein theoriegeleitetes, innovatives Outsourcing-Konzept entwickelt, eine Ausnahme.

[145] Vgl. hierzu GULDEN (2000), S. 151 sowie STORZ ET AL. (2004), S. 5.

[146] Vgl. hierzu die Recherche von BACHER (2000), S. 26f.

[147] Vgl. z.B. HEINZL (1991), KÖHLER-FROST (1995) sowie REINECKE (1996).

[148] Vgl. z.B. HORCHLER (1996), BOGASCHEWIKY (1996), NAGENGAST (1997) sowie WIẞKIRCHEN (1999)

[149] Vgl. z.B. BACHER (2000), RUOFF (2001) SOWIE MILGATE (2001). Als frühe Vertreterin dieses Ansatzes sei BRUCH (1998) zu nennen.

[150] Vgl. z.B. die Arbeiten von NETTESHEIM ET AL. (2003), DITTRICH ET AL. (2004) sowie HOLLEKAMP (2005).

Darüber hinaus existiert eine Vielzahl meist kurzlebiger „Modebegriffe" aus der Management-Praxis, z.B. *Business Transformation Outsourcing* (die Auslagerung von kritischen Geschäftsprozessen bzw. Kernprozessen)[151], *Transitional Outsourcing* (der Dienstleister ist nicht nur für die Zielerreichung, sondern auch für den Übergang der Geschäftsprozesse verantwortlich)[152] oder *Body Shop Outsourcing* (die kurzfristige Nutzung von externen Human-Ressourcen, insbesondere zur effizienten Erbringung von standardisierten Leistungen, die zwar regelmäßig, aber nur in begrenzter Anzahl erstellt werden müssen).[153] Da diese und andere ähnliche Konzepte im Umfeld von Outsourcing zum jetzigen Zeitpunkt noch nicht wissenschaftlich etabliert sind, sei an dieser Stelle nur auf deren Vorhandensein hingewiesen.

3.2.2 Taktisch-operatives versus strategisches Outsourcing

3.2.2.1 Outsourcing als taktisch-operatives und strategisches Entscheidungsproblem

Waren ursprünglich *taktisch-operative* Überlegungen – allen voran Kostengründe – die Entscheidungstreiber für Outsourcing-Dienstleistungsverhältnisse, so ist im Lauf der Zeit immer deutlicher das Motiv einer *strategischen* Kooperation in den Vordergrund gerückt. Verallgemeinert gesagt, ist das übergeordnete Ziel von Outsourcing aus taktisch-operativer Sicht die **Steigerung der funktionalen Wirtschaftlichkeit**, wohingegen die strategische Perspektive auf **Aufbau und Erhalt von strategischen Wettbewerbsvorteilen** abzielt. Doch sollten hierbei die beiden Pole *taktisch-operativ* und *strategisch* nicht als einander ausschließende Gegensätze aufgefasst werden; letztlich wird eine Outsourcing-Entscheidung nie in Form eines „Entweder-oder", sondern vielmehr aufgrund eines „Sowohl-als-auch" getroffen. Entscheidend ist die grundsätzliche Konfiguration der jeweiligen Outsourcing-Kooperation, also ob das Outsourcing im Einzelfall *eher* taktisch-operativ oder strategisch ausgerichtet ist. Inwieweit eine Outsourcing-Kooperation von taktisch-operativer oder strategischer Bedeutung ist, kann an Faktoren wie

- dem Wertschöpfungsbeitrag,
- der Langfristigkeit sowie

[151] Vgl. STORZ ET AL. (2004), S. 8.
[152] Vgl. OECKING ET AL. (2005), S. 40.
[153] Vgl. RUOFF (2001), S. 227.

- der funktionalen Bindungsintensität (die Wichtigkeit des outgesourceten Bereichs für die gesamte Unternehmung)

festgemacht werden. Grundsätzlich gilt: Je höher der (monetär quantifizierbare) Wertschöpfungsbeitrag[154], je langfristiger die Outsourcing-Kooperation[155] und je intensiver der Grad der Bindung (je wichtiger der outgesourcete Bereich für die gesamte Unternehmung) ist[156], umso wichtiger ist deren strategische Bedeutung für die beteiligten Unternehmen. Problematisch hierbei ist jedoch, dass eine gültige Aussage über die Operationalisierbarkeit der Attribute *taktisch-operativ* und *strategisch* nur für den Einzelfall gemacht werden kann.[157]

3.2.2.2 Taktisch-operative und strategische Outsourcing-Charakteristika

Dementsprechend ist eine Outsourcing-Entscheidung grundsätzlich nicht von entweder nur taktisch-operativen oder nur strategischen Erwägungen abhängig, ebenso wenig kann streng zwischen taktisch-operativen oder strategischen Entscheidungsgrundlagen unterschieden werden. Wohl gibt es aber Outsourcing-Charakteristika, die eher dem taktisch-operativen oder strategischen Bereich zugeordnet werden können. *Tabelle 9* stellt taktisch-operative und strategische Charakteristika einer Outsourcing-Kooperation typologisch einander gegenüber:

---

[154] Vgl. hierzu FRISCHMUTH ET AL. (2005), S. 338.
[155] Vgl. hierzu MAIR (1992), S. 146, NAGENGAST (1997), S. 66f, BACHER (2000), S. 81 sowie FRISCHMUTH ET AL. (2005), S. 339.
[156] Vgl. hierzu MAIR (1992), S. 147 sowie BARTH (2003), 25f.
[157] Vgl. hierzu BRUCH (1998), S. 42.

Tabelle 9: Taktisch-operative versus strategisch-partnerschaftliche Outsourcing-Charakteristika

Beziehungs-Typus / Outsourcing-Charakteristika	taktisch-operativ	strategisch-partnerschaftlich
Aufgabe	* eng definierte Aufgaben * fest umschriebene Ergebnisse einer Transaktion	* breites Aufgabenspektrum * kernkompetenznahe Funktions-, Objekt oder Prozessanteile
Kompetenz	* ausschließlich umfassende Handlungskompetenz	* Handlungs- und weitergehende Einflussrechte
Verantwortung	* formale Mechanismen	* formale und informale Mechanismen (Vertrauen, Kultur, Bewusstsein gegenseitiger Abhängigkeit)
Primäre Orientierung	* spezifisches Transaktionsergebnis	* langfristige Zusammenarbeit * bilateraler Erfolg (Win-win-Konstellation)
Qualifikationsgrundlage	* Fach-Know-how	* breite Wissensbasis * Managementsysteme als „Schlüsselqualifikation"
strukturelle Basis	* starre, vertraglich fixierte Übereinkünfte	* Offenheit der Regelungen * flexible Fixierung der Verträge
zwischenbetriebliche Managementmuster	* einseitige Auftragserteilung * auf transaktionsnotwendigen Informationsaustausch begrenzte Interaktion * Ergebniskontrolle	* gemeinsame Strategien zum Erfolg * langfristige Vereinbarungen * Informationsaustausch * kontinuierliche Beurteilung * gemeinsame Verbesserungsbemühungen

Quelle: BRUCH (1998), S. 114

Bei dieser Gegenüberstellung gilt es zu beachten, dass es sich – zur besseren Abgrenzung – jeweils um idealtypische, in der Theorie gültige Extrempositionen handelt. Wie eingangs bereits erläutert wurde, sind Outsourcing-Kooperationen in der wirtschaftlichen Realität per se weder dem einen noch dem anderen Pol eindeutig zuzuordnen. Die Praxis hat gezeigt, dass Outsourcing-Kooperationen tendenziell vermehrt als **Wettbewerbsstrategie** verstanden und also als strategisch-partnerschaftliche Zusammenarbeit konfiguriert werden.[158] Referenzmaßstab für die ökonomische Vorteilhaftigkeit von Outsourcing-Kooperationen ist das Effzienzkriterium.[159] Inwiefern die „Effizienz-Performance" einer Outsourcing-Kooperation von taktisch-operativen oder strategischen Kriterien abhängig ist, wird im Folgenden noch genauer zu untersuchen sein (vgl. *Kapitel 3.3* und *3.4*).

3.2.3 Kostenorientiertes versus kompetenzorientiertes Outsourcing

3.2.3.1 Outsourcing als Quelle von Kosten- und Kompetenzvorteilen

Die strategische Entscheidung zum Outsourcing ist abhängig von den zu erwartenden **Effizienzvorteilen**. Ein Unternehmen wird sich dann für Outsourcing entscheiden, wenn dadurch quantitative und/oder qualitative Nutzeneffekte realisiert werden können.[160] Die Effizienzsteigerungen durch Outsourcing können auf zwei grundlegende Zieldefinitionen ausgerichtet sein:

- die Kostenrationalisierung (*kostenorientiertes Outsourcing*) und
- die Kompetenzverbesserung (*kompetenzorientiertes Outsourcing*).[161]

Diese beiden strategischen Zielausrichtungen grenzen die Felder einer Outsourcing-Strategie ab. Demnach sind in einem Unternehmen vor allem solche Dienstleistungen outsourcing-relevant, die anhand der Prüffelder **Kostenvorteile** und **Kompetenzvorteile** geeignet erscheinen, durch die Zusammenarbeit mit einem spezialisierten Outsourcing-Dienstleister eine Verbesserung der eigenen Position herbeizuführen. Das bedeutet aber keineswegs, dass kostenorientiertes und kompetenzorientiertes Outsourcing sich gegenseitig strikt ausschlössen, vielmehr ist es so, dass ein outsourcingwilliges Unternehmen durch die Zusammenarbeit mit einem spezialisierten Dienstleister in der Regel gleichzeitig sowohl Kosten- als auch Kompetenzvorteile zu erzielen suchen wird. Das heißt, dass die Entscheidungspfade beim

---

[158] Vgl. hierzu RUOFF (2001), S. 88, BRUCH (1998), S. 197, SJURTS ET AL. (2004), S. 18f sowie OECKING ET AL. (2005), S. 37.
[159] Vgl. BACHER (2000), S. 85.
[160] Eine theoretische Abhandlung der Chancen und Risiken durch Outsourcing im Einzelnen erfolgt in *Kapitel 3.3* und *3.4*.
[161] FRISCHMUTH ET AL. (2005) benennen diese Kategorien etwas unscharf mit „Cost Performance Improvement (Kosten)" und „Business Performance Improvement (Nutzen)". Vgl. FRISCHMUTH ET AL. (2005), S. 339.

strategischen Outsourcing grundsätzlich kosten- *und* kompetenzorientiert verlaufen; inwiefern die eine Position wichtiger ist als die andere, hängt vom jeweiligen Einzelfall ab.[162]

Die unternehmerische Entscheidung zum Outsourcing zur Realisierung von Kosten- und/oder Kompetenzvorteilen wird in der Outsourcing-Forschung anhand von bestimmten theoretischen Erklärungsansätzen erläutert; zur Erklärung des kostenorientierten Outsourcing wird der *kostenrechnerische Ansatz*[163], zur Erklärung des kompetenzorientierten Outsourcing der *ressourcenbasierte Ansatz*[164] herangezogen.

3.2.3.2 Der kostenrechnerische Ansatz

Der **kostenrechnerische Ansatz** stellt methodische Verfahren des Kostenvergleichs zur Verfügung. In Bezug auf die Outsourcing-Entscheidung wird mithilfe kostenrechnerischer Verfahren im Allgemeinen ein statischer Kostenvergleich zwischen *entscheidungsrelevanten Kosten der Eigenerstellung* und *Vollkosten der Fremderstellung* angestellt. Die Outsourcing-Entscheidung wird verstanden als Wahl zwischen der internen Leitungserstellung über die Hierarchie oder des externen Leistungsbezugs über den Markt. Gewählt wird die Handlungsalternative mit den geringsten Kosten. Dabei werden die Kosten des Fremdbezugs, also der Marktpreis, mit den entscheidungsrelevanten Kosten der Eigenfertigung verglichen.[165] Die Höhe der entscheidungsrelevanten Kosten ist abhängig von der Fristigkeit der Entscheidung und dem Auslastungsgrad vorhandener Kapazitäten zur internen Leistungserstellung.[166] Im Fall *kurzfristiger Entscheidungen* zwischen Eigenfertigung oder Fremdbezug (und in der Folge unausgelasteten Kapazitäten) sind, im Rahmen einer Teilkostenrechnung, nur die zusätzlichen variablen Kosten entscheidungsrelevant; bei Kapazitätsengpässen müssen neben den variablen Kosten auch engpassspezifische Opportunitätskosten berücksichtig werden. Im Fall *langfristiger Outsourcing-Entscheidungen* sind zusätzlich zu den variablen Kosten auch die kurzfristig fixen, aber langfristig variablen Kosten in die Vergleichsrechnung miteinzubeziehen.[167] Outsourcing ist – bei Kapazitätsengpässen – dann langfristig vorteilhaft, wenn die

[162] Vgl. hierzu BARTH (2003), S. 186ff und S. 189ff.
[163] Vgl. z.B. BEER (1998), S. 26-29, SCHÄTZER (1999), S. 51-54, BARTH (2003), S. 85-89 sowie SJURTS ET AL. (2004), S. 5-6.
[164] Vgl. z.B. BACHER (2000), S. 134-165, BARTH (2003), S. 113-121, SJURTS ET AL. (2004), S. 11-13 sowie HOLLEKAMP (2005), S. 87.
[165] Vgl. SJURTS ET AL. (2004), S. 5.
[166] Vgl. BEER (1998), S. 27 sowie SJURTS ET AL. (2004), S. 5.
[167] Vgl. BEER (1998), S. 27 sowie SJURTS ET AL. (2004), S. 5.

Kosten, die mit der Schaffung der notwendigen zusätzlichen Kapazitäten verbunden sind, höher liegen.[168]

Kritisch wird in der Outsourcing-Literatur zum kostenrechnerischen Ansatz vor allem angeführt, dass die Beschränkung auf einen Kostenvergleich zwischen Eigen- und Fremdausübung nur dann plausibel ist, wenn keine (erlöswirksamen) qualitativen und quantitativen Leitungsunterschiede bei den alternativen Funktionsausübungen auftreten.[169] Dies dürfte aber allenfalls bei konventionellen Standarddienstleistungen der Fall sein, die keine herausgehobene strategische Bedeutung für das outsourcende Unternehmen besitzen, da bei funktionalem Outsourcing grundsätzlich von Leistungsveränderungen auszugehen ist.[170] Außerdem beschränkt sich der Kostenvergleich rein auf produktionsseitig anfallende Kosten, die arbeitsteiligen Koordinationskosten (Transaktionskosten) bleiben jedoch unberücksichtigt.[171] Darüber hinaus enthält die Leistung des externen Dienstleisters Vor- und Nebenleistungen, deren Kosten bei interner Bereitstellung oft außer Acht bleiben. So übernimmt der externe Dienstleister beispielsweise die Gewährleistung für ungenügende Qualität oder Verspätungen, die im Fall der internen Erstellung nicht einkalkuliert wird.[172] Desweiteren wird kritisiert, dass die Verwendung der Teilkostenrechnung zu einer kalkulatorischen Überschätzung der Eigenfertigung neigt. Gleichzeitig bleiben möglicherweise entscheidungsrelevante Faktoren wie Opportunismus, Macht und Abhängigkeit bei Fremdbezug unberücksichtigt.[173] Ausgeblendet bleibt schließlich die Frage, ob durch Outsourcing Wettbewerbsvorteile aufgebaut werden können. Die Kritik am kostenrechnerischen Ansatz lässt sich dahingehend verdichten, dass die strategische Bedeutung der Outsourcing-Entscheidung nicht berücksichtigt wird. Insofern erscheint die alleinige kostenrechnerische Betrachtung von Outsourcing für strategische Entscheidungen unzulänglich.

3.2.3.3 Der ressourcenbasierte Ansatz

Der **ressourcenbasierte Ansatz** (engl. *Resource-based View*) ist eine Denkrichtung der neueren Management- und Organisationslehre. Mithilfe des ressourcenbasierten Ansatzes wird versucht, den Unternehmenserfolg über die Existenz einzigartiger Ressourcen zu

[168] Vgl. SJURTS ET AL. (2004), S. 6.
[169] Vgl. BACHER (2000), S. 82.
[170] Vgl. BARTH (2003), S. 187.
[171] Vgl. BACHER (2000), S. 83, SCHÄTZER (1999), S. 53 sowie BEER (1998), 28. Vgl. hierzu auch *Kapitel 3.2.5*.
[172] Vgl. BEER (1998), S. 27 sowie SCHÄTZER (1999), S. 51.
[173] Vgl. SJURTS ET AL. (2004), S. 5.

erklären. Dabei wird das Unternehmen als Ansammlung von Ressourcen betrachtet.[174] Im Unterschied zu wettbewerbs- und umweltorientierten Erklärungsansätzen werden beim Ressourcenansatz Handlungsalternativen aus einer sog. „Inside-out-Perspektive" heraus betrachtet, wobei dem Aufbau von Schutz von unternehmensindividuellen Wertschöpfungspotenzialen und spezifischen Kompetenzen eine Schlüsselrolle für die Erzielung dauerhafter Wettbewerbsvorteile beigemessen wird.[175] Das heißt, dass ein Unternehmen seine strategischen Ziele nicht nur durch die Ableitung von Markt- und Branchenstrategien erreicht, sondern vielmehr, indem es *spezielle Kompetenzen und Fähigkeiten* („Ressourcen") entwickelt, um sich erfolgreich von den Wettbewerbern abzusetzen.[176] Der Erfolg eines Unternehmens liegt also in der jeweiligen Ressourcenausstattung und der Art der Nutzung dieser Ressourcen begründet. Demzufolge muss eine erfolgsorientierte Unternehmung, ausgehend von der eigenen spezifischen Ressourcenausstattung, eine adäquate Wettbewerbsstrategie entwickeln, um innerhalb der Branche eine strategisch vorteilhafte Position einzunehmen und verteidigen zu können, die sich in dauerhaften Wettbewerbsvorteilen niederschlägt. Dauerhaft und nachhaltig sind diese Wettbewerbsvorsprünge nur dann, wenn die unternehmensspezifischen Ressourcen *knapp*, *wertvoll*, *nutzenstiftend*, *schwer imitierbar* und *schwer substituierbar* sind. Solche Ressourcen werden dann als **strategische Ressourcen** bezeichnet.[177] Der individuelle Ressourcenbedarf eines Unternehmens leitet sich nicht mehr von den Markt- und Wettbewerbsgegebenheiten und der angestrebten Wettbewerbsposition ab, sondern proaktiv generierte Ressourcenpotenziale ermöglichen die Einnahme einer vorteilhafteren Wettbewerbsposition und somit das Erzielen von überdurchschnittlichen Renditen.[178]

Der Ressourcenansatz ist besonders dafür geeignet, die strategische Outsourcing-Entscheidung über die Nutzung und Internalisierung von *wissensintensiven Dienstleistungen* zu erklären. Aus ressourcenbasierter Sicht ist die Eigenfertigung immer dann zu präferieren, wenn das Unternehmen selbst über die entsprechenden strategischen Ressourcen verfügt; in diesem Fall würde Outsourcing (also die Nicht-Nutzung der internen Ressourcen) die Wettbewerbsposition des Unternehmens schwächen. Sofern die für die Leistungserstellung erforderlichen Ressourcen weder knapp noch schwer imitierbar und schwer substituierbar

[174] Vgl. BARTH (2003), S. 113 sowie HOLLEKAMP (2005), S. 87.
[175] Vgl. BACHER (2000), S. 134.
[176] Vgl. HOLLEKAMP (2005), S. 87.
[177] Vgl. BARTH (2003), S. 113 sowie SJURTS ET AL. (2004), S. 11.
[178] Vgl. BACHER (2000), S. 135 sowie BARTH (2003), S. 113.

sind, ist ein Fremdbezug durch Outsourcing von Vorteil.[179] Eine Outsourcing-Kooperation als Handlungsoption ist also aus ressourcenbasierter Sicht dann vorteilhaft, wenn die interne Ressourcenausstattung veraltet ist, die Eigenentwicklung von neuem Wissen und Kompetenzen aus Zeitgründen ausscheidet oder die Akquisition von wettbewerbskritischen Ressourcen nicht möglich ist.

Problematisch an den vom Ressourcenansatz bereit gestellten Erklärungsmodellen ist die mangelnde Operationalisierbarkeit des sehr theorielastigen Konstrukts „Ressource“.[180] Der Ressourcenansatz liefert keine operationalisierbaren Kriterien für die Anforderungen und die Auswahl von Erfolgspotenzial-generierenden Ressourcen.[181] Ferner gilt es zu bedenken, dass der Ressourcenansatz die Faktormarkt-gerichteten Ressourcenmerkmale (schwere Imitierbarkeit, schwere Substituierbarkeit) fokussiert, aber deren *strategische Bedeutung* auf den Produkt- und Absatzmärkten, von denen ja letztlich der Erfolg der Leistungserbringung und mithin der ökonomische Unternehmenserfolg abhängig ist, in den Hintergrund rückt.[182] Abschließend ist der Ressourcenansatz als Entscheidungsgrundlage für Outsourcing auch deshalb unvollständig, weil er die institutionenökonomischen Ansätze, insbesondere die Transaktionskostentheorie, unberücksichtigt lässt.[183]

3.2.4 Kernnahes versus kernfernes Outsourcing

3.2.4.1 Das Lean-Konzept als Vorstufe zu Outsourcing-Überlegungen

Outsourcing-Entscheidungen stellen sich meist im Zusammenhang mit der intraorganisationalen Restrukturierung von Unternehmensaktivitäten.[184] Ziel solcher Maßnahmen ist in der Regel, durch „Verschlankung“ des Unternehmens im Sinne eines *Lean-Konzeptes* die Verbesserung oder Sicherung der Wettbewerbsposition herbeizuführen. Aus intraorganisationalem Blickwinkel bedeutet Outsourcing eine **Optimierung der Wertschöpfungskette**, dies wiederum entspricht in der Mehrzahl der Fälle einer **Reduzierung der Fertigungstiefe**. Dass die Tragweite einer Outsourcing-Entscheidung über kurzfristig realisierte Nutzeneffekte

[179] Vgl. SJURTS ET AL. (2004), S. 11.
[180] Vgl. HOLLEKAMP (2005), S. 91.
[181] Vgl. HOLLEKAMP (2005), S. 87.
[182] Vgl. BACHER (2000), S. 161.
[183] Vgl. hierzu *Kapitel 3.2.5*.
[184] Insbesondere in der Management-Praxis werden solche Maßnahmen auch als *Reengineering* oder *Downsizing* bezeichnet.

hinausgeht und auch auf die dauerhafte Sicherung von strategischen Wettbewerbsvorteilen abzielt, ergibt sich schon dadurch, dass sich die Frage nach der optimalen Fertigungstiefe in einem Unternehmen nicht nur einmalig, sondern laufend stellt.[185] Insofern kann von einer *Outsourcing-Strategie* zur Realisierung von Wettbewerbsvorteilen gesprochen werden. Eine Outsourcing-Strategie stellt somit eine Spezifikation des Lean-Konzeptes dar; das Grundverständnis einer am Lean-Konzept orientierten Outsourcing-Entscheidung spiegelt sich in dem schlagwortartigen Motto „Do what you can do best – outsource the rest“ wider.[186] Das **Lean-Konzept** ist ein Konzept der Unternehmensführung und umfasst im Wesentlichen drei Elemente:

- Lean Production (Reduzierung der eingesetzten Hilfsmittel und Vorgehensweisen bei der Fertigung),
- Lean Organization (die schlanke und flache Organisation mit kurzen Entscheidungswegen; Konzentration auf Mitarbeiter und den Produktionsprozess) sowie
- Lean Management (das Verlagern von Verantwortung in operative Bereiche, das Arbeiten in und Fördern von Gruppen sowie der Kooperation).[187]

3.2.4.2 Das Konzept der Kernkompetenzen

Zunehmender Wettbewerbsdruck – auch und vor allem unter den Bedingungen der Globalisierung – zwingt die Unternehmensführung vermehrt dazu, die Leistungstiefe im Spannungsfeld zwischen Unternehmensaufgabe und Wettbewerbsumfeld noch konsequenter als bisher zu optimieren. Die gezielte **Leistungstiefenoptimierung** innerhalb und an den Grenzen der Unternehmung ermöglicht es, in größerem Umfang als erforderlich gebundene Managementkapazitäten, Know-how und Kapital freizusetzen. Diese Ressourcen stehen dann für die strategisch wichtigen *kernnahen* Aufgaben des Unternehmens zur Verfügung und können für die zentralen Herausforderungen im Wettbewerbsumfeld eingesetzt werden.[188] Allgemein beschreiben Kompetenzen diejenigen (intangiblen) Ressourcen, die sich aus dem Mitarbeiter-Know-how und organisationaler Routine ableiten lassen, z.B. personale Kom-

[185] Vgl. MAIR (1995), S. 145.
[186] Dieses aus dem amerikanischen Wirtschaftsleben stammende Motto wird zitiert bei REINECKE (1996), S. 3 sowie bei BRUCH (1998), S. 39.
[187] Vgl. hierzu HOPFENBECK (2000), S. 733.
[188] Vgl. PICOT ET AL. (2001), S. 291.

petenzen, Technologiekompetenzen oder Managementkompetenzen.[189] **Kernkompetenzen** sind solche Kompetenzen, auf die sich die Wertschöpfung der Unternehmung stützt; sie sind für das einzelne Unternehmen spezifisch und individuell. Durch die Konzentration auf unternehmensspezifische Kernkompetenzen soll eine bezogen auf Qualitäts- und Kostenstrukturen signifikant verbesserte Leistungsperformance erreicht werden.

Der Begriff „Kernkompetenz" (engl. *core competency*) wurde zu Beginn der 1990er Jahre von COIMBATORE K. PRAHALAD und GARY HAMEL geprägt.[190] Kernkompetenzen stellen die wesentlichen, technologischen, vertrieblichen und organisationalen Fähigkeiten eines Unternehmens dar und bilden den Ausgangspunkt für dessen langfristige Entwicklung. Dementsprechend repräsentiert eine Kernkompetenz das strategische Potenzial des Unternehmens und umfasst mithin ein Bündel verschiedener Fähigkeiten und Technologien, auf deren Grundlage ein eindeutig bestimmbarer Kundennutzen geschaffen werden kann. Mit anderen Worten: Kernkompetenzen bilden die Grundlage von Wettbewerbsvorteilen.[191] Die in den Kernkompetenzen gebündelten Fähigkeiten und Technologien beziehen sich stets auf die zentralen Wertschöpfungsaktivitäten der Unternehmung und werden daher als (unternehmens-)kernnahe Aktivitäten oder, verkürzt, als **Kernaktivitäten** bezeichnet. Allgemein kann das in einer Organisation vorhandene wettbewerbsrelevante und auf den Leistungserstellungsprozess bezogene Wissen als Kernkompetenz identifiziert werden. Ein wesentliches Charakteristikum der prozessbezogenen Kernaktivitäten der Unternehmung ist die Kundenorientierung, also die antizipierte Wertschätzung der erstellten Leistung durch den Kunden. Aufgrund immer kürzer werdender Produktlebenszyklen und der dynamischen Veränderung der Kundenwünsche müssen sich die Kernaktivitäten im Zeitablauf flexibel an diese Anforderungen anpassen.[192]

Zusammenfassend gesagt, bilden Kernkompetenzen die Grundlage von Wettbewerbsvorteilen, wenn es sich um Potenziale handelt, die folgende Merkmale aufweisen:

- Sie durchziehen als integrierte Gesamtheit die Prozesse der Wertschöpfung.
- Sie spiegeln sich in der Unternehmenskultur als gemeinsame Werthaltungen wider.
- Sie sind gegenüber der Konkurrenz einmalig und schwer imitierbar.

---

[189] Vgl. BARTH (2003), S. 119.
[190] Vgl. hierzu PRAHALAD ET AL. (1990) [deutsche Ausgabe: PRAHALAD ET AL. (1991)].
[191] Vgl. hierzu HOPFENBECK (2000), S. 737.
[192] Vgl. BOGASCHEWIKY (1996), S. 126f.

- Sie resultieren aus organisationalen Lernprozessen.
- Sie sind dezentral im Unternehmen verteilt und wurzeln nicht nur in individuellen, sondern auch in kollektiven Strukturen.
- Sie beziehen sich auf ein Kundenproblem, das in gleicher oder ähnlicher Form in verschiedenen Zusammenhängen auftritt. Daher öffnen sie potenziell den Zugang zu einer Vielzahl von Märkten.[193]

3.2.4.3 Das Konzept der Wertkette

Die Kernkompetenzen eines Unternehmens sind in dessen Wertkette verankert. Durch die konsequente Ausrichtung auf die Kernkompetenzen gewinnt das Unternehmen eine neue qualitative Identität, wodurch es bei der kontinuierlichen Suche nach neuen Produkten und Geschäftsfeldern unmittelbar in eine bessere Ausgangsposition versetzt wird.[194] Die Idee der Leistungstiefenoptimierung im Sinne eines Entscheidungsproblems zwischen kernnahen und kernfernen Unternehmensaktivitäten kann anhand Wertschöpfungskette[195] des Unternehmens konkretisiert werden. Das **Konzept der Wertkette** (engl. *value chain*) wurde Mitte der 1980er Jahre[196] von MICHAEL E. PORTER als ein Instrument zur Identifikation von Wettbewerbsvorteilen entwickelt und ist seitdem in der betriebswirtschaftlichen Literatur weit verbreitet.[197] Innerhalb der Wertkette unterscheidet PORTER (1985) zwischen *primären Aktivitäten* (engl. *primary activities*) und *unterstützenden Aktivitäten* (engl. *support activities*). Dabei wird die Unternehmung als ein Bündel von primären und unterstützenden Aktivitäten verstanden; diese übergeordneten Unternehmensbereiche (engl. *generic categories of activities*) sind miteinander logisch und sequenziell verknüpft, beeinflussen sich gegenseitig und können isoliert betrachtet werden.[198] Die Zuordnung und die Aufgliederungstiefe der übergeordneten Unternehmensbereiche ergibt sich aus dem branchenspezifischen Zusammenhang und hängt auch vom Zweck ab, zu dem die Wertkette analysiert wird.[199] Um die besonderen textilwirtschaftlichen Zusammenhänge besser überblicken zu können, gibt *Abbildung 11* daher nicht die aus der Literatur bekannte, allgemeine Wertkette von PORTER

---

[193] Vgl. HINTERHUBER ET AL. (1997), S. 37f.

[194] Die sich von der Konzentration auf die Kernkompetenzen ableitende Vorteilhaftigkeit für Outsourcing-Nachfrager wird im Einzelnen in *Kapitel 3.3.2* betrachtet.

[195] Die Begriffe „Wertkette“ und „Wertschöpfungskette“ werden synonym gebraucht.

[196] Vgl. PORTER (1985). Fälschlicherweise wird in der Outsourcing-Literatur oft PORTER (1980) als Quelle für das Konzept der Wertkette angegeben.

[197] Vgl. hierzu PORTER (1985), S. 33.

[198] Vgl. hierzu PORTER (1985), S. 34ff.

[199] Vgl. RUOFF (2001), S. 58.

(1985) wider, sondern – aus Gründen der Themenrelevanz – eine modifizierte Version, die beispielhaft die Wertkette eines Bekleidungsherstellers aufzeigt.[200]

Abbildung 11: Die Wertkette eines Bekleidungsherstellers

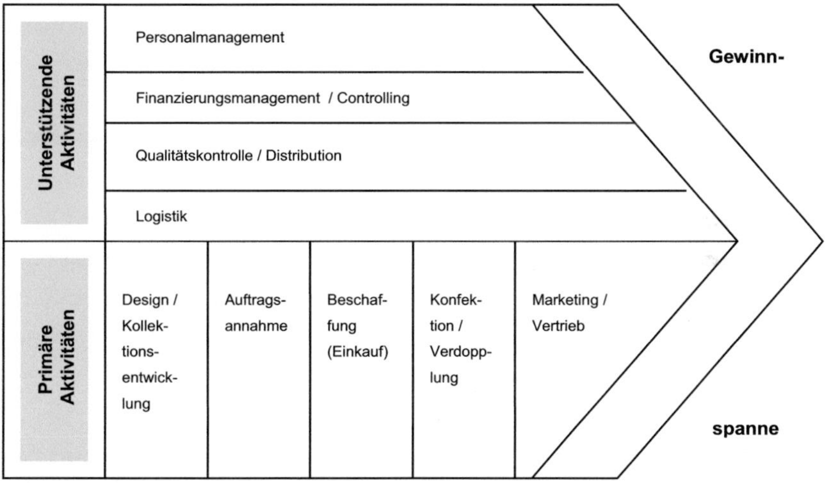

Quelle: eigene Darstellung in Anlehnung an PORTER (1985), S. 37 sowie TÜCKING (1999), S. 18

Primäre Aktivitäten sind unmittelbar mit der Entwicklung, der Herstellung und dem Vertrieb des Produktes bzw. der Dienstleistung, also der Wertschöpfung verbunden; deshalb können sie synonym als *kernnahe* Aktivitäten bezeichnet werden. Unterstützende Aktivitäten gewährleisten die problemlose Entfaltung und Aufeinanderfolge der primären Aktivitäten, indem sie Steuerungs- und Versorgungsleistungen erbringen; deshalb können sie synonym als *kernferne* Aktivitäten bezeichnet werden. Die Kernkompetenzen eines Unternehmens sind grundsätzlich in den primären, kernnahen Aktivitäten lokalisiert, müssen sich aber nicht auf *alle* primären Unternehmensbereiche erstrecken.

PORTER (1985) benennt explizit, dass die Wertketten von *zwei* Unternehmen miteinander verknüpft werden können, dass also ein Unternehmen bestimmte Aktivitäten in seiner Wertkette an ein anderes fremdvergibt.[201] Ein Outsourcing von Aktivitäten ist sowohl im Rahmen der primären, kernnahen als auch der unterstützenden, kernfernen Aktivitäten denkbar; im

[200] Vgl. hierzu auch *Kapitel 2.2.2.*
[201] Vgl. PORTER (1985), S. 326ff.

ersten Fall spricht man *kernnahem Outsourcing*, im zweiten Fall von *kernfernem Outsourcing*.[202] In der Textil- und Bekleidungsindustrie wird von beiden Konzepten Gebrauch gemacht: Im Bereich der primären Aktivitäten wird z.B. die Konfektion von Bekleidung typischerweise und in immer stärkerem Maße fremdvergeben, gerade auch im Zusammenhang mit der Passiven Veredelung (vgl. *Kapitel 2.2.4*). Doch auch andere kernnahe Bereiche werden bevorzugt outgesourcet, so z.B. Design und Kollektionsentwicklung im Rahmen von Lizenzvergaben oder die Abwicklung der Auftragsannahme von spezialisierten Agenturen. Grundsätzlich gilt: Je kernnaher die outgesourceten Aktivitäten, umso strategisch wichtiger ist die Outsourcing-Kooperation für den Outsourcing-Nachfrager, oder anders formuliert (aus der ressourcenorientierten Perspektive betrachtet): Je höher die strategische Bedeutung der eingesetzten Ressourcen, umso geringer ist der Umfang des Outsourcing.[203] Die Betrachtung des *kernfernen* Outsourcing ist für die vorliegende Studie irrelevant; der Vollständigkeit halber sei aber erwähnt, dass dieses in der Textil- und Bekleidungsindustrie vor allem in den Bereichen Logistik und Distribution genutzt wird.

Bei kernnahem Outsourcing handelt es sich per se stets um eine **Wertschöpfungspartnerschaft**. Um eine solche, intensive Zusammenarbeit erfolgreich umzusetzen, ist eine partnerschaftliche Denk- und Handlungsweise zwischen den vertikal miteinander verbundenen Unternehmen eine wesentliche Voraussetzung. Das heißt, im Rahmen einer Wertschöpfungspartnerschaft ist ein über die eigenen, verantworteten Bereiche hinausreichendes Denken in Gesamtstrukturen und damit einhergehend eine Sensibilisierung für das Erkennen von Wirkungszusammenhängen vor- bzw. nachgelagerter Wertschöpfungsstufen von besonderer Wichtigkeit für deren Stabilität und Erfolg.[204]

---

[202] Vgl. hierzu auch BRUCH (1998), S. 63ff.

[203] Dieser Zusammenhang wurde von HOLLEKAMP (2005) im Rahmen einer umfangreichen empirischen Analyse empirisch nachgewiesen. Vgl. HOLLEKAMP (2005), S. 102.

[204] Vgl. HÖFER (1997), S. 40.

3.2.5 Outsourcing im Licht der Transaktionskostentheorie

3.2.5.1 Die Transaktionskostentheorie als Teilbereich der Neuen Institutionenökonomie

Die Transaktionskostentheorie ist ein Teilbereich der *Neuen Institutionenökonomie.*[205] Die Neue Institutionenökonomie hat sich etwa zu Beginn der 1970er Jahre verbreitet und versucht im Wesentlichen, die formale Struktur von Organisationen zu erklären.[206] Die Grundidee der Transaktionskostentheorie ist jedoch älter und reicht auf einen bereits 1937 veröffentlichten, wiewohl lange Zeit von der Wissenschaft unberücksichtigten[207] Aufsatz des späteren Nobelpreisträgers RONALD H. COASE zurück.[208] Dessen Ansätze wurden vor allem von OLIVER E. WILLIAMSON in den 1970er und 80er Jahren fortgeführt und maßgeblich weiterentwickelt.[209] In die deutschsprachige Betriebswirtschaftslehre gelangte die Transaktionskostentheorie Anfang der 1980er Jahre mit dem viel beachteten Beitrag von ARNOLD PICOT, welcher den damals schon recht vielsträngigen und unübersichtlichen Stand der Forschung vereinheitlichte und organisationstheoretisch noch weiter ausbaute.[210]

Eine Institution ist ein System formaler und informaler Regelungen einschließlich der mit der Durchsetzung dieser Regelungen verbundenen Vorkehrungen.[211] Die Koordination von arbeitsteiligen Leistungsbeziehungen in Wirtschaftssystemen erfolgt durch Institutionen verschiedener Art. Im Mittelpunkt der **Neuen Institutionenökonomie** steht die Analyse solcher Institutionen, in deren Rahmen der ökonomische Austausch stattfindet, z.B. Märkte, Unternehmungen oder – für die vorliegende Studie besonders relevant – dauerhafte Kooperationen. Dabei richtet die institutionenökonomische Sichtweise besonderes Augenmerk auf die Entstehung, die Struktur, die Funktion, die Evolution sowie die ökonomischen Auswirkungen von Institutionen.[212] Das Theoriegebäude der Neuen Institutionenökonomie setzt sich im Wesentlichen aus drei verschiedenen, sich ergänzenden und aufeinander aufbauenden Ansätzen zusammen: die Theorie der Verfügungsrechte (engl. *Property-Rights-Theory*), die

[205] Vgl. SCHRÄDER (1996), S. 45, ANTLITZ (1999), S. 19, BACHER (2000), S. 85, BARTH (2003), S. 90 sowie THOMMEN ET AL. (2003), S. 783.
[206] Vgl. HOLLEKAMP (2005), S. 81.
[207] Vgl. hierzu JACOBI (1990), S. 125.
[208] Vgl. COASE (1937).
[209] Vgl. WILLIAMSON (1975), WILLIAMSON (1979), WILLIAMSON (1981) sowie WILLIAMSON (1985) [deutsche Ausgabe: WILLIAMSON (1990)].
[210] Vgl. PICOT (1982).
[211] Vgl. THOMMEN ET AL. (2003), S. 783.
[212] Vgl. hierzu BEER (1998), S. 29 sowie BACHER (2000), S. 85.

Prinzipal-Agent-Theorie (engl. *Principal-Agent-Theory*) sowie die Transaktionskostentheorie (engl. *Transaction Cost Economics*).[213]

Jede dieser drei Theorien kann zur Erklärung von Outsourcing-Kooperationen herangezogen werden. Die Outsourcing-Forschung hat mittlerweile die Neue Institutionenökonomie unter outsourcingrelevanten Gesichtspunkten überaus gründlich durchleuchtet und aufgearbeitet; daher dürften sich für neue oder kontroverse Erkenntnisbeiträge kaum mehr Freiräume – im Sinne von wissenschaftlichen Lücken – finden lassen.[214] Die Gemeinsamkeit dieser theoretischen Ansätze besteht darin, dass sie die Wahl organisational-institutioneller Koordinationsmechanismen auf ökonomische Kalküle wie *Knappheit* und *Effizienz* zurückführen. In der **Theorie der Verfügungsrechte** werden Leistungen durch ein Bündel von Verfügungsrechten (engl. *property rights*) repräsentiert. Verfügungsrechte lassen sich vereinfacht als Entscheidungs- und Nutzungsrechte über Ressourcen (im Sinne von Gütern und Dienstleistungen) auffassen. Die Zuordnung von Verfügungsrechten schafft Handlungsrechte für die damit ausgestatteten Individuen und begrenzt die Handlungen derjenigen, welche über keine Verfügungsrechte am betreffenden Gut bzw. Leistung verfügen.[215] Ziel der Theorie der Verfügungsrechte ist, verkürzt gesagt,

- einerseits die Erklärung der Entstehung, der Verteilung und des Wandels von Verfügungsrechten sowie
- andererseits die Analyse der Auswirkungen unterschiedlicher Formen der Gestaltung und Verteilung von Verfügungsrechten auf das Verhalten ökonomischer Akteure.[216]

Im Fokus der **Prinzipal-Agent-Theorie** steht die Analyse und Gestaltung von vertraglich geregelten Tauschbeziehungen zwischen einem *Auftraggeber* (Prinzipal) und einem *Auftragnehmer* (Agent). Diese Rollenverteilung entsteht hauptsächlich dann, wenn eine Partei (Prinzipal) Entscheidungs- und Ausführungskompetenzen an eine andere Partei (Agent) delegiert. Die Prinzipal-Agent-Theorie analysiert typische Probleme von Auftrags-

[213] Vgl. hierzu insbesondere SCHREYÖGG (2003), S. 70f sowie KIESER ET AL. (2003), S. 46; auch BEER (1998), S. 29, BARTH (2003), S. 90 sowie HOLLEKAMP (2005), S. 82.

[214] Umfassende, aber inhaltlich sich nur unwesentlich voneinander unterscheidende institutionenökonomische Abhandlungen von Outsourcing finden sich in den Arbeiten von NAGENGAST (1997) [nur Transaktionskostentheorie], BEER (1998), SCHÄTZER (1999) [nur Transaktionskostentheorie], BACHER (2000), RUOFF (2001) [nur Transaktionskostentheorie], BARTH (2003) sowie HOLLEKAMP (2005).

[215] Vgl. BARTH (2003), S. 101.

[216] Vgl. BEER (1998), S. 36.

beziehungen unter den Bedingungen ungleicher Informationsverteilung (Informationsasymmetrie), Unsicherheit und Opportunismus und identifiziert Mechanismen (Anreiz-, Kontroll- und Informationssysteme), die auftretende Probleme und Risiken begrenzen können.[217]

Zugespitzt lässt sich sagen, dass die Aussageinhalte sowohl der Theorie der Verfügungsrechte als auch der Prinzipal-Agent-Theorie aufgrund ihres verallgemeinernden, hohen Abstraktionsniveaus für die Erklärung der Outsourcing-Problematik zu unpräzise und für eine differenzierte wissenschaftliche Diskussion eher trivial sind.[218] Anders hingegen verhält es sich im Fall der **Transaktionskostentheorie**: Da sie plausible und dabei fundierte theoretische Erkenntnisaspekte für die Entstehung und die Konfiguration von Outsourcing-Kooperationen liefert und mithin das von ihr bereit gestellte theoretische Fundament für den weiteren Gang dieser Untersuchung unabdingbar ist, sollen im Folgenden themenrelevante transaktionskostentheoretische Bestandteile angeführt werden.

3.2.5.2 Grundzüge der Transaktionskostentheorie

Der Ausgangspunkt für die Entwicklung der Transaktionskostentheorie ist die – auf den ersten Blick banale, aber überaus folgenreiche – Frage, warum sich Unternehmen bilden. PICOT (1982) formuliert diese Frage wie folgt: „Warum gibt es überhaupt Unternehmungen im Sinne von Mehrpersonenbildungen und nicht vielmehr nur marktliche Tauschbeziehungen zwischen individuellen Akteuren?“[219] Erklärungsbedürftig ist dabei das Phänomen, dass manche arbeitsteilige Aktivitäten außerhalb des Marktes in hierarchischen Organisationen (Unternehmen) abgewickelt werden, andere dagegen im Markt verbleiben. Die Transaktionskostentheorie hat die **effiziente Koordination** solcher arbeitsteiligen Leistungsbeziehungen zum Gegenstand. Die zentrale Frage, die die Transaktionskostentheorie diesbezüglich beantworten möchte, lautet: Warum laufen bestimmte Transaktionen in bestimmten ökonomischen Organisationsformen mehr oder weniger effizient ab?[220] Ein Markt definiert sich über Art und Anzahl der erfolgten Transaktionen. Unter einer **Transaktion** wird hierbei nicht unbedingt der physische Leitungsaustausch, sondern die logische und zeitlich

[217] Vgl. BEER (1998), S. 41 sowie BARTH (2003), S. 97.

[218] BEER (1998) formuliert diesen Sachverhalt zutreffend wie folgt: „Der hohe Allgemeinheitsgrad bedeutet, daß die theoretischen Ansätze der Neuen Institutionenökonomie Tendenzaussagen machen, die zwar pragmatisch verwertbare Gestaltungsanregungen geben, in ihrer Präzision jedoch eingeschränkt sind.“ Vgl. BEER (1998), S. 29.

[219] PICOT (1982), S. 276.

[220] Vgl. hierzu PICOT (1982), S. 270; vgl. auch BOGASCHEWIKY (1996), S. 130.

vorgelagerte Übertragung der Verfügungsrechte über Güter bzw. Dienstleistungen verstanden. Jedoch ist die Nutzung des Preismechanismus des Marktes nicht kostenlos, vielmehr fallen zusätzliche Kosten – Transaktionskosten – an. Dementsprechend sind **Transaktionskosten** die mit der Bestimmung, Übertragung und Durchsetzung der Verfügungsrechte entstehenden Kosten.[221] Denn falls die Wahl zwischen verschiedenen Organisationsformen (Vereinbarungsmustern) keine spezifischen Kostenkonsequenzen hätte – das heißt: würden vollkommene Märkte mit ökonomisch optimal koordinierten Transaktionen existieren –, dann wäre die Entstehung von Unternehmen kaum zu erklären. Geht man jedoch von der Unvollkommenheit realer Märkte aus, dann reichen die in erster Linie auf den Preismechanismus vertrauenden Koordinationsformen des Leistungsaustausches nicht mehr aus. Es müssen neben den vorhandenen Märkten weitere Organisationsformen (institutionelle Arrangements) geschaffen werden, in deren Rahmen Transaktionen möglichst effizient erfolgen können: andere Märkte, Unternehmen oder Kooperationen.[222] Gemäß der Transaktionskostentheorie ist beim Leistungsaustausch diejenige Organisationsform die effizientere, welche die geringsten Transaktionskosten verursacht.[223] Ausschlaggebend für die Realisierung einer Transaktion ist letztlich deren ökonomische Vorteilhaftigkeit; den Maßstab hierfür liefert ein Kostenvergleich, der sowohl die Kosten der ausgetauschten Verfügungsrechte (Produktionskosten) als auch die Kosten für die Organisation und Abwicklung der Transaktion (Transaktionskosten) berücksichtigt. Mit anderen Worten: Bei jeder Transaktion fallen Transaktionskosten an; diese sind jedoch nicht alleiniges Entscheidungskriterium für einen Leistungsaustausch.[224]

Transaktionskosten können in vier Kostenarten eingeteilt werden, die sich an die Phasen einer Transaktion anlehnen:

- *Anbahnungskosten*, also Kosten der Informationssuche und -beschaffung über geeignete Transaktionspartner und deren Konditionen,
- *Vereinbarungskosten*, also Kosten der Intensität und zeitlichen Ausdehnung von Verhandlungen, Vertragsformulierung und Einigung,

[221] Vgl. ANTLITZ (1999), S. 23, SCHRÄDER (1996), S. 45 sowie BARTH (2003), S. 97.
[222] Vgl. hierzu WILLIAMSON (1985), S. 17.
[223] Vgl. SJURTS ET AL. (2004), S. 6.
[224] Vgl. hierzu WILLIAMSON (1985), S. 41; auch BEER (1998), S. 52f.

- *Kontrollkosten*, also Kosten der Sicherstellung und Einhaltung von Termin-, Qualitäts-, Mengen-, Preis- und eventuell auch Geheimhaltungsvereinbarungen sowie
- *Anpassungskosten*, also Kosten der Durchsetzung von Termin-, Qualitäts-, Mengen- und Preisänderungen aufgrund veränderter Bedingungen während der Laufzeit der Vereinbarung.[225]

3.2.5.3 Erklärungsbeitrag der Transaktionskostentheorie für Outsourcing-Kooperationen

Gemäß der Transaktionskostentheorie wählt ein Unternehmen im Fall von Koordinationsalternativen stets die kosteneffizienteste Struktur. Dies setzt allerdings voraus, dass jede Aktivität ebenso intern (Hierarchielösung) wie extern (Marktlösung) ausgeführt werden kann und sich (je nach Transaktionskostentyp) unterschiedliche Kostenstrukturen ergeben.[226] Diese Prämisse ist jedoch unzulänglich, da die infolge von Transaktionen auftauchenden Koordinationsstrukturen (institutionelle Arrangements) nicht nur durch die Kosten- und Leistungsbeziehungen zwischen den Transaktionspartnern, sondern auch durch die den Austausch begleitende Übertragung von Verfügungsrechten charakterisiert werden. Bei diesen von der Transaktionskostentheorie angeführten Überlegungen werden deutlich Parallelen zur Make-or-buy-Diskussion sichtbar (vgl. *Kapitel 3.1.1*).[227] Aus transaktionskostentheoretischer Perspektive entspricht die Make-or-buy-Problematik, also das Entscheidungsproblem zwischen Eigenerstellung oder Fremdbezug von Dienstleistungen, einer Spezifizierung der organisationalen Frage Hierarchie oder Markt. Somit bezieht die Transaktionstheorie auch outsourcingrelevante Problemfelder mit ein.

Outsourcing beschreibt eine **organisationale Lösung**, die den betrieblichen Fremdbezug partnerschaftlich und dauerhaft koordiniert. Mithilfe der Transaktionskostentheorie können die Grenzen einer Unternehmung im Sinne ihres internen Zuständigkeitsbereiches für Leistungserstellung und -verwertung bestimmt werden.[228] Eine Kooperation stellt in der Transaktionskostentheorie eine Zwischenform (hybrides Arrangement) dar, die sich weder der rein marktlichen noch der hierarchischen Koordination zuordnen lässt. Das heißt, dass im Falle von Outsourcing-Kooperationen die Koordinationsinstitution Markt durch kooperative

---

[225] Vgl. PICOT (1982), S. 270; auch BRONDER ET AL. (1998), S. 27, WIẞKIRCHEN (1999b), S. 309, SCHÄTZER (1999), S. 103, ANTLITZ (1999), S. 23 sowie RUOFF (2001), S. 138.
[226] Vgl. RUOFF (2001), S. 54.
[227] Vgl. hierzu MAYER (2005), S. 175.
[228] Vgl. PICOT ET AL. (2001), S. 293.

Elemente ergänzt wird, also ein höherer Integrationsgrad als bei der rein marktlichen Koordination gewählt wird.[229] *Abbildung 12* gibt diese Konstellation zwischen marktlicher, hierarchischer oder kooperativer (hybrider) Koordination grafisch wider:

Abbildung 12: Transaktionskostentheoretische Abgrenzung des Kooperationsbegriffes

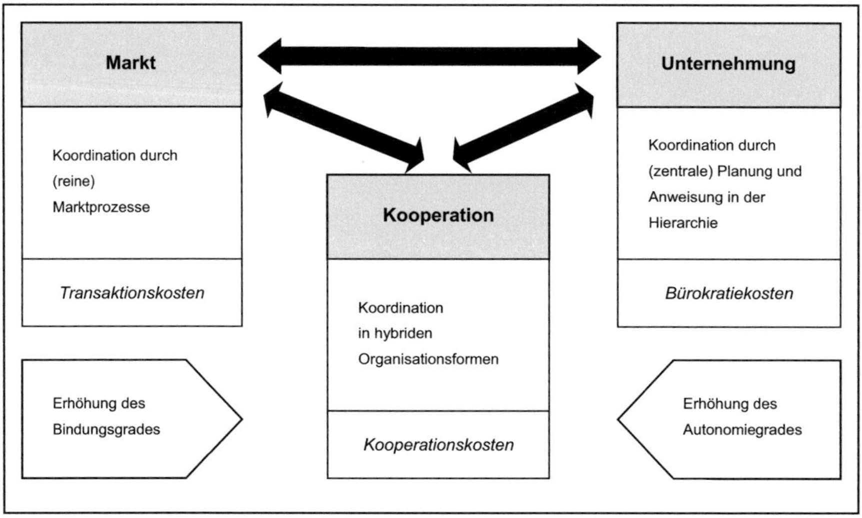

Quelle: eigene Darstellung in Anlehnung an AHLERT (1994), S. 5

Die Entscheidung für eine Koordinationsform setzt bestimmte Annahmen über das Verhalten der Transaktionspartner sowie über die Eigenschaften der Transaktionen voraus. Die erste Verhaltensmaßnahme beschreibt die **begrenzte Rationalität** (engl. *bounded rationality*) menschlichen Verhaltens; im Gegensatz zum vollkommen rationalen Verhalten verfügen Menschen nur in begrenztem Maße über Können, Zeit und Verarbeitungsfähigkeit von Informationen.[230] **Opportunismus** (engl. *opportunism*) ist die zweite Verhaltensannahme, die den Transaktionspartnern unterstellt, ihre Ziele unter Einsatz von List, Tücke oder Betrug erreichen zu wollen.[231] Hierzu zählt auch die bewusste Manipulation von Informationen oder die Ausnutzung eines Informationsvorsprungs zu Ungunsten des Transaktionspartners.

[229] Vgl. BACHER (2000), S. 88.
[230] Vgl. hierzu WILLIAMSON (1975), S. 21; auch ANTLITZ (1999), S. 24 sowie NAGENGAST (1997), S. 189.
[231] Vgl. hierzu WILLIAMSON (1985), S. 388ff; auch ANTLITZ (1999), S. 24f sowie NAGENGAST (1997), S. 189.

Verhaltensbedingte Abweichungen können durch einen Vertrag antizipiert, aber nicht gänzlich verhindert werden.[232]

Neben diesen Annahmen über das Verhalten der Transaktionspartner beeinflussen die **Eigenschaften der Transaktion** die Höhe der Transaktionskosten; bei Leitungsbeziehungen im Rahmen von Outsourcing-Entscheidungen sind dies im Wesentlichen folgende:

- Die Spezifität von Leistungen,
- die Häufigkeit von Leistungen,
- die Unsicherheit von Leistungen sowie
- die strategische Bedeutung von Leistungen.[233]

Spezifität entsteht immer dann, wenn für bestimmte Transaktionen spezielle Investitionen getätigt werden. Die Leistungen entsprechen spezifischen Transaktionen, die spezifisch für den Transaktionspartner erstellt werden und ausschließlich von diesem verwertet werden können. Mit steigender Spezifität einer Transaktion erhöhen sich die gegenseitige Abhängigkeit und Sicherheitsbedürfnisse (sog. „Lock-in-Effekt"), da im Extremfall der Outsourcing-Nachfrager alleiniger Abnehmer ist bzw. der Outsourcing-Anbieter als Einziger die Kompetenz besitzt, die spezifische Leistung zu erbringen.[234] Daneben kann auch die **Häufigkeit** einer Leistung die Entscheidung für eine Koordinationsform verstärken. Selten zu erstellende Leistungen werden am Markt schwieriger einen Anbieter finden als solche, die regelmäßig (bzw. dauerhaft) und in hohen Stückzahlen nachgefragt werden – erst recht nicht, wenn damit hohe spezifische Investitionen verbunden sind. Dagegen können bei häufiger und regelmäßiger (bzw. dauerhafter) Leistungserstellung Skaleneffekte, Fixkostendegression und Lerneffekte zum Tragen kommen.[235] **Unsicherheit** ist eine weitere Transaktionseigenschaft. WILLIAMSON (1985) unterscheidet hierbei grundsätzlich zwei Arten: Umwelt- und Verhaltensunsicherheit.[236] Umweltunsicherheit besteht dann, wenn sich die Transaktionsbedingungen häufig und schnell verändern. Verhaltensunsicherheit resultiert aus der begrenzten Rationalität und dem Opportunismus der Transaktionspartner. Spezifische und häufige Leistungen mit hoher Unsicherheit sind effizienter in integrierten Organisationsformen abzuwickeln, wohingegen seltene und unspezifische Leistungen tendenziell über

---

[232] Vgl. BARTH (2003), S. 93.
[233] Vgl. hierzu WILLIAMSON (1979), S. 239, WIßKIRCHEN (1999b), S. 307ff, ANTLITZ (1999), S. 25 f, BACHER (2000), S. 100ff, BARTH (2003), S. 91ff sowie HOLLEKAMP (2005), S. 94ff.
[234] Vgl. BARTH (2003), S. 92 sowie HOLLEKAMP (2005), S. 94.
[235] Vgl. WIßKIRCHEN (1999b), S. 309, HOLLEKAMP (2005), S. 98 sowie NAGENGAST (1997), S. 192f.
[236] Vgl. WILLIAMSON (1985), S. 57.

marktnahe Organisationsformen bezogen werden sollten.[237] Die **strategische Bedeutung** einer Leistung wird maßgeblich von den vorangegangenen Transaktionseigenschaften beeinflusst. Je besser es einem Transaktionspartner gelingt, sich mittels spezifischer Leistungen im Wettbewerb einen Differenzierungs- und Kostenvorteil zu sichern, umso größer ist die strategische Bedeutung dieser Leistung.[238] Gleichzeitig gilt: Je strategisch wichtiger die Leistung für den Outsourcing-Anbieter oder -Nachfrager ist, umso höher ist die Tendenz zur Lösung durch eine integrierte Koordination der Transaktion.

Es hat sich gezeigt, dass die Transaktionskostentheorie plausible Erklärungsmuster für das Zustandekommen und die Gestaltung von Outsourcing-Kooperationen bietet. Gleichwohl können wichtige Fragen nach rein transaktionskostentheoretischer Denkweise nur unzulänglich beantwortet werden. Ein offensichtliches Problem ist zunächst die Bestimmung der genauen *Höhe der Transaktionskosten*, denn das Spektrum dieser Kosten beschränkt sich nicht ausschließlich auf solche mit pagatorischem Charakter, sondern beinhaltet auch die Berücksichtigung von Nachteilen in Form von Arbeits- oder Zeitaufwand und damit die zusätzliche Bindung von Ressourcen.[239] Die Messproblematik verschärft sich noch, wenn man die Transaktionskosten im weiteren Sinn auch als Opportunitätskosten versteht, die infolge nicht realisierter Erträge oder Kostensenkungen entstehen. Ein weiterer Kritikpunkt ergibt sich dadurch, dass die Transaktionskostentheorie von gleichen Leistungserstellungskosten und gleicher Leistungsqualität bei internem und externem Bezug ausgeht. Fragwürdig ist ebenso, ob Unternehmen bei der Suche nach geeigneten Koordinationsformen ausschließlich auf die Minimierung von Kosten zielen oder nicht etwa auch andere Strategien verfolgen, wie z.B. die Maximierung der Kapitalrendite oder Umsatzwachstum durch Produktionssteigerungen.[240] Dessenungeachtet verlangt die Transaktionskostentheorie geradezu programmatisch, dass für *jede* Transaktion die transaktionskostenminimale Koordinationsform gewählt wird.[241] Einen letzten wesentlichen Einwand, der die Anwendbarkeit der Transaktionskostentheorie grundsätzlich in Frage stellt, substanziiert der „Faktor Mensch“: Die Transaktionskostentheorie unterstellt begrenzte Rationalität und Opportunismus als dominierende Charakteristika menschlichen Verhaltens, während positive Eigenschaften wie

[237] Vgl. BARTH (2003), S. 93f.
[238] Vgl. WIßKIRCHEN (1999b), S. 308.
[239] Vgl. hierzu NAGENGAST (1997), S. 212 und S. 216f.
[240] Vgl. hierzu SYDOW (1992), S. 279. Die Frage, inwieweit Kostenüberlegungen ein bestimmender Faktor für Outsourcing-Kooperationen in der Textil- und Bekleidungsindustrie sind, wird im weiteren Verlauf noch genauer untersucht (vgl. *Kapitel 4* und *5*).
[241] Vgl. hierzu PICOT (1982), S. 273.

Vertrauen, Integrität und die Bereitschaft zu partnerschaftlicher Zusammenarbeit ausgeblendet bleiben.[242]

---

[242] Vgl. hierzu MORAN ET AL. (1996), S. 63ff.

3.3 Outsourcing-Partnerschaft aus Nachfrager- und Anbieter-Sicht

Im folgenden Abschnitt wird – in Erweiterung des bisherigen Forschungsstandes in der Outsourcing-Forschung – eine Outsourcing-Kooperation jeweils aus Nachfrager-Sicht und aus Anbieter-Sicht analysiert. Die theoretische Betrachtung erfolgt voneinander getrennt, während die methodische Herangehensweise jeweils analog verläuft. Dabei wird im Zusammenhang mit der partnerschaftlichen Beziehung der Nachfrager als „Outsourcer" und der Anbieter als „Outsourcing-Dienstleister" bezeichnet. In einem ersten Schritt werden zunächst aus einer gemeinschaftlichen Perspektive übergeordnete *organisationale und managementtheoretische Leitideen* für die Realisierung und den dauerhaften Fortbestand einer Outsourcing-Partnerschaft aufgezeigt (*3.3.1*). Hierbei wird auf die exponierte Bedeutung von sozialen Komponenten, insbesondere das Vorhandensein von gegenseitigem *Vertrauen* und *Commitment* sowie einer *gemeinschaftlichen Kooperationskultur* hingewiesen (*3.3.1.1*). Im darauffolgenden Abschnitt *3.3.1.2* werden operationalisierbare Kategorien aufgezeigt, mittels derer sich die wechselseitige *Kooperationsfähigkeit* zwischen Outsourcing-Dienstleister und Outsourcer bestimmen und bewerten lässt. Sodann folgt in *Kapitel 3.3.2* eine *nachfragerseitige Chancen-Risiken-Analyse* und parallel hierzu in *Kapitel 3.3.3* eine *anbieterseitige Chancen-Risiken-Analyse* einer Outsourcing-Partnerschaft. Einführend werden jeweils für Nachfrager und Anbieter *Motive und Entscheidungstreiber* identifiziert, die eine nachfrager- bzw. anbieterseitige Outsourcing-Entscheidung bewirken können (*3.3.2.1* bzw. *3.3.3.1*). Demfolgend wird zum Zwecke einer besseren Systematisierung bei den *Chancen* und *Risiken* jeweils zwischen *quantitativen* und *qualitativen* unterscheiden, wobei unter Chancen „erwartete positive Effekte" und unter Risiken „potenziell negative Effekte" bzw. „Unsicherheit" verstanden wird; der Begriff *quantitativ* verweist dabei auf ökonomisch unmittelbar eruierbare Effekte, der Begriff *qualitativ* bezeichnet diejenigen Effekte, die sich mittelbar (also über Wirkungszusammenhänge) entfalten. Die Chancen-Risiken-Analysen schließen jeweils mit einer *Gegenüberstellung der Chancen und Risiken* (*3.3.2.4* bzw. *3.3.3.4*). *Kapitel 3.3* als Ganzes versteht sich als theoriegeleitete, branchenübergreifende Analyse; gleichwohl werden gegebenenfalls Besonderheiten der Textil- und Bekleidungsindustrie vermerkt.

3.3.1 Konzeptionelle Leitideen einer Outsourcing-Partnerschaft

3.3.1.1 Soziale Komponenten

Aus dem analytischen Blickwinkel der vorliegenden Studie gehen die formellen und informellen Bindungsstrukturen von Outsourcing-Partnerschaften wesentlich weiter als bei konventionellen Kooperationen. In nuce beschreibt eine Outsourcing-Partnerschaft eine ergebnisorientierte, langfristige Zusammenarbeit zwischen zwei Unternehmen, die durch **Vertrauen** und **Commitment** geprägt ist. Das Verständnis von Gemeinschaftlichkeit zur besseren strategischen Positionierung und Zielerreichung beruht auf einer gelebten und gepflegten **Kultur der Partnerschaft** zwischen Outsourcer und Outsourcing-Dienstleister. Dementsprechend sollte aus der partnerschaftlichen Kooperation heraus ein gemeinsames Normen- und Wertesystem erwachsen, auf dessen Grundlage sich das gemeinschaftliche Handeln unkomplexer und effektiver gestalten lässt. Es ist selbstverständlich, dass die partnerschaftliche Zusammenarbeit vom *kooperationsförderlichen Verhalten* aller beteiligten Akteure geleitet wird; die zweckrationale Nutzenbeziehung zwischen Outsourcer und Dienstleister wird als Win-win-Konstellation gesehen, die auf gemeinsamer Zielfindung, wahrheitsgetreuer Kommunikation, wechselseitigem Vertrauen, Kompromissbereitschaft und fairen Konfliktlösungen beruht. Damit sind **Opportunismus** und listige oder tückische Verhaltensweisen als Entscheidungstreiber in einer Outsourcing-Partnerschaft per se ausgeschlossen.

Eine wechselseitige Vertrauensbeziehung ist ein wichtiger Erfolgsfaktor für den Erfolg einer langfristig ausgerichteten Kooperation.[243] Es ist schlechterdings unmöglich, sämtliche Eventualitäten und Details einer langfristigen Outsourcing-Partnerschaft im Kooperationsvertrag zu antizipieren;[244] deshalb ist die **Koordination durch Vertrauen** ein wichtiges Strukturelement sowohl auf der normativen als auch auf der strategischen und operativen Gestaltungsebene der Zusammenarbeit. Im allgemeinen Sprachgebrauch umschreibt Vertrauen den Glauben an die Zuverlässigkeit, Integrität, Ehrlichkeit und Gerechtigkeit bestimmter Personen oder Verhaltensweisen.[245] RIPPERGER (1998) definiert Vertrauen im ökonomischen Sinn als „die freiwillige Erbringung einer riskanten Vorleistung unter Verzicht auf explizite vertragliche Sicherungs- und Kontrollmaßnahmen gegen opportunistisches

[243] Vgl. BALLING (1998), S.121f.
[244] Dieses Defizit spielt bei der Gestaltung des Outsourcing-Vertrages eine wesentliche Rolle. Vgl. *Kapitel 6.2.2.1.2.*
[245] Vgl. KRYSTEK (1997), S. 543.

Verhalten in der Erwartung, daß sich der andere, trotz Fehlen solcher Schutzmaßnahmen, nicht opportunistisch verhalten wird."[246] Vertrauen liegt also dann vor, wenn in einer vorrangig durch Eigennutz motivierten Tauschbeziehung einer der Akteure eine *Vorleistung* erbringt, mit der eine in die Zukunft gerichtete Erwartung an vorteilhaftere Ergebnisse verknüpft ist. Vertrauen tritt also hauptsächlich in solchen Austauschprozessen in Erscheinung, für die die Existenz von *Unsicherheit* gegeben ist. Insofern benötigen Tauschbeziehungen, die in einem unsicheren sozialen System stattfinden, immer eines gewissen Maßes an Vertrauen, insbesondere dann, wenn Leistung und Gegenleistung nicht zeitgleich erbracht werden. Aus einer rein rationalistischen Perspektive kann Vertrauen als mögliches Instrument der individuellen Nutzenmaximierung aufgefasst werden. Hieraus wiederum ergibt sich jedoch, dass Vertrauen immer auch mit einer expliziten *Verlustgefahr* verbunden ist.[247]

In einem engen Zusammenhang mit Vertrauen steht das **Commitment** der Outsourcing-Partner. Diese soziale Einstellung, die sich in entsprechenden Verhaltensweisen äußert, bezeichnet die ernst gemeinte und wahrheitsgetreue Absicht, die Outsourcing-Partnerschaft unter Berücksichtigung aller vertraglichen (formellen) und sozialen (informellen) Koordinationsmechanismen führen und fortsetzen zu wollen. Commitment ist die innere Einstellung, die Vertrauen rational begründet; umgekehrt ist Vertrauen der explizite Ausdruck dieser inneren Einstellung. Verständlicherweise ist Commitment immer eine zeitabhängige Größe. Bezogen auf Outsourcing-Partnerschaften hilft wechselseitiges Commitment dabei, eine langfristige Geschäftsbeziehung aufzubauen und im Zeitablauf zu stabilisieren oder zu intensivieren.

Die *ökonomische Vorteilhaftigkeit* der sozialen Konstrukte Vertrauen und Commitment ist vor allem in der **Reduktion von Komplexität** bei kommunikativen wie materiellen Austauschprozessen zu sehen. Der vertrauende Akteur setzt sich willentlich über einen Mangel an Information hinweg und reduziert Komplexität – sprich kommunikativen, ressourcenbindenden, monetären oder zeitlichen Aufwand –, indem er dem zweckgerichteten Entscheiden und nicht-opportunistischen Handeln des Partners vertraut. Auch die komplexitäts-

[246] RIPPERGER (1998), S. 45.

[247] In einem lesenswerten Artikel über die Bedeutung von Vertrauen bei der Internationalisierung bezeichnet KRYSTEK (1997) Vertrauen suggestiv als „[...] Voraussetzung und effizientes ‚Schmiermittel' ökonomischer Austauschprozesse". Vgl. KRYSTEK (1997), S. 546.

reduzierende Wirkung von Vertrauen zieht wiederum unterschiedliche Vorteile nach sich, wie z.B.

- die Förderung von Übernahme individueller Verantwortung der beteiligten Mitarbeiter,
- die gesteigerte kooperationsbezogene Motivation durch bessere Berechenbarkeit des Partners,
- die Vereinfachung interorganisationaler Konfliktlösungen,
- die Förderung interorganisationalen Lernens,
- die höhere gegenseitige Offenheit und Wahrheitstreue sowie
- den schnelleren und effektiveren Informationsaustausch durch informelle Kommunikationswege.

Neben als selbstverständlich vorauszusetzenden „weichen Faktoren" wie Kommunikationsfähigkeit und interkulturelle Kompetenz sind Vertrauen und Commitment zentrale Bestandteile bei der Ausgestaltung einer gemeinsamen **Kooperationskultur**. Die Kooperationskultur der Outsourcing-Partnerschaft entspricht der Summe aller sozialen Komponenten und persönlichen Kontakte. Die Herausbildung einer als positiv empfundenen, komplexitätsreduzierenden Kooperationskultur ist keineswegs ein selbstverständlicher Automatismus, gleichwohl aber eine Dimension, der im Rahmen einer Outsourcing-Partnerschaft – gerade bei grenzüberschreitenden Kooperationen – ein besonders hoher Stellenwert beigemessen werden sollte. Auf die Kooperationskultur üben sowohl die unternehmensspezifischen Unternehmensphilosophien als auch die vertraglich festgelegten, kooperationsspezifischen Informationsflüsse einen wichtigen Einfluss aus, doch letzten Endes bezieht eine echte, „lebendige" partnerschaftliche Zusammenarbeit ihre Vitalität immer von den interpersonellen Beziehungen und Initiativen der beteiligten Mitarbeiter.[248]

3.3.1.2 Kategorien der bilateralen Kooperationsfähigkeit

Zwei Unternehmen, die eine Outsourcing-Partnerschaft schließen wollen, müssen „zueinander passen"; diese Aussage ist zunächst trivial, da die Voraussetzung der beiderseitigen Kooperationsfähigkeit eine notwendige Bedingung ist. Weitaus komplexer indes gestaltet sich die Bestimmung und Operationalisierung der betrieblichen Kompatibilität und Überein-

[248] Die Kooperationskultur ist ein wichtiger Faktor in der Organisation der Outsourcing-Partnerschaft. Dementsprechend wird die Bedeutung und Ausgestaltung der Kooperationskultur für *anbieterinitiiertes Outsourcing* intensiv diskutiert werden (vgl. *Kapitel 6.1.2*).

stimmung. Als Frage formuliert: Anhand welcher Kriterien kann bestimmt werden, ob und in welchem Grad zwei selbständige Unternehmen eine stabile, langfristig ausgerichtete Outsourcing-Partnerschaft eingehen können? Das heißt, *beiden* Unternehmen müssen qualitative und quantitative Kategorien und Selektionsmuster zur Verfügung stehen, mit deren Hilfe sie die unternehmerische Kompatibilität mit dem potenziellen Partnerunternehmen beurteilen können.[249]

Der Erfolg der Outsourcing-Partnerschaft ist unmittelbar von der bilateralen Kooperationsfähigkeit der beteiligten Unternehmen abhängig. Die potenzielle Kooperationsfähigkeit von zwei Unternehmen wiederum kann anhand des gegenseitigen *Fit*, also der unternehmerischen Übereinstimmung, in drei Kategorien eingeteilt und analysiert werden, und zwar:

- auf fundamentaler Ebene,
- auf strategischer Ebene sowie
- auf kultureller Ebene.[250]

Die wesentliche Voraussetzung für den **fundamentalen Fit** zwischen zwei Unternehmen ist die potenzielle Möglichkeit der *wertschöpfenden zwischenbetrieblichen Tauschbeziehung*, oder mit anderen Worten die *funktionale Kompatibilität und Komplementarität* zwischen beiden Unternehmen. Dies ist ein hervorzuhebender Aspekt, da die unternehmerischen Aktivitäten der Outsourcing-Partner nicht nur kompatibel, sondern auch komplementär sein müssen; denn in einer Outsourcing-Partnerschaft nimmt der Outsourcing-Dienstleister stets eine vor- bzw. nachgelagerte Stufe in der Wertschöpfungskette des Outsourcers ein. Dementsprechend besagt der fundamentale Fit zunächst nichts anderes aus, als dass Outsourcer und Dienstleister aus der gleichen Branche stammen (, wobei jedoch Ausnahmen in Einzelfällen durchaus vorstellbar sind). Darüber hinaus muss für den fundamentalen Fit gegeben sein, dass die jeweilige Marktposition des Partners die individuell angezielten Wettbewerbsvorteile tatsächlich realisierbar erscheinen lässt, d.h. dass die von den Partnern jeweils eingebrachten Aktivitäten und Kompetenzen sich in dem Maße ergänzen, so dass die anvisierten Wertschöpfungsziele mit großer Wahrscheinlichkeit realisiert werden können.[251] Deshalb müssen

---

[249] An dieser Stelle wird diese entscheidungstheoretische Problemstellung lediglich aufgeworfen und zunächst allgemein, d.h. übergeordnet sowohl aus der Perspektive des Outsourcers als auch des Outsourcing-Dienstleisters angegangen. Wie dieses Entscheidungsproblem konkret in der *Textil- und Bekleidungsindustrie* und speziell für einen *Outsourcing-Diensteister* gelöst werden kann, wird in *Kapitel 6.2.1* ausführlich dargestellt.

[250] Vgl. hierzu auch BRONDER ET AL. (1992), S. 36-40, BRONDER ET AL. (1998), S. 31-33 sowie HÖFER (1997), S. 77-84.

[251] Vgl. BRONDER ET AL. (1992), S. 36.

zur Bestimmung des fundamentalen Fit die Wertschöpfungsaktivitäten des jeweiligen Partners vor allem nach technischen, technologischen und logistischen Gesichtspunkten genau analysiert werden. Eine zu beantwortende Frage lautet hierbei, ob und inwiefern die komplementäre Beziehung der Outsourcing-Partner zu einem zusätzlichen Ertrag führt, der über die bloße Addition der einzelnen Wertschöpfungsaktivitäten hinausgeht. Zum fundamentalen Fit gehört also nicht nur die grundlegende Kompatibilität und Komplementarität bestimmter Unternehmensfunktionen, sondern ebenso die Identifizierung potenzieller *Synergieeffekte*, die die unternehmerische Entscheidung zur Outsourcing-Partnerschaft im ökonomisch-zweckrationalen Sinn zusätzlich rechtfertigen.

Die Übereinstimmung der jeweiligen strategischen Zielsetzungen ist das zentrale Kriterium für den **strategischen Fit** der Outsourcing-Partner. Die beteiligten Unternehmen müssen klare gemeinsame Zielsetzungen und Interessen haben; die Interessenharmonie zwischen den Partnern muss mögliche Interessengegensätze überwiegen. Dies sei deshalb betont, da nicht selten die einzelnen Partner gleichzeitig Zielausrichtungen und Interessen verfolgen, die teilweise im Widerspruch zu den gemeinschaftlichen Zielen der Outsourcing-Partnerschaft stehen können. Die idealtypische Voraussetzung für den strategischen Fit ist eine wechselseitige Ergänzungswirkung im Sinne einer *Win-win-Konstellation.* Zu Recht weist BLEICHER (1992) darauf hin, dass langfristige Unternehmenspartnerschaften nicht nur von gemeinsamen strategischen Programmen, sondern auch „unternehmenspolitisch vom Gleichklang der *Missionen* [im Original kursiv] – also der generellen Zielvorstellungen und der Grundorientierung – getragen“ sein sollten.[252] Zweifelsohne zeichnet eine solche Parallelität in der Grundausrichtung der zentralen Unternehmensstrategien, die sich in den Missionen widerspiegeln, den Strategie-Fit der beteiligten Unternehmen in der Outsourcing-Partnerschaft vor und erleichtert dadurch die Konkretisierung und Formulierung der gemeinsamen strategische Ziele in entsprechenden Programmen. Somit wird mit der gegenseitigen Abstimmung von missionarischem, unternehmenspolitischem Wollen mit den strategischen Programmen gleichzeitig die operative Realisierbarkeit der Partnerschaft anvisiert und insofern einem zentralen Integrationsproblem zwischen den Partnern entgegengewirkt.[253] Schließlich hängt die Vereinbarkeit der individuellen strategischen Ziele wesentlich von den im Rahmen der Outsourcing-Partnerschaft vereinbarten operativen Faktoren ab, z.B. der geplante Zeithorizont

[252] BLEICHER (1992), S. 271.
[253] Vgl. BLEICHER (1992), S. 271f.

für die Realisierung der Ziele, der Formalisierungsgrad der Zusammenarbeit sowie Art und Umfang der eingebrachten Ressourcen.[254]

Eine nicht zu unterschätzende Kategorie ist der **kulturelle Fit** zwischen den Outsourcing-Partnern. Dieser kann im Wesentlichen anhand der Übereinstimmung von unternehmenskulturellen Aspekten abgeleitet werden. Die Unternehmenskultur kommt in bestimmten gemeinsamen Normen und Wertvorstellungen zum Ausdruck, die sich in den Entscheidungen und Verhaltensweisen der Führungskräfte und Mitarbeiter widerspiegeln oder diese zumindest beeinflussen. Die unternehmenseigene Kultur kristallisiert sich über einen längeren Zeitablauf heraus und wird in erster Linie von der normativ verfassten Unternehmensphilosophie, den nationalen und lokalen Gegebenheiten und den individuellen Persönlichkeitsbildern der Mitarbeiter bestimmt. In Bezug auf die Wichtigkeit des kulturellen Fit, gehen BRONDER ET AL. (1992) so weit zu konstatieren, dass „die Bereitschaft beider Partner, die geographisch und unternehmenspolitisch gewachsene Kultur des anderen zu akzeptieren, [...] für eine erfolgreiche und dauerhafte Zusammenarbeit entscheidend“ ist.[255] Dementsprechend muss es den beteiligten Unternehmen im Rahmen einer Outsourcing-Partnerschaft gelingen, ein kompatibles System von *gemeinsamen Werten und Normen* und einen beiderseitig akzeptierten und beherrschten *Kommunikationsstil* herauszubilden; gerade mit Blick auf nationale Besonderheiten gilt es, dem kulturellen Fit der Partner ein besonderes Augenmerk zukommen zu lassen. Zwar lassen sich kulturelle Unterschiede – insbesondere bei grenzüberschreitenden Kooperationen – kaum vermeiden, aber bereits die Thematisierung der Unternehmenskulturen und der ernst gemeinte Versuch einer beiderseitigen Annäherung kann später entstehenden Diskrepanzen und Konfliktpotenzialen prophylaktisch entgegenwirken, indem etwa sensible Eigenarten des Partners und denkbare Konfliktfälle explizit benannt und entsprechende Lösungsmöglichkeiten antizipativ vereinbart werden. Problematisch hierbei ist allerdings, dass etwaige kulturelle Reibungspunkte meistens erst in der Hochphase der Partnerschaft oder in plötzlich und unvermittelt eintretenden, kritischen Situationen sichtbar werden; insofern ist die Antizipation eines kulturell bedingten Konfliktfalls nur sehr eingeschränkt möglich. Der Prozess der kulturellen Angleichung kann jedoch während der Vor- und Anlaufphase der Partnerschaft gefördert werden, etwa durch geeignete personalpolitische Maßnahmen.[256] Gerade weil die unterschiedlichen Unternehmenskulturen in einer

[254] Vgl. auch HÖFER (1997), S. 80.
[255] BRONDER ET AL. (1992), S. 38.
[256] Vgl. HÖFER (1997), S. 84.

Outsourcing-Partnerschaft nur selten in dem Maße zueinander kongruent sind wie das wohl wahrscheinlicher beim fundamentalen und strategischen Fit der Fall ist, sollte dem kulturellen Fit von Anfang an und dann in der Folge stets ein besonderer Stellenwert beigemessen werden. Denn keineswegs nur im Fall von extremen Differenzen oder in einmaligen Ausnahmesituationen kann die kulturelle Inkompatibilität der Outsourcing-Partner die effektive und effiziente Zusammenarbeit stören oder sogar zum Scheitern der Partnerschaft führen.

3.3.2 Outsourcing aus Nachfrager-Sicht

3.3.2.1 Motive und Entscheidungstreiber

Zunehmende Umweltunsicherheit, Komplexität und Dynamik der Beschaffungs- und Absatzmärkte veranlassen die Unternehmensführung, die Unternehmensarchitektur – insbesondere an den vertikalen Grenzen – zu überdenken und den neuen situativen Bedingungen anzupassen. Infolge eines immer stärkeren Wettbewerbsdruckes durch ständig *kürzer werdende Produktlebenszyklen* bei gleichzeitiger Verkürzung der Innovationszyklen, also der Zeitspanne von der Entwicklung eines Produktes bis zu dessen Einführung am Markt, benötigen die Unternehmen einen Mehrbedarf an finanziellen, technischen und personellen Ressourcen. Unter den Bedingungen eines *gleichzeitig regionalen und globalen Wettbewerbs* wird es für die Unternehmen sogar immer schwieriger, die Wettbewerbsposition nur zu erhalten, obwohl diese eigentlich verbessert werden müsste, um den gewachsenen Anforderungen entgegentreten und den Fortbestand der Unternehmung gewährleisten zu können. Die Erfüllung der originären Unternehmensaufgabe – die Befriedigung der Kundenbedürfnisse – gestaltet sich unter diesen Voraussetzungen immer schwieriger, Rentabilitätsüberlegungen rücken in den Vordergrund und bestimmen immer deutlicher den strategischen Kurs. *Gesättigte Märkte* sowie qualitätsorientierte und dabei zugleich kostenbewusste Ansprüche der Kunden tun hierbei ein Übriges. Das veränderte Kostenbewusstsein der Kunden, das sich plakativ in einer allgemein verbreiteten „Geiz-ist-geil“-Mentalität ausdrückt, ist ein aktueller Trend, der als Marktphänomen durchaus ernst zu nehmen ist, da hierdurch für die Unternehmen viele absatzpolitischen Implikationen verbunden sind. Die Erfolgsorientierung eines Unternehmens ist immer stärker nicht nur von der Qualität und Quantität der abgesetzten Produkte, sondern auch von der eigenen Kostenstruktur abhängig. Dabei gerät die unternehmensinterne Leistungsperformance in verstärktem Maße in das Entscheidungskalkül der Unternehmensführung, das heißt, die interne Ressourcenallokation zur Koordinierung der effektiven und effizienten Wertschöpfung wird zu einem zentralen Entscheidungsproblem; als Konsequenz hieraus ergibt sich, dass für wichtige marktorientierte Weichenstellungen in unternehmensexternen Bereichen immer weniger Kapazitäten zur Verfügung stehen. Dies alles führt dazu, dass in vielen Branchen – vor allem in mittelständisch geprägten wie der Textil- und Bekleidungsindustrie – eine wenig zukunftsfrohe, ja resignative Stimmung und Einschätzung der eigenen Situation vorherrscht.

Outsourcing ist ein Konzept der *interorganisationalen Arbeitsteilung*. Sowohl in der Wissenschaft als auch in der Praxis gilt Outsourcing als ein anerkanntes Instrument zur **Restrukturierung bestimmter Funktionsbereiche** der Unternehmung. Aufgrund der langfristigen Perspektive und den folgenreichen Auswirkungen im Unternehmensinneren ist die die Entscheidung zum Outsourcing grundsätzlich strategischer Art. Deshalb ist eine langfristige, erfolgsorientierte Outsourcing-Kooperation grundsätzlich als **Wertschöpfungspartnerschaft** definiert; eine Wertschöpfungspartnerschaft wiederum beschreibt eine dauerhafte, gemeinschaftlich entwickelte Win-win-Konstellation zwischen zwei Unternehmen. Das besondere Merkmal dieser engen Form der Zusammenarbeit ist die abgestimmte, gemeinsame Organisation des Güter- und Leistungsstroms entlang der Wertschöpfungskette. Das heißt, dass die Wertschöpfungskette der Unternehmen in bestimmten Bereichen miteinander verbunden ist, wobei jeder der Partner jeweils für die Leistungserstellung auf einer bestimmten Leistungsstufe innerhalb dieses Stroms zuständig und verantwortlich bleibt.[257] Die Verknüpfung der Wertschöpfungsketten zweier Unternehmen wird als *vertikale Integration* bezeichnet.

Das Leitmotiv von Outsourcing-Projekten ist die **Optimierung der Leistungstiefe**. Im Rahmen der Leistungstiefenoptimierung geht es um die Feststellung des optimalen Grades der vertikalen Integration für die einzelnen Aufgabenbereiche im unternehmerischen Leistungserstellungsprozess; im Kern geht es also um die Frage, in welchem Ausmaß die Wertschöpfung unternehmensintern bzw. unternehmensextern abgewickelt werden soll. Dabei wird die partnerschaftliche Eingliederung eines Lieferanten in vorgelagerte Leistungsstufen als *Rückwärtsintegration* bezeichnet; das Gegenstück hierzu, die Eingliederung eines

[257] Eine ausführliche Darstellung des Konzepts der *Wertschöpfungspartnerschaft* findet sich beispielsweise bei HÖFER (1997), S. 38ff.

Abnehmers in nachgelagerte Leistungsstufen, heißt *Vorwärtsintegration.*[258] Outsourcing-Partnerschaften können entweder als Vorwärtsintegration oder als Rückwärtsintegration konfiguriert werden. Üblicherweise übernimmt der Outsourcing-Nachfrager die Rolle des Abnehmers bestimmter Vorleistungen; es kommt aber auch vor, dass ein Unternehmen bestimmte nachfolgende Stufen der Leistungserstellung an einen Outsourcing-Dienstleister auslagert.[259] Als Maßzahl für die Leistungstiefe wird der Wertschöpfungsquotient herangezogen; dieser gibt den Anteil der eigenen Leistungserstellung an der Gesamtleistung zur Erstellung des Produktes wider.

Für Outsourcing-Nachfrager ist die Leitungstiefenoptimierung eine zentrale Wettbewerbsstrategie, die auf die nachhaltige Verbesserung der eigenen Wettbewerbsposition abzielt. Denn nur mit der konsequenten und kontinuierlichen Steigerung der Wettbewerbsfähigkeit kann der Fortbestand und die Rentabilität des Unternehmens gewährleistet werden. Ein Outsourcing von kritischen Funktionsbereichen oder -teilbereichen kann hierbei ein Lösungsansatz für unternehmensinterne strukturelle Herausforderungen sein. Übergeordnete Leitmotive für eine Outsourcing-Entscheidung sind die erwarteten operativen und strategischen Nutzeneffekte; diese können auf die **Steigerung der Effektivität** (im Sinne der Leistungsoptimierung) und/oder die **Steigerung der Effizienz** (im Sinne der Verbesserung der Wirtschaftlichkeit) ausgerichtet sein. Bei diesen Überlegungen sollte jedoch berücksichtigt werden, dass Outsourcing nicht nur als „Notlösung" zur Sanierung angeschlagener Unternehmen verstanden werden sollte. Auch wenn Outsourcing meist als Antwort auf aktuelle Herausforderungen gewählt wird, kann im Rahmen von Outsourcing-Partnerschaften die „bestmögliche Schadensbegrenzung" kaum als übergreifendes, die Zusammenarbeit dominierendes Motiv gelten. Der Trend geht in die Richtung, dass Outsourcing vielmehr als ein Konzept für erfolgswirksame *Innovationspartnerschaften* aufgefasst wird, das der Generierung neuer Wettbewerbsvorteile und Erfolgspotenziale dient.

3.3.2.2 Chancen

3.3.2.2.1 Quantitative Chancen

Zweifelsohne ist für den Outsourcing-Nachfrager die **Reduzierung der Kosten** das zentrale Ziel für die Realisierung eines Outsourcing-Projektes. Dies wird sowohl von der praxis-

[258] Vgl. hierzu z.B. NAGENGAST (1997), S. 62f.

[259] Gerade in der Textil- und Bekleidungsindustrie ist die Vorwärtsintegration, z.B. die Fremdvergabe von Konfektions- und Veredelungsarbeiten, weit verbreitet.

orientierten Managementliteratur als auch von der wissenschaftlichen Outsourcing-Forschung einhellig bestätigt.[260] HOLLEKAMP (2005) hat in einer umfangreich angelegten Unternehmensbefragung unter deutschen Großunternehmen empirisch nachgewiesen, dass Kostenrationalisierungsgründe vor allen anderen die Unternehmensführung zu einer Outsourcing-Entscheidung bewegen.[261] Die Kostenreduzierung wird dadurch möglich, dass spezialisierte Outsourcing-Dienstleister bestimmte Tätigkeiten mit geringeren Kosten ausüben können als das auslagernde Unternehmen. Die Ursachen solcher interorganisationalen Kostenunterschiede sind in den kostenwirksamen Strukturfaktoren betrieblicher Funktionen zu sehen, insbesondere in *Skaleneffekten* (engl. *economies of scale*), *Verbundeffekten* (engl. *economies of scope*) und *Erfahrungskurveneffekten*; PORTER (1999b) bezeichnet diese treffend als „Kostenantriebskräfte".[262] Von diesen profitiert der Outsourcing-Nachfrager stets dann, wenn der vom Outsourcing-Dienstleister fakturierte Preis niedriger ist als die Kosten der Eigenerstellung.

- *Skaleneffekte*: Die outgesourcte Leistung entspricht in der Regel dem Kerngeschäft des Outsourcing-Anbieters. Skaleneffekte treten dann auf, wenn der Outsourcing-Anbieter eine Funktion bei höherer Output-Menge rationaler ausüben kann. Das heißt, dass die variablen Stückkosten bei einer Erhöhung der Produktionskapazitäten unterproportional ansteigen. Für den Outsourcing-Nachfrager bedeutet dies, dass mit einer Ausweitung des Dienstleistungsvolumens geringere Stückkosten einhergehen.[263]
- *Verbundeffekte*: Werden die Input-Faktoren (sowohl Sachvermögen als auch intangible Ressourcen) zur gemeinsamen Leistungserstellung unterschiedlicher Produkte in *einem* Unternehmen anstatt in *zwei einzelnen* Unternehmen verwendet, können Verbundvorteile entstehen. Mit anderen Worten: Werden bestimmte Aufgabenbereiche innerhalb der gemeinsamen Wertschöpfungskette an einen spezialisierten Outsourcing-Dienstleister delegiert, können sich hieraus für den Outsourcer Kostenvorteile ergeben. Denn durch die Erstellung verschiedenartiger Leistungen auf Seiten des Outsourcing-Dienstleisters erhöht sich die absolute Ausbringungsmenge innerhalb der gemeinsamen Produktionsstufen und die

[260] Die wichtigsten wissenschaftlichen Arbeiten hierbei sind NAGENGAST (1997), S. 89, BEER (1998), S. 123, BACHER (2000), S. 65ff, RUOFF (2001), S. 180, BARTH (2003), S. 17f sowie HOLLEKAMP (2005), S. 42f.
[261] Vgl. HOLLEKAMP (2005), S. 234.
[262] Vgl. PORTER (1999b), S. 106.
[263] Vgl. hierzu BEER (1998), S. 124.

gesamten Fixkosten verteilen sich auf eine größere Produktionsmenge, wodurch wiederum die Stückkosten sinken.[264]

- *Erfahrungskurveneffekte*: Erfahrungskurveneffekte (auch Lernkurveneffekte genannt) bezeichnen die organisationsbezogene Generierung von Know-how durch die häufige Wiederholung gleichartiger Arbeitsabläufe. Bei längerer Erfahrung des Outsourcing-Anbieters ist davon auszugehen, dass bestimmte Leistungserstellungsprozesse durch Lerneffekte und spezielles Know-how weitgehend optimiert sind. Das heißt, dass Erfahrungskurveneffekte ein Ausdruck von realisierten Erfahrungsvorteilen sind und unmittelbar auf diese zurückgeführt werden können. Dementsprechend sind Erfahrungskurveneffekte zu einem gewissen Grad messbar. Aus kostenrechnerischer Sicht bedingen solche Lern- und Erfahrungsvorteile, dass die Kosten pro Leistungseinheit in Abhängigkeit von der Erfahrung zurückgehen.[265] Daher resultieren aus Erfahrungseffekten des Outsourcing-Anbieters direkt Kostendegressionseffekte für den Outsourcer, wobei zwischen anbieterseitigen Erfahrungskurveneffekten und nachfragerseitigen Kostendegressionseffekte oft ein proportionaler Zusammenhang ausgemacht werden kann.

Die Kostengröße, die in der Regel konkret am stärksten durch Outsourcing-Maßnahmen beeinflusst wird, sind **Personalkosten**. Durch die Freistellung von Mitarbeitern bieten sich dem Outsourcer Möglichkeiten zur Kostenreduktion. Mit der quantitativen Reduzierung der Zahl der Lohn- und Gehaltsempfänger stellen sich für das outsourcende Unternehmen – insbesondere dann, wenn es sich um ein kleines bis mittleres mittelständisches Unternehmen handelt – oft deutlich hohe und langfristige Kosteneinsparungseffekte ein. Ein vergleichbarer kostensenkender Effekt geht von der Umwandlung von Vollzeit- in Teilzeitarbeitsplätzen aus.[266] In Zeiten der sich stetig verschärfenden Wettbewerbssituation und dem damit einhergehenden Anpassungsdruck zu Rationalisierungs- und Restrukturierungsmaßnahmen rückt der Abbau von Personal zwangsläufig in den Blickpunkt der Unternehmensführung. Dies ist – aus rein betriebswirtschaftlicher Perspektive gesprochen – vor allem damit zu begründen, dass die Personalkosten üblicherweise einen hohen Anteil an den Gesamtkosten ausmachen, auch und vor allem in mittelständisch geprägten Branchen. Eine wesentliche Rolle beim

[264] Vgl. hierzu z.B. BACHER (2000), S. 66.
[265] Vgl. BARTH (2003), S. 16.
[266] Vgl. NAGENGAST (1997), S. 90.

Entscheidungsprozess spielen die geringeren Lohnkosten bei einer Auslagerung von Tätigkeiten ins Ausland. Gerade im Fall eines Outsourcing in sog. „Niedriglohnländer" werden oft erhebliche Kosteneinsparungen realisiert, da Lohn- und Arbeitskosten in Nicht-Industriestaaten um ein Vielfaches niedriger sind als im Inland. Zudem bewegen als inflexibel empfundene Tarifverträge und arbeitsrechtliche Restriktionen die Unternehmensführung dazu, arbeitsintensive Tätigkeiten ihrer Wertschöpfungskette an einen ausländischen Dienstleister zu vergeben, der an weniger ausgeprägte tarifvertragliche und arbeitsrechtliche Regelungen gebunden ist.[267] Letzteres stellt ein weiteres Pro-Argument für ein grenzüberschreitendes Outsourcing dar, weil dadurch Kapazitätsschwankungen in der Produktion auch kurzfristig aufgefangen werden können.[268]

Neben der Reduzierung der Personalkosten können weitere kostenwirksame Vorteile aus einem Outsourcing von Leistungen entstehen. Hier kann zuvörderst die verbesserte **Kostentransparenz** genannt werden. Da der Outsourcing-Dienstleister die von ihm erbrachten Leistungen als Preis in Rechnung stellt (fakturiert), wird für das outsourcende Unternehmen eine exakte Zuordnung der Beschaffungskosten möglich. Dies schafft auf Seiten des Outsourcers einerseits ein gesteigertes Kostenbewusstsein und verbessert andererseits die Transparenz und Planbarkeit seiner Kosten.[269]

Auch die **Verbesserung der Liquidität** kann sich für das outsourcende Unternehmen erwirken.[270] Diese geht mit der Verminderung des gebunden Kapitals einher. Denn mit der Auslagerung ist fast immer der Verkauf von (jetzt nicht mehr benötigtem) Anlagevermögen verbunden. Dadurch kann der Outsourcer Fremdkapital reduzieren oder Verbindlichkeiten tilgen. Aber auch ohne Mittelzufluss kann sich die Liquidität erhöhen, da für den Outsourcer sowohl die Kosten für die Instandhaltung des Anlagevermögens als auch Investitionen für notwendige Neu- oder Ersatzbeschaffungen wegfallen. Infolge der zurückgehaltenen Investitionen (im Rahmen der internen Finanzierung) und der geringeren Kapitalbindung,

[267] Umfassende Darstellungen der weitreichenden arbeitsrechtlichen und tarifvertraglichen Aspekte von Outsourcing finden sich bei HORCHLER (1996), S. 83ff, NAGENGAST (1997), S. 129ff, PRACHT ET AL. (1999), S. 243, STAUDACHER (2000), S. 301ff, BACHER (2000), S. 77ff, SOMMERLAD (2000), S. 281ff sowie SCHREY (2003), S. 179ff.
[268] Dies ist vor allem für die Textil- und Bekleidungsindustrie von Bedeutung, da sich häufig saisonal bedingte und deshalb nur schwer einkalkulierbare Änderungen in den Produktionsvolumenmengen ergeben.
[269] Vgl. hierzu CALISAN ET AL. (2004), S. 42, NAGENGAST (1997), S. 94 sowie BARTH (2003), S. 17.
[270] Vgl. hierzu z.B. MATIASKE ET AL. (2002), S. 647 sowie NAGENGAST (1997), S. 95.

sinken Kapitalbedarf und Kapitalkosten (Zinsen), gleichzeitig steigt der Cash-flow.[271] Dadurch das Gesamtergebnis verbessert sich insgesamt, so dass sich auch die Profitabilität (Eigenkapitalrentabilität) des Outsourcers erhöht.

Neben Personal-, Beschaffungs- und Kapitalkosten kann sich ein Outsourcing von bisher unternehmensintern erstellten Leistungen auch auf weitere Kostengrößen auswirken. Dabei wird der kostenrechnerische Vorteil für den Outsourcer grundsätzlich durch die **Umwandlung von fixen Kosten in variable Kosten** herbeigeführt.[272] Der bei Eigenerstellung anfallende Fixkostenblock entfällt und wird durch das leistungsabhängige, also variable Entgelt des Dienstleisters, das dieser als Preis fakturiert, ersetzt. Bei Eigenerstellung müssen die Kapazitäten auch bei Auftragsschwankungen ständig aufrecht erhalten werden, wohingegen im Fall des Fremdbezugs in der Regel nur die *bedarfsdeckende Leistung* bezahlt werden muss. Somit wird eine genaue Bestimmung der Beschaffungskosten ermöglicht, da diese nur bei der effektiven Inanspruchnahme der Leistung anfallen. Besonders für solche outsourcenden Unternehmen, die starken saisonalen oder kurzfristigen Kapazitätsschwankungen ausgesetzt sind, ist die Variabilisierung von fixen Kosten wichtig. Nicht nur, weil sich dadurch die interne Kostenrechnung des Outsourcers deutlich vereinfacht, sondern weil die Verpflichtung und das Risiko, auch im Fall von Spitzenauslastungen ausreichende Kapazitäten bereitzustellen, an den Outsourcing-Dienstleister weitergegeben wird.

Ein weiterer quantitativer Zielaspekt, der unmittelbar mit positiven Kosteneffekten zusammenhängt, ist die mengenmäßige **Ausweitung von Kapazitäten**. Der Kapazitätenausweitung liegt meist eine *Erweiterungsstrategie* des Unternehmens zugrunde, das heißt, der Outsourcer beabsichtigt mit dem Outsourcing bestimmter Leistungsbereiche auch gezielt eine *quantitative Erhöhung* der Ausbringungsmenge. Eine outsourcingbedingte Erweiterungsstrategie zur Ausweitung von Kapazitäten stützt sich auf die intern verbesserte Kostenstruktur des Outsourcers, die mit der Auslagerung bestimmter Tätigkeiten erwartet wird.

Vor dem Hintergrund zunehmenden Wettbewerbsdruckes wird im Entscheidungsprozess der Unternehmensführung der **Faktor Zeit** verstärkt als Wettbewerbsfaktor berücksichtigt – auch und vor allem angesichts immer kürzer werdender Produktlebenszyklen. Der Zeitfaktor kann

---

271 Als ein weiterer positiver Nebeneffekt kann die mit der geringeren Kapitalbindung einhergehende Reduzierung der Abschreibungen (interpretiert als Kosten) genannt werden.

272 Vgl. hierzu z.B. NAGENGAST (1997), S. 92f, BRUCH (1998), S. 32, BEER (1998), S. 124, BACHER (2000), S. 67 sowie MATIASKE ET AL. (2002), S. 647.

im Sinne von „time to market" eine entscheidende strategische Bedeutung für ein Unternehmen haben.[273] Ein Zeitvorteil ergibt sich jedoch nicht nur aus kürzeren Zugriffszeiten auf Beschaffungs- und Absatzmärkte als die jeweiligen direkten Konkurrenten. Aus zeitlichen Flexibilitätsgründen erfolgt ein Outsourcing vor allem ins Ausland, um dadurch von Zeitzonenunterschieden oder flexibleren Arbeitszeiten zu profitieren. Unter Anwendung moderner Kommunikations- und Informationstechnologien, die einen schnellen, zuverlässigen und kostengünstigen globalen Informationsaustausch ermöglichen, kann eine Funktionsausübung auch außerhalb der üblichen Arbeitszeiten, gewissermaßen „rund um die Uhr" erreicht werden, was natürlich deutliche Effizienzvorteile mit sich bringt.[274] Gerade die vergleichsweise geringen Maschinenlaufzeiten und kurzen Arbeitszeiten in Deutschland sowie die hohe Anzahl an Urlaubs- und Feiertagen lassen dem Faktor Zeit eine – auch strategisch – immer wichtiger werdende Bedeutung zukommen. Dementsprechend spielen standortbedingte Faktoren, die Zeitvorsprünge verschaffen, bei Outsourcing-Entscheidungen eine wichtige Rolle.[275]

3.3.2.2.2 Qualitative Chancen

Ein Hauptmotiv für die Externalisierung von unternehmensexternen Leitungen durch Outsourcing, das sowohl in der Literatur als auch in der Praxis am häufigsten genannt wird, ist die Möglichkeit der **Konzentration auf das unternehmenseigene Kerngeschäft**.[276] Dies ist vor allem dann möglich, wenn ein gezieltes Outsourcing in peripheren, also *kernfernen* Bereichen des Unternehmens betrieben wird (vgl. *Kapitel 3.2.4*). Hierdurch können bislang in Randbereichen des Unternehmens gebundene Ressourcen abgezogen und auf strategisch relevante Kompetenzfelder fokussiert werden, um neue Wettbewerbspotenziale zu generieren bzw. die Erhaltung der vorhandenen zu sichern. Mit der Konzentration auf das Kerngeschäft geht also eine *funktionale Verkürzung der Leistungstiefe* einher, womit gleichzeitig die Unternehmenskomplexität erfolgsfördernd reduziert wird. Zum Kerngeschäft zählen solche Geschäftsfelder, die die wichtigsten Umsatzmotoren des Unternehmens darstellen und folglich bei der hierarchischen Ressourcenallokation grundsätzlich bevorzugt werden. Das Kerngeschäft ist, bildlich gesprochen, die tragende Säule der Unternehmung, das Fundament

---

[273] Vgl. HÖFER (1997), S. 1.

[274] Vgl. BACHER (2000), S. 70.

[275] Dies wird an dieser Stelle deshalb betont, weil Zeitvorsprünge gerade in der Textil- und Bekleidungsindustrie wettbewerbsentscheidend sein können. Um kürzere Lieferzeiten zu gewährleisten, wird somit z.B. die geographische Nähe des Outsourcing-Dienstleisters zu einem wichtigen Entscheidungskriterium.

[276] Vgl. hierzu z.B. BRUCH (1998), S. 6f und 32f, NAGENGAST (1997), S. 102ff, BEER (1998), S. 121f, BACHER (2000), S. 150ff, MATIASKE ET AL. (2002), S. 648, BARTH (2003), S. 13ff sowie HOLLEKAMP (2005), S. 45f.

bilden die Kernkompetenzen.[277] Das heißt, die Kernkompetenzen tragen maßgeblich zur erfolgreichen Entfaltung und Weiterentwicklung des Kerngeschäftes bei. Insofern wird in der Outsourcing-Forschung die Konzentration auf das Kerngeschäft oft mit der **Konzentration auf die Kernkompetenzen** gleichgesetzt. Dient die Konzentration auf das Kerngeschäft dem langfristigen Erhalt der Wettbewerbsposition, so unterstützt die Konzentration auf die Kernkompetenzen den Aufbau einer überlegenen Ressourcenausstattung für die Erzielung langfristiger Wettbewerbsvorteile.[278] Die Konzentration auf das Kerngeschäft trägt dazu bei, dass die Wertschöpfungskette als Ganzes optimiert wird, da Outsourcer und Outsourcing-Dienstleister jeweils in denjenigen Bereichen aktiv werden, in denen sie im Rahmen ihrer Wertschöpfungspartnerschaft am effektivsten und effizientesten die jeweilige Teilleistung erbringen. Da die von Seiten des Outsourcers ausgelagerte Teilleistung dem Kerngeschäft des Outsourcing-Dienstleisters entspricht, ist davon auszugehen, dass dieser eine der Eigenleistung (des Outsourcers) erheblich überlegene Performance zeigt. Ein weiterer positiver Effekt, der sich aus der partnerschaftlichen Optimierung der gemeinsamen Wertschöpfungskette ergeben kann, ist die Entwicklung von *gemeinsamen* Kernkompetenzen.[279] Diese umfassen dann solche Kompetenzen, die ausschließlich in der gemeinschaftlichen Zusammenarbeit aktiviert werden können und, im Sinne einer Win-win-Konstellation, für beide Partner jeweils wettbewerbsrelevante Erfolgspotenziale darstellen, durch deren Aufbau und Pflege sowohl die eigene als auch die gemeinsame Wettbewerbsposition verbessert werden kann.

Ein Erfolgspotenzial, das für eine Outsourcing-Wertschöpfungspartnerschaft charakteristisch ist und durch die gemeinsame Zusammenarbeit Schritt für Schritt verbessert werden kann, ist die **Reduzierung des Risikos**.[280] Für den Outsourcer ergibt sich die Reduzierung des Geschäftsrisikos dadurch, dass er die Verantwortung für bestimmte Bereiche seiner Wertschöpfung an den Outsourcing-Dienstleister überträgt. Konkret ist das primär das Risiko, die externalisierte Dienstleistung nicht in der richtigen Menge, zur richtigen Zeit, am richtigen Ort zur Verfügung zu haben, da die Verantwortung hierfür komplett in den Zuständigkeitsbereich des Outsourcing-Dienstleisters fällt.[281] Diese Verantwortung des Outsourcing-Dienstleisters für unvorhergesehene Terminüberschreitungen, Qualitätsprobleme oder

[277] Vgl. hierzu MÜLLER ET AL. (1997), S. 114.
[278] Vgl. hierzu HOLLEKAMP (2005), S. 45.
[279] Vgl. hierzu BRUCH (1998), S. 7.
[280] Vgl. hierzu z.B. BEER (1998), S. 122f, NAGENGAST (1997), S. 106f sowie BACHER (2000), S. 150ff.
[281] Vgl. NAGENGAST (1997), S. 106.

Kostenschwankungen ist zumeist mit allen denkbaren Eventualitäten und Sanktionen, die dies zur Folge haben kann, im Outsourcing-Vertrag niedergelegt. Sekundär wird der Outsourcer von Risiken befreit, die sich mittelbar aus der ordnungsgemäßen Leitungserbringung ergeben, z.B. die Suche nach qualifiziertem Personal, die Beschaffung von Roh- und Hilfsstoffen oder die Instandhaltung der Betriebs- und Geschäftsausstattung. Hierunter fällt auch das Investitionsrisiko für neue Technologien oder den Bereich Fertigung und Entwicklung, welches in der Regel uneingeschränkt vom Outsourcing-Dienstleister zu tragen ist.

Eine weitere Zielrichtung für Outsourcing bildet die qualitative **Leistungsverbesserung** aufgrund von Synergieeffekten.[282] Diese Überlegung stützt sich auf einen Know-how-Transfer vom Outsourcing-Dienstleister zum Outsourcer. Outsourcing kann im Rahmen einer Wertschöpfungspartnerschaft den Zugang zu externem Know-how und leistungsspezifischen Wissenspotenzialen verschaffen. Die Inanspruchnahme des spezialisierten Know-hows des externen Dienstleisters kann dazu beitragen, dass auch interne Leitungserstellungs- und Managementprozesse rationaler ablaufen. Dies schlägt sich unmittelbar in einer höheren Qualität der Leistung bei geringeren Kosten nieder. Vor allem solche Unternehmen, die in innovationsintensiven Bereichen angesiedelt sind, können dadurch Innovationssprünge besser bewältigen, da von den Interaktionsprozessen zwischen den Partnerunternehmen Innovationsimpulse ausgehen können, die positive Rückwirkungen sowohl auf Leistungsprozesse des Outsourcers als auch des Dienstleisters ausüben können.[283] Somit können Innovations- und Qualitätsdefizite, die der Outsourcer in diesen nicht-spezialisierten Bereichen aufweist, systematisch und kostengünstig abgebaut werden. Ein zusätzlicher Vorteil für den Outsourcer, der sich hieraus ergibt, ist der *Imagetransfer*: Die partnerschaftiche Zusammenarbeit mit dem in seinem Bereich renommierten Dienstleister kann zu einem Imagezuwachs für den Outsourcer führen. Für den Outsourcer bedeutet dies grundsätzlich eine Verbesserung in der Wahrnehmung der originären Kunden, also letztlich auch eine verbesserte Marktstellung.

3.3.2.3 Risiken

3.3.2.3.1 Quantitative Risiken

Den Kostenvorteilen, die durch ein Outsourcing von Leistungen realisiert werden können, sind zum Teil erhebliche **Kostenrisiken** gegenüberzustellen.[284] Konkret heißt dies, dass statt

[282] Vgl. hierzu z.B. CALISAN ET AL. (2004), S. 51, BARTH (2003), S. 15f sowie BEER (1998), S. 122f.
[283] Vgl. hierzu BARTH (2003), S. 15.
[284] Vgl. hierzu z.B. NAGENGAST (1997), S. 109ff sowie BARTH (2003), S. 18f

der kalkulierten Kosteneinsparungen Mehrkosten erstehen. Eine solche kostenrechnerische Fehlkalkulation, die ja jeder Outsourcing-Entscheidung vorangeht, kann zwei verschiedene Ursachen haben: Entweder wurden durch mangelhafte interne Kostenerfassung die Kosten der Eigenerstellung überschätzt[285] oder die durch den Fremdbezug entstehenden „indirekten", also von der eigentlichen Leistungserstellung unabhängigen Kosten wurden unterschätzt.[286] Beide Fälle treten in der wirtschaftlichen Praxis weitaus häufiger auf als sich vermuten ließe und stellen ein ernst zu nehmendes Risikopotenzial dar. Ersterer kann z.B. darin begründet liegen, dass der Outsourcer von Vollkostenrechnungsmethoden Gebrauch macht, welche entstandene Gemeinkosten mit globalen Zuschlagsätzen auf einzelne Rechnungsposten verrechnen, wodurch zu hohe bzw. zu geringe Gemeinkosten kalkuliert werden.[287] Der zweite Fall einer Fehlkalkulation tritt vor allem dann ein, wenn bei der kalkulatorischen Kostenplanung die *Transaktionskosten* unberücksichtigt blieben. Dementsprechend können mögliche Fehlerquellen der Kalkulation in *Anbahnungs-*, *Vereinbarungs-*, *Kontroll-* und *Anpassungskosten* liegen:[288]

- *Anbahnungskosten*: Anbahnungskosten entstehen für den Outsourcer bei der Suche nach dem geeigneten Outsourcer sowie bei dessen Prüfung und Auswahl.
- *Vereinbarungskosten*: Zu den Vereinbarungskosten zählen die Kosten der Vertragsverhandlung, der Vertragsformulierung und des Vertragsabschlusses. Wegen der rechtlichen Komplexität beim Outsourcing, meist langwierigen Detailverhandlungen zwischen Outsourcer und Dienstleister und der Wichtigkeit der sorgfältigen Ausarbeitung des Vertrages, der sämtliche möglichen Konfliktpotenziale zwischen Outsourcer und Dienstleister antizipieren sollte, muss grundsätzlich mit hohen Vereinbarungskosten gerechnet werden.
- *Kontrollkosten*: Durch die Überwachung der Einhaltung der vertraglich geregelten Abmachungen fallen Kontrollkosten an. Zu den Kontrollkosten gehören auch Kosten für die Kommunikation und Koordination im Rahmen eines Schnittstellenmanagements zwischen Outsourcer und Dienstleister. Im Gegensatz zu allen anderen Transaktionskostenarten entstehen Kontrollkosten nicht nur einmalig oder temporär, sondern über die gesamte Dauer der Outsourcing-Partnerschaft.

[285] Vgl. hierzu MATIASKE ET AL. (2002), S. 651.
[286] Vgl. hierzu BARTH (2003), S. 18.
[287] Vgl. BARTH (2003), S. 19.
[288] Eine grundlegende Erklärung der Transaktionskosten im Lichte der Transaktionskostentheorie wurde bereits in *Kapitel 3.2.5.2* gezeigt.

- *Anpassungskosten*: Sollten trotz Steuerung und Kontrolle der Outsourcing-Partnerschaft wichtige und nachhaltige Modifikationen am Leistungsverhältnis zwischen Outsourcer und Dienstleister erforderlich sein, fallen Anpassungskosten an.

Problematisch hierbei ist allerdings, dass die genaue Erfassung der Transaktionskosten kaum möglich ist. Neben Transaktionskosten können weitere „indirekte" Kosten entstehen, insbesondere Umstellungskosten (engl. *switching costs*).[289] Umstellungskosten sind einmalige Kosten, die durch die organisationalen oder technischen Veränderungen und Anpassungen im outsourcenden Unternehmen anfallen, z.B. die Einrichtung eines Schnittstellenmanagements. Zusätzliche Kosten, die dadurch entstehen, dass das nicht mehr benötigte Anlagevermögen nicht veräußert werden kann oder Abfindungszahlungen für entlassene Mitarbeiter fällig werden, heißen Remanenzkosten.[290]

Darüber hinaus können kostenbezogene Risiken durchaus auch bei korrektem Kostenvergleich zwischen Eigenerstellung und Fremdbezug gegeben sein. Der Dienstleister könnte **höhere Preisforderungen** stellen als die Kosten der Eigenerstellung. Dies ist vor allem deshalb denkbar, weil im Outsourcing-Vertrag oft zwar genaue Preiskonditionen vereinbart werden, diese aber meistens in Abhängigkeit von äußeren Faktoren gestellt werden. Preisschwankungen auf den Beschaffungsmärkten sind keine Seltenheit; falls der Dienstleister mit unvorhersehbar volatilen Beschaffungspreisen konfrontiert sein sollte, wird er versuchen, diese zumindest teilweise auf den Outsourcer abzuwälzen. Ein weiterer Grund für Preiserhöhungen könnten Liquiditätsengpässe des Dienstleisters sein, die so weit gehen können, dass dieser nicht mehr imstande ist, die Leistung zum ursprünglichen Preis abzugeben. Vor die Wahl gestellt, eine vorübergehende Preiserhöhung zu akzeptieren oder den kompletten Ausfall der Dienstleistung in Kauf zu nehmen, wird sich der Outsourcer in der Regel wohl eher für ersteres entscheiden. Dass höhere Preisforderungen auch aus opportunistischem Handeln des Dienstleisters heraus entstehen können, liegt auf der Hand.

Ein streng genommen nicht-monetäres, aber den monetären Bereich unmittelbar beeinflussendes Risikopotenzial bildet der Faktor Zeit. Der Outsourcer ist in der Outsourcing-Wertschöpfungspartnerschaft immer von der präzisen terminlichen Abstimmung mit dem Dienstleister abhängig. Da der Dienstleister ein vor- bzw. nachgelagertes Glied in der

[289] Vgl. PORTER (1980), S. 10.
[290] Vgl. MÜLLER ET AL. (1997), S. 46.

Wertschöpfungskette des Outsourcers bildet, können bereits geringe **Lieferverzögerungen** schwerwiegende Folgen haben. Falls sich die Leistungslieferung des Dienstleisters verzögert, kann dadurch vorübergehend die gesamte Wertschöpfung zum Stillstand geraten. Eine solche temporäre Verzögerung der Wertschöpfung kann sich in Umsatzeinbußen und Mehrkosten für den Outsourcer äußern; insofern übt der Zeitfaktor auch unmittelbaren Einfluss auf monetäre Größen.

3.3.2.3.2 Qualitative Risiken

Das übergeordnete qualitative Risikopotenzial, das sich für den Outsourcer in einer Outsourcing-Partnerschaft ergeben kann, ist das **Risiko der Abhängigkeit** vom Outsourcing-Dienstleister, und zwar sowohl in operativer als auch in strategischer Hinsicht. Als Abhängigkeit wird in diesem Zusammenhang die Beeinflusstheit bzw. Beschränktheit der eigenen Entscheidungs- und Handlungsfähigkeit innerhalb der Wertschöpfungspartnerschaft verstanden; insofern ist Abhängigkeit das Gegenstück zu *Macht*.[291] Die Abhängigkeit ist (als abstrakte Größe) insbesondere dann als groß einzustufen, wenn im Falle des Nicht-Akzeptierens des Einflusses beträchtliche wirtschaftliche Nachteile für das Unternehmen entstehen. Grundsätzlich ist das Risiko der Abhängigkeit dadurch zu erklären, dass Outsourcing neue Handlungsmuster fordert und Sachverhalte vorgibt, die für den Outsourcer größtenteils neu sind und somit aus seiner Sicht ein Risiko darstellen. Selbst umfangreiche Verträge können nicht jedes Risiko erfassen und regeln, so dass immer ein wechselseitiges Risikoniveau bleiben wird, dass es partnerschaftlich zu beherrschen gilt.

Der Outsourcer ist vor allem deshalb vom Dienstleister abhängig, weil dieser, als vor- oder nachgelagerte Stufe der Wertschöpfungskette, eine exklusive Lieferantenstellung innehat; zugespitzt formuliert, könnte man diese Stellung des Outsourcers als „Lieferantenmonopol" bezeichnen. Aus dieser Konstellation heraus ergibt sich für den Outsourcer ein **Versorgungsrisiko**, und zwar in Bezug auf Qualität, Quantität und Termintreue. Akut wird diese Gefahr bei plötzlichem Ausbleiben der vereinbarten Leistung, da selten ein zeitnaher Ersatz für diesen Fall vorhanden ist.[292] Abgesehen davon, kann eine solche Ersatzlösung angesichts der Bedeutung, die der benötigten Leistung in der Wertschöpfung zukommt, kaum ausreichen, den ordnungsgemäßen Betrieb mit den ursprünglichen Kapazitäten aufrecht zu erhalten.

---

[291] Vgl. hierzu die ausführliche Darstellung unterschiedlicher Formen von Abhängigkeit bei REINECKE (1996), S. 177ff.

[292] Vgl. hierzu NAGENGAST (1997), S. 124f.

Dementsprechend können mögliche Instabilitäten des Dienstleisters kaum mit Kompensationsmöglichkeiten beherrscht werden.

Die Quasi-Monopolstellung des Dienstleisters rührt auch daher, dass eine einmal erfolgte Auslagerung von Leitungen nur sehr schwer bzw. nur unter erheblichem Aufwand wieder rückgängig gemacht werden kann. In vielen Fällen, gerade in Outsourcing-Kooperationen, die als Wertschöpfungspartnerschaften konfiguriert sind, kann faktisch von einer **Irreversibilität des Outsourcing** gesprochen werden.[293] Auch aus langfristiger Sicht wäre eine Rückkehr von der Fremderstellung zur Eigenfertigung, also eine Reinternalisierung der Funktionsausübung, nur theoretisch möglich, da die hierfür benötigten Ressourcen zu diesem Zeitpunkt nicht mehr im Unternehmen vorhanden sind. Ganz abgesehen hiervon, ist der Ausstieg aus laufenden Verträgen grundsätzlich eine langwierige Angelegenheit, die mit viel juristischem Aufwand und Mehrkosten verbunden ist. Auch ein Wechsel zu einem anderen Dienstleister ist komplex, kosten- und zeitintensiv.

Eine weitere Gefahr, die mit einem Outsourcing einhergehen kann, ist der **Verlust von Kompetenzen und Know-how**.[294] Durch die Auslagerung von Dienstleistungen und die Abwanderung von Mitarbeitern kann unter Umständen wertvolles Know-how verloren gehen oder aber bisher unerkannte Kompetenzen werden unbeabsichtigt mitausgelagert. Hierbei gilt: Je kernnäher die outgesourceten Funktionen, umso eher können wettbewerbsrelevante Kompetenzen abfließen. Ein Know-how-Abfluss ist nur schwer zu revidieren und kann zum Verlust von Wettbewerbs-vorteilen führen. Dadurch wird die Erschließung von Innovationen und neuen Anwendungsbereichen – vor allem hinsichtlich der Zeit nach Beendigung der Partnerschaft – erschwert. Der Verlust von Kompetenz im Bereich der Dienstleistungen kann schließlich auch bewirken, dass der Outsourcer nicht mehr in der Lage ist, die Leistungserbringung des Dienstleisters angemessen zu bewerten und zu kontrollieren. Infolgedessen werden Maßnahmen im Rahmen eines Outsourcing-Controlling operativ erschwert oder gänzlich unmöglich.

Der erwünschte bzw. unerwünschte Kompetenzen- und Ressourcentransfer birgt für den Outsourcer auch ein beträchtliches Sicherheitsrisiko. Im Rahmen des Outsourcing-Projektes und der gemeinschaftlichen Wertschöpfung müssen dem Dienstleister spezielle Informationen

---

[293] Vgl. BARTH (2003), S. 21f sowie NAGENGAST (1997), S. 126.
[294] Vgl. hierzu BEER (1998), S. 126f, NAGENGAST (1997), S. 122 sowie BARTH (2003), S. 20.

zur Verfügung gestellt werden, so auch zum Teil vertrauliche Informationen und Daten. **Mangelnde Geheimhaltung** bei sensiblen Wissens- und Datenbeständen oder der **fehlerhafte Informationsaustausch** können die wirtschaftliche Vorteilhaftigkeit der Partnerschaft mit einem Schlag überkompensieren, ja sogar zu schwer amortisierbaren Wettbewerbsnachteilen mit den direkten Konkurrenten führen.

Sei es unbeabsichtigt oder aus Opportunismus: Vom Dienstleister verschuldete **Informationsdefizite** können für die Wertschöpfung folgenschwere Auswirkungen haben. Um den reibungslosen Informationsaustausch zwischen Outsourcer und Dienstleister zu gewährleisten, ist zwangsläufig die Einrichtung eines Schnittstellenmanagements erforderlich. Hauptaufgabe des Schnittstellenmanagements ist dabei, **Abstimmungsprobleme und Konflikte** zu vermeiden bzw. zu lösen. Dies kann sowohl über vertraglich festgelegte Kontroll- und Reportingmechanismen als auch über informelle Kommunikationswege geschehen. Eine Kooperation hat immer eine Zunahme von Koordinationsaufgaben zur Folge, wobei gilt: Je intensiver der Grad der Wertschöpfungspartnerschaft, umso mehr Ressourcen werden für die Bewältigung der Aufgaben an den Grenzen des Unternehmens gebunden. Diesbezüglich sollte nicht außer Acht gelassen werden, dass für ein kompetentes Schnittstellenmanagement qualifiziertes Personal mit ausgeprägten Kommunikations- und Koordinationsfähigkeiten vonnöten ist.[295] Zu leistungsbezogenen Koordinationsproblemen können auch noch Spannungen durch das Aufeinandertreffen von unterschiedlichen Unternehmenskulturen treten, dies umso mehr, wenn es sich bei der Outsourcing-Partnerschaft um eine grenzüberschreitende Zusammenarbeit handelt.[296]

Bei einem Fremdbezug von wertschöpfungsrelevanten Leistungen wird nolens volens ein hoher Grad an *Vertrauen* vorausgesetzt. Reibungsverluste zwischen den Partnern bleiben auf kurz oder lang unvermeidlich. Problematisch für den Outsourcer ist jedoch, wenn sich bei den outgesourceten Leistungen **Qualitätseinbußen** ergeben. Einen letzten, aber wesentlichen Risikofaktor bildet also die Qualität der Dienstleistung. Zwar können, z.B. durch entsprechende vertragliche Vereinbarungen, mit dem Dienstleister Qualitätsrichtlinien und Garantien ausgehandelt werden, gleichwohl wird die Qualität der Leistung nie in dem Maße objektivierbar sein, wie dies im Fall der Eigenerstellung möglich wäre. Ein qualitätsbezogenes Restrisiko wird immer bleiben, das letzten Endes der Outsourcer zu tragen hat.

---

[295] Vgl. BARTH (2003), S. 23.

[296] Die konkrete organisationale Gestaltung des Schnittstellenmanagements wird in *Kapitel 6.2.3.1.1* behandelt.

3.3.2.4 Gegenüberstellung der Chancen und Risiken

Zusammenfassend und zur besseren Übersichtlichkeit werden die Chancen und Risiken von Outsourcing aus Nachfragersicht in einer Argumentenbilanz gegenübergestellt.

Tabelle 10: Chancen und Risiken von Outsourcing aus Nachfragersicht

	Chancen	Risiken
quantitativ	- Kostendegression - Verbesserung der Liquidität - Umwandlung von fixen Kosten in variable - Ausweitung von Kapazitäten - Zeitvorteile	- Kosten- bzw. Preisrisiken - Lieferverzögerungen
qualitativ	- Konzentration auf das Kerngeschäft - Konzentration auf die Kernkompetenzen - Risikostreuung - Leistungsverbesserung	- Abhängigkeit - Versorgungsrisiken - Irrreversibilität - Verlust von Kompetenzen und Know-how - mangelnde Geheimhaltung des Dienstleisters - Abstimmungsprobleme und Konflikte - Qualitätseinbußen

Quelle: eigene Darstellung

3.3.3 Outsourcing aus Anbieter-Sicht

3.3.3.1 Motive und Entscheidungstreiber

Die **Auswirkungen der Globalisierung auf die Wirtschaft** stellen – gerade für Textil- und Bekleidungshersteller – keine überstrapazierten Worthülsen dar, sondern Sachthemen und Herausforderungen, mit der sich die Unternehmensführung auseinandersetzen muss, falls sie erfolgreich am Markt bestehen möchte (vgl. *Kapitel 2.1*). Kein Unternehmen der verarbeitenden Industrie ist in der Lage, sich gegen die globalen bzw. multinationalen Wirkungszusammenhänge völlig abzuschotten. Vielmehr sieht sich jedes erfolgsorientierte Unternehmen den zunehmend unüberschaubareren Marktveränderungen ausgesetzt, die sich aus globalen Zusammenhängen erschließen und immer stärker das Marktgeschehen dominieren – zu nennen seien die rapiden politischen und gesellschaftlichen Veränderungen, rasche Innovationssprünge und international agierende Großunternehmen. Die Situation auf nahezu allen Märkten ist daher als turbulent, diskontinuierlich und zunehmend komplex zu beschreiben.

Im Bemühen, Unternehmen in ihrer Effizienz und Effektivität zu stärken, wurden als Reaktion auf die Globalisierungstendenzen eine Vielzahl von **Anpassungsstrategien** und **innovativen Managementkonzepten** entworfen. Das in dieser Arbeit vorgestellte Konzept für *anbieterinitiiertes Outsourcing* kann in diesen Kontext eingereiht werden (vgl. *Kapitel 6*). Ausgangspunkt dabei ist die Generierung von Nutzeneffekten durch Kooperationen bzw. Strategische Partnerschaften (vgl. *Kapitel 3.1.2*). Denn in nahezu allen produzierenden Branchen und Industriezweigen hat sich spätestens im Zuge der voranschreitenden Globalisierung gezeigt, dass rein *hierarchische Leistungsstrukturen* den aktuellen Herausforderungen infolge der Dynamik und Turbulenz der Märkte nicht gewachsen sind. Dies gilt, wie im weiteren Verlauf noch zu zeigen sein wird, insbesondere für die Textil- und Bekleidungsindustrie in der Türkei (vgl. *Kapitel 5*). Jedoch ist das hier angebotene Lösungskonzept für *anbieterinitiiertes Outsourcing* – gegebenenfalls mit geringen Modifikationen – auf die meisten Branchen des verarbeitenden Gewerbes übertragbar.

Denn in vielen Branchen sind neue Geschäftsideen gefragt, ja für den Fortbestand vieler Unternehmen von geradezu existenzieller Bedeutung.[297] Das Managementkonzept für *anbieterinitiiertes Outsourcing* stellt in diesem Zusammenhang die Frage, wie es dem Dienstleister gelingen kann, bei einem potenziellen Outsourcing-Partner eine **Make-or-buy-Entscheidung** auszulösen und das Unternehmen dauerhaft in eine gemeinsame, partnerschaftliche Wertschöpfungsstruktur einzubinden. Die genaue – organisationale und managementtheoretische – Beantwortung dieser Frage soll indessen in *Kapitel 6* erfolgen.

Im Folgenden wird – in Ergänzung des bisherigen Outsourcing-Forschungsstandes – eine theoriegeleitete Chancen-Risiken-Analyse von Outsourcing aus Anbietersicht vorgeführt. Der Prämisse theoretischer Allgemeingültigkeit Folge leistend, soll die Analyse an dieser Stelle noch hypothetisch und branchenneutral bleiben. Dabei wird davon ausgegangen, dass branchenspezifisch spezialisierte Outsourcing-Dienstleiter bereit stehen, um in partnerschaft-

[297] Dies ist keineswegs eine spektakuläre Überspitzung, sondern beispielsweise in der türkischen Textil- und Bekleidungsindustrie der Fall, wo sogar der Industriezweig als Ganzes von den aktuellen Marktveränderungen existenziell bedroht ist (vgl. *Kapitel 5.1.4*).

licher Zusammenarbeit vor- bzw. nachgelagerte Leistungen für einen outsourcingwilligen Kunden zu übernehmen.

3.3.3.2 Chancen

3.3.3.2.1 Quantitative Chancen

Oberstes unternehmerisches Formalziel im Rahmen einer Outsourcing-Partnerschaft ist für den Dienstleister die **Generierung von Umsatzerlösen**. Da der Dienstleister für den Outsourcer eine spezialisierte und individualisierte Leistung erstellt, fallen die Umsätze höher aus. Der Dienstleister stellt ein wichtiges Glied in der Wertschöpfungskette des Outsourcers dar, daher kann formuliert werden: Je wichtiger die für den Outsourcer erbrachte Leistung ist, umso höhere Umsätze kann der Dienstleister generieren. Aus der üblicherweise langfristig konfigurierten Wertschöpfungspartnerschaft mit dem Outsourcer ergibt sich ein weiterer wesentlicher monetärer Vorteil für den Dienstleister: Da der Dienstleister in bestimmten Zeitabständen das Entgelt für die erbrachten Leistung als Preis fakturiert, erfolgen die Einzahlungen kontinuierlich und regelmäßig. Die Kontinuität und Regelmäßigkeit der Einzahlungen wiederum leistet einen wichtigen Beitrag zur Sicherung der Liquidität des Dienstleisters. Zusammengefasst lässt sich aus monetärer Sicht sagen, dass die dauerhafte und optimierte Leistungserbringung an einen einzelnen (bzw. einige wenige) Outsourcing-Partner für den Dienstleiter strategisch vorteilhafter ist als einmalige Lieferungen an verstreute Kunden.

Die für den Outsourcer erbrachte Leistung entspricht in der Regel dem Kerngeschäft des Dienstleisters. Aufgrund der dauerhaften Ausrichtung der Partnerschaft ist für den Dienstleister ein **höherer Auslastungsgrad** gewährleistet, da er mit dem Outsourcer exklusiv und quasi-monopolistisch einen Nachfrager versorgt. Dieser Effekt wird dadurch verstärkt, dass der Dienstleister seine technischen und personellen Ressourcen auf die individuellen Bedürfnisse des Outsourcers optimieren kann. In der Folge steigen Rentabilität und Profitabilität des Dienstleister-Unternehmens. Durch die Optimierung der Ressourcen- und Kapazitätenauslastung kann der Dienstleister, als „Rückkopplungseffekt“, zur Zufriedenheit des Kunden und somit zum Fortbestand der Partnerschaft beitragen.

3.3.3.2.2 Qualitative Chancen

Ein wesentlicher positiver Effekt, der für den Outsourcing-Dienstleister durch die Outsourcing-Partnerschaft entstehen kann, ist der **Zuwachs an spezifischem Know-how**. Das bedeutet nicht nur, dass der Outsourcing-Dienstleister im Rahmen des Outsourcing-Projektes allgemein durch Wissensaustausch vom Know-how seines Partners profitiert, also z.B. durch gegenseitige Kontakte der Unternehmensführung oder des Schnittstellenmanagements. Vielmehr ist ja der Dienstleister mit der Erstellung einer wertschöpfungsrelevanten, also oft auch *wissensintensiven* Leistung betraut; für die Erfüllung dieser Aufgaben sind indessen spezifisches Know-how sowie besondere technische und technologische Ressourcen erforderlich. Zwar gilt dies in erster Linie für wissensintensive, aber, wenn auch in beschränkterem Maße, grundsätzlich ebenso für arbeitsintensive Tätigkeiten. In diesem Zusammenhang ist auch denkbar, dass der Dienstleister die Möglichkeit erhält, das vom Outsourcer nicht mehr benötigte betriebliche Anlagevermögen (z.B. spezielle Maschinen und Fertigungstechnologien) ganz oder teilweise und wahrscheinlich zu einem vorteilhaften Preis zu übernehmen.[298]

Im Zuge von Outsourcing ist ein **Transfer von Mitarbeitern** vom Outsourcer zum Dienstleister möglich; in manchen Fällen sogar gesetzlich vorgeschrieben. Dadurch übernimmt der Dienstleister also Mitarbeiter, die zuvor in dem ausgelagerten Bereich tätig waren, demnach über branchenspezifisches Wissen und über genaue Kenntnisse der internen Arbeitsabläufe verfügen. Der Outsourcer profitiert in zweierlei Hinsicht: Er bekommt die Möglichkeit, qualifiziertes und erfahrenes Personal zu rekrutieren und das, ohne dabei auf die zeit- und kostenaufwändigen Mechanismen des Arbeitsmarktes zurückgreifen zu müssen.[299]

Für den Dienstleister bedeutet die partnerschaftliche Zusammenarbeit mit einem Großkunden (engl. *key account*) einen **Imagegewinn**. Eine erfolgreiche Outsourcing-Partnerschaft ist eine Referenz, die die Akquise weiterer Kunden beträchtlich erleichtern kann.[300] Gerade in mittelständisch geprägten Branchen wie der Textil- und Bekleidungsindustrie werden Erfahrungswerte durch Referenzprojekte hoch geschätzt, ja gelten sogar oft als unabdingbare Voraussetzung für eine betriebliche Zusammenarbeit. Das heißt, mangelnde Erfahrung oder gar ein negatives Image können für eine potenzielle Outsourcing-Partnerschaft K.O.-Kriterien darstellen. Einerseits ist das Image ein Maßstab für die Kompetenz des Dienstleisters,

---

[298] Die Frage, ob und inwieweit Outsourcing-Dienstleister bereit sind, im Rahmen der Outsourcing-Partnerschaft Vermögensbestände zu übernehmen, ist besonders für den Fall der Beendigung der Outsourcing-Partnerschaft relevant. Darüber hinaus ist ein Vermögenstransfer zwischen den Partnerunternehmen grundsätzlich einzelfallabhängig und hängt stark von den Nebenbedingungen ab.

[299] Vgl. hierzu auch CALISAN ET AL. (2004), S. 53.

[300] Zur Wichtigkeit der betrieblichen Referenz (engl. *track record*) bei Outsourcing-Projekten vgl. KÖHLER-FROST (2000b), S. 37.

andererseits bestimmt das Image auch maßgeblich den Grad des Vertrauens, das der Outsourcer dem Dienstleister entgegenbringt. Ein Imagegewinn des Dienstleister-Unternehmens erhöht jedoch nicht nur das Ansehen nach Außen, sondern wirkt sich darüber hinaus auch im Inneren positiv aus, beispielsweise indem sich die Motivation der Mitarbeiter steigert.

3.3.3.3 Risiken

3.3.3.3.1 Quantitative Risiken

Mit der vertraglichen Verpflichtung, für den Outsourcer bestimmte spezifische Dienstleistungen zu einem bestimmten festgesetzten Preis zu erstellen, kann für den Dienstleister ein erhebliches **Kostenrisiko** einhergehen. Dieses ist insbesondere darin zu sehen, dass der Dienstleister dem Outsoucer bei der Erstellung des Angebots einen Preis kalkuliert, der niedriger liegt als die tatsächlich anfallenden (Ex-post-)Kosten. In diesem Fall wird die Outsourcing-Partnerschaft für den Dienstleister zum Verlustgeschäft. Eine solche Fehlkalkulation bei der Preisbildung kann vor allem darin begründet liegen, dass die Transaktionskosten unterschätzt wurden oder die für die Outsourcing-Partnerschaft gebrauchten Ressourcen nicht kostenwirtschaftlich genutzt werden können, d.h. die anfallenden Kosten sich höher belaufen als von der internen Kostenrechnung kalkuliert.[301]

Neben dem monetären Kalkulationsrisiko können sich für den Dienstleister auch produktionsbezogene Risiken durch quantitative **Belastungseffekte** einstellen. Diese können sich in der Folge durchaus monetär auswirken. Belastungseffekte durch beispielsweise quantitativ zu geringe Kapazitäten des Dienstleisters können monetäre Negativeffekte nach sich ziehen. In einem solchen Fall können für den Outsourcing-Dienstleister sog. *Fehlmengenkosten* anfallen, also Kosten, die durch Vertragsstrafen aufgrund von Lieferausfällen oder Terminüberschreitungen anzusetzen sind.[302] Ein indessen wahrscheinlicherer, aber nicht minder prekärer Fall tritt dann ein, wenn mit bereits einkalkulierten Größenvorteilen durch *Economies of scale* nicht der gewünschte Grad der Kostendegression erreicht werden kann. Das heißt, dass Skaleneffekte nicht in dem Maße realisiert werden können, um die Dienstleistung profitabel an den Outsourcer weiterzugeben. Dies kann beispielsweise folgenden Grund haben: *Economies of scale* sind betriebsgrößenabhängig, können also in der

[301] Vgl. hierzu auch CALISAN ET AL. (2004), S. 53.
[302] Vgl. hierzu POHMER ET AL. (1994), S. 237.

Regel nur bei *größeren* Unternehmen realisiert werden[303], und fallen außerdem grundsätzlich nur bei *standardisierten* Leistungen an. Trifft eine dieser Bedingungen nicht oder nur teilweise zu, kann dies für den Anbieter zu erheblichen kostenrechnerischen Konsequenzen führen.[304] Ähnliches gilt für *Economies of scope*: Diese treten dann ein, wenn innerhalb einer Mehr-Produkt-Unternehmung Faktoren in *mehreren* Produktbereichen genutzt werden können, ohne dass in entsprechendem Maße zusätzliche Kosten anfallen. Jedoch sind Potenziale für *Economies of scope* meistens eher *instabil* und nur *temporär* abschöpfbar.[305] Im Übrigen besteht auch die Gefahr, dass Kostenvorteile durch *Economies of scale* und *Economies of scope* in der betrieblichen Wirklichkeit nur kurzfristig realisiert werden und durch sich im Laufe der Outsourcing-Partnerschaft einstellende Veränderungen kompensiert werden oder sogar langfristig in einen Kostennachteil umschlagen können.

Neben diesen outsourcingspezifischen Risiken sind nicht zuletzt auch allgemeine, für grenzüberschreitende Kooperationen typische quantitative Risiken in Erwägung zu ziehen, etwa **Schwankungen durch Wechselkursrisiken** oder länderspezifische **tarifäre Handelshemmnisse**. Da die Berücksichtigung solcher Einflussfaktoren für Kooperationen im Allgemeinen als selbstverständlich anzusehen ist und nicht nur für Outsourcing-Partnerschaften im Speziellen gilt, seien sie an dieser Stelle nur am Rande erwähnt.[306]

3.3.3.3.2 Qualitative Risiken

Ein wesentliches Risikopotenzial ist für den Dienstleister darin zu sehen, dass er die Erwartungshaltung des Outsourcers wegen **Kompetenzdefiziten** nicht erfüllt. Möglicherweise verletzt der Dienstleister dadurch vertragliche Vereinbarungen der Outsourcing-Partnerschaft – möglicherweise, denn im Vertrag können zwar qualitative Richtlinien und Standards vereinbart werden, aber die Formulierung allgemeingültiger und zugleich konkreter, auf jede einzelne Dienstleistung bzw. jedes einzelne Produkt detailgenau anwendbarer *Qualitätsanforderungen* ist verständlicherweise kaum möglich. Geht ein Dienstleister eine Strategische Partnerschaft mit einem Outsourcer ein, so muss er zur Erfüllung des Lieferanten- und Leistungsverhältnisses fortwährend Know-how sammeln, den Stand von

[303] Vgl. hierzu PAUSENBERGER (1993), SP. 4442.
[304] Eine beeindruckende mathematiklastige Abhandlung über *Economies of scale* in der Produktion findet sich bei KERN (1979), Sp. 939-955.
[305] Vgl. hierzu PAUSENBERGER (1993), SP. 4443f.
[306] In den länderspezifischen Marktanalysen in *Kapitel 4* und *5* werden solche länderspezifischen Faktoren bezogen auf Deutschland und die Türkei im Einzelnen Berücksichtigung finden.

Forschung und Entwicklung im jeweiligen Markt genau verfolgen, eigene kostenreduzierende und leistungssteigernde Systeme bereitstellen und über ein qualifiziertes Personal verfügen. Wenn man bei dieser Betrachtung von typischerweise hohen Erwartungen der Outsourcer ausgeht, ist es für den Dienstleister kaum zu vermeiden, dass sich früher oder später eine Situation einstellt, in der er überfordert ist und der Erwartungshaltung des Partners nicht gerecht werden kann. Kompetenzdefizite des Dienstleisters können – selbst wenn sie nur selten und vereinzelt in Erscheinung treten – das Vertrauen des Outsourcer verletzen und der Outsourcing-Partnerschaft schweren Schaden zufügen. Konfliktsituationen durch Kompetenzdefizite kann mit möglichst präzise ausgearbeiteten Verträgen vorgebeugt werden, ausgebrochene Konflikte können mit einem kompetenten Schnittstellenmanagement aufgefangen und gelöst werden, aber wirklich vermeiden lassen sich solche Konflikte in einer dauerhaften Partnerschaft nicht. Daher sollte Wert darauf gelegt werden, dass die Qualität der Dienstleistung bzw. des Produktes in stetigem Dialog zwischen Outsourcer und Dienstleister definiert und auf ihre Machbarkeit überprüft wird.

Das zeigt, dass der interorganisationalen Kommunikation zwischen Dienstleister und Outsourcer ein hoher Stellenwert beigemessen werden muss. Dementsprechend obliegt dem Schnittstellenmanagement – auch von Seiten des Dienstleisters – ein wichtiger Aufgabenbereich, dem auch von der Unternehmensführung gebührende Aufmerksamkeit gewidmet werden sollte. Die Symmetrie der Strategien, der Ziele, der Visionen und der sog. *weichen Faktoren* (engl. *soft factors*) muss nicht nur während der Anlauf- und Hochphase der Outsourcing-Partnerschaft, sondern bereits im Vorfeld überprüft werden.[307] Anderenfalls kann, allgemein gesprochen, die **Inkompatibilität der Unternehmenskulturen** eine Kette von Risiken und Gefahren auslösen. Da der Dienstleister die Outsourcing-Partnerschaft proaktiv anregt, also sich einen passenden Partner „sucht", fällt ihm in diesem Bereich ein Großteil der Verantwortung zu.

Falls durch das Aufeinandertreffen unterschiedlicher Unternehmenskulturen Spannungen oder Konflikte entstehen, die zu einer Belastung oder gar zu einem vorzeitigen Abbruch der Outsourcing-Partnerschaft führen, kann das zu einem folgenschweren **Imageverlust** des Dienstleisters führen. Das potenzielle Imagerisiko und etwaige Folgen durch Imageschäden

[307] Zu weichen Faktoren zählen z.B. Vertrauen, positives gegenseitiges Interesse, interkulturelle Kommunikationsfähigkeit oder informelle Kommunikationswege durch persönliche Beziehungen. Vgl. hierzu auch RUOFF (2001), S. 198f.

werden aus Dienstleistersicht in der Regel unterschätzt. Dabei sollte jedoch nicht außer Acht gelassen werden, dass das Image des Dienstleisters, neben formal prüfbaren Ressourcen und Kapazitäten, eine zentrale Referenz darstellt. Mit anderen Worten: Für die Outsourcing-Entscheidung des Outsourcers ist das positive Image des Dienstleisters keineswegs eine hinreichende, sondern eine notwendige Bedingung für eine langfristige Partnerschaft. Ein einmal beschädigtes Image durch eine gescheiterte Outsourcing-Kooperation dürfte für einen Dienstleister nur schwer wieder gut zu machen sein und die Chance auf Nachfolgeprojekte, also weitere Outsourcing-Partnerschaften, erheblich verschlechtern.

3.3.3.4 Gegenüberstellung der Chancen und Risiken

Zusammenfassend und zur besseren Übersichtlichkeit werden die Chancen und Risiken von Outsourcing aus Anbietersicht in einer Argumentenbilanz gegenübergestellt.

Tabelle 11: Chancen und Risiken von Outsourcing aus Anbietersicht

	Chancen	Risiken
quantitativ	- (kontinuierliche) Umsatzerlöse - höherer Auslastungsgrad	- Kostenrisiken - Belastungseffekte - Wechselkursrisiken - Handelsbarrieren (Quoten)
qualitativ	- Know-how-Zuwachs - Transfer von qualifizierten Mitarbeitern - Imagegewinn	- Kompetenzdefizite - Inkompatibilität der Unternehmens-kulturen - Imageverlust

Quelle: eigene Darstellung

KAPITEL 4: POTENZIALANALYSE DER DEUTSCHEN TEXTIL- UND BEKLEIDUNGSINDUSTRIE ALS OUTSOURCING-NACHFRAGER

4.1 Struktur und Entwicklung der deutschen Textil- und Bekleidungsbranche

Die deutsche Textil- und Bekleidungsindustrie ist ein seit dreieinhalb Jahrzehnten kontinuierlich schrumpfender Industriezweig. Diese Entwicklung ist auf mannigfaltige branchenspezifische Strukturprobleme zurückzuführen. Gleichwohl gibt es heute immer noch eine beträchtliche Zahl deutscher Textil- und Bekleidungsunternehmen, die ihre Wettbewerbsposition im Industriestandort Deutschland erfolgreich behaupten. Die Wettbewerbsfähigkeit dieser Unternehmen, die von Deutschland aus erfolgreich die internationalen Textil- und Bekleidungsmärkte bearbeiten, ist insbesondere auf zwei übergeordnete Leitmotive in ihrer strategischen Ausrichtung zurückzuführen: (1) Die umfangreiche Verlagerung der Produktion in das kostengünstigere Ausland sowie (2) die Spezialisierung bzw. Differenzierung der Produkte. Die Struktur und besondere Entwicklung der deutschen Textil- und Bekleidungsbranche soll in *Kapitel 4.1* überblickshaft wiedergegeben werden. Dabei soll weder eine sich bis in das letzte Detail erschöpfende Marktanalyse noch ein sektoraler Konjunkturbericht vorgeführt werden, vielmehr werden ganz bewusst solche Aspekte fokussiert, die auch für die Analyse der Outsourcing-Potenziale deutscher Textil- und Bekleidungsunternehmen in *Kapitel 4.2* von Belang sind. Hierfür wird in einem ersten Schritt die *Stellung und Bedeutung der Textil- und Bekleidungsindustrie in der bundesdeutschen Gesamtwirtschaft* betrachtet (*Kapitel 4.1.1*). In einem zweiten Schritt (*Kapitel 4.2.2*) gilt es, die Determinanten der *internationalen Wettbewerbsfähigkeit* der Branche zu beleuchten, wobei das Augenmerk insbesondere auf den Außenhandel und die Importpenetration gelegt wird. Darauffolgend widmet sich ein Abschnitt (*Kapitel 4.1.3*) dem umfassenden *Strukturwandel* in der deutschen Textil- und Bekleidungsindustrie, der das Bild der Branche vor allem seit den 1990er Jahren nachhaltig verändert hat; besonders markant für die Situation der deutschen Textil- und Bekleidungsunternehmen ist, dass dieser Strukturwandel sich sowohl in der Produktion als auch im Absatz vollzogen hat. Abschließend werden in *Kapitel 4.1.4* die *aktuellen Herausforderungen und Entwicklungsrichtungen* deutscher Textil- und Bekleidungsunternehmen diskutiert; in diesem Zusammenhang gilt das zentrale Interesse den Auswirkungen der

Quotenliberalisierung für den Textilstandort Deutschland. Im Anschluss hieran werden Branchenbesonderheiten und Trends aufgezeigt, die speziell für die aktuelle Situation deutscher Textil- und Bekleidungsunternehmen charakteristisch sind.

4.1.1 Stellung und Bedeutung in der Gesamtwirtschaft

4.1.1.1 Historischer Überblick

Seit dem Ende des Zweiten Weltkrieges haben die Struktur und die Stellung der Textil- und Bekleidungsindustrie im Wirtschaftsgefüge der Bundesrepublik Deutschland enorme Veränderungen durchlaufen. Die Entwicklung bis heute ist durch einen **kontinuierlichen Strukturwandel** gekennzeichnet, der im Zeitverlauf das Gesamtbild der Branche nachhaltig verändert hat.

Wie alle anderen Industriezweige auch, war die Textil- und Bekleidungsindustrie 1945 durch die Auswirkungen des Krieges zum Erliegen gekommen; die Betriebe waren größtenteils funktionsunfähig oder zerstört, mithin war die Produktion nahezu vollständig zum Stillstand gekommen. Hinzu kam, dass durch die Teilung Deutschlands 1949 in einen westlichen und einen östlichen Staat ein strukturelles Ungleichgewicht geschaffen wurde, da die Textil- und Bekleidungsindustrie bis dahin regional sehr ungleich verteilt war; nur etwa die Hälfte der Textilproduktion war im Gebiet der Bundesrepublik angesiedelt, der Rest entfiel auf die DDR und die ehemaligen Ostgebiete.[308] Dennoch gelang der Neuaufbau in der Folgezeit relativ rasch und die Textil- und Bekleidungsproduktion erlebte, wegen des erheblichen Nachholbedarfs in der Bevölkerung, einen rasanten Aufschwung. Begünstigt durch gute Startvoraussetzungen – etwa der Aufbau neuer Produktionsanlagen mit neuer, moderner Technologie oder das größtenteils aus Flüchtlingen aus dem Osten bestehende große und billige Arbeitskräftereservoir –, entwickelten sich gerade ehemals strukturschwache Regionen in dieser Zeit zu Zentren der Textil- und Bekleidungsindustrie; zu nennen sind vor allem Franken (Bayern), die Schwäbische Alb (Baden-Württemberg), das Umland von Mönchengladbach (Nordrhein-Westfalen) und das Münsterland (Rheinland-Pfalz). Diese heute als traditionelle Textil-Standorte geltenden Regionen sind bis in die Gegenwart die wichtigsten Industriezentren der Textil- und Bekleidungsproduktion geblieben.

[308] Vgl. hierzu BREITENACHER (1989), S. 27.

Die erste Boomphase der Textil- und Bekleidungsindustrie dauerte bis Ende der fünfziger Jahre, jedoch wurde 1958 erstmals in der Nachkriegszeit ein Produktionsrückgang verzeichnet. Obwohl in der Folge die Produktion wieder gesteigert werden konnte, war die Dynamik der Nachkriegsjahre endgültig unterbrochen.[309] Infolge der kontinuierlich sinkenden Nachfrage im Inland und des parallel hierzu anwachsenden Importes von preiswerteren Gütern fiel der Umsatzanteil der deutschen Textilindustrie an der Verbrauchsgüterindustrie von 49,3% im Jahr 1950 auf 31,1% im Jahr 1964.[310] Im Jahr 1972 erreichte die Produktion ihren Höhepunkt; seitdem ist die Produktionsentwicklung der deutschen Textil- und Bekleidungsindustrie – bis heute – anhaltend rückläufig.

Bereits in den 1960er Jahren kam es in der deutschen Textil- und Bekleidungsindustrie zu ersten, massiven **Standortverlagerungen**. Anfangs fanden diese Standortbewegungen nur innerhalb der Grenzen der Bundesrepublik statt, wobei die Bewegungsrichtung meistens aus den städtischen Ballungszentren in die bereits erwähnten, traditionellen Textilregionen verlief. Als Hauptursache der Standortwechsel stand eindeutig die Nutzung von regionalen Lohnkostenunterschieden im Vordergrund.[311] Charakteristisch für die 1970er und 1980er Jahre ist – neben dem stetigen Abwärtstrend beim Produktionsvolumen und bei den Beschäftigtenzahlen – die zunehmende **Internationalisierung** der Textil- und Bekleidungsindustrie. Sowohl im Hinblick auf die Produktion als auch den Absatz orientierten sich die Textil- und Bekleidungsunternehmen fortan in verstärktem Maße am Ausland. Die Verlagerung der Fertigung in andere Staaten – vor allem nach Ost- und Südosteuropa, später auch nach Übersee – diente der Kostenrationalisierung durch die Nutzung von wesentlich niedrigeren Lohnkosten im Ausland. Dies galt (und gilt bis heute) in der Textil- und Bekleidungsindustrie als die wichtigste Strategie zur Sicherung der eigenen Wettbewerbsfähigkeit. Zunächst gestalteten sich grenzüberschreitende Produktionsverlagerungen hauptsächlich als *Lohnfertigung im Ausland* („verlängerte Werkbank") sowie als *passiver Veredelungsverkehr*, im Laufe der Zeit wurde jedoch auch die *Eigenfertigung* im Ausland zunehmend wichtiger.[312] In den 1990er Jahren beschleunigte sich diese Entwicklungstendenz; vor dem Hintergrund kaum mehr tragbarer Lohnkosten im Inland und der stark wachsenden Importkonkurrenz durch

---

[309] Vgl. hierzu ADLER ET AL. (1984), S. 24.
[310] Vgl. hierzu STRUBE (1999), S. 15.
[311] Vgl. hierzu z.B. die aufschlussreiche Dissertation „Die Standortverlagerungen der Bekleidungsindustrie in der Bundesrepublik Deutschland und ihre Ursachen" von BLEY aus dem Jahre 1969.
[312] Vgl. zu den Arten der Produktionsverlagerungen in der Textil- und Bekleidungsindustrie HERMANN (1996), S. 260ff.

ausländische Produkte geriet die deutsche Textil- und Bekleidungsindustrie in eine bis heute andauernde Krise, die den strukturellen Wandel noch weiter beschleunigte. So sind die 1990er Jahre einerseits durch die massenhafte Verlagerung von Produktionskapazitäten ins Ausland, mehr jedoch durch ein lawinenartiges Auftreten von **Unternehmensinsolvenzen und -liquidierungen** gekennzeichnet. Wichtig zu erwähnen ist, dass von dieser Entwicklung nach der Wiedervereinigung auch und gerade die Textil- und Bekleidungsunternehmen in den ostdeutschen Bundesländern betroffen waren, denn deren Produkte und veraltete Produktionsverfahren konnten sich nunmehr kaum im Wettbewerb auf dem freien Markt behaupten, so dass es in der quantitativ bedeutenden ostdeutschen Textil- und Bekleidungsindustrie reihenweise zu Betriebsschließungen kam.[313]

Im Gesamtüberblick hat die deutsche Textil- und Bekleidungsindustrie im Laufe der letzten Jahrzehnte im Vergleich mit der Gesamtwirtschaft kontinuierlich an Bedeutung verloren; welches dramatische Ausmaß der stetige Bedeutungsschwund der Textil- und Bekleidungsindustrie angenommen hat, ist in *Abbildung 13* anschaulich wiedergegeben:

Abbildung 13: Wachstum der realen Bruttowertschöpfung

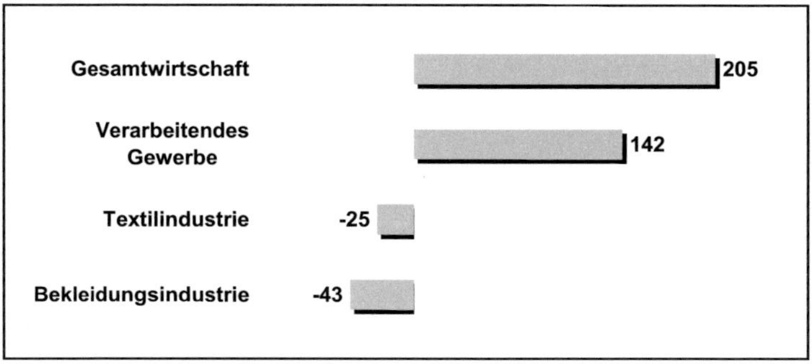

Veränderungen 2000 (Deutschland) gegenüber 1960 (Westdeutschland) in Prozent

Quelle: STATISTISCHES BUNDESAMT zit. n. GRÖMLING ET AL. (2003), S. 8

Die preisbereinigte Bruttowertschöpfung der deutschen Wirtschaft insgesamt hat sich innerhalb von vier Jahrzehnten mehr als verdreifacht. Im Vergleich dazu stieg die reale Wertschöpfung des Verarbeitenden Gewerbes um etwas mehr als 140%. Dagegen lag das reale Wertschöpfungsergebnis der gesamtdeutschen Textilindustrie im Jahr 2000 um 25%

[313] Über die besondere Situation der Textil- und Bekleidungsindustrie in den ostdeutschen Bundesländern vor und nach der Wiedervereinigung vgl. RIESCH (1998), S. 66-89.

unter dem westdeutschen Niveau des Jahres 1960; für die Bekleidungsindustrie fällt der Vergleich im betrachteten Zeitraum mit -43% sogar noch drastischer aus. Die separate Betrachtung von Textilindustrie und Bekleidungsindustrie an dieser Stelle ist insofern gerechtfertigt und erforderlich, als hieraus ersichtlich wird, dass beide Branchen zwar in erheblichem, aber doch in unterschiedlichem Ausmaß vom Strukturwandel betroffen sind. Hiervon lässt sich ableiten, dass trotz der insgesamt negativen Entwicklung die deutsche Textilindustrie im direkten Vergleich immer noch erfolgreicher (also wettbewerbsfähiger) ist als die Bekleidungsindustrie. Die interessante und wichtige Frage, warum sich die deutsche Textilindustrie im internationalen Wettbewerb offenbar besser behaupten kann als die Bekleidungsindustrie, gilt es im weiteren Verlauf noch zu beantworten.

4.1.1.2 Unternehmen und Beschäftigte

Die deutsche Textil- und Bekleidungsindustrie ist ein seit etwa drei Jahrzehnten kontinuierlich rückläufiger Industriezweig. Obwohl sich der Schrumpfungsprozess in den letzten Jahren verlangsamt hat, ist eine allgemeine Stabilisierung des Textil- und Bekleidungssektors nicht absehbar. Dennoch ist die Textil- und Bekleidungsindustrie in der deutschen Wirtschaft fest verwurzelt und behauptet trotz aller Standortdiskussionen nach wie vor ihren Platz; darüber hinaus genießen deutsche Textil- und Bekleidungsprodukte weltweit einen überaus guten Ruf und sind sehr gefragt. De facto ist die Textil- und Bekleidungsindustrie in Deutschland heute immer noch mit einer beträchtlichen Zahl an Unternehmen vertreten, die einen relativ gewichtigen Wirtschaftsfaktor darstellen, ja in bestimmten Marktsegmenten sogar ein dynamisches Wachstum verzeichnen. Im Wesentlichen stützt sich die heutige Wettbewerbsfähigkeit von deutschen Textil- und Bekleidungsunternehmen auf die Entwicklung von **Innovationen** und die Herstellung **höherwertiger Produkte**. So ist die deutsche Textilindustrie beispielsweise einer der weltweit wichtigsten Produzenten im Bereich der Entwicklung und Herstellung spezieller technischer Textilien für die Weiterverarbeitung in der Industrie; die deutsche Bekleidungsindustrie erzielt Wettbewerbserfolge vor allem durch

- die Kreation von innovativem Design/ Mode und
- den Aufbau und die Führung von höherwertigen Bekleidungsmarken.[314]

[314] Vgl. hierzu auch CALISAN (2005), S. 105ff.

In welchen Bereichen spezifische Standortvorteile für deutsche Textil- und Bekleidungsunternehmen identifiziert werden können, ist im weiteren Verlauf noch genauer zu untersuchen.

Tabelle 12 zeigt überblickshaft, wie sich die Anzahl der Unternehmen und der Beschäftigten im Laufe der letzten Jahrzehnte entwickelt hat:

Tabelle 12: Unternehmen und Beschäftigte im Textil- und Bekleidungsgewerbe

	Textilgewerbe			Bekleidungsgewerbe		
Jahr	Unternehmen	Beschäftigte [a)]	in %	Unternehmen	Beschäftigte [a)]	in %
1970 [b)]	2.396	496.592	.	2.955	384.589	.
1975 [b)]	1.862	356.826	-9,3	2.530	291.832	-7,1
1980	1.620	303.879	-2,2	2.435	248.779	-3,1
1985	1.334	231.393	-1,7	1.957	188.436	-1,4
1990	1.197	209.443	-1,9	1.720	164.029	-2,2
1992	1.098	189.888	-6,8	1.446	146.749	-8,7
1992 [c)]	1.269	217.324	.	1.606	166.635	.
1995 [d)]	1.296	150.744	-7,9	1.076	105.872	-12,8
2000	1.049	121.532	-1,9	549	66.199	-9,9
2001	1.018	118.672	-2,4	487	60.832	-8,1
2002	972	110.332	-7,0	472	53.901	-11,4
2002 [e)]	.	111.602	.	.	55.021	.
2003	916	101.775	-8,8	429	49.142	-10,7
2004	880	95.149	-6,5	408	44.732	-9,0
2005		88.335	-7,2	.	44.183	-5,7

a) in Betrieben

b) ohne Betriebe des produzierenden Handwerks

c) ab 1992 einschließlich Ostdeutschland

d) ab 1995 neue Branchensystematik

e) ab 2002 erweiterter Berichtskreis

Quelle: eigene Darstellung nach Daten von GESAMTTEXTIL (2005), Tab. 4, o.S. sowie GESAMTTEXTIL (2006), Tab. 4, o.S.

Aus *Tabelle 12* ist abzulesen, dass die Anzahl der Unternehmen und der Beschäftigten in der deutschen Textil- und Bekleidungsindustrie in den letzten dreieinhalb Jahrzehnten **stark rückläufig** ist. Dieser Trend gilt sowohl für das Textilgewerbe als auch für das Bekleidungsgewerbe, wobei das Bekleidungsgewerbe von dem seit etwa 1970 bis heute anhaltenden, kontinuierlichen Schrumpfungsprozess stärker betroffen ist als das Textilgewerbe. Anhand der in *Tabelle 12* wiedergegebenen prozentualen Rückgänge für die Beschäftigtenzahlen kann ersehen werden, in welchem drastischen Ausmaß dies vonstatten gegangen ist: Seit mehr als drei Jahrzehnten hat sich die deutsche Textil- und Bekleidungsindustrie ausnahmslos Jahr für Jahr verkleinert, und zwar in beträchtlichen Prozentschritten, ja zum Teil sogar um zweistellige Prozentsätze! Umfasste die Bekleidungsindustrie im Jahre 1970 noch knapp 3.000 Unternehmen – und damit damals deutlich mehr als das Textilgewerbe –, so ist diese Zahl heute bis auf ein Siebtel zurückgegangen. Ein noch vehementeres Ausmaß weist der Rückgang der Beschäftigtenzahlen auf: 1970 beschäftigte das Textil- und Bekleidungsgewerbe zusammen knapp 900.000 Arbeitnehmer, bis heute ist diese Zahl auf etwa 135.000 zurückgegangen. Hierzu gilt es festzuhalten, dass das Textilgewerbe heute ein wichtigerer Arbeitgeber ist als das Bekleidungsgewerbe: Mit etwas unter 900 Unternehmen und knapp 90.000 Beschäftigten ist das Textilgewerbe in etwa doppelt so groß wie das Bekleidungsgewerbe. Jedoch relativiert sich dieses quantitative Gewicht des Textilgewerbes gegenüber dem Bekleidungsgewerbe, sobald *Produktionsergebnisse* und *Umsatzvolumina* miteinander vergleichen werden, da in diesem Fall beide Branchen fast gleichauf liegen (vgl. *Kapitel 4.1.1.3 und 4.1.3.2*).

Zweifelsohne ist die **Unternehmensgröße** eine zentrale Determinante, von der die Anpassungsfähigkeit der Unternehmung an Veränderungen der Marktverhältnisse und Rahmenbedingungen unmittelbar abhängt. So wird kleineren und mittleren Unternehmen eher die Fähigkeit zugetraut, auf veränderte Marktbedingungen flexibel und rasch zu reagieren. Die deutsche Textil- und Bekleidungsindustrie ist **mittelständisch** geprägt. Das heißt, dass die Mehrzahl der Textil- und Bekleidungsunternehmen hinsichtlich Umsatz und Beschäftigtenzahlen eine mittelständische Größe aufweist.[315] *Tabelle 13* gibt eine Übersicht über die Verteilung der Textil- und Bekleidungsunternehmen nach Beschäftigtengrößenklassen:

---

[315] Vgl. hierzu z.B. RATHKE (1996), S. 23, TÜCKING (1999), S. 116ff, SCHRENK (2000), S. 25ff, GRÖMLING ET AL. (2003), S. 63f sowie SCHNEIDER (2004), S. 129ff.

Tabelle 13: Größenstruktur der deutschen Textil- und Bekleidungsindustrie 2005

Unternehmen mit ... bis ... Beschäftigten	Textilindustrie			Bekleidungsindustrie		
	Unter-nehmen	Mitarbeiter	Umsatz Mio. Euro	Unter-nehmen	Mitarbeiter	Umsatz Mio. Euro
20-49	378	12.539	1.295	188	6.339	958
50-99	238	16.451	2.286	95	6.665	1.419
100-249	191	29.965	4.470	90	13.323	3.006
250-499	56	18.248	2.907	24	8.350	1.554
500-999	11	7.286	878	8	5.370	1.161
1000-mehr	6	7.863	1.405	3	5.093	1.034
Insgesamt	880	92.352	13.242	408	45.139	9.134
	Anteile in %					
20-49	43,0	13,6	9,8	46,1	14,0	10,5
50-99	27,0	17,8	17,3	23,2	14,8	15,5
100-249	21,7	32,4	33,8	22,1	29,5	32,9
250-499	6,4	19,8	23,8	5,9	18,5	17,0
500-999	1,3	7,9	6,6	2.0	11,9	12,7
1000-mehr	0,7	8,5	10,6	0,9	11,3	11,3
Insgesamt	100,0	100,0	100,0	100,0	100,0	100,0

Quelle: eigene Darstellung nach Daten von GESAMTTEXTIL (2006), Tab. 5, o.S.

Fraglich erscheint eine exakte Quantifizierung des Begriffs *Mittelstand.* Gemäß der allgemein akzeptierten quantitativen Definition des INSTITUTS FÜR MITTELSTANDSFORSCHUNG (Bonn) gelten jene Unternehmen als mittelständisch, die eine Beschäftigtenzahl zwischen 10 und 499 sowie einen Jahresumsatz zwischen einer und 50 Millionen Euro aufweisen.[316] Diese Typisierung gilt branchenübergreifend, also für sämtliche Wirtschaftszweige und auch für alle denkbaren unternehmerischen Rechtsformen. Hingegen ist augenfällig, dass sich die Klassenbildung in *Tabelle 13* hiervon in zweierlei Hinsicht unterscheidet.[317] Zum einen sind die Beschäftigtengrößenklassen exakter aufgegliedert, da dadurch bessere und genauere Aussagen über die Unternehmensstrukturen getroffen werden können. Zum Anderen sind in der ersten Klasse als Klassenuntergrenze 20 Beschäftigte festgelegt (und nicht 10). Dies ist nicht etwa ein Versehen, sondern geschieht deshalb, weil es sich bei Textil- und Bekleidungs-

[316] Vgl. im Internet: http://www.ifm-bonn.org/index.htm?/dienste/definition.htm (Abruf am 16.01.2006).

[317] Im Übrigen stützt sich *Tabelle 13* auf verlässliche Zahlen des GESAMTVERBANDS DER DEUTSCHEN TEXTIL- UND MODEINDUSTRIE E.V..

unternehmen mit weniger als 20 Beschäftigten hauptsächlich um handwerklich oder kleingewerblich organisierte Betriebe handelt, und eben nicht um *Industrieunternehmen* im engeren Sinn. Folgerichtig sind die Spalten der Häufigkeitsverteilungen mit Textil*industrie* bzw. Bekleidungs*industrie* überschrieben. Weitaus bemerkenswerter sind die in *Tabelle 13* wiedergegebenen Daten jedoch, sobald man die Häufigkeitsverteilungen kumuliert: Demnach ist die überwältigende Mehrzahl der Unternehmen, nämlich 863 Unternehmen der Textilindustrie (98%) bzw. 397 Unternehmen der Bekleidungsindustrie (97,3%) aufgrund ihrer Größenstruktur als mittelständisch zu bezeichnen. Betrachtet man die absoluten kumulierten Beschäftigtenzahlen, relativiert sich dieses Bild jedoch etwas: 83,6% der Beschäftigten in der Textilindustrie bzw. 76,8% der Beschäftigten in der Bekleidungsindustrie arbeiteten 2005 in mittelständischen Unternehmen. Eine ähnliche prozentuale Verteilung ergibt sich auch bei kumulierten Umsatzzahlen: Im Jahr 2005 wurden 82,8% der Jahresumsätze der Textilindustrie bzw. 76% der Jahresumsätze der Bekleidungsindustrie von mittelständischen Unternehmen erwirtschaftet. Des Weiteren gilt es festzuhalten, dass sowohl in Bezug auf Mitarbeiter- als auch Umsatzzahlen Textil- und Bekleidungsunternehmen mit 100 bis 249 Beschäftigten am häufigsten vertreten sind. Fasst man die zweite und dritte Beschäftigungsklasse zusammen (50 bis 249 Beschäftigte), so lässt sich feststellen, dass etwa knapp die Hälfte der deutschen Textil- und Bekleidungsunternehmen dieser Größenordnung zuzurechnen sind. Dagegen überrascht es kaum, dass die kleinste Beschäftigungsklasse (20 bis 49 Beschäftigte) die meisten Unternehmen aufweist. Bei diesen „kleinen" Unternehmen handelt es sich im Wesentlichen um Nischenanbieter, spezialisierte Zulieferer (sog. „Zwischenmeister") oder Neugründungen in der Markteintrittsphase.

Abschließend soll an dieser Stelle betont werden, dass **Großunternehmen**, also Unternehmen mit mehr als 500 Beschäftigten und über 50 Millionen Euro Jahresumsatz, in der deutschen Textil- und Bekleidungsindustrie nur eine untergeordnete Rolle spielen. Im Gegensatz zu den meisten anderen Industriezweigen (wie etwa der Automobilindustrie), die von einigen wenigen Großunternehmen dominiert werden, bilden die Großunternehmen der Textil- und Bekleidungsindustrie eine quantitativ und qualitativ eher vernachlässigbare Größe. Bemerkenswert allerdings ist der (erwartungsgemäß) relative hohe Anteil der Großunternehmen an der gesamten Umsatzverteilung: Dabei entfallen in der Textilindustrie 17,2% des gesamten

Umsatzes auf 2% der Unternehmen (absolut: 17); in der Bekleidungsindustrie werden 24% des Jahresumsatzes von lediglich 2,7% der Unternehmen (absolut: 11) erwirtschaftet.[318]

4.1.1.3 Umsatzentwicklung

Angesichts einer seit Jahrzehnten anhaltend rückläufigen Entwicklung bei Unternehmensdichte, Beschäftigtenzahlen und Produktion ließe sich vermuten, dass sich parallel hierzu auch das Umsatzvolumen der deutschen Textil- und Bekleidungsindustrie drastisch reduziert hätte. Diese Mutmaßung ist jedoch unzutreffend (vgl. *Tabelle 14*).

---

[318] Es verdient an dieser Stelle erwähnt zu werden, dass der größte deutsche Bekleidungshersteller, die ADIDAS-SALOMON AG (Herzogenaurach), zugleich der umsatzstärkste Bekleidungsunternehmen in Europa ist, und zwar mit deutlichem Abstand. Im Übrigen stellt dieses Unternehmen auch einen gewichtigen DAX-Wert dar. Der zweitgrößte Bekleidungshersteller Deutschlands, die ESPRIT EUROPE GMBH (Ratingen), steht in Europa an zweiter Stelle. Unter den 100 größten Bekleidungsherstellern befinden sich 43 Unternehmen aus Deutschland! Vgl. hierzu die Daten aus TEXTILWIRTSCHAFT Nr. 39 (2006), S. 26-27.

Tabelle 14: Umsatzentwicklung der deutschen Textil- und Bekleidungsindustrie

	Umsatz der Textilindustrie		Umsatz der Bekleidungsindustrie	
Jahr	in Mio. Euro	+/- in %	in Mio. Euro	+/- in %
1970	12.850	.	7.249	.
1980	16.885	2,2	10.590	7,1
1985	18.818	5,5	11.743	8,6
1990	21.134	5,0	13.691	11,9
1992	20.346	-4,5	13,852	4,6
1992 a)	21.092	.	14.197	.
1995 b)	16.432	-2,9	12.017	.
1997	16.187	-1,8	11.474	-0,3
1997 c)	16.206	0,5	11.526	.
2000	15.669	3,3	10.741	-2,3
2001	15.416	-1,6	10.472	-2,5
2002	14.215	-7,8	9.733	-7,1
2002 d)	14.380	.	10.041	.
2003	13.430	-6,6	9.246	-7,9
2004	13.379	-0,4	8.994	-2,7
2005	12.928	-3,4	9.234	2,7

a) einschließlich Ostdeutschland

b) ab 1995 neue Branchensystematik

c) ab 1997 erweiterter Berichtskreis

d) ab 2002 erweiterter Berichtskreis

Quelle: eigene Darstellung nach Daten von GESAMTTEXTIL (2005), Tab. 7, o.S. und 8, o.S sowie GESAMTTEXTIL (2006), Tab. 7, o.S. und 8, o.S.

Tabelle 14 gibt die inflationsbereinigten Umsätze der Textil- und Bekleidungsindustrie seit 1970 wieder. Das aktuelle Umsatzvolumen von zusammen über 22 Milliarden Euro (2005) bestätigt, dass die deutsche Textil- und Bekleidungsindustrie heute immer noch als ein bedeutender Wirtschaftszweig einzustufen ist. Auf den ersten Blick vermag es zu überraschen, dass sich der Umsatz der beiden Branchen heute (2005) in etwa auf dem Niveau von 1970 befindet, obwohl seitdem die Produktion kontinuierlich geschrumpft ist (vgl. hierzu *Kapitel 4.1.3.2*). Mit anderen Worten: Auch wenn die deutsche Textil- und Bekleidungsindustrie heute mengenmäßig auf dem niedrigsten Stand produziert, werden immer noch etwa genau so hohe Umsätze generiert wie zu Zeiten des höchsten Produktionsniveaus von Anfang der siebziger Jahre. Diese Tatsache kann nicht allein mit der Steigerung der Produktivität erklärt werden (, da dies prinzipiell auch eine Erhöhung der Produktion zur Folge haben müsste). Vielmehr ist die Erklärung darin zu finden, dass sich die deutsche Textil- und Bekleidungsindustrie seit den 1970er Jahren, als bereits absehbar war, dass der Standort Deutschland aufgrund der hohen Lohnkosten auf Dauer nicht wettbewerbsfähig bleiben würde, verstärkt der Herstellung von **Produkten mit höherem Mehrwert** zugewendet hat. Der Scheitelpunkt dieser Entwicklung wurde Anfang der 1990er Jahre erreicht. Seitdem sind die Umsätze kontinuierlich rückläufig, woraus gefolgert werden kann, dass sich die deutsche Textil- und Bekleidungsindustrie seit 1990 in einer Krise befindet, da die sinkenden Umsätze unmittelbar auf sinkende Absätze zurückzuführen sind. Im Übrigen liegt dieser voranschreitende Verlust von Marktanteilen nicht in branchenspezifischen Auswirkungen der Wiedervereinigung (etwa einer plötzlichen Marktzerrüttung) begründet, im Gegenteil: Der Nachhohlbedarf der Ostdeutschen an Textilien- und Bekleidungskonsum hätte den Absatz (und damit die Umsätze) eher antreiben müssen. Tatsächlich sind die Umsätze des deutschen Textileinzelhandels nach der Wiedervereinigung kurzfristig gestiegen, seit 1994 werden aber auch hier konstant fallende Umsatzzahlen verzeichnet.[319] Allerdings ist der Grund hierfür in den kontinuierlich fallenden Preisen für Textilien und Bekleidung zu sehen; zu einem geringeren Teil sind die Umsatzrückgänge der privaten Konsumzurückhaltung (Rückgang der pro-Kopf-Ausgaben für Textilien und Bekleidung) geschuldet.[320] Letztlich konnte die deutsche Textil- und Bekleidungsindustrie von dem gewachsenen Binnenmarkt nicht profitieren. Daher sind die Ursachen für die abnehmende Wettbewerbsposition auf dem Heimatmarkt vordringlich in der zunehmenden Wettbewerbstärke ausländischer Konkurrenten zu suchen. Das heißt konkret:

- In Deutschland werden zunehmend ausländische (also importierte) Textil- und Bekleidungsprodukte nachgefragt.
- Diese Umsatzeinbußen im Inland können nicht durch eine verstärkte Exportorientierung (höhere Exportquoten) kompensiert werden.

Allgemein lässt sich schlussfolgern, dass die (relative) Wettbewerbsschwäche der deutschen Textil- und Bekleidungshersteller in der Wettbewerbsstärke **ausländischer Marktteilnehmer** begründet liegt. Das bedeutet selbstverständlich nicht, dass der Binnenwettbewerb keine Rolle spielte; bei speziellen Produktsorten gestaltet sich dieser sogar sehr intensiv. Aber im Gesamtbild ist die gegenseitige Konkurrenz deutscher Textil- und Bekleidungsunternehmen

[319] Vgl. hierzu die Daten aus SOZIALPOLITISCHE DATEN (2004), S. 11.

[320] Bemerkenswerterweise nimmt die pro-Kopf-Konsumquote für Textilien und Bekleidung in Deutschland von Jahr zu Jahr konjunkturunabhängig ab. Von 1994 bis 2004 sind die pro-Kopf-Ausgaben für Textilien und Bekleidung in Deutschland um 12% gesunken. Vgl. hierzu die Daten aus SOZIALPOLITISCHE DATEN (2004), S. 11.

als eher untergeordnet zu betrachten, da der Wettbewerb in der Textil- und Bekleidungsbranche grundsätzlich in ein internationales Umfeld eingebettet ist und fast ausnahmslos auf internationalen Märkten stattfindet. Wie die Wettbewerbsvorteile und -nachteile der deutschen Textil- und Bekleidungshersteller im Einzelnen zu gewichten sind, wird im weiteren Verlauf in den Fokus dieser Untersuchung gerückt werden.

4.1.2 Internationale Wettbewerbsfähigkeit und Importkonkurrenz

4.1.2.1 Außenhandel

Das Jahr 2005 war für die deutsche Exportwirtschaft ein Rekordjahr. Erstmals erreichten die gesamten Wahrenausfuhren ein Volumen von mehr als 1.000 Milliarden US-Dollar. Aufgrund der Exportdynamik gilt Deutschland als „Exportweltmeister"; mit dieser in der öffentlichen Diskussion sehr populären Bezeichnung wird ausgedrückt, dass (gemessen am Wert) die Güterausfuhr der deutschen Wirtschaft weltweit die höchste ist.[321] Auch im Jahr 2006 blieb die deutsche Außenhandelswirtschaft „Exportweltmeister" und konnte sogar mit einem Plus von 13% den stärksten Exportzuwachs seit dem Jahr 2000 verzeichnen.[322] Die Exportstärke der deutschen Wirtschaft wird sowohl in der Öffentlichkeit als auch in den Wirtschaftswissenschaften gerne als „Beweis" für die Wettbewerbsfähigkeit angeführt. Inwieweit die **Exportintensität** der deutschen Textil- und Bekleidungsindustrie als Indikator für deren internationale (sprich globale) Wettbewerbsfähigkeit gelten kann, soll in diesem und dem darauffolgenden Abschnitt (*Kapitel 4.1.2.1*) kritisch hinterfragt werden.

In der Tat ist die deutsche Textil- und Bekleidungsindustrie ein global bedeutender Güter-Exporteur und ein gewichtiger Marktteilnehmer auf dem Welttextilmarkt. Die anteilsmäßige Entwicklung dieser Exportstärke wird anhand von *Abbildung 14* deutlich:

---

[321] Vgl. hierzu auch den Artikel „Deutsche auch 2005 Exportmeister" in der FINANCIAL TIMES DEUTSCHLAND vom 15.12.2005, S. 18 sowie den Artikel „Deutschland wieder Weltmeister – im Export. Unternehmen führen so viel Waren aus wie nie zuvor. Autos, Maschinen, Anlagen und Chemieprodukte besonders gefragt" in SÜDDEUTSCHE ZEITUNG vom 09.02.2006, S. 19.

[322] Vgl. hierzu den Artikel „Deutschland bleibt Exportweltmeister" in SÜDDEUTSCHE ZEITUNG vom 30./31.12.2006/01.01.2007, S. 25.

Abbildung 14: Anteil Deutschlands an den weltweiten Bekleidungs- und Textilexporten

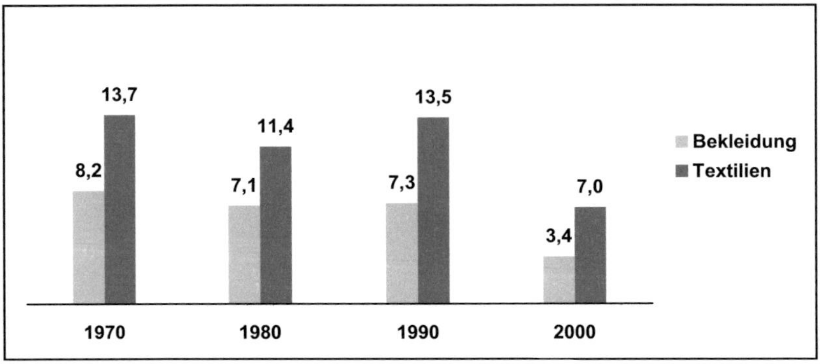

bis 1990 Westdeutschland, ab 1991 Deutschland

Quelle: GRÖMLING ET AL. (2003), S. 15

Aus *Abbildung 14* geht hervor, dass die Bedeutung sowohl der deutschen Textil- als auch der Bekleidungsindustrie im Laufe der letzten drei Jahrzehnte in erheblichem Maß abgenommen hat. Im Vergleich zu 1970 hat sich der Anteil an den Weltexporten von Textilien und Bekleidung mehr als halbiert. Zuletzt machten deutsche Textilexporte immerhin 7,0% der weltweiten Ausfuhren aus; gemessen am prozentualen Exportanteil ist die deutsche Bekleidungsindustrie dagegen anteilsmäßig mit 3,4% etwa halb so bedeutend. Bemerkenswert ist, dass die deutsche Textil- und Bekleidungsindustrie insgesamt ihre Position am Weltmarkt bis etwa 1990 weitgehend stabil halten konnte. Der massive Rückgang der Exporte fand – parallel zu einem rasch voranschreitenden Strukturwandel – vor allem in den **neunziger Jahren** statt. Insofern sind die rückläufigen Exportanteile ein weiteres Indiz dafür, dass die deutsche Textil- und Bekleidungsindustrie sich erst seit etwa 1990 in einer Krise befindet. Diese Folgerung verstärkt sich, wenn man die Anteile der Textil- und Bekleidungsexporte am Gesamtexport der Bundesrepublik Deutschland betrachtet. Für die Textilindustrie betragen die Werte: 1970: 4,4%; 1980: 3,3%; 1990: 3,2%; 2000: 1,9%. Für die Bekleidungsindustrie beläuft sich der Anteil an den Gesamtexporten auf: 1970: 1,3%; 1980: 1,5%; 1990: 1,8%; 2000: 1,2%.[323] Im direkten Vergleich der Anteile auf dem Welttextilmarkt und der Anteile am Gesamtexport stellt sich hierbei folgendes, durchaus erstaunliches Ergebnis heraus: Der Anteil deutscher Textil- und Bekleidungsprodukte am Weltmarkt ist prozentual höher als der Anteil an den gesamten deutschen Exporten, oder anders formuliert: Deutsche Textilien und

[323] Die Daten sind entnommen aus INSTITUT DER DEUTSCHEN WIRTSCHAFT (2002), S. 40.

Bekleidung machen zwar im Vergleich zu anderen Exportgütern aus Deutschland nur einen verhältnismäßig geringen Anteil aus, stattdessen fällt den deutschen Textil- und Bekleidungsprodukten auf dem globalen Textil- und Bekleidungsmarkt weiterhin eine wichtigere Rolle zu.

Dieses Ergebnis wird durch das **hohe wertmäßige Exportvolumen** bekräftigt. Betrachtet man den Wert und nicht den Mengenanteil, dann stand die Bundesrepublik Deutschland im Jahr 2004 auf Platz 4 der größten Handelsländer auf dem Welttextilmarkt (hinter China, Hongkong und Italien).[324] Nimmt man die pro-Kopf-Ausfuhren als Maßstab, dann belegt die Bundesrepublik sogar Platz 3 (hinter Hongkong und Italien). Diese bedeutende Stellung auf dem Welttextilmarkt bestätigt, dass Deutschland intensiv in den *globalen* Güterverkehr mit Textilien und Bekleidung eingebunden ist.[325] Ferner kann festgehalten werden: Die deutsche Textil- und Bekleidungsindustrie behauptet ihre starke Stellung auf den globalen Märkten tendenziell nicht wegen der *mengenmäßigen*, sondern der *wertmäßigen* Steigerung ihrer Ausfuhren. Etwas verkürzter gesagt heißt das, dass die Produkte, die die deutsche Textil- und Bekleidungsindustrie weltweit exportiert, zwar in der Menge immer geringer werden, doch im Wert (also auch im Preis) ansteigen.

Diese Befunde weisen darauf hin, dass die deutsche Textil- und Bekleidungsindustrie ein stark exportorientierter Industriezweig ist. Dementsprechend ist die Produktion nicht nur auf die Nachfrage im Inland, sondern in starkem Maße auf die ausländischen Märkte ausgerichtet. Textil- und Bekleidungsprodukte aus Deutschland bedienen also nicht nur Marktsegmente auf dem Binnenmarkt, sondern in beträchtlichen Volumenanteilen auch Zielmärkte im Ausland. Das Maß, welches die Exportorientierung widerspiegelt, ist die **Exportquote**. In *Abbildung 15* sind die Exportquoten jeweils der Textil- und der Bekleidungsindustrie seit 1991 dargestellt:

---

[324] Vgl. hierzu *Tabelle 2*.

[325] Vgl. hierzu auch die detaillierten Ausführungen von RATHKE (1996), S. 17f.

Abbildung 15: Entwicklung der Exportquoten der deutschen Textil- und Bekleidungsindustrie

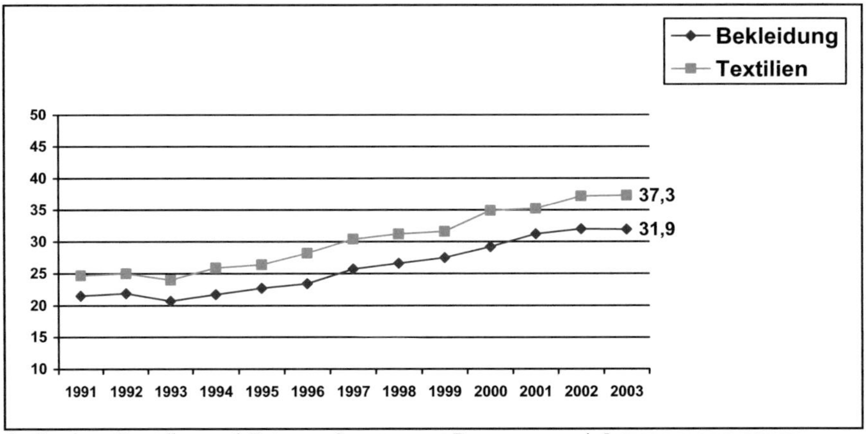

Quelle: eigene Darstellung nach Daten von STATISTISCHES BUNDESAMT sowie INSTITUT DER DEUTSCHEN WIRTSCHAFT zit. n. SOZIALPOLITISCHE DATEN (2004), S. 14 und 15

Fast 40% der deutschen Textilproduktion sowie fast ein Drittel der Bekleidungsproduktion gehen ins Ausland. Zusammen betrachtet, wird also mehr als ein Drittel aller in Deutschland hergestellten Textil- und Bekleidungsprodukte exportiert. Die Exportquoten der deutschen Textil- und der Bekleidungsindustrie sind seit Anfang der 1990er Jahre massiv angestiegen. Dies kann als Beweis für die gestiegene Nachfrage im Ausland nach Textil- und Bekleidungsprodukten „Made in Germany" erachtet werden. Die kontinuierlich steigende Exportquote ist also ein Indikator für die Beliebtheit deutscher Textil- und Bekleidungsprodukte im Ausland. Andererseits muss diesbezüglich berücksichtigt werden, dass sich hinter den hohen Exportquoten zu einem Teil Lieferungen von halbfertigen Erzeugnissen im Rahmen des *Passiven Veredelungsverkehrs* verbergen.[326] Eine weitere Einschränkung der hohen Exportorientierung ist dadurch gegeben, dass das Gros der deutschen Textil- und Bekleidungsexporte innerhalb der EU stattfindet. So belief sich der Anteil der Ausfuhren von Textil- und Bekleidungsprodukten in Länder der EU-25 im Jahr 2005 auf insgesamt 69,8%.[327] Die Tatsache, dass mehr als zwei Drittel der deutschen Textilausfuhren innerhalb der EU verbleiben, spricht für die eher länderspezifische (und eben nicht globale) Ausrichtung der deutschen Textil- und Bekleidungsindustrie. Letztlich verläuft der Export also eher einseitig in bewährte, geo-

[326] Auch im Jahr 2005 hielt das übermäßige Wachstum der Exporte an. Dies erklärt sich jedoch zu einem Großteil aus Lieferungen von Lohnveredelungswaren. Speziell bei den Bekleidungsexporten macht einen immer wichtigeren Anteil Drittlandsware asiatischen Ursprungs (vor allem aus China) aus. Vgl. hierzu TEXTILWIRTSCHAFT Nr. 27 (2005), S. 68.

[327] Vgl. hierzu GESAMTTEXTIL (2006), Tab. 11, o.S.

grafisch nahe Märkte. Zur regionalen, auf bestimmte EU-Länder fokussierten Konzentration der deutschen Textil- und Bekleidungsausfuhren bemerkt RIESCH (1998) zu Recht:

> „Dieser Sachverhalt der Exportdominanz innerhalb des EU-Raums ist insofern unverständlich, als sich die kleinen und mittelständischen deutschen Textil- und Bekleidungshersteller mit ihren zweifelsohne nur begrenzten finanziellen, personellen und organisatorischen Ressourcen mit Blick auf die internationale Produktion weltweit ausgerichtet haben und insofern als ‚Global Player' gelten dürfen und sich auch im Rahmen der internationalen Beschaffung als ‚Global Sourcers' erwiesen haben und große Anstrengungen unternahmen, günstigere internationale Standortbedingungen bestmöglich zu nutzen. Diese Entwicklung muß sich zukünftig auch auf der Absatzseite niederschlagen [...]"[328]

Im Übrigen wurde diese zentrale Herausforderung für die deutsche Textil- und Bekleidungsindustrie aktuell auch von der BUNDESREGIERUNG (2005) erkannt. Im Hinblick auf die Bedrohung heimischer Textil- und Bekleidungsproduzenten infolge der weltweiten Quotenliberalisierung heißt es von dieser Seite in einem entsprechenden Papier:

> „Ob die Branche ihre weltweiten Absatzpotenziale auch nutzen kann, hängt entscheidend davon ab, dass kleinen und mittleren Unternehmen der Sprung auf viel versprechende, aber leider schwierige Märkte gelingt. Angesichts sinkender Inlandsumsätze in vielen Betriebszweigen und des zunehmenden Importwettbewerbs wird das Exportgeschäft für viele Unternehmen und ihre Belegschaften nicht nur eine Notwendigkeit sein, sondern zur Überlebensfrage werden."[329]

4.1.2.2 Importdruck

Den beachtlichen Exporterfolgen der deutschen Textil- und Bekleidungswirtschaft steht ein weitaus größeres Importvolumen gegenüber. Deutschland ist im Bereich von Textilien und Bekleidung ein Markt mit einem **sehr intensiven Importwettbewerb** – weltweit ist Deutschland nach den USA das Land mit den wertmäßig meisten Einfuhren an Textilien und Bekleidung.[330] Im Jahr 2000 betrug der Anteil der deutschen Importe an der Inlandsversorgung – also die **Importpenetration** – 80%. D.h. 80% aller in Deutschland konsumierten Textil- und Bekleidungswaren wurden importiert. Im Vergleich hierzu betrug die Importpenetration des Warenhandels insgesamt nur 40,5%, also etwa halb so viel. Seit 1970 hat sich die Importpenetration mit Textilien und Bekleidung mehr als vervierfacht, wobei interessanterweise der höchste Anstieg in den 1990er Jahren erfolgte: 1990 betrug die Importpenetration noch 55%.

---

[328] RIESCH (1998), S. 209.

[329] BUNDESREGIERUNG (2005), S. 2.

[330] Vgl. hierzu *Tabelle 2*.

Geht man davon aus, dass dieser Wert heute (2007) bereits deutlich über 80% liegt, dann entspräche dies einer Steigerung von etwa 30%.[331]

Grundsätzlich spricht der hohe und anhaltend steigende Wert der Importpenetration für die wachsende Wettbewerbsstärke ausländischer Anbieter, zugleich kann hieraus die kontinuierlich schwächer werdende Wettbewerbsposition deutscher Hersteller auf dem Heimatmarkt abgeleitet werden. Dennoch wäre es falsch, aufgrund der (relativen) Schwäche deutscher Textil- und Bekleidungsprodukte auf dem Heimatmarkt den deutschen Herstellern eine grundsätzliche Wettbewerbsschwäche zu attestieren, da ja beispielsweise Verluste von Marktanteilen auf dem Binnenmarkt durch Exporterfolge überkompensiert werden könnten. Betrachtet man die wertmäßige Entwicklung des gesamten Außenhandels mit Textilien und Bekleidung, dann ergibt sich ein differenzierteres Bild. Daher ist in *Tabelle 15* ein chronologischer Überblick über das gesamte Außenhandelsvolumen und die jeweiligen Außenhandelssalden seit 1970 wiedergegeben:

---

[331] Die Daten sind entnommen aus GRÖMLING ET AL. (2003), S. 51.

Tabelle 15: Außenhandel Deutschlands mit Textilien und Bekleidung

	Ausfuhr		Einfuhr		Einfuhr-überschuss
Jahr	in Mio. Euro	+/- in %	in Mio. Euro	+/- in %	in Mio. Euro
1970	3.556	10,3	4.468	8,1	912
1975	5.468	-9,1	8.041	8,4	2.572
1980	8.347	5,5	13.180	10,0	4.833
1985	12.983	11,8	16.956	5,6	3.973
1990	16.538	5,0	24.860	14,3	8.321
1991	16.869	2,0	29.397	18,3	12.528
1991 a)	17.176	.	29.597	.	12.420
1995	15.749	0,3	26.254	-2,7	10.505
2000	20.052	8,6	31.799	8,8	11.747
2001	20.539	2,4	31.130	-2,1	10.592
2002	20.672	0,6	29.553	-5,1	8.881
2003	19.623	-5,1	27.945	-5,4	8.322
2004	20.731	5,6	28.874	3,3	8.143
2005 b)	19.939	-3,8	27.800	-3,7	7.862

a) ab 1991 gesamtes Bundesgebiet (einschließlich Ostdeutschland)

b) vorläufige Ergebnisse

Quelle: eigene Darstellung nach Daten von GESAMTTEXTIL (2005), Tab. 10, o.S. sowie GESAMTTEXTIL (2006), Tab. 10, o.S.

Deutschland gilt weltweit als attraktiver und lukrativer Markt für Textilien und Bekleidung, so dass deutsche Hersteller nicht nur mit ausländischen Konkurrenten im Wettbewerb stehen, sondern auch ausländische Anbieter untereinander auf dem deutschen Binnenmarkt konkurrieren. Der globale Wettbewerb, in den die deutschen Textil- und Bekleidungsmärkte voll und ganz integriert sind, umfasst grundsätzlich sämtliche Wettbewerbsarten, also *Preis-*, *Qualitäts-*, *Substitutions-* und *Leistungswettbewerb*.[332] Aufgrund der nominalen Höhe des Importüberschusses (vgl. die rechte Spalte in *Tabelle 15*) ist davon auszugehen, dass dieser intensive Wettbewerb grundsätzlich *in sämtlichen Genres* (Preisniveaus) und *für sämtliche Produktarten* (vom standardisierten Massenprodukt bis zur modeorientierten Kleinserien- bzw. Einzelfertigung) ausgefochten wird, wiewohl anhand von *Tabelle 15* hierzu keine Aussagen getroffen werden können und entsprechende empirische Erhebungen nach Preisklassen und Produktaufschlüsselungen fehlen.

[332] Vgl. hierzu auch BENNECKE (1990), S. 12.

Nichtsdestotrotz ist *Tabelle 15* in mehrerlei Hinsicht aufschlussreich: Zunächst vermag es zu überraschen, dass bereits zu einem frühen Zeitpunkt, nämlich seit Ende der 1960er Jahre der Außenhandelssaldo negativ ausfällt; denn ausgerechnet in dieser Zeit (nämlich 1972) erreichte die deutsche Textil- und Bekleidungsindustrie mengenmäßig den absoluten Höhepunkt ihrer Produktion (vgl. *Kapitel 4.1.1.1* sowie *4.1.3.2*). Desweiteren ist auffallend, dass die deutschen Textileinfuhren Anfang der 1990er Jahre höher waren als heute; 1991, also im ersten Jahr nach der Wiedervereinigung, war der Importüberschuss am höchsten. Über die gesamten 1990er Jahre hinweg hielt sich der Wert des Außenhandelssaldos in etwa konstant. Seit dem Jahr 2002 wiederum verringert sich dieser Wert sprunghaft und in beträchtlichem Ausmaß. Wertmäßig sind die Einfuhren um das Jahr 2000 am höchsten und übertreffen sogar das Importvolumen von 1991. Diese temporären Schwankungen des Importüberschusses erklären sich in Abhängigkeit von kurzfristigen und sprunghaften **Schwankungen der Nachfrage**; zudem bestätigen sie die übermäßige **Konjunkturreagibiliät** des deutschen Textil- und Bekleidungsmarktes. Unmittelbar vor und nach der Wiedervereinigung erlebte die westdeutsche Wirtschaft allgemein eine Boomphase, die (wegen der hohen Nachfrageelastizität für Textilien und Bekleidung) den Konsum von Textilien und Bekleidung in die Höhe schnellen ließ und somit auch die Importströme beschleunigte (daher für Westdeutschland 1991 allein betrachtet der hohe Wert in *Tabelle 15*). Für Ostdeutschland läutete die Phase nach der Wiedervereinigung einen übermäßigen Nachholkonsum bei Textilien und Bekleidung ein, der allerdings relativ rasch wieder abebbte. Die 1990er Jahre sind geprägt durch relative wirtschaftliche Stabilität, weshalb der Außenhandelssaldo nur unwesentliche Schwankungen aufweist. Dies ändert sich dagegen ab 2002, dem Jahr nach dem Platzen der „New-Economy-Blase“, als es am so genannten Neuen Markt zu erdrutschartigen, massiven Wertverlusten kam und in der Folge die deutsche Wirtschaft insgesamt in eine Phase der konjunkturellen Stagnation glitt. Im Übrigen ist es bemerkenswert, dass die Schwankungen der Ausfuhren und Einfuhren wertmäßig parallel verlaufen: Steigen die Ausfuhren dann steigen die Einfuhren; sinken die Ausfuhren, dann gilt das gleiche auch für die Einfuhren. Auch hierin ist die Abhängigkeit des Außenhandels von der allgemeinen Konjunktur zu erkennen.

Die hohen Einfuhrüberschüsse für Textilien und Bekleidung erklären sich jedoch auch aus einem anderen Umstand heraus. Bei den gesamten Textil- und Bekleidungsimporten der Bundesrepublik handelt es sich zu über einem Drittel aus **Einfuhren nach Passiver**

Veredelung[333], d.h. um Textil- und Bekleidungserzeugnisse, die nach der Weiterverarbeitung im Ausland nach Deutschland reimportiert wurden. Da aber der Strukturwandel in der Textil- und Bekleidungsindustrie vor allem im Laufe der 1990er Jahre stattgefunden hat und zu zahlreichen Unternehmensschließungen führte, ist seitdem das mengenmäßige Volumen an Veredelungswaren zurückgegangen. Diese Entwicklung schlägt sich unmittelbar auf die geringeren Einfuhren und mithin dem kleiner werdenden Außenhandelssaldo nieder.

4.1.3 Standortfaktoren und struktureller Wandel

4.1.3.1 Produktionsfaktoren

Die deutsche Textil- und Bekleidungsindustrie gilt in der öffentlichen Wahrnehmung als Krisenbranche. Insbesondere in den Wirtschaftsteilen der Tagespresse und in wirtschaftlichen Publikationen, aber auch in entsprechenden wissenschaftlichen Abhandlungen wird als Indikator für die Krisenhaftigkeit deutscher Textil- und Bekleidungshersteller – zu Recht – die anhaltend hohe Zahl an Unternehmensinsolvenzen und der massive Abbau von Arbeitsplätzen gesehen (vgl. *Kapitel 4.1.1.2*). Bei differenzierteren Branchenanalysen der deutschen Textil- und Bekleidungsindustrie wird dagegen auch auf die im Einzelnen erfolgreiche Strukturanpassung durch unternehmerische Standortinitiativen hingewiesen, die ihren Niederschlag beispielsweise in nach wie vor beachtlichen Umsätzen und weiterhin konstanten Exporterfolgen findet (vgl. *Kapitel 4.1.1.3* und *4.1.2.1*). Die **unternehmerischen Anpassungsstrategien** – man könnte diese auch durchaus realitätsnah als „Überlebensstrategien" bezeichnen –, auf die sich Textil- und Bekleidungshersteller in Deutschland bei der Sicherung von Marktanteilen (und also ihres unternehmerischen Fortbestandes) stützen, gehen vor allem in folgende Stoßrichtungen:

- die Verlagerung arbeitsintensiver Produktionsschritte in das kostengünstigere Ausland,
- die Produktion höherwertiger Textilien und Bekleidung (höheres und hohes Preisgenre),
- die Produktion innovativer Textilien und Bekleidung (z.B. spezielle technische Industrietextilien, „intelligente" Bekleidung),
- die Produktion design- und modeorientierter Textilien und Bekleidung,

[333] Vgl. hierzu INSTITUT DER DEUTSCHEN WIRTSCHAFT (2002), S. 43.

- der Aufbau von Marken,
- die Entwicklung innovativer Herstellungsverfahren sowie
- die Bedienung von Nischenmärkten.[334]

Der Auslöser für den umfassenden Strukturwandel der deutschen (und ebenso der übrigen europäischen) Textil- und Bekleidungsindustrie liegt im Entstehen neuer Zentren der Textil- und Bekleidungsproduktion in Entwicklungs- und Schwellenländern. Begünstigt durch eigene Rohstoffvorkommen und deutlich niedrigere Arbeitskosten gelang es diesen Ländern seit den 1970er Jahren zunehmend ihre Anteile an der Welttextilproduktion – zu Ungunsten der traditionellen Standorte in den Industrieländern – auszuweiten. Zwar waren die Textil- und Bekleidungsindustrien der westlichen Industrieländer über Jahrzehnte durch umfangreiche Quotenregelungen geschützt (vgl. *Kapitel 2.3.3*), doch letzten Endes blieb die Abschottung der europäischen Märkte erfolglos, denn: Der sukzessive Abbau der europäischen Textil- und Bekleidungsindustrien konnte dadurch nicht aufgehalten werden, da der immer aggressivere Preiskampf um Marktanteile die heimischen Anbieter zu grenzüberschreitenden Produktionsverlagerungen zwang. Gerade die deutsche Textil- und Bekleidungsindustrie war und ist von diesem branchenspezifischen strukturellen Wandel besonders betroffen, wobei der viel zitierte „Strukturwandel" im Prinzip eine Umschreibung für zwei elementare Entwicklungstendenzen ist:

- der Abbau von Produktionskapazitäten im Inland (wegen der Internationalisierung der Produktion) sowie
- die Realisierung von absatzorientierten Anpassungsstrategien (insbesondere durch Produkt- und Prozessinnovationen sowie die Erschließung neuer Märkte).

Verkürzt gesagt: Der Strukturwandel in der deutschen Textil- und Bekleidungsindustrie resultiert aus der Veränderung der **produktionsbezogenen** sowie der **absatzbezogenen** Determinanten.

Die in der Standortdiskussion zumeist an erster Stelle genannte Hauptursache für den *produktionsbezogenen* Strukturwandel wird in den **zu hohen Lohn- und Lohnnebenkosten** in Deutschland gesehen. Gemeint ist damit, dass die in Deutschland branchenüblichen tariflichen und außertariflichen Löhne und Gehälter im Vergleich mit dem Ausland

---

[334] Vgl. hierzu auch RATHKE (1996), S. 144-166, HERMANN (1996), S. 333-554, RIESCH (1998), S. 235-298 und 304f, SCHRENK (2000), S. 154-193, SCHÖPPENTHAU ET AL. (2002), S. 20-26, GRÖMLING ET AL. (2003), S. 61-87 sowie SCHNEIDER (2004), S. 139-164.

wesentlich höher liegen, so dass mit der Weiterführung der Produktion im Inland keine wettbewerbsfähige Preisbildung mehr möglich ist und mithin die Produktionsverlagerung ins Ausland aus Gründen der Kostenrationalität zum Erhalt der Wettbewerbsfähigkeit hiesiger Textil- und Bekleidungshersteller unumgänglich erscheint. Die oft um ein Vielfaches niedrigeren Lohn- und Arbeitskosten in Entwicklungs- und Schwellenländern stellen für heimische Produzenten einen starken Anreiz dar, ihre produktionsbezogenen Unternehmensaktivitäten zu internationalisieren, denn ohne Zweifel ist in der Textil- und Bekleidungsindustrie der Kostenfaktor Arbeit in den meisten Fällen der wichtigste Entscheidungstreiber für unternehmerische Standortentscheidungen. Die Kostenvorteile durch Produktionsverlagerungen sind dabei in der Regel so hoch, dass diese nicht durch andere Maßnahmen überkompensiert werden können, etwa durch Produktivitätssteigerungen, ja oft werden sogar Produktivitätsverluste bei der Auslandsproduktion in Kauf genommen, weil diese leicht durch die realisierten Kosteneinsparungen aufgefangen werden können. *Abbildung 16* zeigt die Entwicklung der Stundenlöhne in der Textilindustrie über die letzten dreieinhalb Jahrzehnte:

Abbildung 16: Lohnkosten pro Stunde in der Textilindustrie

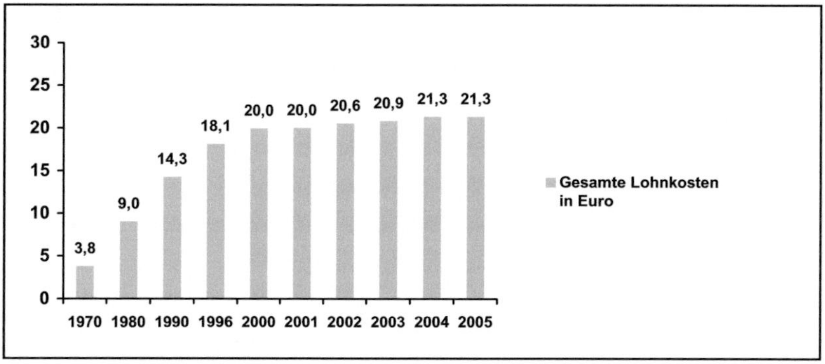

1996: neue Wirtschaftszweigsystematik

2000: neuer Berichtskreis

Quelle: eigene Darstellung nach Daten von STATISTISCHES BUNDESAMT sowie INSTITUT DER DEUTSCHEN WIRTSCHAFT zit. n. SOZIALPOLITISCHE DATEN (2006), S. 29

Abbildung 16 gibt nur Daten für die Textilindustrie wieder, da für die Bekleidungsindustrie eine entsprechende Datenerhebung für die betrachtete Zeitreihe nicht vorliegt.[335] Trotzdem kann grundsätzlich von einer parallelen Entwicklung in Höhe und Steigerung der Lohnkosten ausgegangen werden.[336] Als Berechnungsgrundlage für *Abbildung 16* dienen die gesamten inflationsbereinigten Lohnkosten in Euro für einen Arbeiter in Westdeutschland pro Stunde. Die Gesamtlohnkosten pro Stunde entsprechen der Summe aus: dem *Direktlohn* (Lohn für gearbeitete Zeit, Prämien, Gratifikationen etc.), dem *Gesamtlohn* (Direktlohn plus bezahlte Ausfallstunden, Urlaub, Feiertage etc., Lohnfortzahlung bei Krankheit) und den *Lohnzusatzkosten* (gesetzliche Sozialbeiträge, Rentenversicherung, Krankenversicherung, Arbeitslosenversicherung plus betrieblicher Sozialaufwand, betriebliche Altersversorgung etc.). Aus *Abbildung 16* geht nun hervor, dass die gesamten Lohnkosten seit 1970 um mehr als das Fünfeinhalbfache angestiegen sind. Es leuchtet ein, dass eine solche drastische Kostenentwicklung nicht durch die Preisentwicklung abgefedert werden kann, im Gegenteil: Die Erzeugerpreise für Textilien und Bekleidung stiegen seit 1970 nur geringfügig an und lagen in den 1990er Jahren zum Teil sogar unter der jährlichen Inflationsquote.[337] Bemerkenswert dabei ist, dass diese Lohnkostenentwicklung eine fast konstant divergente (grenzwertige) Steigung ohne große Schwankungen aufweist, die etwa durch außergewöhnliche zeitgeschichtliche Ereignisse (z.B. die Wiedervereinigung) hätten verursacht sein können. Nichtsdestotrotz gilt es bei der Analyse der Lohnkosten zu berücksichtigen, dass – aufgrund des hohen Anteils der Auslandsfertigung – die Personalquote (Personalkosten im Verhältnis zum Umsatz) im Verhältnis zur Gesamtwirtschaft sehr niedrig ist; dies trifft insbesondere auf Bekleidungsunternehmen zu, da deren textile Wertschöpfungskette durch arbeitsintensivere Produktionsschritte gekennzeichnet ist als bei Textilunternehmen.[338]

Noch mehr an Aussagekraft gewinnt die Entwicklung der Lohnkosten, sobald ein separater Blick auf die Entwicklung der *Lohnzusatzkosten* geworfen wird:

[335] Dies liegt unter anderem daran, dass sich die verbindliche Branchensystematik des STATISTISCHEN BUNDESAMTS im Laufe dieses Zeitraums immer wieder verändert hat. Die für die Textil- und Bekleidungsindustrie aktuell gültige Branchensystematik *WZ 2003* wird in *Abbildung 6* wiedergeben (vgl. *Kapitel 2.2.1*).

[336] Gleichwohl sollte angemerkt werden, dass die Löhne in der Textilindustrie im Mittel traditionell höher sind als in der Bekleidungsindustrie, da die Produktion textiler Flächen wissensintensiver ist als die Bekleidungskonfektion und somit in der Textilindustrie mehr qualifizierte bzw. angelernte Arbeitskräfte beschäftigt sind.

[337] Vgl. hierzu GRÖMLING ET AL. (2003), S. 33ff sowie SOZIALPOLITISCHE DATEN (2004), S. 21.

[338] Vgl. TEXTILWIRTSCHAFT Nr. 47 (2005), S. 65.

Tabelle 16: Lohnzusatzkosten in der Textilindustrie

Jahr	Lohnzusatz-kosten in %
1960	36,6
1970	42,8
1980	61,7
1990	71,4
1995	73,9
1996	75,7
2000	75,2
2002	72,2
2003	71,8
2004	71,1
2005	70,7

Quelle: eigene Darstellung nach Daten von SOZIALPOLITISCHE DATEN (2006), S. 30

Die Lohnnebenkosten in der deutschen Textil- und Bekleidungsindustrie sind enorm hoch: Sie belaufen sich auf mehr als 70% der Gesamtlohnnebenkosten. Aktuell (2005) sind die Lohnnebenkosten in der Textil- und Bekleidungsindustrie etwa doppelt so hoch wie im Jahr 1960. Auf den ersten Blick vermag es zu überraschen, dass der größte Anstieg der Lohnnebenkosten bereits in den 1970er Jahren erfolgte und von 1970 bis 1980 eine Steigerung von fast 20% bedeutete; dieser Anstieg erklärt sich jedoch dadurch, dass sich die Direkt- und Gesamtlöhne in diesem Zeitraum mehr als verdoppelten.[339] Bis zum Ende der 1980er Jahre stiegen die Lohnnebenkosten dann um weitere 10%, wohingegen sich die Direkt- und Gesamtlöhne um mehr als die Hälfte erhöhten. Seit 1990 ist eine interessante Entwicklung zu beobachten: Die Lohnnebenkosten stiegen zwar weiter an und erreichten 1996 mit 75,7% den Höhepunkt, seitdem sind sie jedoch rückläufig (mit Ausnahme des „Boom-Jahres" 2000). Aktuell (2005) entspricht das Niveau der Lohnnebenkosten etwa dem des Jahres 1990, obwohl die Direkt- und Gesamtlöhne in diesem Zeitraum um deutlich mehr als 40% anstiegen.

Für die deutschen Textil- und Bekleidungsunternehmen, bei denen es sich in der Mehrzahl um mittelständische (also ohnehin kapitalschwache) Unternehmen handelt, stellen die hohen Lohnkosten und vor allem die übermäßig hohen Lohnnebenkosten für die Produktion im Inland einen wesentlichen Hemmschuh dar. Lohnkosten und Lohnnebenkosten bilden in der

[339] Vgl. hierzu die Daten von SOZIALPOLITISCHE DATEN (2006), S. 29.

deutschen Textil- und Bekleidungsindustrie den wichtigsten und, unter Berücksichtigung der enormen Lohnkostenunterschiede im Ausland, den variabelsten Einzelfaktor in der Kostenstruktur. Sowohl der Abbau und die Verlagerung von inländischen Produktionskapazitäten (als unmittelbare Reaktion auf den Lohnkostendruck) als auch die schwache Kapitalausstattung schlagen sich in tendenziell sinkenden **Investitionen** der Textil- und Bekleidungsindustrie nieder. Die sinkende Investitionsbereitschaft in den Standort Deutschland ist *Tabelle 17* zu entnehmen:

Tabelle 17: Investitionen der Textil- und Bekleidungsindustrie

Jahr	Investitionen In Mio. Euro	Anteil der Bruttoanlage-investitionen am Umsatz in %
1980	650	3,9
1985	787	4,3
1990	1.105	5,5
1991 a)	1.157	5,4
1992	948	4,7
1993	785	4,3
1994	749	4,4
1995 b)	645	4,1
1996	620	4,0
1997	627	4,0
1998	713	4,5
1999	644	4,3
2000	632	4,1
2001	561	3,7
2002	402	2,9
2003	394	3,0
2004	420	3,2

a) gesamtes Bundesgebiet; zuvor nur Westdeutschland

b) ab 1995 neue Branchensystematik

Quelle: eigene Darstellung nach Daten von GESAMTTEXTIL (2005), Tab. 12, o.S. sowie GESAMTTEXTIL (2006), Tab. 12, o.S.

Die Entwicklung der Investitionen ist ein deutlicher Indikator für den strukturellen Wandel. Aktuell (2004) liegt die Investitionssumme der deutschen Textil- und Bekleidungsindustrie etwa ein Drittel unter dem Wert von 1980; gerade 3% des Umsatzes werden reinvestiert. Den höchsten absoluten Wert erreichten die Investitionen Anfang der 1990er, seitdem sinken die

Werte Jahr für Jahr nahezu kontinuierlich. Es spiegelt das rapide und drastische Ausmaß des strukturellen Rückgangs im Laufe der 1990er Jahre wider, dass das Volumen der aktuellen Investitionen nurmehr einem Drittel der Investitionen von 1990 entspricht. 2004 wurden je Beschäftigten etwa 4.500 Euro investiert; dieser Wert ist zwar im Vergleich zu 1980 doppelt so hoch, da seitdem vor allem arbeitsintensive Arbeitsplätze (z.B. die Konfektion) abgebaut oder verlagert wurden und sich die deutschen Textil- und Bekleidungsindustrie im Inland verstärkt technologieorientierten, also kapitalintensiven Herstellungsverfahren zuwendete.[340] Trotzdem ging der Anteil der Investitionen am Umsatz seit 1980 von 3,9% auf 3,2% im Jahr 2004, also um etwa ein Fünftel, zurück. Dass deutsche Textil- und Bekleidungsunternehmen, vor allem im Lauf der 1990er Jahre, ihre Kapitalausstattung buchmäßig deutlich steigern konnten, ist demnach nicht auf vermehrte Investitionstätigkeiten, sondern vielmehr auf den forcierten Beschäftigtenrückgang zurückzuführen.[341] Der kontinuierliche Rückgang der Investitionen und die anhaltende Investitionszurückhaltung reflektiert nicht nur die relative Kapitalschwäche, sondern auch das schwindende Vertrauen deutscher Textil- und Bekleidungshersteller in die Zukunftsfähigkeit des Standorts Deutschland. Im Übrigen ist hierin auch ein wesentlicher Grund dafür zu sehen, dass in der deutschen Textil- und Bekleidungsindustrie – im Gegensatz zu allen anderen Zweigen des Verarbeitenden Gewerbes – kein nennenswerter Konzentrationsprozess durch Fusionen oder *Mergers & Acquisitions* stattgefunden hat, sondern die Branche ihre mittelständische Struktur weitgehend bewahrte.[342]

4.1.3.2 Produktion und Produktivität

Dass die *wertmäßige* Wertschöpfung der deutschen Textil- und Bekleidungsindustrie in den vergangenen Jahrzehnten im direkten Vergleich mit dem übrigen Verarbeitenden Gewerbe in erklecklichem Ausmaß geschrumpft ist, wurde bereits gezeigt (vgl. *Kapitel 4.1.1.1*). Es stellt sich nun die Frage, inwieweit diese negative Entwicklung auch mit einem *mengenmäßigen* Rückgang der Wertschöpfung einherging. Die mengenmäßige (nicht wertmäßige) Größe für die Wertschöpfung wird als **Produktion** bezeichnet. Das mengenmäßige Produktionsergebnis einer Branche wiederum ist unmittelbar abhängig von der **Produktivität**. Verbindliche Aussagen über die gesamte Branchenentwicklung können jedoch nur gemacht werden, wenn parallel zur Produktion auch das jeweilige Produktivitätsniveau herangezogen wird. Daher wird in *Tabelle 18* in zeitlicher Reihenfolge die Veränderung der Produktion und

[340] Vgl. hierzu GESAMTTEXTIL (2005), Tab. 12, o.S. sowie RIESCH (1998), S. 177.
[341] Vgl. TÜCKING (1999), S. 131f sowie GRÖMLING ET AL. (2003), S. 65.
[342] Vgl. hierzu auch SCHNEIDER (2004), S. 129.

Produktivität der Textil- und Bekleidungsindustrie gegenüber dem gesamten Verarbeitenden Gewerbe wiedergegeben:

Tabelle 18: Produktion und Produktivität des Textil- und Bekleidungsgewerbes

						Index 2000 = 100
	Produktion			Produktionsergebnis je Beschäftigten		
Jahr	Textil-gewerbe	+/- in %	Verarbei-tendes Gewerbe	Textil-gewerbe	+/- in %	Verarbei-tendes Gewerbe
1970	147,5	.	48,6	43,7	.	49,2
1980	141,4	-1,7	76,3	68,7	0,0	67,3
1985	133,4	3,2	92,1	82,9	3,2	76,0
1990	134,0	1,1	102,0	91,8	3,6	84,9
1991	150,2	.	91,4	.	.	.
1995	113,1	-3,8	86,0	88,6	.	80,2
2000	100,0	0,6	100,0	100,0	4,6	100,0
2001	96,7	-3,3	100,1	99,6	-0,4	100,0
2002	91,2	-5,7	98,9	100,9	1,3	101,6
2003	87,6	-3,9	99,1	103,7	2,8	104,4
2004	86,8	-0,9	103,5	109,7	5,8	109,7
2005	83,2	-4,1	106,9	113,4	3,4	115,5

bis 1990 Index 1995 = 100, alte Bundesländer

ab 1992 neue Branchensystematik; Index 2000 = 100

Quelle: eigene Darstellung nach Daten von GESAMTTEXTIL (2004), Tab. 6 sowie GESAMTTEXTIL (2006), Tab. 6, o.S.

Aus geht *Tabelle 18* hervor, dass sich die Produktion des Textil- und Bekleidungsgewerbes seit 1970 nahezu halbiert hat, wohingegen sich das Produktionsergebnis je Beschäftigten mehr als verdoppelt hat. Im Gegensatz hierzu weist die Produktion des Verarbeitenden Gewerbes im selben Zeitraum eine diametral entgegengesetzte Entwicklung auf und hat sich mehr als verdoppelt. Hinsichtlich der Produktivitätsniveaus jedoch kann im direkten Vergleich eine fast parallele Entwicklung ausgemacht werden, das heißt konkret, dass die Produktivität sowohl im Textilgewerbe als auch im Verarbeitenden Gewerbe seit 1970 um jeweils über das Doppelte gewachsen ist und sich heute auf gleichem Niveau befindet. Die hohe Produktivität des Textil- und Bekleidungsgewerbes für sich allein betrachtet, spräche zunächst für eine relative Wettbewerbsstärke des Sektors; da aber die Produktionsentwicklung genau entgegengesetzt verläuft, lässt sich hieraus schließen, dass das hohe Produktivitätsniveau der deutschen Textil- und Bekleidungsindustrie keinen expliziten Wettbewerbsvorteil darstellt. Außerdem muss bei der Analyse der Produktionszahlen berücksichtigt werden, dass die deutsche Textil- und Bekleidungsindustrie seit Jahrzehnten die Verlagerung von Produktionskapazitäten in das kostengünstigere Ausland vorantreibt, d.h. dass die Produktionsverlagerungen der deutschen Textil- und Bekleidungsindustrie naturgemäß zu einer **geringeren Wertschöpfungstiefe** im Produktionsmutterland führen.[343] Insofern ist das Produktionsvolumen kein aussagekräftiger Indikator für die Branche, sondern es müssen gleichzeitig andere Kennzahlen, insbesondere Umsätze, Wertschöpfungstiefe und Exportquoten herangezogen werden.[344]

Die interessante Frage, ob die Veränderung der Produktivität von *allgemeinen Konjunkturschwankungen* beeinflusst wird oder unmittelbar *nachfragebedingt* ist, kann mittels dieser Daten allein nicht beantwortet werden. Im Übrigen wäre, unter rein theoretischen Gesichtspunkten betrachtet, zunächst ein krasser Widerspruch zwischen dem stetig steigenden Produktivitätsniveau und den tatsächlich erfolgten Produktionsverlagerungen ins Ausland zu konstatieren, oder als rhetorische Frage formuliert: Warum haben die deutschen Textil- und Bekleidungshersteller bei deutlich steigender Produktivität überhaupt ihre Produktion verlagert? Gleichwohl verhält es sich in der wirtschaftlichen Realität so, dass durch die deutlich geringeren Lohnkosten im Ausland eventuelle Produktivitätsnachteile leicht überkompensiert werden können, häufig sogar um ein Vielfaches. Überdies spräche die Erhöhung der Produktivität theoretisch auch für eine Ausweitung der (Produktions-)Kapazitäten, was aber in Wirklichkeit ebenso wenig eingetroffen ist. Dennoch sollte die hohe Produktivität der deutschen Textil- und Bekleidungsindustrie grundsätzlich als ein nicht zu unterschätzender *Standortvorteil* gesehen werden, auf den im weiteren Verlauf immer wieder hingewiesen werden wird. Hierzu lässt sich anhand von *Tabelle 18* feststellen, dass in Bezug auf die Produktivität beachtliche Steigerungsquoten verzeichnet werden konnten; so konnte die Produktivität seit 1990 um fast 20% erhöht werden. Hingegen verlief die Entwicklung der Produktion insbesondere seit den 1990er Jahren besonders kritisch. Ein nach der Wiedervereinigung durch die ostdeutschen Textilbetriebe verursachter statistischer Rückgang der Produktivität konnte zwar schnell wieder aufgeholt werden, doch dem rapiden Schrumpfen der Produktion tat dies letztlich keinen Abbruch. Nimmt man das Jahr der Wiedervereinigung

[343] Eine genauere Betrachtung der Wertschöpfungstiefe seit 1970 findet sich bei HOFMANN (2005), S. 39. HOFMANN (2005) bestätigt, dass die Wertschöpfungsquote der deutschen Textil- und Bekleidungsindustrie vor allem in den 1990er Jahren rapide gesunken ist, was in erster Linie auf die verstärkte Auslagerung von Vorleistungen in das Ausland zurückzuführen sei.

[344] Vgl. hierzu auch HEYMANN (2004), S. 6.

als Bezugsjahr, dann stellt sich heraus, dass die Produktion der deutschen Textil- und Bekleidungsindustrie seitdem insgesamt um etwa ein Drittel zurückgegangen ist.

Der Rückgang der Produktion in Verbindung mit rückläufigen Umsatzzahlen (vgl. *Kapitel 4.1.1.3*) liefert auch die Erklärung dafür, dass deutsche Textil- und Bekleidungsunternehmen – trotz der überproportionalen Steigerung ihrer Produktivität – eine gesamtwirtschaftlich unterdurchschnittliche **Rentabilität** aufweisen. Dies wurde in einer aktuellen Branchenstudie der EULER HERMES RATING GMBH empirisch bestätigt.[345] In dieser Untersuchung wurde anhand der Finanzkennzahlen von 211 deutschen Bekleidungsunternehmen ermittelt, dass vor allem die kleinen und mittelständischen Unternehmen einen dramatischen Rückgang der Umsatzrentabilität verzeichnen; im Fall der kleinen Bekleidungsunternehmen halbierte sich diese in den Geschäftsjahren 2002 bis 2004 nahezu. Lediglich den großen Unternehmen gelang es, im Vergleichszeitraum ihre Umsatzrentabilität auf konstantem Niveau zu halten. Des Weiteren zeigt die Studie auf, dass – trotz der niedrigen Kapitalausstattung der deutschen Bekleidungsunternehmen – nur eine gesamtwirtschaftlich unterdurchschnittliche Gesamtkapitalrentabilität erzielt werden konnte. Dieses Ergebnis kann als ein weiterer Beleg für die nachlassende Wettbewerbsfähigkeit der deutschen Bekleidungsindustrie interpretiert werden.

4.1.3.3 Nachfragentwicklung und Konsumentenverhalten

Wurde in den vorherigen beiden Abschnitten ein Blick auf die *produktionsbezogenen* Determinanten des Strukturwandels geworfen, so sollen jetzt die für die Textil- und Bekleidungsindustrie nicht minder bedeutenden, aber in entsprechenden wissenschaftlichen oder praxisnahen Analysen oftmals vernachlässigten *absatzbezogenen* Determinanten beleuchtet werden: die Veränderung der **Nachfrage** und des **Konsumentenverhaltens**. Dabei werden Veränderungen in der Produktionsstruktur eines Wirtschaftszweiges auch und gerade durch eine sich verändernde Konsumnachfrage induziert. Dies gilt, wie von entsprechenden empirischen Studien bestätigt wurde, in besonderem Maße für die deutsche Textil- und Bekleidungsindustrie.[346] Ebenfalls muss betont werden, dass sich die Veränderung der privaten Nachfrage nicht nur von *quantitativen* Faktoren (z.B. sinkende Konsumausgaben) ableiten lässt, sondern auch in *qualitativen* Faktoren (z.B. hybride Konsumgewohnheiten) begründet ist. Diese Faktoren sind keineswegs statisch, sondern unterliegen vielmehr einem

[345] Vgl. hierzu den Artikel „Renditerückgang bei Bekleidungsunternehmen. Die Finanzkennzahlen von 211 Unternehmen der Branche unter die Lupe genommen" in TEXTILWIRTSCHAFT Nr. 47 (2005), S. 65.
[346] Vgl. GRÖMLING ET AL. (2003), S. 17.

dynamischen Prozess, der einerseits auf langfristige gesellschaftliche Veränderungen beruht, andererseits kurzfristig von der Mode und dem raschen Modewechsel noch beschleunigt wird.

Die Bundesrepublik Deutschland ist mit über 80 Mio. Einwohnern und einem der weltweit höchsten Pro-Kopf-Einkommen ein großer und attraktiver Markt für Textilien und Bekleidung. In keinem anderen Land Europas konsumieren die Endverbraucher sowohl pro Kopf als auch insgesamt so viele Textilien und Bekleidung wie in Deutschland: Im Jahr 2004 waren es Produkte im Gesamtwert von 56 Mrd. Euro.[347] Trotz dieser auf den ersten Blick beeindruckend hohen Zahl ist im deutschen Textil- und Bekleidungshandel seit Anfang der 1990er Jahre, nach einer durch die Wiedervereinigung begünstigten, kurzen Boomphase, eine allgemeine Krisenstimmung vorherrschend, da der private Konsum an Textilien und Bekleidung – und somit die Umsätze – stark rückläufig ist. Wurden im Jahre 1992 im Einzelhandel mit Textilien und Bekleidung noch 71,6 Mrd. Euro umgesetzt[348], so betrug dieser Wert zwölf Jahre später nur noch besagte 56 Mrd. Euro – dies entspricht einem Rückgang von über 20%!

Der starke und kontinuierliche Rückgang der Umsatzzahlen im Textil- und Bekleidungszahlen lässt den zunächst einfachen Rückschluss zu, dass die Deutschen immer weniger an Textil- und Bekleidungsprodukten konsumieren, oder etwas präziser formuliert: Der private Konsum an Textilien und Bekleidung ist in Deutschland wertmäßig stark rückläufig. Jedoch ist diese Entwicklung mitnichten ein kurz- oder mittelfristiger Trend, sondern in Wirklichkeit eine seit den 1950er Jahren anhaltende, steile Abwärtsentwicklung, wie anhand der Zeitreihe in *Abbildung 17* abzulesen ist:

---

[347] Vgl. TEXTILWIRTSCHAFT Nr. 33 (2005), S. 23.
[348] Vgl. TEXTILWIRTSCHAFT Nr. 14 (2004), S. 21.

Abbildung 17: Ausgabenanteil für Bekleidung und Schuhe am privaten Verbrauch

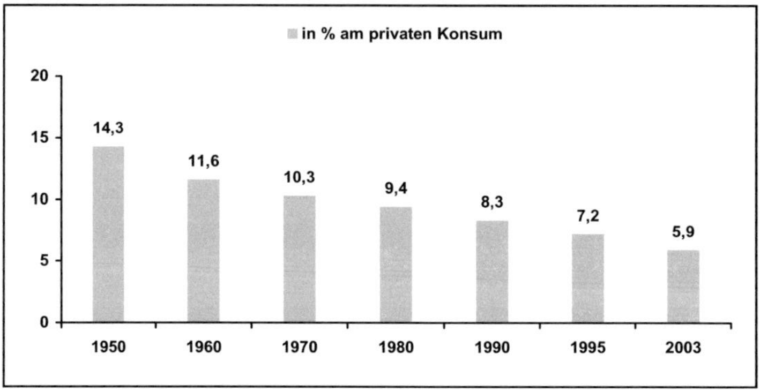

Quelle: STATISTISCHES BUNDESAMT zit. n. HEYMANN (2004), S. 10

In *Abbildung 17* ist jeweils der prozentuale Anteil am privaten Einkommen angegeben, der pro Kopf und pro Jahr für Bekleidung und Schuhe ausgegeben wurde. Aus den nüchternen Werten aus *Abbildung 17* können bemerkenswerte Schlüsse gezogen werden: Heute (2003) gibt jeder Deutsche nur noch halb so viel für Bekleidung aus wie im Jahr 1960. Ein besonders steiler Rückgang ist von 1950 bis 1960 – bedingt durch erste Sättigungserscheinungen in der Nachkriegszeit – zu beobachten. Dann erfolgt von Jahrzehnt zu Jahrzehnt eine nahezu lineare Abwärtsentwicklung der Konsumnachfrage von jeweils etwas mehr als 1%. Doch im Laufe der 1990er Jahre wird diese Stetigkeit unterbrochen und der Rückgang setzt sich wesentlicher steiler fort. Bereits zur Mitte des Jahrzehnts ist die „übliche" Rückgangsquote von knapp über 1% erreicht, aber auch im Weiteren hält der steile Rückgang ungebremst an. Von Anfang der 1990er Jahre bis heute (2003) ging der private Bekleidungskonsum von 8,3% auf aktuell 5,9% zurück – das heißt heute geben die Deutschen fast 30% weniger Geld für Bekleidung aus als noch vor anderthalb Jahrzehnten! Das heißt aber auch, dass die Abnahme der privaten Ausgaben für Bekleidung wesentlicher höher ausfällt als im gleichen Zeitraum der Rückgang der gesamten Umsätze im Bekleidungseinzelhandel (wie oben bereits erwähnt etwa 20%). Noch drastischer ist der stark rückläufige Bekleidungskonsum zu beurteilen, wenn berücksichtigt wird, dass die preisbereinigten verfügbaren Einkommen der privaten Haushalte im gleichen Zeitraum um etwa 14% und die realen Konsumausgaben um etwa 20% gestiegen sind.[349]

[349] Vgl. hierzu GRÖMLING ET AL. (2003), S. 22.

Erklärungsversuche für das anhaltend **schlechte Konsumklima** auf dem deutschen Textil- und Bekleidungsmarkt gestalten sich überaus schwierig. Erklärungsansätze, welche die sinkenden Konsumausgaben für Textilien und Bekleidung auf demographische oder konjunkturelle Faktoren zurückführen wollen, gehen ins Leere; GRÖMLING ET AL. (2003) legen in einer Marktanalyse im Auftrag des INSTITUTS DER DEUTSCHEN WIRTSCHAFT (Köln) plausibel dar, dass weder die Bevölkerungsentwicklung noch die Einkommensentwicklung negative Auswirkungen auf die Konsumnachfrage nach Textilien und Bekleidung induziert.[350] Damit ist auch gesagt, dass der deutsche Textil- und Bekleidungsmarkt im Vergleich zu anderen Konsumgüterbranchen nach komplexeren, diffizileren Marktmechanismen abläuft, die nicht ohne Weiteres mithilfe von makro- und mikroökonomischen Trends erklärt werden können. Konkret bedeutet dies: Das Konsumentenverhalten auf dem Textil- und Bekleidungsmarkt stellt gleichermaßen für alle beteiligten Marktstufen (also Hersteller, Großhändler und Einzelhändler) eine schwer bestimmbare Determinante dar. Die Schwierigkeit ist insbesondere darin zu sehen, dass der kaufentscheidende Faktor für Textil- und Bekleidungswaren weniger die Deckung eines Grundbedarfs als vielmehr der Selbstdarstellungswunsch des Konsumenten ist (Stichwort „volle Kleiderschränke“).[351] Zu den wichtigsten empirisch überprüfbaren Faktoren hierbei zählt die *Preisbereitschaft.* Hierbei kommt eine aktuelle Untersuchung der GESELLSCHAFT FÜR KONSUMFORSCHUNG (GFK) zu einem überaus überraschenden Ergebnis: Bei deutschen Konsumenten bestimmt beim Textil- und Bekleidungskauf in erster Linie der Preis das Käuferverhalten; nirgendwo in Europa (außer in Polen) spielt der Preis bei der Kaufentscheidung eine wichtigere Rolle als in Deutschland![352] Eine andere einschlägige Studie, die im Auftrag der Fachzeitschrift TEXTILWIRTSCHAFT durchgeführt wurde, spezifiziert dieses Ergebnis, indem sie den Fokus auf zwei Dimensionen des Konsumentenverhaltens legt: (1) das generelle Interesse für Mode sowie (2) die Ausgabebereitschaft. Hierbei wurden die befragten Bekleidungskäufer jeweils einem von drei Konsumententypen zugeordnet: „die Sparfraktion“, „die Normalkunden“ und „die Anspruchsvollen“. Zur „Sparfraktion“ – immerhin über ein Drittel – gehören diejenigen Konsumenten, die aus finanziellen Gründen oder aus geringer Wertschätzung für Kleidung so wenig Geld wie nötig ausgeben und deshalb hauptsächlich Niedrigpreisanbieter oder Discounter frequentieren. Die „Normalkunden“ kaufen zwar gelegentlich auch Markenkleidung zum regulären Preis, grundsätzlich jedoch spielt der Preis bei der Kaufentscheidung eine wichtige

[350] Vgl. GRÖMLING ET AL. (2003), S. 17-26.
[351] Vgl. hierzu auch SCHRENK (2000), S. 68.
[352] Vgl. TEXTILWIRTSCHAFT Nr. 33 (2005), S. 24.

Rolle und Preisreduzierungen stellen einen hohen Kaufanreiz dar. Die „Anspruchsvollen“ unter den Bekleidungskäufern frequentieren grundsätzlich nur den gehobenen Fachhandel, wo sie häufig Kleidung bekannter Marken- und Designer (auch) zum regulären Preis kaufen. Im Ergebnis zählen demnach

- 34% zur Sparfraktion,
- 42% zu den Normalkunden und
- 24% zu den Anspruchsvollen.[353]

Weitaus problematischer ist die Erfassung von nicht unmittelbar messbaren Einflussfaktoren der Kaufentscheidung; hierzu zählen verhaltenspsychologische Wirkungszusammenhänge, die das Käuferverhalten nachweislich determinieren, etwa Werte, Einstellungen, Emotionen, Motivationen, kognitive Wahrnehmungsmuster etc.[354] Charakteristisch für den Bekleidungsmarkt ist ein zunehmend differenzierteres, schwer typifizierbares Käuferverhalten, das durch wechselnde Präferenzen und situative Kaufentscheidungen geprägt ist. Dabei ist die wohl entscheidendste Determinante für das Käuferverhalten das **modische Abwechslungsbedürfnis** des Konsumenten.[355] Betrachtet man dieses Problem aus der Perspektive der Textil- und Bekleidungshersteller, so liegt die Komplexität im Mode-Marketing vor allem darin begründet, dass klare Mode- und Markt-Trends immer weniger auszumachen sind. D.h. es gestaltet sich für die Produzenten von Textilien und Bekleidung zunehmend schwieriger, ihr Marketing – insbesondere die Produkt- und Kommunikationspolitik – auf die speziellen Nachfragestrukturen der Konsumenten auszurichten. Hauptgrund für diese wachsende Komplexität ist, gerade auf dem deutschen Markt, die Schwierigkeit der Kundentypifizierung: Es ist nahezu unmöglich, den Bekleidungskäufer in einem Schema als bestimmten Konsumententyp festzulegen, da für den Textil- und Bekleidungskauf ein *hybrides* Kaufverhalten der eigentliche Normalfall ist. Nicht unbedingt soziodemographische (z.B. Alter, Einkommen) oder psychologische Faktoren (z.B. Einstellungen) bestimmen die Kaufentscheidung, sondern der Käufer entscheidet sich oft situativ für ein Produkt, wobei dann die Preis- und Image-Spanne je nach Kaufsituation zwischen Billigware und Luxusartikel liegen kann. Dieses schwankende Kombinationsbedürfnis von Textil- und Bekleidungsprodukten

[353] Vgl. TEXTILWIRTSCHAFT Nr. 33 (2005), S. 24.
[354] An dieser Stelle kann nicht weiter auf Strukturansätze in der Konsumentenverhaltensforschung und ihre Anwendung auf die Kaufentscheidung bei Textil- und Bekleidungskäufen eingegangen werden, obwohl hierdurch gewiss hilfreiche und aussagekräftige Resultate erbracht werden könnten. Eine detaillierte und aufschlussreiche Abhandlung über allgemeine Strukturansätze im Konsumentenverhalten findet sich bei BÄNSCH (1989), S. 11-133.
[355] Vgl. hierzu auch HERMANN (1996), S. 321f sowie SCHRENK (2000), S. 72ff.

aus unterschiedlichen Preissegmenten – auch unter dem Schlagwort „Anything goes" zusammengefasst – ist charakteristisch für das Konsumentenverhalten des deutschen Bekleidungskäufers. Für Textil- und Bekleidungshersteller, deren unternehmerischer Erfolg letzten Endes davon abhängt, ob einzelne Mode-Themen richtig erkannt und von den Produkten reflektiert werden, stellt diese Fragmentierung des Bekleidungsmarktes ein immenses Marketing-Problem dar, da Markt-Analysen und -Prognosen dadurch immer schwieriger und unsicherer werden. Mode und Modewechsel sind – aus Marketing-Sicht – Möglichkeiten der Produktdiversifikation und somit für die Textil- und Bekleidungshersteller eine zentrale Chance, durch Kreativität und Marktnähe Wettbewerbsvorteile gegenüber Wettbewerbern zu erlangen. Die immer kleiner werdenden Zielgruppen und Marktnischen auf dem deutschen Textil- und Bekleidungsmarkt erschweren zwar die Marktdurchdringung, doch unter Rückgriff auf eine zielgruppenadäquate Kundenansprache, die sich auf bestimmte Ausprägungen des Konsumentenverhalten spezialisiert und die entsprechenden Mode-Erwartungen erfüllt, können auch in kleinen Marktnischen oder mit kleinen Losgrößen (also geringen Stückzahlen) hohe Renditen erzielt werden.

4.1.4 Aktuelle Herausforderungen und Entwicklungsrichtungen

4.1.4.1 Auswirkungen der Quotenliberalisierung

Die zum 1. Januar 2005 in Kraft getretene Liberalisierung des Handels mit Textilien und Bekleidung ist weltweit das bestimmende Thema sowohl in der deutschen als auch in allen anderen nationalen Textil- und Bekleidungsbranchen (*vgl. Kapitel 2.3.3*). Dieses Datum, mit dem die nahezu vollständige Aufhebung von quotierten Importbeschränkungen eingeläutet wurde, gilt weltweit für alle Beteiligten in der Textil- und Bekleidungsbranche als eine Art „Epochengrenze", ab der für die Produktion und den weltweiten Warenverkehr mit Textil- und Bekleidungserzeugnissen eine neue Zeitrechnung beginnt. Mit dem Wegfall der Quoten ist buchstäblich „von einem Tag auf den anderen" eine **völlig neue Marktsituation** eingetreten und es kann ohne Übertreibung gesagt werden, dass die Zukunft der nationalen Textil- und Bekleidungsbranchen von ihrer Anpassungsfähigkeit an diese neuen Marktbedingungen abhängt. Denn von den Auswirkungen der Quotenliberalisierung sind auf die eine oder andere Weise *alle textilen Märkte* auf der Welt betroffen. Wie stark sich die Märkte künftig verschieben werden, hängt von der jeweiligen Bedeutung der nationalen Textil- und Bekleidungsindustrien und -märkte ab. Aber auch mit Blick auf ein bestimmtes Land ist es meistens nicht ohne Weiteres möglich, eine klare Prognose über die Zukunft der Textil- und Bekleidungsbranche abzugeben, da allein schon durch das Vorhandensein vieler unterschiedlicher, sich gegenseitig beeinflussender Determinanten eine eindimensionale Beantwortung dieser Frage unzulässig ist. Dies gilt insbesondere für die deutsche Textil- und Bekleidungsindustrie, denn

- einerseits ist Deutschland ein bedeutender, volumenstarker Textil- und Bekleidungsmarkt,
- andererseits ist die heimische Textil- und Bekleidungsindustrie im Vergleich zu anderen Wirtschaftszweigen von relativ geringer Bedeutung,
- jedoch gibt es eine beträchtliche Zahl deutscher Textil- und Bekleidungsunternehmen, die in einzelnen Marktsegmenten und -nischen eine dominierende Marktposition behaupten und in ihren spezialisierten Absatzmärkten als wichtiger „Global Player", „Branchenprimus" oder sogar als Weltmarktführer agieren.

In Bezug auf die handelshemmende Wirkung der aktuell noch bestehenden Quoten muss grundsätzlich zwischen *beschränkenden* und *nicht beschränkenden* Quoten unterschieden werden. Eine große Anzahl der Quoten sind nicht beschränkend und haben daher keine Auswirkungen auf Handel, Preise oder Beschäftigung. Auswirkungen in Form von Marktverzerrungen können nur von beschränkenden Quoten ausgehen und hängen davon ab, wie hoch der Importanteil des Quotenlandes an den deutschen Gesamtimporten von Textilien und Bekleidung sind.[356] Um den weltweiten Warenverkehr mit Textilien und Bekleidung zu systematisieren, ist jedes Textil- und Bekleidungsprodukt einer Textilkategorie zugeordnet, z.B. Kategorie 3: Gewebe aus synthetischen Fasern, Kategorie 5: Pullover aus Gewirken, Kategorie 13: Unterwäsche aus Gewirken, Kategorie 21: Parkas, Anoraks aus Geweben, Kategorie 29: Kostüme aus Geweben, Kategorie 31: Büstenhalter, Kategorie 68: Bekleidung für Kleinkinder. Wird bei den Importen ein bestimmter Schwellenwert überschritten, so gilt die Textilkategorie, die einer beschränkend wirkenden Quote unterliegt, als kritisch. Um den Unterschied zwischen quotierten und quotenfreien Waren zu verdeutlichen, sei an dieser Stelle ein Vergleich der Einfuhren aus China im Jahr 2005 angeführt: Outdoor-Jacken für Herren (Kategorie 21) sind nicht quotiert; hier stiegen die Importe moderat um 4%, wobei die Stückpreise im Durchschnitt um 2% sanken. Im Vergleich dazu stiegen die Einfuhren von

[356] Vgl. SCHÖPPENTHAU ET AL. (2002), S. 10.

Sweatshirts, die in die quotierte Kategorie 5 fallen, explosionsartig um 313%, während die Stückpreise durchschnittlich um 43% sanken.[357]

Dass der deutsche Textil- und Bekleidungsmarkt nach der Quotenliberalisierung von **Waren aus China** überschwemmt werden würde, wurde in der Branche schon lange im Voraus mit Besorgnis erwartet und – auch in der tagesaktuellen Presse – ausgiebig diskutiert.[358] Am Ende des Jahres 2005 lässt sich sagen, dass sich diese Prognose in vollem Ausmaß bestätigt hat. In *Tabelle 19*, welche die gesamte Bekleidungsaußenhandelsbilanz im ersten Halbjahr 2005 wiedergibt, drückt sich das Ausmaß der Marktverzerrung in Zahlen aus:

Tabelle 19: Einfuhren und Ausfuhren von Bekleidung im ersten Halbjahr 2005

	1. Halbjahr 2005	Veränd. in %
Einfuhr gesamt	7.508	-4,6
EU	1.833	-19,4
China	1.687	51,7
Türkei	1.221	-4,7
Bangladesch	409	-13,8
Rumänien	400	-9,2
Italien	357	-0,7
Ausfuhr gesamt	3.938	5,2
Österreich	680	8,2
Niederlande	519	6,9
Frankreich	417	-5,4
Schweiz	376	7,2
Russland	163	35,0

Angaben in Mio. Euro gegenüber Vorjahreszeitraum

Quelle: eigene Darstellung nach Daten von STATISTISCHES BUNDESAMT zit. n. HANDELSBLATT vom 28.09.2005

[357] Vgl. TEXTILWIRTSCHAFT Nr. 6 (2006), S. 54.

[358] Vgl. hierzu z.B. den Artikel „Wenn die Quotenmauer fällt“ in TEXTILWIRTSCHAFT Nr. 34 (2001), S. 73, den Artikel „Produkte aus China und Indien überschwemmen die Textilmärkte“ in FRANKFURTER ALLGEMEINE ZEITUNG vom 07.09.2004, S. 12, den Artikel „Der Textilprotektionismus am Ende“ in NEUE ZÜRCHER ZEITUNG vom 16.10.2004, S. 14, den Artikel „Platt gebügelt“ in FINANCIAL TIMES DEUTSCHLAND vom 27.12.2004, S. 25 den Artikel „Ein Stoff für Albträume“ in FRANKFURTER ALLGEMEINE SONNTAGSZEITUNG vom 02.01.2005, S. 25, sowie den Artikel „Deutschland erlebt Importflut aus China“ in FINANCIAL TIMES DEUTSCHLAND vom 05.10.2005.

Tabelle 19 zeigt, dass sich nach dem Quotenwegfall das gesamte Volumen der Einfuhren und Ausfuhren nicht wesentlich verschoben hat: Die Bekleidungsexporte sind überraschenderweise sogar leicht angestiegen (5,2%), und zwar in etwa dem Maße, in dem die Einfuhren gesunken sind (-4,7%). Auf den ersten Blick scheint der Rückgang der Einfuhren die Prognosen und Befürchtungen von Brancheninsidern zu widerlegen, wurden doch im Vorfeld der Quotenliberalisierung marktzerrüttende Dumping-Effekte durch den explosionsartigen Anstieg von Billig-Produkten erwartet. Jedoch ist der leichte wertmäßige Rückgang der BekleidungsImporte auf drei Gründe zurückzuführen, nämlich:

- die sinkenden Stückpreise bei importierten Textil- und Bekleidungswaren,
- die anhaltende Konsumzurückhaltung im Textil- und Bekleidungseinzelhandel sowie
- die vorübergehende Beschränkung der Textil-Einfuhren aus China durch die EU.[359]

China konnte seine Exporte im ersten Halbjahr 2005 um über 50% steigern und ist damit unzweifelhaft der große Gewinner auf dem deutschen Textil- und Bekleidungsmarkt.[360] Die Daten aus *Tabelle 19* bestätigen die sich anbahnende Importdominanz chinesischer Produkte auf dem deutschen Markt. Dennoch lagen die Importe aus den anderen EU-Ländern wertmäßig über den Importen aus China. Dies beweist die Beliebtheit europäischer Bekleidungserzeugnisse auf dem deutschen Markt. Allerdings gingen die Importe aus EU-Ländern stark

[359] Vgl. hierzu den aufschlussreichen Artikel „Deutsche widerstehen der Flut billiger Textilien aus China. Industrie sieht sich gut aufgestellt. Importe nehmen ab" in FINANCIAL TIMES DEUTSCHLAND vom 25.05.2005, S. 20.

[360] Diese vehemente Importpenetration ist umso erstaunlicher, wenn man berücksichtigt, dass bereits kurz nach dem Wegfall der Quoten zum 1. Januar 2005 von Seiten der EU-Kommission Wege und Möglichkeiten in Erwägung gezogen wurden, um die lawinenartigen Importschwemme aus China durch Mengenbeschränkungen zu regulieren. Ziel dieser temporären Regulierung sollte einerseits der Schutz der europäischen Textil- und Bekleidungsindustrie, andererseits aber auch der Schutz der vom Textilexport in die EU abhängigen Entwicklungsländer sein. Vgl. hierzu den Artikel „EU schiebt China Riegel vor" in FRANKFURTER RUNDSCHAU vom 07.04.2005, S. 9, den Artikel „EU begrenzt Textileinfuhr aus China" in FRANKFURTER ALLGEMEINE ZEITUNG vom 25.04.2005, S. 11 sowie den Artikel „EU beschränkt Textilimporte aus China" in SÜDDEUTSCHE ZEITUNG vom 18.05.2005, S. 19.
Diese Haltung der EU führte in der Folge zum so genannten „Textilstreit" mit China, da die chinesischen Lieferanten auf eine endgültige Aufhebung noch vorhandener mengenmäßiger Importschranken beharrten, denn China steht als WTO-Mitglied eigentlich das Recht auf freie und unbeschränkte Ausfuhr seiner Güter zu. Nach zähen Verhandlungen wurde am 10. Juni 2005 ein Kompromiss zwischen der EU und China gefunden, der neue Quoten für zehn Produktkategorien vorsah. Jedoch waren die neu installierten Quoten bereits im Juli erschöpft. Endgültig beigelegt wurde der Textilstreit am 5. September 2005 durch eine neue Quotenregelung, wodurch die bisher blockierten Importe aus China freigegeben wurden und gleichzeitig der Zuwachs chinesischer Einfuhren stufenweise bis Ende 2007 begrenzt wurde (je nach Produktkategorie auf 8 bis 12,5%). Vgl. hierzu den Artikel „Quotenstreit beendet: EU und China einigen sich" in TEXTILWIRTSCHAFT Nr. 24 (2005), S. 8, den Artikel „Textilindustrie atmet auf" in NACHRICHTEN FÜR AUSSENHANDEL vom 27.06.2005, S. 6, den Artikel „Brüssel legt Textilstreit mit China bei" in FINANCIAL TIMES DEUTSCHLAND vom 06.09.2005, S. 1, den Artikel „China und EU erreichen Textilkompromiß" in FRANKFURTER ALLGEMEINE ZEITUNG vom 06.09.2005, S. 11 sowie den Artikel „Europa und China legen Konflikt um Textilexporte bei" in HANDELSBLATT vom 06.09.2005.

zurück (-19,4%), was ein deutliches Indiz dafür ist, dass die EU-internen Textil- und Bekleidungshersteller sich nicht angemessen auf den Wettbewerb mit chinesischen Herstellern vorbereitet haben bzw. mit dem vom Quotenwegfall zum Jahresbeginn 2005 eingeläuteten Preiskampf auf dem Binnenmarkt mehr oder minder überrollt wurden. Ebenso zu den großen Verlierern auf dem deutschen Importmarkt gehören die „Billig-Produzenten“ Bangladesch und Rumänien, die im Niedrigpreissegment nur noch bedingt mit den noch kostengünstigeren Chinesen konkurrieren können. Zu den Verlierern ist auch die **Türkei** zu zählen: Die Exporte türkischer Bekleidungshersteller nach Deutschland sanken zwar, gleichwohl fällt der Rückgang mit 4,7% eher moderat aus; dies ist darauf zurückzuführen, dass sich die Türkei bereits seit Anfang der 2000er Jahre vermehrt auf die Produktion höherwertiger Textil- und Bekleidungswaren umgestellt hat, dass dieser Strukturwandel jedoch nicht rechtzeitig zum Quotenfall abgeschlossen wurde. Dagegen gilt Letzteres für das traditionelle Modeland Italien, das sich schon längst auf die mittel- und hochpreisigen Genres spezialisiert hat und deshalb als Exporteur vom Quotenwegfall nur geringfügig betroffen ist (-0,7%).[361]

Durchaus überraschend ist vor dem Hintergrund der Quotenliberalisierung der deutliche **Anstieg der deutschen Bekleidungsausfuhren** auf fast 4 Mrd. Euro (+5,2%; vgl. *Tabelle 19*). Dieses beachtliche Wachstum stützt sich zum einen auf Steigerungsraten im EU-Binnenmarkt, vor allem im wichtigsten Abnehmerland Österreich (+8,2%) und in den Niederlanden (+6,9%). Bemerkenswert ist, dass daneben auch ausgerechnet die Ausfuhren in die Schweiz stark angestiegen sind (+7,2%). Wertmäßig hinter diesen traditionell wichtigen Exportzielen deutscher Bekleidungswaren liegt das Nicht-EU-Land Russland, doch konnten die Ausfuhren nach Russland nach dem Quotenwegfall um 35% gesteigert werden. Dass die deutschen Bekleidungsexporte in EU-Länder in außergewöhnlich hohem Ausmaß gestiegen sind, ist hauptsächlich der wachsenden Beliebtheit deutscher Bekleidung und Mode in diesen Ländern geschuldet, denn: Die Aufhebung der Quoten hat auf den Bekleidungshandel auf dem (ohnehin vollständig liberalisierten) EU-Binnenmarkt keine nennenswerten Auswirkungen. Dagegen kann das plötzliche Wachstum der Exporte in die Schweiz wie auch der enorme Anstieg der Exporte nach Russland als Beweis dafür gesehen werden, dass sich deutschen Textil- und Bekleidungsherstellern nach der Marktöffnung durch die Quotenliberalisierung auch Chancen auf einen stärkeren Absatz bieten. Diese Marktchancen auf den

[361] Bemerkenswert ist, dass der Strukturwandel im traditionsreichen Herstellungsland Italien überaus rasch vonstatten ging und von einem massiven Schrumpfungsprozess begeleitet wurde. So sank die Wertschöpfung der italienischen Textil- und Bekleidungsindustrie seit 1990 um ca. 40%. Vgl. hierzu den Artikel „Die Deutschen jammern nur“ in FINANCIAL TIMES DEUTSCHLAND vom 20.05.2005, S. 30.

– nach der Aufhebung der Quoten mehr denn je als „global" zu bezeichnenden – Textil- und Bekleidungsmärkten ergeben sich vor allem durch die erfolgreiche Produktdifferenzierung der deutschen Textil- und Bekleidungshersteller. Die Wachstumsraten der deutschen Textil- und Bekleidungsexporte sind ein Ausdruck dafür, dass diese Erfolge vor allem in Nischenmärkten erzielt werden; in Verbindung mit dem hohen wertmäßigen Volumen der gesamten Ausfuhren ist damit aber auch bewiesen, dass es sich bei diesen Marktsegmenten nicht nur um hochspezialisierte „Mini-Märkte", sondern auch um breiter gefasste, lukrative Zielmärkte handelt. Außerdem spricht die erhöhte Nachfrage nach deutschen Textil- und Bekleidungserzeugnissen in so unterschiedlichen Märkten wie z.B. Österreich, die Schweiz und Russland dafür, dass es den deutschen Herstellern aufgrund ihrer Flexibilität und Anpassungsfähigkeit durchaus gelingen kann, in einzelnen Marktsegmenten ihre – grundsätzlich ja höherpreisigen – Produkte erfolgreich abzusetzen. Diese Exporterfolge mit Textilien und Bekleidung „Made in Germany" sind umso bemerkenswerter, wenn berücksichtigt wird, dass neben Deutschland auch alle anderen europäischen Textil- und Bekleidungsmärkte und Schwellenländer seit Anfang 2005 mit Produkten aus China regelrecht überschwemmt wurden. Zusammengefasst: Die Absatzchancen für deutsche Textil- und Bekleidungshersteller sind vor allem in solchen Marktsegmenten zu finden, in denen sie *nicht* im direkten Preiswettbewerb mit den Billigproduzenten aus China und anderen Schwellenländern stehen, sondern mit diversifizierten, zielmarktorientierten Produkten diesem Preiswettbewerb gezielt ausweichen.

4.1.4.2 Branchentrends

Bedingt durch das grundlegend veränderte Konsumentenverhalten, haben sich die Strukturen und Prozesse im Handel mit Textil- und Bekleidungswaren stark gewandelt. Gesättigte Märkte, die steigende Preis-Sensibilität der Konsumenten und die allgemein abnehmende Wertschätzung klassischer Anbieter haben dazu geführt, dass seit den 1990er Jahren im deutschen Textileinzelhandel ein rasanter Abschmelzungsprozess bei den traditionellen Betriebsformen stattfindet. Anstelle des klassischen Facheinzelhandels treten neue Formen des Abverkaufs am Point-of-Sale, z.B. Monomarkenshops, Shop-in-Shop-Systeme oder Corners. Die deutsche Textil- und Bekleidungsindustrie hat diese Entwicklung mitgetragen, das heißt: Die Textil- und Bekleidungshersteller haben die nachfragebedingten Marktveränderungen – je nach Unternehmensstrategie – entweder im Sinne eines *Push-Konzeptes* proaktiv forciert oder im Sinne eines *Pull-Konzeptes* reaktiv begleitet. Die wichtigste Entwicklungsrichtung der letzten Jahre ist die **vertikale Integration unterschiedlicher**

Marktstufen, die synonym auch als **Vertikalisierung** bezeichnet wird. Unter der Vertikalisierung im Textil- und Bekleidungsmarkt wird die Integration vor- oder nachgelagerter Stufen des Wertschöpfungsprozesses in der Produktions- und Absatzkette von Textilien und Bekleidung verstanden.[362] Damit werden prinzipiell die aufgrund der klassischen Arbeitsteilung vorgegebenen Grenzen der einzelnen Marktstufen, angefangen von der Gewinnung von textilen Rohstoffen, der darauf aufbauenden Produktion und Konfektion von Textilien und Bekleidung bis hin zur Vermarktung über den Groß- und Einzelhandel, aufgelöst. Dadurch können vertikale Textil- und Bekleidungsunternehmen auf sämtliche Marktstufen Einfluss ausüben. Charakteristisch für die aktuelle Entwicklung in der Textil- und Bekleidungsbranche ist die vertikale Integration insbesondere von Produktion, Distribution sowie Absatz im Einzelhandelsgeschäft unter dem Dach eines Unternehmens. Folglich fällt die Abhängigkeit von Zwischenhändlern (Intermediären) weg, ebenso wie die ansonsten für den Absatz unumgängliche Präsentation der aktuellen Kollektion auf Fachmessen und Show-Rooms. Die Planung, Koordination und Kontrolle der vertikal integrierten Marktstufen ist mit deutlichen Effektivitäts- und Effizienzvorteilen verbunden, da vertikale Textil- und Bekleidungsunternehmen aufgrund ihrer Anpassungsfähigkeit auf (vor allem in der Modebranche) kurzfristig eintretende Marktveränderungen schneller und flexibler reagieren können als unilateral agierende Wettbewerber. Dementsprechend sind die Vertikalen auch in der Lage, über die *gesamte* Prozesskette hinweg signifikante Rohertrags- und Kostenpotenziale auszuschöpfen.[363]

Die Vertikalisierungstendenz, die in der Textil- und Bekleidungsbranche oft mit dem Motto „vom Schaf zum Shop“ (aus dem Englischen „from sheep to shop“) ausgedrückt wird, wird einer aktuellen Trendstudie zufolge langfristig (bis 2030) noch an Dynamik gewinnen und sich zu einem bestimmenden Faktor für den gesamten Markt entwickeln.[364] Prominente Vorreiter in der Vertikalisierung der textilen Wertschöpfungskette waren internationale Modeunternehmen wie HENNES & MAURITZ aus Schweden oder ZARA und MANGO aus Spanien. Unter den deutschen Bekleidungsherstellern übernahmen z.B. ESPRIT und GERRY

[362] Vgl. MERKLE (2004), S. 432.
[363] Vgl. KUNKEL (2004), S. 362.
[364] Vgl. hierzu die STUDIE HYPER CONSUMING 2010 in TEXTILWIRTSCHAFT Nr. 33 (2005), S. 26.

WEBER[365] das Vertikalisierungs-Konzept. Das Erfolgsrezept der vertikalen Anbieter kann mit folgenden Stichworten zusammengefasst werden:

- starke Modeorientierung und ein hoher Modegrad der Produkte,
- geringe Preisniveaus,
- zeitnahe Reaktionsfähigkeit der Produktion auf aktuelle Modethemen durch Just-in-Time-Produktion,
- rasche Kollektionswechsel (bis zu 12 Kollektionen pro Jahr),
- schnelle Sortimentsfluktuation am POS (wechselndes Sortiment alle 10 bis 14 Tage),
- geringer Anteil an Ware, die (z.B. zum Saisonende) mit Preisreduzierungen verkauft werden muss,
- Verkauf in exklusiv gestalteten, eigenen Geschäften in 1A-Innenstadtlagen.[366]

Neben der zunehmenden Vertikalisierung der Unternehmen werden in der deutschen Textil- und Bekleidungsbranche auch andere aktuelle nachfrageinduzierte Marktbearbeitungsinstrumente diskutiert bzw. angewendet. Zu den auch in Zukunft richtungsweisenden Entwicklungstendenzen zählt der Einsatz von nachhaltigen Management-Konzepten; eine besondere Rolle spielen dabei das *Quick-Response-Konzept* sowie das *Efficient-Consumer-Response-Konzept*. Beide Konzepte, die bereits heute in der Praxis mit Erfolg realisiert werden, stützen sich auf den Einsatz neuer Informationstechnologien (IT), dem Elektronischen Datenaustausch (EDI) sowie der Nutzung des Internets (World Wide Web). Im Kern entspricht das **Quick-Response-Konzept** einer Kooperation zwischen den Stufen der textilen Pipeline unter Einsatz computergestützter Systeme mit dem Ziel, schneller auf Marktentwicklungen reagieren zu können. Das in den 1980er Jahren von der amerikanischen Textilwirtschaft entwickelte Quick-Response-Konzept wurde bereits früh vom Einzelhandel adaptiert und trug dazu bei, dass in der Folge auf dem amerikanischen Markt – mittels der damals neuen Scanning-Technologie – in relativ kurzer Zeit geschlossene Warenwirtschaftssysteme geschaffen wurden.[367] Im Mittelpunkt des operativen Quick-Response-Managements steht die Reduktion des Zeitaufwandes zwischen den Stufen des textilen Produktionsprozesses und dem Verkauf des fertigen Textil- oder Bekleidungserzeugnisses, wodurch die Reaktions-

[365] Gerade der Damenoberbekleidungs-Hersteller GERRY WEBER betreibt aktuell einen verstärkten Ausbau der vertikalen Unternehmensstrukturen. Vgl. hierzu den Artikel „Gerry Weber will Standorte verdreifachen" in FINANCIAL TIMES DEUTSCHLAND vom 21.02.2006, S. 7.
[366] Vgl. hierzu auch TEXTILWIRTSCHAFT Nr. 42 (1997), S. 61 sowie NUENO (2003), S. 16.
[367] Vgl. TÜCKING (1999), S. 152.

geschwindigkeit entlang der textilen Pipeline erhöht wird.[368] Auf eine einfache Formel gebracht, ist es das Ziel von Quick-Response, die richtige Ware, mit den richtigen Informationen, zur richtigen Zeit, am richtigen Ort bereitzustellen.[369] Dabei müssen zwei grundlegende Voraussetzungen erfüllt sein:

- Die EDV-gestützte Vernetzung der textilen Stufen mit standardisierten Übertragungsnormen sowie
- die Überwindung emotionaler Barrieren zwischen den Partnern der einzelnen Stufen, d.h. der Abbau von traditionellen Feindbildern und der feste Wille zur partnerschaftlichen Zusammenarbeit.[370]

Aufgrund der computergestützten Abstimmung der Waren- und Informationsflüsse an den Schnittstellen der Wertschöpfungsstufen ergibt sich eine Reduzierung der Warenbestände auf jeder einzelnen Stufe, mit realisierten Kosteneinsparungen in Lagerhaltung, Logistik und Kapitalbindung.[371] Der IT-Einsatz und die Nutzung von Quick-Response-Software haben sich mittlerweile in der Textil- und Bekleidungsbranche etabliert und den betriebswirtschaftlichen Erfolg der beteiligten Unternehmen erhöht. Auch das Aufkommen vertikaler Unternehmen und deren nachhaltiger Erfolg liegen zu einem großen Teil in der Nutzung und Optimierung von IT-basierten Quick-Response-Systemen begründet.

Das **Efficient-Consumer-Response-Konzept** (ECR) stellt eine konzeptionelle Weiterentwicklung des Quick-Response-Konzeptes dar, die in den 1990er Jahren dank des rasanten Fortschritts in der Informationstechnologie vorangetrieben wurde. Ursprünglich stammt das ECR-Konzept aus der amerikanischen Lebensmittelindustrie, wird heute jedoch branchenübergreifend in der Konsumgüterindustrie eingesetzt und hat – zumindest begrifflich – das Quick-Response-Konzept weitgehend verdrängt.[372] Die Vorteilhaftigkeit von ECR beruht – aus der hier relevanten *Hersteller*sicht – auf einer optimierten Abstimmung der Produktion auf die Verkaufssituation durch eine verbesserte, IT-gestützte Kapazitätenauslastung. Als wichtigstes ECR-Instrument gilt die Datenfernübertragung (DFÜ), die mittels des standardisierten Elektronischen Datenaustauschs (Electronic data interchange, EDI) bzw. via Internet einen zeitnahen und kostengünstigen Datenaustausch zwischen Industrie und Handel ermöglicht. Insbesondere die Bestelldatenkommunikation und die Nachschubversorgung (der

[368] Vgl. RATHKE (1996), S. 160.
[369] Vgl. HENSCHE (1991), S. 280.
[370] Vgl. HENSCHE (1991), S. 283.
[371] Vgl. AHLERT ET AL. (2000), S. 11.
[372] Vgl. TÜCKING (1999), S. 154.

amerikanische Begriff hierfür lautet *Efficient Replenishment*) werden interorganisational über Unternehmensgrenzen hinweg effizienter abgewickelt, wodurch eine deutliche Verminderung der Bestellvorlaufzeiten und Bestände bei gleichzeitig verbessertem Erfüllungsgrad erreicht wird. Leistungsfähige Computer (Hardware, beschleunigte Datenübertragung) und international verbreitete Kommunikationsstandards (Software, E-Mail) erleichtern und beschleunigen die Kommunikationsprozesse, was gerade im kooperativen Schnittstellenmanagement der stark internationalisierten Textil- und Bekleidungsindustrie zu realen Effizienzvorteilen führt. Daher überrascht es nicht, dass ECR heute – im Gegensatz zu anderen, als eher theoretisch und virtuell zu bezeichnenden Konzept-Ansätzen – in der wirtschaftlichen Praxis der Textil- und Bekleidungsindustrie zu einem weit verbreiteten und vielseitig eingesetzten Management-Instrument geworden ist. Die zwei wichtigsten Effekte – die Bestandsreduktion entlang der Wertschöpfungskette und die Erhöhung des Warenumschlages – konnten mithilfe von ECR zum Teil sogar so weit verbessert werden, dass es vielen Textil- und Bekleidungsunternehmen möglich wurde, eine nachfragesynchronisierte und von Nachfragespitzen geglättete Produktion zu erreichen. Somit konnte es den mittels ECR vernetzten Unternehmen gelingen, vorhandene Absatzpotenziale – die auf dem Textil- und Bekleidungsmarkt ja immer weniger von regelmäßigen Saisonzyklen bestimmt werden – noch besser auszuschöpfen.[373]

[373] Vgl. hierzu AHLERT ET AL. (2000), S. 83.

4.2 Chancen-Risiken-Analyse von Outsourcing-Potenzialen

Die internationalen Textil- und Bekleidungsmärkte sind – wie prinzipiell die meisten Märkte für industriell gefertigte Produkte auch – weitgehend gesättigt. Die Marktbedingungen für Textil- und Bekleidungsunternehmen werden insbesondere durch zwei übergeordnete aktuelle Herausforderungen zunehmend erschwert: (1) Der Markteintritt asiatischer Produzenten sowie (2) die nachfragebedingten Absatzprobleme auf den Endmärkten. Vor diesem Hintergrund gewinnt für Textil- und Bekleidungsunternehmen die konsequent marktorientierte Ausrichtung der Produktion und des Absatzes ihrer Produkte immer mehr an Bedeutung. Der harte Wettbewerb um strategische Erfolgspositionen ist gerade für deutsche Textil- und Bekleidungsproduzenten nicht nur eine betriebswirtschaftliche Herausforderung bei der Erreichung ihrer ökonomischen Formalziele, sondern oft gleichbedeutend mit der Frage des unternehmerischen Fortbestandes. Dementsprechend rückt die Sicherung der Wettbewerbsfähigkeit in den Mittelpunkt der Unternehmensstrategie. Das Outsourcing von bestimmten unternehmensinternen Funktionen und Funktionsbereichen ist dabei ein Instrument der Unternehmensführung, mit dem die strategische Neuausrichtung des Unternehmens realisiert werden kann.

Die folgende Analyse der Outsourcing-Chancen- und Risikopotenziale für die deutsche Textil- und Bekleidungsindustrie soll nicht eine bloße Wiederholung der allgemein-theoretischen Chancen und Risiken für einen Outsourcing-Nachfrager sein, wie bereits in *Kapitel 3.3.2* (*Outsourcing aus Nachfragersicht*) theoriegeleitet herausgearbeitet wurde. Vielmehr wird explizit auf die Situation der deutschen Textil- und Bekleidungsindustrie Bezug genommen, d.h. die Analysen stützen sich auf die konkreten branchen- und marktspezifischen Fakten und Aspekte, die im vorangegangenen *Kapitel 4.1* untersucht wurden. Bei der Analyse der Chancen und Risiken wird systematisch-formalisierend zwischen *prozessbezogenen* und *produktbezogenen* Chancen und Risiken unterschieden, wobei sich die prozessbezogene Chancen-Risiken-Analyse der Outsourcing-Potenziale (*Kapitel 4.2.1.1* und *4.2.2.1*) auf die *Abläufe* in der textilen Wertschöpfungskette und die produktbezogene Chancen-Risiken-Analyse (*Kapitel 4.2.1.2* und *4.2.2.2*) auf den *Output* der textilen Wertschöpfungskette bezieht.

Eine zusammenfassende Betrachtung der Analyseergebnisse von *Kapitel 4.2.1* und *4.2.2* erfolgt in *Kapitel 4.2.3*.

4.2.1 Chancen

4.2.1.1 Prozessbezogene Chancen

Die Fertigung textiler Produkte verläuft auch heute noch grundsätzlich nach denselben traditionellen Verfahren wie vor hundert Jahren, nämlich Spinnen, Weben, Flechten, Filzen, Färben, Bedrucken etc. (vgl. *Kapitel 2.2.2*). Gleichwohl werden die textilen Produktionsprozesse heute in materialwirtschaftlicher und verfahrenstechnischer Hinsicht wesentlich schneller, präziser und vielfach auch automatisiert abgewickelt.[374] Insofern handelt es sich bei **Prozessinnovationen** entlang der textilen Kette selten um echte technische oder organisationale Neuentwicklungen (etwa völlig neue Fertigungstechniken), vielmehr werden konventionelle Verfahren weiterentwickelt und verbessert. Im Ergebnis führen solche Verfahrensverbesserungen zu einer qualitativen und quantitativen Steigerung des Output aufgrund von Effekten, die aus der *Erhöhung der Produktivität* resultieren.

Das Prinzip der *linearen Mehrstufigkeit* entlang der textilen Kette (Spinnstoffaufbereitung, Spinnstoffverarbeitung, Garnverarbeitung, Textilveredelung, Konfektion) begünstigt die Idee der Auslagerung von einzelnen Fertigungsstufen an unternehmensexterne Dienstleister. Diese mehrfache „Unterbrechung" der natürlichen Produktionssequenz ist für die Herstellung von textilen Produkten charakteristisch und gestattet ein grundsätzlich unproblematisches Outsourcing einzelner oder ganzer Produktionsprozesse an geografisch entfernte Kooperationspartner. Dennoch muss an dieser Stelle in Bezug auf die prozessbezogene Outsourcing-Fähigkeit ein klarer Unterschied zwischen der Textilindustrie und der Bekleidungsindustrie gemacht werden.

Für die deutsche *Textilindustrie* gilt grundsätzlich, dass Outsourcing-Potenziale schwieriger zu realisieren sind als im Fall der Bekleidungsindustrie. Dies liegt vor allem daran, dass heute in der Textilproduktion enorm teure und Know-how-intensive Maschinen und Fertigungsanlagen eingesetzt werden (z.B. computergesteuerte Webstühle). Zwar wird durch den hohen

---

[374] Vgl. hierzu die aufschlussreichen Ausführungen von BREITENACHER (1989), S. 132ff; ähnlich bei RATHKE (1996), S. 156.

Automatisierungsgrad der Textilmaschinen eine hohe Produktivität gewährleistet, jedoch ist dieser Erfolg in der Produktion nur durch hohe Investitionen zu erreichen, die einen erhöhten Kapitaleinsatz in den Maschinenpark (als Teil des Anlagevermögens) voraussetzen. Tatsächlich hat die zunehmende Automatisierung und damit einhergehend die Steigerung der Kapitalintensität dazu geführt, dass die deutsche Textilindustrie heute zu den kapitalstärksten Branchen innerhalb des Verarbeitenden Gewerbes zählt.[375] Allerdings ist diese vermeintliche „Kapitalverdichtung" eher auf die buchungstechnische Größe des Anlagevermögens zurückzuführen und sollte keineswegs darüber hinwegtäuschen, dass die Liquidität (also die Höhe der Cash-flows) für das Gros der mittelständisch geprägten Textilproduzenten ein reales Hauptproblem im operativen Geschäft darstellt. Wichtiger in diesem Zusammenhang ist jedoch die Tatsache, dass die Textilproduktion prinzipiell *ortsgebundener* ist als die Bekleidungskonfektion, da es zum einen schwierig (also kostenintensiv) ist, die schweren und massiven Fertigungsanlagen an einen anderen Standort zu befördern, zum Anderen erfordert die Bedienung und Instandhaltung der Textilmaschinen qualifizierte (also lohnkostenintensive) Mitarbeiter.[376] Diese relative **Ortsgebundenheit der Textilindustrie** im Vergleich zur Bekleidungsindustrie ist in der wirtschaftlichen Praxis ein Hemmschuh für betriebliche Outsourcing-Entscheidungen, da hiervon zwei wesentliche Produktionsfaktoren – nämlich die qualifizierten Mitarbeiter und der Maschinenpark – unmittelbar betroffen sind.[377] Nimmt man die Einsparpotenziale bei den Lohnkosten als Maßstab für die Outsourcing-Entscheidung, dann müssen die realisierten Kostenvorteile die anfallenden Logistikkosten für den Transport der Fertigungsanlagen zum neuen Produktionsstandort überkompensieren. Dies dürfte eher selten der Fall sein, noch unwahrscheinlicher zu realisieren sind jedoch Kostenvorteile, falls mit zusätzlichen Investitionskosten für neue Fertigungsanlagen zu rechnen ist. Im betrieblichen Einzelfall kann es zwar durchaus vorkommen, dass aufgrund von besonderen Marktkonstellationen eine geografische Verschiebung von Anlagevermögen in Frage kommen kann, aber grundsätzlich dürften produktionsbezogene Outsourcing-Kooperationen in der Textilindustrie eher die Ausnahme darstellen. Die hohen Logistikkosten, die beim Transport von Erzeugnissen der Textilindustrie zwischen dem Produktionsstandort und dem nächsten

[375] Vgl. RIESCH (1998), S. 244.

[376] Damit kann die in den Wirtschaftswissenschaften weit verbreitete Ansicht als überholt eingestuft werden, welche besagt, dass der Textilsektor eine geeignete Startindustrie für die Entwicklungs- oder Schwellenländer sei, da sie einen geringen Kapitaleinsatz erfordere und dabei hohe Beschäftigungseffekte auslöse. Denn einerseits verlangt die Anschaffung der (zum Großteil in Europa oder in den USA hergestellten) Textilmaschinen hohe Investitionen, andererseits sind für den Betrieb der modernen Textiltechnik oft speziell ausgebildete Fachkräfte (z.B. Textil-Ingenieure) nötig, die jedoch in solchen Ländern kaum verfügbar sind.

[377] Zum hohen Niveau des Kapitaleinsatzes in der Textilindustrie und den Implikationen für die Beschäftigten vgl. RATHKE (1996), S. 159.

Glied in der textilen Kette anfallen, wirken zusätzlich kostenverursachend, denn bei den fertigen oder halbfertigen Textil-Produkten handelt es sich in der Regel um schwere und sperrige Garnspulen, Stoffballen oder Stoffrollen, denen (ganz im Gegensatz zu den Bekleidungsprodukten) von Stufe zu Stufe jeweils ein relativ geringer Mehrwert hinzugefügt wird. Im Übrigen sind die Preise für fertige Textil-Erzeugnisse (z.B. zur weiteren Verarbeitung von Seiten der Bekleidungsindustrie) auf den internationalen Beschaffungsmärkten allgemein so niedrig, dass ein Outsourcing von Produktionsprozessen wenn überhaupt nur für bestimmte höherwertige Spezialtextilien oder technische Textilien in Frage kommen sollte.

Anders verhält es sich im Fall der *Bekleidungsindustrie*. Im Gegensatz zu den weitgehend maschinell ablaufenden Produktionsprozessen in der Textilindustrie werden in der Bekleidungskonfektion (d.h. die industrielle Herstellung von Bekleidung) die einzelnen Fertigungsschritte überwiegend durch *Handarbeit* bewerkstelligt. Charakteristisch für die Konfektion von Bekleidungsstücken sind die **hohe Arbeitsintensität** und die **geringe Automatisierung der Fertigungsschritte**. Der Hauptgrund hierfür liegt in den materiellen Voraussetzungen, die bei der Montage von Geweben und Gewirken vorliegen, also die Vielzahl von dreidimensionalen Werkstücken aus biegeschlaffen Materialien. Bessere Möglichkeiten zur Automatisierung bieten die Arbeitsschritte Design und Konstruktion (zweidimensionale Werkstücke aus Papier) und das Ausschneiden (vorwiegend zweidimensionale Schnittstapel)[378]; in beiden Bereichen ist die Arbeit mithilfe von CAD-Systemen (Computer Aided Design) und computergesteuerten Stoffdruckern heute weit verbreitet. Die Komplexität bei der Fertigung von Bekleidung liegt also in den „biegeschlaffen“ und „amorphen“ (d.h. an die menschliche Anatomie angepassten) Ausgangsmaterialien begründet, d.h. Stoffe weisen keine Formstabilität auf wie etwa Metalle, außerdem gibt es keine geraden Kanten wie etwa bei großflächigen Stoffrollen, was ein automatisiertes Bearbeiten zuließe. Die physische Instabilität biegeschlaffer textiler Materialien und Zutaten (laiensprachlich „Stoffe“ und „Nähgarne“) erfordert bei deren Verarbeitung einen enormen Handling-Aufwand, insbesondere beim Nähvorgang. So ist etwa 80% der Arbeitszeit, die vom Nähvorgang beansprucht wird, reiner Handling-Aufwand für das Bereitlegen, Falten und Repositionieren der Stoffe.[379] Darüber hinaus ist es für die Konfektion kennzeichnend, dass für die Bearbeitung bestimmter Zwischenprodukte auch ein „per-Hand-Nähen“ erforderlich ist; auch wenn das eigentliche „Nähen“ überwiegend mit Nähmaschinen verrichtet wird, ist bei manchen Arbeitsschritten

[378] Vgl. BREITENACHER (1989), S. 138.
[379] Vgl. HERMANN (1996), S. 138; hierzu auch TÜCKING (1999), S. 27.

(z.B. die Vorbereitung der Schnittmuster) oder bei bestimmten Bekleidungsstücken (z.B. Herren-Sakkos, Krawatten) auch ein manuelles Nähen vonnöten. Für die an dieser Stelle relevante betriebswirtschaftliche Betrachtungsweise der Bekleidungsherstellung ist festzuhalten, dass für die Näharbeiten zahlenmäßig die meisten Arbeitskräfte benötigt werden; ungefähr 80% der Personalkosten fallen im Bereich des Nähens an.[380] Anders formuliert: 80% der gesamten Lohnkosten entstehen im Bereich von Tätigkeiten, die unter dem Begriff „unqualifizierte Arbeit“ subsumiert werden kann, also z.B. Nähen, Bügeln, Stapeln, Legen etc. Da zum einen unqualifizierte Lohnarbeiten im Rahmen der Bekleidungskonfektion generell **nicht standortgebunden** und zum Anderen unqualifizierte Tätigkeiten in Deutschland ohnehin weit teurer (und zum Teil sogar schwerer verfügbar) als in Schwellen- oder Entwicklungsländern sind, liegt es auf der Hand, dass im Zusammenhang mit Outsourcing-Überlegungen die Verlagerung von unqualifizierter Lohnarbeit an kostengünstigere Produktionsstandorte von besonderem Interesse für die Unternehmensführung ist. Vor diesem Hintergrund kann resümiert werden, dass in der Bekleidungsindustrie (im Gegensatz zur Textilindustrie) beträchtliche **lohnkosteninduzierte Outsourcing-Potenziale** zu erwarten sind.

Ein Blick auf die Kostenstruktur von deutschen Unternehmen aus der Textil- und Bekleidungsindustrie bestätigt diesen Sachverhalt. *Tabelle 20* gibt die Anteile der Lohnkosten am gesamten Bruttoproduktionswert wieder:

Tabelle 20: Kostenstruktur von deutschen Unternehmen der Textil- und Bekleidungsindustrie

Anteile in Prozent des Bruttoproduktionswertes, 2004			
	Textil-gewerbe	Beklei-dungs-gewerbe	Verar-beitendes Gewerbe
Materialverbrauch	42,8	39,6	42,7
Darunter Energieverbrauch	2,5	0,4	1,6
Einsatz von Handelsware	7,2	8,7	11,5
Kosten für Lohnarbeiten	4,4	11,7	2,4
Personalkosten	24,3	16,9	20,0

Quelle: eigene Darstellung nach Daten von GESAMTTEXTIL (2006), Tab. 14, o.S.

In *Tabelle 20* kann abgelesen werden, dass der Anteil der Lohnkosten an der Brutto-Wertschöpfung sowohl im Textilgewerbe (insgesamt 28,7%) als auch im Bekleidungs-

[380] Vgl. SCHRENK (2000), S. 183.

gewerbe (insgesamt 28,6%) im direkten Vergleich mit dem übrigen Verarbeitenden Gewerbe (insgesamt 22,4%) deutlich höher liegt. In der Theorie würde dies für vergleichsweise höhere Löhne und Gehälter in der Textil- und Bekleidungsindustrie sprechen; das ist in der Realität jedoch nicht der Fall[381], vielmehr fällt der realisierte Mehrwert in der Textil- und Bekleidungsindustrie wegen der niedrigen Preise geringer aus als bei Produkten des Verarbeitenden Gewerbes. Aus den generell höheren Lohnkostenanteilen in der Textil- und Bekleidungsindustrie kann abgeleitet werden, dass auch eventuelle Einsparpotenziale durch ein Outsourcing höher ausfallen als das bei anderen Branchen des Verarbeitenden Gewerbes der Fall wäre. Ferner kann anhand von *Tabelle 20* eine Aussage über den unterschiedlichen Qualifikationsgrad der Mitarbeiter in der Textilindustrie und der Bekleidungsindustrie getroffen werden: In der Bekleidungsindustrie sind die Lohnkosten für unqualifizierte Arbeit (11,7%) fast dreimal so hoch wie in der Textilindustrie (4,4%). Dagegen sind die Personalkosten für qualifizierte Arbeit in der Textilindustrie (24,3%) wesentlich höher als in der Bekleidungsindustrie (16,9%) und im Übrigen auch deutlich höher als im Verarbeitenden Gewerbe (20,0%). Damit ist auch die bereits erwähnte Tatsache bestätigt, dass in der Textilindustrie mehr qualifiziertes Personal (vor allem zur Bedienung der technisch enorm aufwändigen Textilmaschinen) nötig ist als in der Bekleidungsindustrie, deren Fertigungsprozesse zu einem Großteil mit manueller Lohnarbeit abgewickelt werden. Hieraus lässt sich schlussfolgern, dass Outsourcing-Potenziale im Bereich der Produktion zwar grundsätzlich in beiden Branchen ausgeschöpft werden können, in der Bekleidungsindustrie aber generell einfacher und effektiver zu realisieren sind.

4.2.1.2 Produktbezogene Chancen

Vor dem Hintergrund überwiegend gesättigter Märkte – auch und gerade im Heimatmarkt – steht es für deutsche Textil- und Bekleidungsproduzenten außer Frage, dass bei der Internationalisierung der Fertigung nicht nur das Motiv der Kostenrationalisierung Ausschlag gebend sein kann, sondern gleichzeitig eine Markterschließung im jeweiligen Gastland in Betracht gezogen werden sollte. Der Schritt ins Ausland, der naturgemäß mit (für die allgemein eher kapitalschwachen Textil- und Bekleidungsunternehmen enorm hohen) Direktinvestitionen verbunden ist, bedeutet immer auch den **Eintritt in potenzielle Absatzmärkte**. Das heißt: Die marktorientierte Perspektive, die lokale Nachfrage mit den Produktionsstätten

[381] Vgl. hierzu die Daten von SOZIALPOLITISCHE DATEN (2004), S. 22 und 23, aus denen eindeutig hervorgeht, dass die durchschnittlichen Löhne und Gehälter in der Textil- und Bekleidungsindustrie konstant unter denen des Verarbeitenden Gewerbes liegen.

vor Ort zu bedienen, gerät zu einem wesentlichen Entscheidungstreiber für die Outsourcing-Entscheidung.[382] Insofern erhält die zwischen den Outsourcing-Partnern verwirklichte Kooperation neben der *prozessbezogenen* Dimension auch eine *produktbezogene*.

Wenn die Outsourcing-Kooperation nicht als eine reine Verlagerung von Fertigungskapazitäten an einen externen Dienstleister konfiguriert ist, sondern als „gelebte Partnerschaft“ verstanden wird, kann die **gemeinsame Produktentwicklung** zu einem wichtigen kooperativen Tätigkeitsfeld ausgebaut werden. In Anbetracht des enormen zeitlichen, personellen und finanziellen Aufwandes, den die Fertigung und Entwicklung (F&E) von innovativen Textil- und Bekleidungsprodukten erfordert, dürfte diese Option den meisten deutschen Textil- und Bekleidungsproduzenten eine reizvolle Perspektive von strategisch bedeutsamer Tragweite eröffnen. Anders herum wäre der ausdrückliche Verzicht auf eine gemeinsame Zusammenarbeit im F&E-Bereich ein aus unternehmerischer Sicht kaum zu rechtfertigender, „freiwilliger“ Verzicht auf neue Marktchancen und Erfolgspositionen. Schließlich setzen Outsourcing-Partnerschaften zwischen Textil- und Bekleidungsunternehmen, die in der Fertigung – also einem Bereich ihres Kerngeschäftes – eng zusammenarbeiten, ein beträchtliches Maß an zwischenbetrieblichem Informationstransfer und gegenseitigem Vertrauen voraus. Wird ohnehin in einem kernnahen Unternehmensbereich eng zusammengearbeitet – was ja per se einen ständigem Informationsaustausch voraussetzt –, ist es nahe liegend, die zwischenbetriebliche Kommunikation auch auf die F&E zu erweitern, da sich hierbei sowohl für den Outsourcer als auch für den Dienstleister Rationalisierungspotenziale bieten. Überdies kann davon ausgegangen werden, dass die Outsourcing-Partnerschaft durch die Zusammenarbeit im F&E-Bereich noch weiter gefestigt wird, was in unternehmerischer Hinsicht nicht nur einen gewünschten Nebeneffekt darstellt, sondern für den zwischenbetrieblich weiter vertieften, vertrauensvollen Austausch von Gütern (z.B. halbfertige Erzeugnisse, Zutaten), Informationen (z.B. internes Know-how, Schnittmuster) oder Kapital (z.B. Anlagevermögen, geistiges Eigentum) geradezu als unabdingbare Voraussetzung gelten kann.

Unter Berücksichtigung der besonderen strukturellen Entwicklung und den aktuellen Herausforderungen der deutschen Textil- und Bekleidungsindustrie ist im Bereich der *Produktentwicklung* von einem enormen Bedarf an Outsourcing-Potenzialen auszugehen. Mithilfe einer kooperativen Zusammenarbeit, die sich nicht nur auf die Freisetzung der vielfach zitierten „Synergieeffekte“ stützt, sondern zielführend auf die partnerschaftliche

[382] Vgl. hierzu auch SCHÖPPENTHAU ET AL. (2002), S. 6.

Entfaltung von **Innovationspotenzialen** ausgerichtet ist, kann es den Outsourcing-Partnern gelingen, mit innovativen (d.h. differenzierten) Textil- und Bekleidungsprodukten ihre Wettbewerbsposition zu sichern oder idealerweise sogar zu verbessern. Verdichtet auf sowohl branchenübliche als auch betriebswirtschaftlich erfassbare Begriffskategorien, können für deutsche Textil- und Bekleidungshersteller im Bereich der Produktentwicklung vier outsourcingrelevante Dimensionen identifiziert werden:

- Technische Textilien bzw. Spezialtextilien[383],
- Mode und Design[384],
- Qualität[385] sowie
- Marken[386].

Es sei an dieser Stelle unbedingt betont, dass diese Bereiche nicht als streng voneinander isolierte Kooperationsfelder betrachtet werden dürfen, sondern im Rahmen der strategischen und operativen Zusammenarbeit durchaus miteinander korrespondieren können.

Technische Textilien bzw. **Spezialtextilien** sind eine wichtige Domäne der deutschen Textilindustrie und machen heute etwa 40% des gesamten Umsatzes aus (gegenüber noch knapp 10% Ende der 80er Jahre).[387] Auf dem Weltmarkt zählen deutsche Textilunternehmen heute zu den wichtigsten Produzenten für Technische Textilien. Gerade innerhalb der letzten zehn Jahre gewann dieser Bereich stetig an Bedeutung und leistete mit Abstand den größten Wachstumsbeitrag zum textilen Handelsbilanzüberschuss. Auch für die Zukunft wird erwartet, dass sich das Wachstum im Marktsegment der Technischen Textilien fortsetzt, wenn auch auf niedrigerem Niveau. Technische Textilien sind heute – entgegen dem allgemeinen Trend in der deutschen Textil- und Bekleidungsindustrie – eine Wachstumsbranche[388]; Textil-Unternehmen aus Deutschland agieren auf dem Weltmarkt überaus erfolgreich und es gelingt ihnen in zunehmendem Maße, gestützt auf spezifisches Know-how und Innovationsvorsprünge, renditeträchtige Nischen zu besetzen. Zur Begründung dieser erfolgreichen Performance führen GRÖMLING ET AL. (2003) an, dass die deutsche Textilindustrie bei

[383] Vgl. hierzu z.B. BREITENACHER (1989), S. 124ff, RATHKE (1996), S. 148-153, HERMANN (1996), S. 559, RIESCH (1998), S. 239f, SCHÖPPENTHAU ET AL. (2002), S. 7f sowie GRÖMLING ET AL. (2003), S. 69f.

[384] Vgl. hierzu z.B. BIERBAUM (1992), S. 232-243, HERMANN (1996), S. 559, RIESCH (1998), S. 240 sowie SCHRENK (2000), S. 72-77.

[385] Vgl. hierzu z.B. BIERBAUM (1992), S. 263-273, HERMANN (1996), S. 559 sowie SCHRENK (2000), S. 186ff.

[386] Vgl. hierzu z.B. HERMANN (1996), S. 559, RIESCH (1998), S. 240-243 sowie SCHRENK (2000), S. 77-80.

[387] Vgl. SCHÖPPENTHAU ET AL. (2002), S. 7.

[388] Vgl. RATHKE (1996), S. 151f, dessen Mitte der 1990er Jahre durchgeführte empirische Analyse hierzu zwar zeitlich schon etwas zurückliegt, die aufgezeigten Trends haben aber im Ergebnis bis heute ihre Gültigkeit bewahrt.

Technischen Textilien positive RCA-Werte (*Revealed Competitive Advantages*) aufweise, d.h. über empirisch quantifizierbare Wettbewerbsvorteile verfüge, die denjenigen der direkten Mitbewerber überlegen seien.[389]

Deutsche Textil- und Bekleidungsprodukte, deren produktspezifischer Zusatznutzen (engl. *Added Value*) im Bereich **Mode und Design** angesiedelt ist, können a priori als Nischenprodukte qualifiziert werden. Spricht man im Zusammenhang mit Textilien von „deutschem Design" oder „Mode aus Deutschland", dann sind damit grundsätzlich Textil- und Bekleidungsprodukte im höherpreisigen Genre gemeint, da deutsche Textil- und Bekleidungsunternehmen (bis auf wenige Ausnahmen) auf dem niedrigpreisigen Massenmarkt längst nicht mehr wettbewerbsfähig sind. Das Gleiche gilt für die Produkteigenschaft **Qualität**, denn eine höhere Produktqualität findet plausiblerweise auch in höheren Preislagen statt. Fokussiert man speziell den Bekleidungsbereich, dann kann für die deutschen Bekleidungsunternehmen konstatiert werden, dass sie im Bereich Mode und Design über sog. „Fühlungsvorteile" verfügen.[390] Als Fühlungsvorteile wird die Fähigkeit bezeichnet, ein „besonderes Gespür" für Nachfrageveränderungen auf den bedienten Märkten zu besitzen. D.h. Modeunternehmen verfügen über spezifisches betriebliches Know-how und kreative Kompetenzen, wodurch sie in der Lage sind, ihren Bekleidungsprodukten einen immateriellen Mehrwert in Form einer modischen Aussage hinzuzufügen. Modische Fühlungsvorteile sind im betriebswirtschaftlichen Zusammenhang kein subjektives Abstraktum, sondern ein echter unternehmerischer Erfolgsfaktor, vermöge dessen Bekleidungsprodukte mit einer *zielgruppenbezogenen modischen Aussagekraft* gestaltet werden können – und zwar mit dem Ziel, Kaufverhalten und -entscheidung der Konsumenten zu beeinflussen. RATHKE (1996) weist darauf hin, dass produktbezogene Fühlungsvorteile auch bei der Verlagerung der Produktion im Unternehmen verbleiben, mit anderen Worten: Kreative Kompetenzen und spezifisches Marktwissen sind nicht zwangsläufig an die materiellen Fertigungsprozesse gekoppelt.[391]

Damit wird quasi das Stichwort für **Outsourcing-Kooperation im Modebereich** geliefert. Denn für die meisten deutschen Bekleidungsunternehmen besteht das Problem – spitzfindig formuliert – nicht in der modischen Produktgestaltung, sondern in der gewinnwirtschaftlichen Preisgestaltung. Deutsche Bekleidungsunternehmen leiten, durchaus zu Recht, ihre Wett-

[389] Vgl. GRÖMLING ET AL. (2003), S. 84.
[390] Vgl. hierzu z.B. BREITENACHER (1989), S. 124, BENNECKE (1990), S. 228ff sowie SCHRENK (2000), S. 84.
[391] Vgl. RATHKE (1996), S. 162.

bewerbsvorteile von *Fühlungsvorteilen im Bereich Mode und Design* ab, sind jedoch oft aus Kostengründen nicht in der Lage, entsprechende Produkte zu realisieren oder gar ihre Produktionskapazitäten zu erhöhen (etwa bei plötzlich eintretenden Marktveränderungen wie z.B. eine steigende Nachfrage nach bestimmten Modethemen). Aus der Marketing-Perspektive böte hier eine Kooperation mit einem Outsourcing-Partner in zweierlei Hinsicht Chancen:

- Einerseits die konsequente Realisierung der Produktpolitik (zielgruppenorientiert modische Produkte),
- andererseits die vorteilhafte Flexibilisierung des Produkt-Portfolios (zeitnahe Anpassung bei Nachfrageschwankungen).

Outsourcing kann also gerade für modeorientierte Bekleidungsunternehmen eine adäquate Wettbewerbsstrategie darstellen. Darüber hinaus bietet die Kooperation im Modebereich auch die Möglichkeit, neue Geschäftsfelder zu erschließen; dies setzt natürlich eine präzise Identifikation und Lokalisierung der Zielmärkte voraus. In Zeiten gesättigter Märkte und eines harten Verdrängungswettbewerbs ist die spezifische modische Produktgestaltung nicht nur ein Weg zur Differenzierung gegenüber den Mitbewerbern, sondern vielmehr ein „Muss" im Rahmen der unternehmerischen Wettbewerbsstrategie, das letztlich nicht nur das Erreichen der ökonomischen Unternehmensziele, sondern überhaupt den unternehmerischen Fortbestand gewährleistet, oder als Schlagwort ausgedrückt: Kreativität wird zur „Überlebensstrategie".[392] D.h. die kundenorientierte Präsenz auf den Marktplätzen muss in die strategischen Planungen der Unternehmensführung integriert werden, oder etwas konkreter formuliert: Die Mode muss ganz gezielt und „maßgeschneidert" die Kundenwünsche der jeweiligen Zielgruppe erfüllen. Hierzu sei an dieser Stelle nur am Rande erwähnt, dass die Mode-Kompetenz der heimischen Bekleidungsindustrie allgemeinhin unterschätzt wird. Tatsächlich genießt die deutsche Mode international einen überaus guten Ruf, deutsche Modedesigner sind bei vielen internationalen Bekleidungsherstellern tätig, deutsche Modeschulen sind zum Teil weltweit anerkannte Talentschmieden.[393] Dagegen wird im Inland – sowohl von Seiten der Endverbraucher als auch des deutschen Einzelhandels – häufig verkannt, dass Deutschland ein Modestandort ist

[392] Vgl. hierzu z.B. den Artikel „Kreativität als Überlebens-Strategie" in TEXTILWIRTSCHAFT Nr. 1 (2004), S. 14.
[393] Vgl. z.B. CALISAN (2005), S. 105.

und deutsche Bekleidungsunternehmen durchaus über international wettbewerbsfähiges Kreativ-Know-how verfügen.[394]

Gerade die spezifischen Kompetenzen deutscher Bekleidungshersteller im Mode- und Kreativ-Bereich können aus der Perspektive eines ausländischen Outsourcing-Anbieters als ein Entscheidungstreiber für die Outsourcing-Kooperation gewertet werden. Umgekehrt bietet eine Outsourcing-Kooperation nach der Anlaufphase auch für deutsche Bekleidungshersteller Chancen-Potenziale im Mode- und Kreativ-Bereich. Sobald sich die Outsourcing-Kooperation im Sinne einer Win-win-Situation gefestigt hat und die interorganisationale Kommunikation zwischen den beteiligten Akteuren einen von *Vertrauen* und gegenseitigem *Commitment* getragenen Informationsaustausch ermöglicht, können auch **Marketing-Aktivitäten zur Markterschließung** gebündelt werden. Insbesondere beim Markteintritt des deutschen Outsourcers in den Auslandsmarkt können hierbei Effizienz- und Effektivitätspotenziale realisiert werden. Konkret kann sich die produktbezogene Zusammenarbeit bei der gemeinsamen Markterschließung von Outsourcing-Anbieter und -Dienstleister auf zwei Bereiche erstrecken:

- Die gemeinsame Marktforschung sowie
- das Forecasting saisonaler Modetrends.[395]

Das Gebiet der **gemeinsamen Marktforschung** umfasst die methodische Erhebung, Aufbereitung und Auswertung von Informationen über Märkte, Kunden und Wettbewerber. Ziel ist dabei, durch zieladäquate Entscheidungen die Marktbezogenheit der kooperativ hergestellten Bekleidungsprodukte zu sichern. Die gewonnenen Erkenntnisse und Daten dienen der Verbesserung der Produktplanung. Dazu gehört auch das Identifizieren von aktuellen Mode-Trends in den bearbeiteten Märkten. Auch im Rahmen des **Forecasting** wird im weiteren Sinne Marktforschung betrieben, der Unterschied zur „konventionellen" Marktforschung besteht darin, dass der Fokus ausschließlich auf die zukünftigen Mode-Wünsche der Zielgruppe gelegt wird; d.h. das saisonale Trends ganz gezielt antizipiert werden (, wohingegen das Ziel von klassischer Marktforschung eher darin besteht, bereits angelaufene Trends anzutesten und nach Möglichkeit in die eigene aktuelle Kollektion

[394] Vgl. hierzu z.B. den Artikel „Deutsche Mode im Ausland gefragt" in SÜDDEUTSCHE ZEITUNG vom 07.07.2004, S. 18 sowie den Artikel „Retour zur Couture. Deutsche Designer und deutsche Labels haben im Ausland einen guten Ruf – nun wächst auch das Interesse im eigenen Land" in SÜDDEUTSCHE ZEITUNG vom 22./23.01.2005, S. 17.

[395] Vgl. hierzu HEYMANS (2004), S. 197ff; auch BIERBAUM (1992), S. 237-241.

aufzunehmen). Außerdem verläuft Forecasting üblicherweise in enger Zusammenarbeit mit dem lokalen Einzelhandel; gezielt werden am Point-of-Sale zusätzliche Informationen über Konsumentenpräferenzen hinsichtlich der Modebedürfnisse und Trends generiert und ebenso durch direkte Ansprache der Einzelhändler deren modische Wünsche im Verkaufssortiment berücksichtigt. Insofern ist das Forecasting nicht nur im hochmodischen Marktsegment unerlässlich, wo die Produktplanung ohnehin ganz klar die spezifischen Modewünsche der (relativ kleinen) Zielgruppe reflektiert, sondern gewinnt auch im breiten Mode-Markt und seinen zunehmend anspruchsvolleren Kunden immer mehr an Bedeutung.[396] Im Rahmen von partnerschaftlichen Outsourcing-Kooperationen, die ganz gezielt auf die Zusammenarbeit im Mode- und Kreativ-Bereich konfiguriert sind, kann es gelingen, solche Marktpotenziale abzuschöpfen; ein kostenrationales Produktionsprogramm in Kombination mit einer zielmarktorientierten Produktgestaltung ist hierfür die Voraussetzung, deren Erfüllung zu jeder Zeit im Mittelpunkt der gemeinsamen unternehmerischen Planungen stehen muss.

4.2.2 Risiken

4.2.2.1 Prozessbezogene Risiken

Den Chancenpotenzialen, die deutsche Textil- und Bekleidungsunternehmen durch ein Outsourcing erwarten, stehen verschiedenartige Risiken gegenüber. Um den möglichst reibungslosen Ablauf und letztlich den ökonomischen Erfolg der Outsourcing-Kooperation zu gewährleisten, müssen in den strategischen Planungen der Unternehmensführung neben den zu erwartenden Chancen auch mögliche Risiken in der Austauschbeziehung zwischen Outsourcer und Dienstleister berücksichtigt werden. Solche Risikopotenziale, die den betriebswirtschaftlichen Größen *Risiko* und *Unsicherheit* zuordbar sind, können und müssen im Rahmen der Outsourcing-Planungen mithilfe der Instrumente des strategischen und operativen Controlling (*Risk Management*) antizipiert werden. Schließlich hängt die unternehmerische Entscheidung zum Outsourcing letzten Endes von einer rationalen Abwägung der Chancen *und* der Risiken ab; angesichts der finanziellen, personellen und organisationalen Tragweite für die gesamte Unternehmung kann die Outsourcing-Entscheidung nur aufgrund der sachlichen Bilanzierung der ökonomischen Chancen und Risiken getroffen werden.

---

[396] Vgl. hierzu den Artikel „Der breite Markt frisst Modethemen“ in TEXTILWIRTSCHAFT Nr. 7 (2006), S. 60-61.

Reduziert man die größten Chancen des Outsourcing auf die Optimierung von betrieblichen Kosten, dann liegt es auf der Hand, dass das größte Risiko vom genau gegenteiligen Szenario ausgeht: Statt der erwarteten Kostendegression kommt es zu einer **Nicht-Realisierung von Kostenvorteilen** bzw. zu einer **Überkompensierung der Kostenvorteile**. Sowohl mögliche Ursachen als auch Art und Umfang dieser Kostenrisiken wurden unter theoriegeleiteten Gesichtspunkten bereits eingehend diskutiert (vgl. *Kapitel 3.3.2.3.1*).

Deutsche Textil- und Bekleidungshersteller, die Produktionskapazitäten in das kostengünstigere Ausland verlagert haben, kalkulieren grundsätzlich Kostenrisiken infolge anderer Produktionsbedingungen vor Ort mit ein. Dabei werden bei der Auslandsfertigung vor allem **Rückgänge der Produktivität** in Kauf genommen. Gleichwohl geht die interne Kostenrechnung davon aus, dass die Produktivitätsverluste durch die realisierten Kostenvorteile überkompensiert werden, d.h. die im ausländischen Produktionsstandort verursachten Kosten trotz der geringeren Produktivität geringer ausfallen als die Opportunitätskosten bei Inlandsfertigung. Zweifelsohne stellen die grundsätzlich niedrigeren Produktivitätsniveaus in Schwellen- und Entwicklungsländern ein Risiko dar, und zwar nicht nur ein kurzfristig monetäres (d.h. mit unmittelbaren Auswirkungen auf die Cash-flows), vielmehr schlägt sich das Produktivitäts-Risiko auch auf organisationale, personelle und allgemein strategische Entscheidungen nieder. Ein in diesem Zusammenhang von Vertretern aus der Textil- und Bekleidungsindustrie oft angeführtes und auch in betriebswirtschaftlichen Abhandlungen immer wieder auftauchendes Argument sind die *geringen Maschinenlaufzeiten in Deutschland*, derentwegen die Verlagerung der Produktion (und also der Abbau von heimischen Arbeitsplätzen) aus betriebswirtschaftlicher Sicht (d.h. aus Gründen der ökonomischen Vorteilhaftigkeit) dringend geboten sei. Das strikte Verbot der Sonntagsarbeit, die hohe Zahl der gesetzlichen Feiertage und die Inflexibilität gewerkschaftlicher Vereinbarungen seien dafür verantwortlich, dass die Maschinenlaufzeiten in der Bundesrepublik „künstlich“ auf niedrigem Niveau gehalten werden. Es steht außer Frage, dass hohe Maschinenlaufzeiten – insbesondere für die stark automatisierte Textilindustrie – ein wesentlicher Standortfaktor sind und darüber hinaus auch ein wesentliches Kriterium für die Standortentscheidung. Vergleicht man jedoch die Maschinenlaufzeiten in Deutschland mit denen anderer Länder, muss die Bedeutung dieses Entscheidungsfaktors relativiert werden (vgl. *Tabelle 21*):

Tabelle 21: Maschinenlaufzeiten in der Textilindustrie ausgewählter Länder

Umgerechnet in Tage pro Jahr (bezogen auf das Jahr 2000)	
Niedrig	
Großbritannien	233
Slowakische Republik	240
Polen	262
Frankreich	269
Mittel	
Ägypten	290
Tunesien	292
Tschechische Republik	293
Mexiko	295
Türkei	295
Portugal	297
Ungarn	297
Griechenland	305
Italien	308
Deutschland	**315**
Hoch	
China	332
USA	338
Südkorea	342
Marokko	345
Hongkong	352
Taiwan	356
Indien	359
Indonesien	360
Pakistan	360

Quelle: eigene Darstellung nach Daten von WERNER INTERNATIONAL zit. n. GRÖMLING ET AL. (2003), S. 41

In *Tabelle 21* kann abgelesen werden, dass die Maschinenlaufzeiten in der deutschen Textilindustrie überdurchschnittlich hoch sind. Dies liegt vor allem daran, dass viele Fertigungsprozesse in der Textilindustrie (im Gegensatz zur Bekleidungsindustrie) vollautomatisiert ablaufen und somit teilweise auch außerhalb der üblichen Arbeitszeiten durchgeführt werden. Dagegen stellen die niedrigen Maschinenlaufzeiten in den typischen Verlagerungsstandorten wie der Slowakei, Tunesien, Tschechien, der Türkei oder Ungarn ein beträchtliches Risiko für Textilproduzenten dar. Nimmt man konkret das Beispiel Türkei (295 Ausbringungstage), dann kommt man zu dem Ergebnis, dass die Maschinenlaufzeiten dort über das Jahr betrachtet um fast 6,5 Prozentpunkte niedriger sind als in Deutschland (315 Ausbringungstage). Berücksichtigt man zusätzlich die geringere Produktivität in der Türkei, dann ist davon auszugehen, dass sich der Abstand zu den deutschen Werten prozentual noch erhöht. Erst wenn die Fertigungskosten in der Türkei um mindestens diesen Wert niedriger ausfallen, können deutsche Textilhersteller mit komparativem Kostenvorteil in der Türkei produzieren. Demgegenüber sind die Maschinenlaufzeiten in Ländern wie China, Marokko oder Indien relativ hoch. Dies lässt sich durch liberale gesetzliche Rahmenbedingungen (bzw. deren lockere Handhabung in der wirtschaftlichen Praxis) erklären. Berücksichtigt man zusätzlich die geringeren Lohnkosten in diesen Ländern, dann fallen dementsprechend die Kostenvorteile in diesen Ländern höher aus als in der Türkei, d.h. diese Länder verfügen aus Kostensicht über einen klaren Wettbewerbsvorteil.

Dieser Wettbewerbsvorteil schwächt sich jedoch ab, wenn man die **hohen Logistikkosten** in der Textil- und Bekleidungsindustrie berücksichtigt. Die Kosten für Transport und Lagerung – die in der Textilindustrie wesentlich höher liegen als in der Bekleidungsindustrie – müssen bei der Suche nach einem geeigneten Auslandsstandort in der Kostenkalkulation berücksichtigt werden. Im Zuge der verstärkten Globalisierung und Standortflexibilität in der Produktion sind immer mehr Textil- und Bekleidungshersteller dazu übergegangen, als „Global Player" an den verschiedensten Produktionsstätten auf der Welt zu produzieren und ihre Produktionskapazitäten sehr schnell an verändernde Preise und Kosten anzupassen; d.h. bei veränderten Marktbedingungen kann heute die Produktion binnen kürzester Zeit an einen anderen Ort verlagert werden. Der in diesem Zusammenhang öfters auftauchende Vergleich, Bekleidungshersteller würden wie „Nomaden" von einem Standort zum nächsten ziehen, ist dabei weniger als Verunglimpfung gemeint, sondern eher der suggestive Ausdruck einer betriebswirtschaftlichen Notwendigkeit. Fakt ist, dass die Logistikkosten bei der Wahl des Produktionsstandortes eine übergeordnete Rolle spielen. Dies liegt vor allem daran, dass die Kosten für Lagerung und Transport je nach Standort sehr unterschiedlich ausfallen können. In einer aktuellen Studie von KURT SALMON ASSOCIATES wurden die globalen Logistikkosten in der Bekleidungsindustrie untersucht. Als Berechnungsgrundlage diente der Transport eines Herren-Anzugs vom Produktionsstandort nach Deutschland. *Tabelle 22* gibt die Ergebnisse bezüglich der Logistikkosten wieder:

Tabelle 22: Logistikkosten in der Bekleidungsindustrie

Herkunftsland	Logistikkosten in Euro
Bulgarien	0,53
China	1,04
Hongkong	1,04
Indien	1,08
Pakistan	1,24
Rumänien	0,50
Türkei	0,48
Ukraine	0,57

Berechnungsgrundlage: Beschaffung eines Herren-Anzugs

Quelle: eigene Darstellung nach Daten von KURT SALMON ASSOCIATES zit. n. DECKER (2005), S. 29

Anhand von *Tabelle 22* wird deutlich, dass die Logistikkosten von Land zu Land beträchtlich voneinander abweichen können. Einen fertigen Herren-Anzug aus China oder Hongkong nach Deutschland zu transportieren ist mehr als doppelt so teuer wie aus der Türkei oder Rumänien. Noch höher fällt der Unterschied zu Pakistan aus: hier sind die Logistikkosten etwa zweieinhalb Mal so hoch. Bemerkenswert ist jedoch, dass die Logistikkosten nicht unbedingt mit der geografischen Entfernung nach Deutschland zusammenhängen, zumindest nicht in proportionalem Verhältnis. Konkret sind die Logistikkosten aus der Türkei niedriger als aus dem näher gelegenen Rumänien oder Bulgarien.[397] Auch die Logistikkosten aus Indien fallen höher aus als etwa aus den geografisch weiter entfernten Standorten Hongkong oder China. Mithilfe dieser wenigen Logistikkosten-Beispiele soll verdeutlicht werden, dass beim Outsourcing zwar die geringeren Produktionskosten der letztlich ausschlaggebende Faktor sind, dass jedoch auch die Logistikkosten eine gewichtige Rolle bei der gesamten Rentabilitätsrechnung spielen. Der Rechnungsposten Logistik verdient auch deshalb besondere Berücksichtung, weil sich die Logistikkosten von Land zu Land keineswegs nur geringfügig, sondern (wie sich an obigem Beispiel gezeigt hat) um den Faktor Zwei oder höher unterscheiden können.

Verkürzt lässt sich sagen, dass bei einer Internationalisierung der Produktion nicht nur Produktionskostenvorteile im Blickfeld stehen, sondern auch das Risiko hoher Logistikkosten erkannt werden sollte; die Unternehmensführung muss bereits *vor* der Outsourcing-Entscheidung die Dimension der Logistikkosten konkret (d.h. auch kalkulatorisch) in die

[397] Dies liegt im Übrigen daran, dass der Seeweg nach Deutschland von der Türkei aus kürzer ist.

Strategieplanungen miteinbeziehen. Nichtsdestotrotz können höhere Logistikkosten im Einzelfall durchaus unternehmerisch gerechtfertigt sein; kurzfristig erhöhte Transportkosten werden gerade in der Textil- und Bekleidungsindustrie, in der der *Faktor Zeit* immer mehr an wettbewerbsrelevanter Bedeutung gewinnt, relativ oft in Kauf genommen. Wenn man die Marktmechanismen der heutigen Textil- und Bekleidungswirtschaft als Ganzes betrachtet, kann mit Recht behauptet werden, dass der **Zeitwettbewerb** zunehmend an Wichtigkeit hinzugewinnt und somit auch ein größeres Risiko darstellt.[398] Spricht man in der Textil- und Bekleidungsindustrie von der „Zeit" als Wettbewerbsfaktor, dann sind damit eigentlich zwei betriebswirtschaftliche Größen gemeint:

- Die Durchlaufzeiten in der textilen Pipeline sowie
- die Lieferzeiten vom Produktionsstandort zum Point-of-Sale.

Bei einer Verlagerung der Produktion an einen geografisch entfernten Standort verlängern sich sowohl die Durchlaufzeiten als auch die Lieferzeiten.[399] Das Problem für die Unternehmensführung besteht nun ganz klar darin, einen Trade-off zwischen einerseits den Chancen durch Kosteneinsparungen und andererseits den Risiken durch verlängerte Durchlauf- und Lieferzeiten zu finden. Dies wird umso mehr zu einer unternehmerischen Herausforderung, als die Verkürzung der Durchlaufzeiten und Lieferzeiten in der deutschen Textil- und Bekleidungsindustrie ohnehin schon zu einem erfolgskritischen Wettbewerbsfaktor geworden ist.[400] Das liegt jedoch nicht nur an den allgemein kürzeren Produktlebenszyklen für Textil- und Bekleidungsprodukte. Vor allem im modischen Bereich sind saisonale Kollektionsrhythmen mit regelmäßig zwei Kollektionen im Jahr (eine Frühjahr/Sommer- sowie eine Herbst/Winter-Kollektion) heute nicht mehr gültig. Dementsprechend wurde in den meisten Textil- und Bekleidungsunternehmen die konventionelle *saisonale Produktplanung* im Rahmen des Marketing aufgegeben. Es sollte erwähnt werden, dass auch und gerade das veränderte Order- und Einkaufsverhalten des Einzelhandels maßgeblich zu dieser Entwicklung beitrugen. Sechs, acht oder zehn Kollektionsrhythmen sind heute in der Branche keine Seltenheit mehr, oft kommen gerade im modischen Bereich sog. „Flash-Programme" hinzu, also die besonders zeitnahe Anpassung des Produktsortiments an spontane Nachfrage-

---

[398] Vgl. hierzu z.B. BIERBAUM (1992), S. 244-262 sowie NOVAK (2003), S. 186-189.

[399] Ein gesonderter Ausnahmefall besteht dann, wenn Produktionsstandort und Endmarkt besonders nahe beieinander liegen, was ja von der Unternehmensführung ganz gezielt als ein Bestandteil der Outsourcing-Strategie beabsichtigt sein kann.

[400] Vgl. hierzu z.B. den Artikel „Die Optimierer. Vom Kostenfaktor zum Wertschöpfer: Die Logistik wird mehr und mehr zum erfolgskritischen Faktor in der Textilbranche. Die Folgen: Unternehmen investieren – Logistik wird zur Chefsache" in TEXTILWIRTSCHAFT Nr. 47 (2005), S. 51.

veränderungen.[401] Insofern kann zu Recht auch von *permanenter Kollektionsentwicklung* gesprochen werden, was wiederum die Flexibilität und permanente Zuverlässigkeit der Logistik voraussetzt.[402] Für die Mehrzahl der mittelständischen Textil- und Bekleidungshersteller stellt dieser wachsende Zeitdruck, der auf die logistischen Abläufe in sämtlichen betrieblichen Funktionsbereichen (Beschaffung, Produktion, Absatz) einwirkt, vor immense organisationale Herausforderungen. Ein Outsourcing an geografisch entfernte Standorte kann zu einer Verschärfung des Zeitdrucks in der gesamten Wertschöpfungskette führen, denn: Die Folgen von zeitlichen Verzögerungen (z.B. durch Probleme in der Liefertreue) wirken nicht nur punktuell, sondern werden von einer Stufe zur nächsten weitergereicht (sog. „Domino-Effekt"). Dadurch wird das Zeitrisiko zu einem permanenten Unsicherheitsfaktor.

Wenngleich bei einem Outsourcing *sinkende Produktivitätsleistungen*, *höhere Logistikkosten* und *Zeitverzögerungen* zu den allgemein wichtigsten prozessbezogenen Risikogrößen zu zählen sind, gibt es daneben natürlich noch weitere entscheidungsrelevante Risiken, die den Durchlauf der textilen Wertschöpfungskette negativ beeinflussen können. Solche Risiken können von Unternehmen zu Unternehmen sowie je nach betrieblicher Umwelt und Outsourcing-Situation sehr unterschiedlich sein. Es gilt für die Unternehmensführung, diese Risiken bereits *vor* der Outsourcing-Entscheidung (z.B. mittels einer Checklist) zu erfassen und zu bewerten. Neben den Risiken gibt es natürlich auch eine Vielzahl von **prozessbezogenen K.O.-Kriterien** für eine Outsourcing-Partnerschaft; hiermit sind Kriterien gemeint, welche eine betriebliche Zusammenarbeit, genauer: einen interorganisationalen Güter- und Informationstransfer zwischen den beiden Outsourcing-Partnern a priori unmöglich machen. Eine erschöpfende Auflistung solcher Kriterien kann und soll an dieser Stelle nicht erfolgen. Als Hinweis für outsourcingwillige Unternehmen – gerade aus der Textilproduktion – sollte genügen, dass die heutzutage allgemein gebräuchlichen Textilmaschinen enorm teuer sind; die Anschaffungskosten für eine einzige neue, moderne Webmaschine belaufen sich auf einen sechsstelligen Euro-Betrag. Ein Unternehmen, das in der Screening-Phase der Kooperation weder über die *erforderlichen Produktionsmittel* (vor allem Anlagevermögen) noch über die finanziellen Mittel zur Anschaffung derselben verfügt, scheidet selbstverständlich als Outsourcing-Partner aus. Neben hohen Anschaffungs- und Investitionskosten dürfte auch das *hohe Qualifikationsniveau* der Beschäftigten, bei denen es

[401] Vgl. hierzu z.B. den Artikel „Mehr als geschickt. Die Branche verändert Order- und Kollektionsrhythmen. Das stellt die Logistik vor völlig neue Anforderungen" in TEXTILWIRTSCHAFT Nr. 37 (2003), S. 18.
[402] Vgl. hierzu z.B. den Artikel „Einkauf ist immer. Streichen Sie das Wort Saison. Es führt kein Weg vorbei an permanenter Kollektionsentwicklung" in TEXTILWIRTSCHAFT Nr. 36 (2003), S. 26.

sich oft um ausgebildete Fachkräfte oder diplomierte Textil-Ingenieure handelt, die Mehrzahl der Textilproduzenten von einem Outsourcing abschrecken, falls solches Fach-Personal beim potenziellen Outsourcing-Partner oder allgemein im Outsourcing-Gastland nur schwer verfügbar ist. Darüber hinaus ist für deutsche Textilunternehmen ein besonderer Standortvorteil darin zu sehen, dass Deutschland (nach den USA) der größte Hersteller von Textilmaschinen ist. Dementsprechend stammt ein Großteil des Maschinenparks deutscher Textilunternehmen aus Deutschland (, wodurch im Übrigen auch die einfachere und auch billigere Instandhaltung der Maschinen möglich ist). Zusammengefasst kann gesagt werden, dass die beträchtlichen prozessbezogenen Risiken in Verbindung mit einer Vielzahl an K.O.-Kriterien vor allem für Textilhersteller eine hohe Hürde für eine Outsourcing-Entscheidung darstellen, wohingegen für Bekleidungshersteller die Risiken in prozessbezogener Sicht wesentlich geringer einzuschätzen sind.

4.2.2.2 Produktbezogene Risiken

Hat ein Textil- oder Bekleidungsunternehmen bestimmte wertschöpfungsrelevante Funktionsbereiche outgesourcet, dann gehen hiervon Risiken aus, die sich unmittelbar auf spezifische Eigenschaften des Produktes auswirken können. Das betriebswirtschaftliche Risiko ist also explizit darin zu sehen, dass es im Durchlauf der zwischenbetrieblich organisierten Wertschöpfungskette zu einer **ungewünschten Veränderung der Produkteigenschaften** kommen kann. Zwar sind in Bezug auf das unternehmensstrategische Problem der Outsourcing-Entscheidung in erster Linie die Risiken bezogen auf das *End*produkt entscheidungsrelevant, dennoch ist es selbstverständlich so, dass produktbezogene Risiken auf *jeder* Stufe der textilen Pipeline eintreten können. Dementsprechend kann nicht nur beim Endprodukt – also auf der letzten Stufe der Textilpipeline –, sondern auch bei sämtlichen Zwischenprodukten eine ungewünschte Veränderung der Produkteigenschaften in Erscheinung treten.

Mit produktbezogenen Risiken sind aber nicht nur solche ungewünschten Auswirkungen gemeint, die eine Veränderung der *materiellen Konsistenz* des Produkts, d.h. optische und/oder haptische („sichtbare“ und/oder „ertastbare“) Veränderungen nach sich ziehen. Ebenso betroffen von produktbezogenen Risiken sind *abstrakte Eigenschaften* des Produkts, z.B. ein produktbezogenes Markenkonzept. Unter dem betriebswirtschaftlich weiter gefassten Begriff *produktbezogene Risiken* werden also diejenigen ungewünschten Ursachen subsumiert, die eine **Minderung des materiellen und/oder des immateriellen Wertes** des Produktes zur Folge haben. Die materielle bzw. immaterielle Minderung des Produktwertes kann, wie bereits erwähnt, nicht nur das Endprodukt, sondern auch die Zwischenprodukte betreffen. Abgeleitet von der potenziellen materiellen bzw. immateriellen Wertminderung des Produkts ist es in diesem Zusammenhang angebracht, klar zwischen *materiellen Risiken* und *immateriellen Risiken* zu unterscheiden, da es sich bei materiellen und immateriellen Werten immer um betriebswirtschaftliche Dimensionen handelt, die in Größe und Wirkung voneinander abhängig sind. Zur besseren Unterscheidung können die produktbezogenen Risiken also in zwei Kategorien eingeteilt werden:

- Produktbezogene Risiken, die als Negativeffekt eine Minderung des materiellen Wertes zur Folge haben sowie
- produktbezogene Risiken, die als Negativeffekt eine Minderung des immateriellen Wertes zur Folge haben.

Produktbezogene Risiken, die den *materiellen Wert* des Produktes mindern, treten dann auf, wenn während der Produktion einzelne Produktionsschritte von den qualitativ und quantitativ festgelegten Vorgaben der Produktplanung abweichen. Hieraus resultiert eine qualitative oder quantitative **Verringerung der Qualität des Produktes**. Das heißt konkret: Der Lieferumfang des Outsourcing-Dienstleisters erfüllt nicht die vertraglich festgelegten Vereinbarungen bezüglich der qualitativen oder quantitativen Ausstattung des Produktes; der Outsourcing-Dienstleister liefert dem Outsourcer also ein Produkt (bzw. Zwischenprodukt), welches in der materiellen Produktgestaltung nicht den Bestellvorgaben entspricht. Hierzu ein Beispiel aus der Bekleidungsindustrie: Ein Outsourcing-Dienstleister ist mit der Vervielfältigung der Kollektion beauftragt, doch die gefertigten Bekleidungsstücke weichen von den Schnittmustern, die ihm der Outsourcer hierfür zur Verfügung gestellt hat, ab. Grundsätzlich kann konstatiert werden: Der Outsourcer muss der Wareneingangskontrolle bei einem Outsourcing im Bereich der Produktion exponierte Bedeutung beimessen, d.h. es genügt nicht nur eine konventionelle Überprüfung des Lieferumfangs mithilfe einer bestandsmäßigen Erfassung durch Zählen, Wiegen und Messen (Soll-Ist-Vergleich). Darüber hinaus müssen die vom Outsourcing-Dienstleister gelieferten Produkte (bzw. Zwischenprodukte) genau auf ihren hinzugefügten Mehrwert geprüft werden. Dies wiederum setzt voraus, dass ganz bestimmte, objektivierbare Eigenschaften im Hinblick auf die Qualität des Produktes *vor* der Produktion festgelegt wurden, so dass diese *nach* der Produktion auch objektiv überprüft werden können. Aus der Controlling-Perspektive entspricht das Risiko einer materiellen Wertminderung einem *Kostenrisiko*. Dabei werden diejenigen Kosten berücksichtigt, die unmittelbar bei der Qualitätsprüfung und der Fehlervermeidung anfallen; daneben müssen aber auch „Kosten für die verminderte Qualität des Produkts" quantifiziert werden. Daher können die **Qualitätskosten** für die Wareneingangskontrolle in der Textil- und Bekleidungsindustrie wie folgt unterschieden werden:

- *Prüfkosten*: Kosten für bestandsmäßige Warenerfassung, individuelle Warenüberprüfung, Stichprobenkontrolle etc.,
- *Fehlerverhütungskosten*: Kosten für Fehlerprognose, -diagnose und -prophylaxe, Systematisierung der Prüfinstrumente (z.B. statistische Verfahren der schließenden Statistik) etc. sowie
- *Fehlerkosten*: Kosten, die durch Ausfall, Schwund, Abfall, Sachmangel, Nachbearbeitung etc. entstehen.[403]

Eine besondere Bedeutung bei der Beurteilung der Qualitätssicherung kommt den Fehlerverhütungskosten zu, denn durch den gezielten Einsatz von Mitteln hierfür können erhebliche Einsparungen bei den Fehlerkosten realisiert werden. Eine Reduzierung der Fehlerkosten wiederum ermöglicht den Abbau von Prüfkosten.

Produktbezogene Risiken, die den *immateriellen Wert* des Produktes mindern, treten dann auf, wenn ein direkter Mitbewerber des Outsourcers unerlaubterweise spezifische Merkmale des Textil- oder Bekleidungsproduktes nachahmt und vermarktet. Das ist insbesondere dann der Fall, wenn die Rechte am geistigen Eigentum durch Dritte verletzt werden. Das Phänomen, dass Nachahmerprodukte ohne das Einverständnis des geistigen Eigentümers gewerblich vertrieben werden, bezeichnet man im Allgemeinen als **„Produktpiraterie"**. Produktpiraterie ist eine Form der Wirtschaftskriminalität, die vorsätzlich auf Täuschung und Leistungsausnutzung ausgerichtet ist. Die Textil- und Bekleidungsindustrie ist wie kaum ein anderer Industriezweig von den ökonomischen Risiken und Folgen durch die Produktpiraterie betroffen. In der Textil- und Bekleidungsbranche wird das Problem der Produktpiraterie üblicherweise mit den Stichwörtern **Markenpiraterie und Musterdiebstahl** wiedergegeben.[404] Zwischen diesen beiden Begriffen gilt es zu unterscheiden: *Markenpiraterie* meint die unerlaubte Nachahmung und Nutzung eines geschützten Warenzeichens bzw. einer Marke; hierunter fällt insbesondere die Produktion und der Absatz „gefälschter" Textil- und Bekleidungsprodukte durch die unerlaubte Markierung mit einem geschützten Markennamen und Markenlogo. *Musterdiebstahl* bezeichnet die unerlaubte Nachahmung und Vermarktung von charakteristischen Erscheinungsmerkmalen des Textil- oder Bekleidungsproduktes;

---

[403] Vgl. hierzu BIERBAUM (1992), S. 270f.
[404] Vgl. hierzu z.B. BREITENACHER (1989), S. 128f sowie SCHRENK (2000), S. 104f.

hierunter ist die Produktion von Nachahmerprodukten zu verstehen, deren Design, Schnittführung, Dessins, Muster etc. mit dem des Originalproduktes identisch sind oder eindeutige Übereinstimmungen aufweisen. Die deutsche Textil- und Bekleidungsindustrie ist besonders stark von Markenpiraterie und Musterdiebstahl betroffen, da es sich bei der Mehrzahl ihrer Produkte um Marken- oder Modeprodukte handelt. Ein noch höheres Risiko haben diejenigen deutschen Textil- und Bekleidungshersteller zu tragen, die im Rahmen der Produktion auf unternehmensexterne Kooperationspartner angewiesen sind, also z.B. ihre Fertigung in das Ausland verlagert haben, denn ein Outsourcing-Dienstleister wird – vor allem aus Kostengründen – die entsprechenden Schutz- und Überwachungsmechanismen so gering wie möglich halten wollen. Dieses Risiko ist besonders akut, sofern es sich beim Produktionsstandort um ein Nicht-EU-Land handelt, da erfahrungsgemäß in den meisten außereuropäischen Ländern sowohl die gesetzlichen Vorgaben als auch die Rechtspraxis im Zusammenhang mit geistigen Eigentumsrechten weitaus weniger streng sind als innerhalb der Grenzen der EU. Dementsprechend verwundert es nicht, dass die meisten Plagiate aus Niedriglohnländern des Fernen Ostens stammen. 2005 wurden knapp 11 Milliarden Kopien (!) von Bekleidungstextilien und Accessoires sichergestellt, wobei etwa die Hälfte aller gefälschten Produkte aus China kam.[405] Obwohl solche Plagiate preislich und qualitativ deutlich unter der Originalprodukten liegen, kann der Produktpirat höhere Margen erzielen als der Originalproduzent, und zwar einerseits aufgrund seiner kostengünstigeren Produktion (geringere Löhne und minderwertige Zutaten), andererseits durch den Wegfall der Kreativkosten (keine eigene F&E und Werbung). Für deutsche Textil- und Bekleidungsproduzenten, die mit ausländischen Outsourcing-Partnern eng kooperieren – d.h. auch ihr geistiges Eigentum auf die eine oder andere Weise „teilen“ –, darf es keine Zweifel an der unternehmerischen Vertrauenswürdigkeit und den betrieblichen Sicherheitsvorkehrungen ihres Outsourcing-Partners geben. Absolute Vertraulichkeit und Diskretion im zwischenbetrieblichen Transfer von Kreativinformationen gehören zu den wichtigsten Governance-Regeln einer Outsourcing-Partnerschaft. Anderenfalls können durch Markenpiraterie und Musterdiebstahl immense ökonomische Schäden verursacht werden. Nach Schätzungen der Europäischen Kommission entgehen der deutschen Wirtschaft durch Produktpiraterie jährlich bis zu 30 Mrd. Euro. Zudem gehen als unmittelbare Folge der Produktpiraterie 50.000 bis 80.000 Arbeitsplätze pro Jahr verloren. An den deutschen Grenzen wurde im Jahr 2004 Bekleidung im Wert von 24,4 Mio. Euro beschlagnahmt. Bezeichnenderweise handelt es sich

[405] Vgl. TEXTILWIRTSCHAFT Nr. 47 (2006), S. 39.

bei der Mehrzahl der „gefälschten" Bekleidungsstücke, die illegal nach Deutschland eingeführt werden sollen, um nachgeahmte *deutsche* Bekleidungsmarken.[406]

4.2.3 Zusammenfassende Interpretation der Analyseergebnisse

Die Analyse der Outsourcing-Potenziale in der deutschen Textil- und Bekleidungsindustrie hat gezeigt, dass die Chancen und Risiken eines Outsourcing sehr heterogen einzuschätzen sind. Dies nicht nur, weil der Vielzahl von Chancen ernst zu nehmende Risiko-Potenziale gegenüberstehen, sondern auch im Hinblick auf die individuell unterschiedliche Ausprägung auf der Ebene der einzelnen Unternehmung. Insofern kann eine branchenbezogene Untersuchung, wie sie an dieser Stelle vorgeführt wurde, der Unternehmensführung als Orientierungshilfe zur marktrelevanten Konfiguration ihrer strategischen Planungen, Maßnahmen und Ziele dienen. Dennoch ist selbstverständlich bei der strategischen Entscheidungsfindung letztlich der Mikro-Perspektive des einzelnen Unternehmens der Vorrang gegenüber aktuellen Branchentrends und -entwicklungen einzuräumen. Deshalb kann aus theoriegeleitet-betriebswirtschaftlicher Sicht von der Heterogenität der Analyseergebnisse auf die **Komplexität der Outsourcing-Entscheidung** rückgeschlossen werden.

Auf der Ebene der konkreten Analyseergebnisse kann resümiert werden, dass die Outsourcing-Chancenpotenziale für die Bekleidungsindustrie insgesamt höher einzustufen sind als für die Textilindustrie. Dies liegt zum einen an der *geringeren Standortgebundenheit* und zum Anderen am grundsätzlich *geringeren Kapitalbedarf* der Bekleidungsindustrie. Vor dem Hintergrund der hohen Arbeitsintensität in der Bekleidungsproduktion sind die größten Chancen eines Outsourcing bei der *Einsparung von Lohnkosten* zu sehen. Dies gilt auch und gerade für kleinere Bekleidungsunternehmen, welche auf bestimmte Nischen wie z.B. hochmodische und hochpreisige Absatzmärkte spezialisiert sind. In diesem Zusammenhang ist auch die Chance auf die *Erschließung neuer Märkte* durch eine geografische Produktionsverlagerung zu sehen, insbesondere bei grenzüberschreitenden Outsourcing-Aktivitäten. Ferner stellt sich bei einer ganzheitlichen Betrachtung der prozessbezogenen und produktbezogenen Chancenpotenziale heraus, dass die als strategisches Unternehmensziel anvisierte Steigerung der Effektivität und Effizienz (z.B. durch Kostenrationalisierung) auch die Chance auf Ausschöpfung von neuen Umsatzpotenzialen bieten kann. Angesichts schrumpfender

[406] Vgl. TEXTILWIRTSCHAFT Nr. 2 (2006), S. 44.

Industriekapazitäten in Deutschland und des immer intensiveren Verdrängungswettbewerbs dürfte diese Dichotomie zwischen einerseits Chancen durch prozessbezogene Rationalisierung und andererseits Chancen durch neue Absatzkanäle für viele deutsche Unternehmen der Textil- und Bekleidungsindustrie eine reizvolle Option auf die Steigerung der Wettbewerbsfähigkeit durch gleichzeitige Verbesserung der Marktposition darstellen.

In Bezug auf die Risiken durch Outsourcing ist zu betonen, dass diese nicht nur eine „Nicht-Erfüllung der Chancen" bedeuten, sondern vielmehr als Unsicherheitsfaktoren zu begreifen sind, die in Anbetracht der strategischen Tragweite der Outsourcing-Entscheidung den unternehmerischen Fortbestand der Textil- und Bekleidungshersteller fundamental gefährden können. Denn plausiblerweise wirken sich die Risiken nicht nur ausschließlich auf die outsourcingrelevanten Bereiche der unternehmensübergreifenden Organisation aus, sondern beeinträchtigen sämtliche Wettbewerbsfaktoren des Outsourcers. Auf operativer Ebene der interorganisationalen Wertschöpfung sind – gerade bei grenzüberschreitenden Outsourcing-Partnerschaften – vor allem die Problemfelder *Logistik* und *Zeitwettbewerb* von Belang. Da der Outsourcer sowohl in der Anbahnungs- als auch in der Realisierungsphase der Outsourcing-Partnerschaft den Fokus seiner Planungs-, Steuerungs- und Kontrollinstrumente typischerweise auf die zwischenbetrieblichen *Prozesse* legt, sei an dieser Stelle ausdrücklich betont, dass auch die *produktbezogenen* Risiken der partnerschaftlichen Wertschöpfung hinreichend Berücksichtigung finden müssen. Dabei stehen für den Outsourcer vor allem die Einhaltung der produktbezogenen *Qualitätsvorgaben* sowie der ausreichende *Schutz der geistigen Eigentumsrechte* im Vordergrund.

Tabelle 23 gibt die Outsourcing-Chancen- und Risikopotenziale für die deutsche Textil- und Bekleidungsindustrie überblickshaft wieder:

Tabelle 23: Chancen- und Risikopotenziale für die deutsche Textil- und Bekleidungsindustrie als Outsourcing-Nachfrager

	Chancen	Risiken
prozessbezogen	- Lohnkosteneinsparungen - Prozessinnovationen	- Nicht-Realisierung bzw. Überkompensierung von Kostenvorteilen - Rückgänge der Produktivität - hohe Logistikkosten - Zeitrisiko
produktbezogen	- Eintritt in potenzielle Absatzmärkte - gemeinsame Produktentwicklung (F&E) - Synergieeffekte durch „Fühlungsvorteile" im Bereich Mode und Design	- Qualitätsrisiken - Mehrkosten durch Qualitätsrisiken - Markenpiraterie und Musterdiebstahl

Quelle: eigene Darstellung

KAPITEL 5: POTENZIALANALYSE DER TÜRKISCHEN TEXTIL- UND BEKLEIDUNGSINDUSTRIE ALS OUTSOURCING-ANBIETER

5.1 Struktur und Entwicklung der türkischen Textil- und Bekleidungsbranche

Im Gegensatz zur deutschen Textil- und Bekleidungsindustrie ist die Textil- und Bekleidungsindustrie der Türkei einer der wichtigsten Industriezweige des Landes und der Lokomotivsektor des Außenhandels. Etwa ein Zehntel des gesamten Bruttoinlandsprodukts (BIP) und etwa ein Viertel der gesamten Güterausfuhren werden mit Textilen und Bekleidung umgesetzt. Für die EU ist die Türkei – nach China – der wichtigste Lieferant von Textil- und Bekleidungsprodukten. Seit etwa anderthalb Jahrzehnten ist die Textil- und Bekleidungsindustrie der Türkei eine Wachstumsbranche. Dieser bis heute anhaltende Boom fußt vor allem auf zwei Faktoren: (1) Ein den aktuellen Marktbedingungen anpassungsfähiges, mittelständisches Unternehmertum und (2) den ökonomischen Standortvorteilen in der Türkei, von denen die Textil- und Bekleidungsunternehmen ihre unternehmerischen Wettbewerbsvorteile ableiten. Im folgenden *Kapitel 5.1* soll ein Überblick über die Struktur und Entwicklung der türkischen Textil- und Bekleidungsbranche wiedergegeben werden. Wie bereits beim vorangegangenen Branchenportrait der deutschen Textil- und Bekleidungsindustrie (*Kapitel 4.1*) kann und soll es an dieser Stelle nicht darum gehen, eine allumfassende und vollständige Branchenanalyse vorzuführen, vielmehr werden ganz gezielt solche Aspekte herausgearbeitet, die auch in die Analyse der Outsourcing-Potenziale türkischer Textil- und Bekleidungsunternehmen in *Kapitel 5.2* einfließen. Hierfür wird in einem ersten Schritt die *Stellung und Bedeutung der Textil- und Bekleidungsindustrie in der türkischen Gesamtwirtschaft* betrachtet (*Kapitel 5.1.1*). Demfolgend wird in *Kapitel 5.2.2* die *internationale Wettbewerbsfähigkeit und Importkonkurrenz* der Branche fokussiert; hierbei wird zunächst die herausragende Exportorientierung der türkischen Textil- und Bekleidungsunternehmen aufgezeigt und in einem zweiten Schritt eine Wettbewerbsanalyse auf den internationalen Märkten und dem Binnenmarkt vorgeführt. Der nächste Abschnitt (*Kapitel 5.1.3*) behandelt den tiefgreifenden und bis heute nicht abgeschlossenen *Strukturwandel* in der türkischen Textil- und Bekleidungsindustrie, wobei besonders herausgestellt wird, dass die landesspezifischen Standortvorteile (und damit einhergehend die unternehmerischen Wettbewerbsvorteile) auf der mikroökonomischen Ebene der einzelnen Unternehmung kontinuierlich an Bedeutung verlieren. Das abschließende *Kapitel 5.1.4* widmet sich den wichtigsten *aktuellen Herausforderungen und Entwicklungsrichtungen* türkischer Textil- und Bekleidungsunternehmen; dabei wird das Hauptaugenmerk auf die folgenschweren Auswirkungen der Quotenliberalisierung gelegt, denn ohne Zweifel wird dieses Ereignis wie kein anderes die Zukunft der türkischen Textil- und Bekleidungsindustrie determinieren und dazu führen, dass sich mittel- und langfristig die Marktverhältnisse – und dementsprechend auch die unternehmerischen Strukturen – nachhaltig verändern. Anschließend werden die zentralen Anpassungsstrategien dargestellt, mit deren Hilfe die Unternehmen der türkischen Textil- und Bekleidungsindustrie den Auswirkungen der Quotenliberalisierung entgegenzuwirken versuchen.

5.1.1 Stellung und Bedeutung in der Gesamtwirtschaft

5.1.1.1 Historischer Überblick

Die industrielle Fertigung von Textilien und Bekleidung hat in der Türkei eine lange Tradition. Seit dem ausgehenden 19. Jahrhundert existiert im heutigen Gebiet der Türkei eine bedeutende Textil- und Bekleidungsindustrie. Historisch betrachtet, kommt gerade dem textilen Sektor bei der Industrialisierung des Landes eine bedeutende Rolle zu: Die Textil- und Bekleidungsindustrie fungierte in der Türkei – wie auch in anderen Entwicklungsländern – als „Startindustrie" bei der Etablierung einer Verarbeitenden Industrie im modernen Sinne. Bei der Herausbildung regionaler Industriezentren in der Türkei waren es zumeist Industriebetriebe des Textil- und Bekleidungsgewerbes, die sich als „erste Industrie" in den jeweiligen Standorten niederließen und den Impuls für die weitere Industrialisierung gaben. Das mikroökonomische Phänomen, dass die Textil- und Bekleidungsindustrie gleichsam als „Auslöser" für die Herauskristallisierung von industriellen Ballungszentren wirkt, ist im Übrigen auch heute noch in bestimmten strukturschwachen Regionen der Türkei zu beobachten.

Das Ende des Ersten Weltkrieges und die Auswirkungen der langjährigen Unabhängigkeitskriege führten zum Kollaps der blühenden Textil- und Bekleidungsindustrie im Osmanischen Reich. Im Jahr der Ausrufung der Republik 1923 existierten im ganzen Land nur noch acht funktionstüchtige Textilbetriebe.[407] Jedoch erholte sich in der Folge der Textilsektor der Türkei durch gezielte staatliche Lenkung der nationalen Industrie relativ rasch. Unter der Ägide des Staates und der Umsetzung von staatlich festgelegten Fünf-Jahres-Plänen gelang in den 1920er und vor allem in den 1930er Jahren eine erfolgreiche Neubelebung der türkischen Textil- und Bekleidungsindustrie. Durch umfangreiche Investitionen und staatliche Industrialisierungsmaßnahmen entwickelte sich die Textil- und Bekleidungsindustrie im Laufe der 1950er und 1960er Jahre zu einem der wichtigsten Industriezweige des Landes und zugleich zu einem der größten Arbeitgeber.[408] Trotzdem blieb die türkische Textil- und Bekleidungsindustrie bis in die 1970er Jahre stark auf den inländischen Markt konzentriert. Zwar erzielte die Türkei bei Textilien bereits 1950 und bei Bekleidung 1970 Netto-Exportüberschüsse, doch blieben die Güterausfuhren wert- und mengenmäßig eher gering.[409] So belief sich der Anteil der Textil- und Bekleidungsexporte im Jahre 1970 auf lediglich 3% an den Gesamtausfuhren.[410]

Mit den 1970er Jahren begann für die türkische Textil- und Bekleidungsindustrie eine Wachstumsphase, die – wenn auch unter veränderten Rahmenbedingungen – im Prinzip bis heute anhält. Die stetig wachsende Bedeutung der türkischen Textil- und Bekleidungsindustrie seit den 1970er Jahren ist im Wesentlichen auf drei Faktoren zurückzuführen: (1) Die zunehmende Privatisierung staatlicher Betriebe, (2) die Entstehung eines privaten Unternehmertums sowie (3) die verstärkte Ausrichtung auf internationale Beschaffungs- und Absatzmärkte. Dabei besteht insbesondere zwischen den ersten beiden Gesichtspunkten – die voranschreitende Privatisierung und das Aufkommen kleiner und mittelständischer Industrieunternehmen – ein enger wechselseitiger Zusammenhang. Bereits im Jahre 1980 betrug der Anteil staatlicher Textil-Unternehmen nur noch 18%, bis zum Jahre 2000 sank diese Zahl auf 2%. Noch eklatanter verlief die Entwicklung in der Bekleidungsindustrie: 1988 befanden sich nur noch 3,9% der Unternehmen in Staatsbesitz, im Jahre 2000 waren es dann nur noch 1,5%.[411] Betrachtet man separat die Bekleidungsindustrie, dann lässt sich die Entwicklung seit den 1970er Jahren schematisch in vier Phasen unterteilen:[412] In den 1970er Jahren war die

---

[407] Vgl. TAN (2001), S. 6.

[408] Einen informativen Beitrag über die Geschichte der Arbeiter in der türkischen Textil- und Bekleidungsindustrie liefert SEIDMAN (2004).

[409] Vgl. KÖK ET AL. (2004), S. 5.

[410] Vgl. TAN (2001), S. 6.

[411] Die Daten sind entnommen aus TAYMAZ (2002), S. 3.

[412] Diese Einteilung erfolgt in Anlehnung an CEPS ET AL. (2005), S. 74. Eine ähnliche Einteilung ist auch zu finden in TEXTILWIRTSCHAFT DÜNYA TEKSTİL Nr. 7 (2005), S. 98.

türkische Bekleidungsindustrie noch stark von Rohstoff- und Vormaterialimporten aus dem Ausland abhängig, die Wertschöpfung bestand hauptsächlich im „Cut-Make-and-Trim (CMT)", also in Lohnveredelungsarbeiten für europäische Bekleidungsunternehmen. In den 1980er Jahren setzte sich dieser Trend fort, es setzte sich jedoch allmählich durch, dass türkische Bekleidungsunternehmen technisch und organisational in der Lage waren, auch die Endprodukte, also die letzte Stufe der textilen Wertschöpfung, für europäische Partnerunternehmen zu fertigen. Charakteristisch für die 1990er Jahre sind massive Investitionen in den Maschinenpark und die Angleichung der Produktionsbedingungen in der Türkei an moderne technologische Standards. Gleichzeitig erfolgte eine radikale Öffnung des türkischen Binnenmarktes für Produkte sowohl aus den westlichen Industrieländern als auch aus niedrigpreisigen Entwicklungsländern. Seit etwa dem Jahr 2000 sind türkische Bekleidungsunternehmen verstärkt dazu übergegangen, eigenständig *Produktinnovationen* zu betreiben und *eigene Marken* zu lancieren, um durch die gezielte Bearbeitung sowohl nationaler als auch internationaler Absatzmärkte höhere Rentabilitäten zu erzielen. Rückblickend hat die türkische Textil- und Bekleidungsindustrie innerhalb von nur 20 Jahren einen ökonomischen Quantensprung geschafft; insgesamt steigerte sich das Exportvolumen in den Jahren 1980 bis 2000 um das 13-fache (von 777 Mio. auf etwa 10 Mrd. US-Dollar).

Eine wichtige Etappe in dieser Entwicklung bildet die **Zollunion mit der EU** im Jahre 1996 (vgl. *Kapitel 2.3.2*). Ab diesem Zeitpunkt können türkische Textil- und Bekleidungsprodukte quasi ohne tarifäre Handelsbeschränkungen in die EU exportiert werden. Die türkischen Textil- und Bekleidungsproduzenten setzten allgemein hoch gesteckte Erwartungen in die Zollunion, sahen sich jedoch alsbald enttäuscht von den relativ geringfügigen Auswirkungen auf das Handelsvolumen zwischen der Türkei und der EU. Tatsächlich hatten die von der WTO festgelegten Quoten für Textilien und Bekleidung die türkischen Exporte vor der Zollunion kaum beeinträchtigt, so dass die Zollunion keine wesentlichen volumenmäßigen Veränderungen mit sich brachte.[413] In Erwartung übermäßiger Wachstumsraten infolge der Zollunion investierte die türkische Textil- und Bekleidungsindustrie zwischen 1990 und 1995 etwa 6 Mrd. US-Dollar in moderne Produktionstechnologie und war somit weltweit einer der größten Abnehmer von Textilmaschinen. Aufgrund stagnierender Märkte in Westeuropa und der schleichenden Abwertung des Euro gegenüber dem Dollar führten diese massiven Investitionen jedoch zu Überkapazitäten, so dass die Auslastungsgrade in der türkischen

[413] Vgl. hierzu TAYMAZ (2002), S. 5.

Textil- und Bekleidungsindustrie deutlich zurückgingen: in der Textilindustrie zwischen 1995 und 1998 von 81% auf 77%, in der Bekleidungsindustrie im gleichen Zeitraum sogar noch wesentlich erheblicher von 90% auf 80%.[414]

Ähnlich wie im Fall der deutschen Textil- und Bekleidungsindustrie gibt es auch in der Türkei historisch gewachsene Ballungsräume und traditionelle Textilregionen. Doch im Gegensatz zu den traditionellen Textilstandorten in Deutschland, die sich in eher strukturschwachen Regionen befinden, erstreckt sich die Präsenz der türkischen Textil- und Bekleidungsindustrie auf die wichtigsten Industriezentren des Landes. Die wichtigsten „Cluster" der Textil- und Bekleidungsunternehmen in der Türkei sind angesiedelt in: der Marmara-Region (Istanbul, Bursa, Tekirdag, Corlu), der Ägäis-Region (Izmir, Denizli), der östlichen Mittelmeer-Region (Adana) sowie in Zentralanatolien (Kayseri).[415] Im Hinblick auf Produktionsvolumen, Umsätze, Unternehmenszahlen und Beschäftigte ist die Gegend um Istanbul mit Abstand der bedeutendste Textilstandort in der Türkei. Seit den Anfängen der türkischen Textil- und Bekleidungsindustrie im späten 19. Jahrhundert wurde die Ansiedlung von Industriebetrieben in den genannten Regionen vor allem dadurch begünstigt, dass quasi die gesamte textile Wertschöpfungskette – von den erforderlichen Rohstoffen (Wolle, Baumwolle) bis zum lukrativen Absatzmarkt – im Inland abgewickelt werden konnte. Mit anderen Worten: Die türkische Textil- und Bekleidungsindustrie war und ist sowohl auf der Beschaffungs- als auch auf der Absatzseite seit jeher relativ unabhängig von ausländischen Importen. Wenngleich sich dieser Wettbewerbsvorteil mit voranschreitender Internationalisierung und zunehmendem Wachstum immer mehr abgeschwächt hat, darf nicht übersehen werden, dass die Mehrzahl der türkischen Textil- und Bekleidungsunternehmen auch heute noch ihre Wettbewerbsfähigkeit auf ihre Position in den heimischen Märkten zurückführt.

5.1.1.2 Unternehmen und Beschäftigte

Gesamtwirtschaftlich betrachtet, ist die Textil- und Bekleidungsindustrie einer der wichtigsten Industriezweige in der Türkei. Im Gegensatz zur Situation in Deutschland ist die Textil- und Bekleidungsindustrie in der Türkei gegenwärtig nach wie vor eine *Boombranche*. Textil- und Bekleidungsunternehmen nehmen im Wirtschaftsgefüge der Türkei eine unbestritten herausragende Rolle ein, d.h. konkret: Die Textil- und Bekleidungsindustrie des Landes erwirtschaftet 10% des gesamten Bruttoinlandprodukts (BIP) und realisiert etwa 25% der gesamten

[414] Vgl. TAN (2001), S. 9.
[415] Vgl. hierzu CEPS ET AL. (2005), S. 61.

Güterausfuhren. Über 20% der in der Industrie Beschäftigten sind bei Textil- und Bekleidungsunternehmen angestellt, ein Zehntel aller Berufstätigen des Landes sind im Textil- und Bekleidungssektor beschäftigt.[416]

Die Türkei ist der größte Produzent von Textilien und Bekleidung in Europa.[417] Zugleich ist die Türkei – nach dem direkten Mitbewerber China – der wichtigste Lieferant von Textilien und Bekleidung für die EU.[418] Zwei Drittel aller Textil- und Bekleidungsausfuhren gehen in die EU.[419] Angesichts dieser dominierenden Marktposition vermag es zu überraschen, dass sich unter den größten europäischen Textil- und Bekleidungsunternehmen fast keine aus der Türkei befinden. Im Jahre 2005 befanden sich unter den 100 größten Textilproduzenten Europas nur zwei türkische Unternehmen, nämlich auf Rang 4 die SAHINLER HOLDING (Jahresumsatz 1.100 Mio. Euro) und auf Rang 66 AKIN TEKSTIL (Jahresumsatz 102 Mio. Euro).[420] Noch schwächer fällt die Präsenz türkischer Unternehmen bei den Top-100 für Bekleidung aus: Im Jahre 2005 befand sich unter den 100 größten Bekleidungsproduzenten nur ein einziger türkischer Hersteller, nämlich auf Rang 47 die SAHINLER GROUP EUROPE (Jahresumsatz 290 Mio. Euro), die abgesehen davon streng genommen eine deutsche Tochtergesellschaft der SAHINLER HOLDING ist.[421] Dieses geringe Aufkommen von Großunternehmen bei gleichzeitig enormem Exportvolumen in die EU lässt auf eine ausgeprägt mittelständische Struktur der türkischen Textil- und Bekleidungsindustrie schließen.

Tatsächlich sind die Textil- und Bekleidungsunternehmen der Türkei stark **mittelständisch** geprägt. Die meisten dieser Unternehmen – auch diejenigen, die die europäischen Märkte von der Türkei aus erfolgreich bearbeiten – sind inhabergeführt. Gerade in der typischerweise inhabergeführten Organisation sieht KEMAL ŞAHIN, Vorstandsvorsitzender der SAHINLER HOLDING und gleichzeitig Präsident der TÜRKISCH-DEUTSCHEN HANDELSKAMMER einen entscheidenden Erfolgsfaktor der türkischen Textil- und Bekleidungsunternehmen, denn „dadurch können Entscheidungen sehr schnell und flexibel getroffen werden."[422] Inwieweit

[416] Vgl. CEPS ET AL. (2005), S. 3; auch TAD TEKSTİL ARAŞTIRMA DERGİSİ [Zeitschrift für Textilforschung] Nr. 1 (2005), o. S. – Im Internet: http//www.tad.com.tr/makale.aspx?id=17 (Abruf am 20.06.2005).

[417] Nicht nur aufgrund der Zollunion mit der EU, die die Türkei ja zur Umsetzung der EU-Wirtschafts- und Handelspolitik verpflichtet, ist es legitim, die Türkei wirtschaftspolitisch zu Europa zu zählen (vgl. *Kapitel 2.3.2*).

[418] Vgl. hierzu GESAMTTEXTIL (2005), o.S., Tab. 11 sowie GESAMTTEXTIL (2006), o.S., Tab. 11.

[419] Vgl. CEPS ET AL. (2005), S. 44.

[420] Vgl. das Ranking in TEXTILWIRTSCHAFT Nr. 38 (2006), S. 42f.

[421] Vgl. das Ranking in TEXTILWIRTSCHAFT Nr. 39 (2006), S. 26f.

[422] Interview in TEXTILWIRTSCHAFT Nr. 53 (2004), S. 81.

quantitativ von einer mittelständischen Struktur gesprochen werden kann, ist anhand der gewichteten Unternehmensstruktur zu beurteilen. Daher ist in *Tabelle 24* die Größenstruktur nach Beschäftigtengrößenklassen wiedergegeben:

Tabelle 24: Größenstruktur der türkischen Textil- und Bekleidungsunternehmen 2001[423]

Unternehmen mit ... bis ... Beschäftigten	1997	1998	1999	2000	2001
10-24	977	953	867	818	884
25-49	867	989	849	886	936
50-99	571	635	553	546	558
100-199	420	447	355	396	415
200-499	280	275	223	291	292
500-999	86	89	75	104	105
1000-mehr	53	56	43	47	39
Insgesamt	3.254	3.444	2.965	3.088	3.229

Quelle: eigene Darstellung und Berechnungen nach Daten des DEVLET İSTATİSTİK ENSTİTÜSÜ [Staatliches Institut für Statistik] zit. n. CEPS ET AL. (2005), S. 93

Mithilfe der Daten von *Tabelle 24* kann die mittelständische Struktur der türkischen Textil- und Bekleidungsindustrie spezifiziert werden. Setzt man als definitorische Grenze für mittelständische Unternehmen eine Beschäftigtenzahl von weniger als 500 Mitarbeiter[424], dann handelt es sich bei über 95% der Textil- und Bekleidungshersteller in der Türkei um Mittelständler. Bemerkenswert dabei ist, dass die deutliche Mehrzahl der türkischen Textil- und Bekleidungsproduzenten zu den Klein- und Kleinstunternehmen zu zählen ist: Weit über 70% der Unternehmen haben weniger als 100 Beschäftigte. Über die interessante Frage, ob und in welchem Maße diese kleineren mittelständischen Unternehmen vom Exportgeschäft abhängig sind, kann keine Aussage getroffen werden, da bislang keine entsprechenden Erhebungen vorliegen. Bei 4,5% der türkischen Textil- und Bekleidungsunternehmen handelt es sich um Großunternehmen mit mehr als 500 Beschäftigten. Demnach ist dieser Anteil fast doppelt so hoch wie in Deutschland, wo 2,4% der Textil- und Bekleidungshersteller zu den

[423] Eine aktuellere Datenerhebung des DEVLET İSTATİSTİK ENSTİTÜSÜ [Staatliches Institut für Statistik] (2004 umbenannt in TÜRK İSTATİSTİK KURUMU [Türkische Gesellschaft für Statistik]) liegt nicht vor. Da es in diesem Abschnitt in erster Linie um Tendenz-Aussagen mit qualitativer Gültigkeit geht, ist es aufgrund der Wichtigkeit des Datums „Größenstruktur" geboten, auf die aktuell verfügbaren Daten zurückzugreifen.

[424] Vgl. hierzu die Definition des INSTITUTS FÜR MITTELSTANDSFORSCHUNG (Bonn) (vgl. *Kapitel 4.1.1.2*).

Großunternehmen zu rechnen sind (vgl. *Kapitel 4.1.1.2*). Angesichts dieses relativ hohen Anteils kann auf die hervorgehobene Stellung der Großunternehmen in der türkischen Textil- und Bekleidungsindustrie geschlossen werden. Doch anders als im Fall der Textil- und Bekleidungsindustrie Deutschlands, sind die türkischen Großunternehmen nicht ausschließlich in den strukturschwachen Regionen des Landes angesiedelt. So vermag es auf den ersten Blick zu überraschen, dass sich von den 100 umsatzstärksten Textil- und Bekleidungsunternehmen der Türkei 44 in der Metropolregion Istanbul befinden.[425] Die Bedeutung Istanbuls als Textilstandort wird auch von dem allgemein hohen Anteil an Unternehmen und Beschäftigten reflektiert: Insgesamt sind in und um Istanbul etwa 30% aller Textil- und Bekleidungsunternehmen angesiedelt, die etwa 20% aller Beschäftigten des Textilsektors beschäftigen.[426] Von nicht minderer Bedeutung für die Textil- und Bekleidungsproduktion sind die unmittelbaren Nachbarregionen Istanbuls: Experten schätzen, dass sich etwa 60% der gesamten türkischen Textil- und Bekleidungsindustrie in der Marmara-Region (also im geografischen Nahbereich von Istanbul) befinden.[427]

Über die Gesamtzahl der **Beschäftigten** in der türkischen Textil- und Bekleidungsindustrie können nur vage Angaben gemacht werden. Zwar existieren amtliche Erhebungen zu Beschäftigtenzahlen, doch diese geben nicht annähernd die Verhältnisse in der Wirklichkeit wieder.[428] Dies liegt daran, dass die „Schattenwirtschaft" in der Türkei seit jeher eine übergeordnete Rolle spielt. Die Schattenwirtschaft hat annähernd das Volumen des gesamten Bruttoinlandsproduktes (BIP) (!) und geht vor allem auf illegale Beschäftigung und „Schwarzarbeit" zurück, d.h. auf die Beschäftigung von Mitarbeitern ohne Sozialversicherung. Der Anteil an Schwarzarbeit ist in der Türkei enorm hoch. Laut OECD waren im Jahr 2003 30,7% aller Beschäftigten des Verarbeitenden Gewerbes in der Türkei nicht-registriert, also „schwarz" beschäftigt.[429] Im Jahr 2004 sind dem türkischen Staat infolge der Schattenwirtschaft umgerechnet über 13 Mrd. Euro an Steuereinnahmen entgangen.[430] Gerade in der Textil- und Bekleidungsindustrie ist der hohe Stellenwert der Schattenwirtschaft allgemein bekannt; dass vor allem kleinere Betriebe in Istanbul aus Kosteneinsparungsgründen

[425] Vgl. das Ranking in CAPITAL [Türkei-Ausgabe] Nr. 7 (2004), S.50ff.
[426] Vgl. hierzu CEPS ET AL. (2005), S. 62.
[427] Vgl. TEXTILWIRTSCHAFT Nr. 29 (2003), S. 166.
[428] Laut amtlicher Statistik des DEVLET İSTATİSTİK ENSTİTÜSÜ [Staatliches Institut für Statistik] waren im Jahr 2001 insgesamt 473.316 Beschäftigte im Textil- und Bekleidungsgewerbe beschäftigt. Vgl. STAATLICHES INSTITUT FÜR STATISTIK (2005), S. 204f.
[429] Vgl. OECD (2004), S. 204.
[430] Vgl. hierzu MİLLİYET [Deutschland-Ausgabe] vom 29.05.2005, S. 8.

bevorzugt illegale Arbeiter beschäftigten, denen nicht die tariflichen Löhne und Gehälter gezahlt werden, gilt in der Branche als „offenes Geheimnis". Bei diesen billigen und nicht-sozialversicherten Arbeitskräften handelt es sich in der Mehrzahl um Einwanderer aus den ärmeren Regionen des Südostens der Türkei. Es wird geschätzt, dass in der türkischen Textil- und Bekleidungsindustrie insgesamt etwa zwei bis drei Millionen Beschäftigte arbeiten. Davon sind etwa 850.000 offiziell als sozialversichert erfasst, d.h. schätzungsweise 60 bis 70% aller Beschäftigten der türkischen Textil- und Bekleidungsindustrie arbeiten ohne Sozial- und Rentenversicherung.[431] Lediglich 70.000 Beschäftigte der türkischen Textil- und Bekleidungsindustrie sind gewerkschaftlich organisiert. 60% der Beschäftigten sind Frauen.[432]

5.1.2 Internationale Wettbewerbsfähigkeit und Importkonkurrenz

5.1.2.1 Außenhandel

In den vergangenen zehn Jahren hat die türkische Exportwirtschaft eine beispiellose Boomphase durchlaufen, die bis heute anhält: Zwischen 1994 und 2004 wuchsen die Exporte von ca. 20% auf ca. 30% des BIP.[433] 2005 war für die türkische Exportindustrie ein Rekordjahr. Insgesamt wurden Güter im Wert von fast 73,5 Mrd. US-Dollar ausgeführt – so viel wie noch nie zuvor. Hinter China verbuchte die Volkswirtschaft der Türkei mit einem realen Anstieg des Bruttoinlandsprodukts (BIP) um 6,3% weltweit das höchste Wachstum, was zu einem Großteil auf die Erfolge im Exportgeschäft zurückzuführen ist.[434] Auch für das Jahr 2006 wird eine ähnlich erfolgreiche Performance der türkischen Außenwirtschaft prognostiziert.

Textilien und Bekleidung gehören zu den wichtigsten Ausfuhrgütern der Türkei. Mit dem Export von Textil- und Bekleidungsprodukten wurden 2005 über 18,5 Mrd. US-Dollar umgesetzt – dies entspricht wertmäßig etwa einem Viertel der gesamten Ausfuhren. Die Textil- und Bekleidungsindustrie der Türkei hat in den vergangenen zehn Jahren ihre **Exportorientierung** mehr und mehr ausgeweitet. Betrachtet man in einer Zeitreihe die wertmäßigen Textil- und Bekleidungsexporte sowie deren Anteile an den Gesamtausfuhren, dann ergibt sich ein interessantes Bild (vgl. *Tabelle 25*):

[431] Vgl. hierzu TEXTILWIRTSCHAFT DÜNYA TEKSTİL Nr. 3 (2006), S. 102, ÖZIPLIK (2005), S. 6, CEPS ET AL. (2005), S. 18 sowie TAYMAZ (2002), S. 6.
[432] Vgl. TEXTILWIRTSCHAFT DÜNYA TEKSTİL Nr. 3 (2006), S. 102.
[433] Vgl. hierzu JAEGER (2005), S. 5.
[434] Vgl. FRANKFURTER RUNDSCHAU vom 01.07.2005, S. 29.

Tabelle 25: Textil- und Bekleidungsexporte der Türkei und deren Anteile an den Gesamtausfuhren

in Mio. US-Dollar

	Textilien	Anteile in %	Bekleidung	Anteile in %	Textilien und Bekleidung	Anteile in %	Gesamt-ausfuhren
1996	3.818	16,4	4.830	20,8	8.648	37,2	23.224
1997	4.450	16,9	5.442	20,7	9.892	37,2	26.261
1998	4.794	17,8	5.716	21,2	10.510	39,0	26.974
1999	4.557	17,1	5.270	19,8	9.827	36,9	26.587
2000	4.614	16,6	5.417	19,5	10.031	36,1	27.775
2001	4.943	15,8	5.398	17,2	10.341	33,0	31.334
2002	5.533	15,3	6.615	18,3	12.148	33,6	36.059
2003	6.841	14,5	8.154	17,3	14.995	31,8	47.253
2004	7.998	12,7	9.340	14,8	17.338	27,5	63.167
2005	8.743	11,9	9.925	13,5	18.668	25,4	73.472

Quelle: eigene Darstellung und eigene Berechnungen nach Daten von TÜRK İSTATİSTİK KURUMU [Türkische Gesellschaft für Statistik][435]

2005 waren die Textil- und Bekleidungsexporte der Türkei wertmäßig doppelt so hoch wie noch vor zehn Jahren. Dieser enorme Zuwachs der Ausfuhren ist ein Ausdruck für die Erfolgsgeschichte der türkischen Textil- und Bekleidungsindustrie und ein Beleg für die internationale Wettbewerbsfähigkeit der türkischen Textil- und Bekleidungsunternehmen. *Tabelle 25* lässt die Interpretation zu, dass sich türkische Textil- und Bekleidungsprodukte auf den internationalen Märkten einer stetig wachsenden Beliebtheit erfreuen, d.h. in den vergangenen zehn Jahren gelang es den türkischen Textil- und Bekleidungsunternehmen, die steigende Nachfrage nach ihren Produkten konsequent und erfolgreich zu bedienen. Dies wiederum lässt pauschal darauf schließen, dass Textil- und Bekleidungsprodukte „Made in Turkey“ hinsichtlich Marktorientierung und Produktkriterien (etwa Qualität und Preis) den Konkurrenzprodukten auf dem Weltmarkt überlegen sind. Worin diese „Überlegenheit“ der türkischen Produkte liegt und wie die erfolgreiche Marktposition gehalten bzw. noch verbessert werden kann, wird im weiteren Verlauf immer wieder aufgegriffen werden. Dennoch muss in diesem Zusammenhang ein genauerer Blick auf *Tabelle 25* geworfen werden: Die Ausfuhren der Textil- und Bekleidungsindustrie sind aktuell, sowohl separat betrachtet als auch zusammen genommen, zwar wertmäßig am höchsten, aber gleichzeitig sind deren Anteile an den Gesamtausfuhren am niedrigsten. Verblüffenderweise kann hierfür

[435] Im Internet: http://www.tuik.gov.tr/PreIstatistikTablo.do?istab_id=517 (Abruf am 27.06.2006).

sogar eine reziproke Gesetzesmäßigkeit aufgestellt werden: Innerhalb der vergangenen zehn Jahre stiegen die Ausfuhren der Textil- und Bekleidungsindustrie zwar sukzessive, jedoch schrumpfte parallel deren Anteil an den Gesamtausfuhren. Im Rahmen einer breit angelegten Marktanalyse und -prognose präzisiert TAYMAZ (2002) diese Entwicklung noch: Demzufolge ist das wertmäßige Wachstum der türkischen Textil- und Bekleidungsausfuhren fast ausschließlich auf ein mengenmäßige Steigerung zurückzuführen, was in der ausgeprägt negativen Korrelation zwischen relativen Preiseffekten und Marktanteileffekten begründet liegt.[436] D.h. die relative Nachfrage stieg bei gleichzeitigem Sinken der relativen Preise; aus betriebswirtschaftlicher Perspektive bedeutet dies: Die Textil- und Bekleidungsausfuhren konnten hauptsächlich deshalb gesteigert werden, weil gleichzeitig die Preise gesenkt wurden. Mit dieser Tatsache ist ein Hinweis darauf gegeben, dass die internationale Wettbewerbsfähigkeit der türkischen Textil- und Bekleidungsunternehmen durchaus kritisch hinterfragt werden muss, denn im Fall Chinas ist keine ähnliche Entwicklung eingetroffen, sondern im Gegenteil: Der chinesischen Textil- und Bekleidungsindustrie gelang es, ihre relativen Marktanteile bei gleichzeitigem Anstieg der relativen Preise zu erweitern. Das anteilsmäßige Schrumpfen der türkischen Textil- und Bekleidungsexporte an den Gesamtausfuhren hat aber noch einen anderen Grund: Andere Industriezweige in der Türkei (z.B. die Automobilindustrie und die Elektronikindustrie) konnten ihre Anteile an den Ausfuhren kontinuierlich ausweiten und haben die Textil- und Bekleidungsindustrie mittlerweile eingeholt.

Die entgegengesetzte Entwicklung von relativen Mengen und relativen Preisen für die türkischen Textil- und Bekleidungsexporte bestätigt sich, wenn die Indexe von mengenmäßigen und wertmäßigen Ausfuhren in einer Zeitreihe miteinander vergleichen werden (vgl. *Tabelle 26*):

[436] Vgl. TAYMAZ (2002), S. 10.

Tabelle 26: Mengen- und Preisindexe der türkischen Textil- und Bekleidungsausfuhren

	1994	1995	1996	1997	1998	1999	2000	2001	2002	2003
Mengenindex der Exporte (1994=100)										
Gesamtausfuhren	**100**	**106**	**117**	**132**	**145**	**150**	**167**	**204**	**236**	**288**
Verarbeit. Gewerbe	100	108	117	136	151	156	179	217	257	313
Textilien	100	101	118	143	165	176	198	220	255	296
Bekleidung	100	112	109	131	137	129	136	151	182	194
Preisindex der Exporte (1994=100)										
Gesamtausfuhren	**100**	**113**	**108**	**103**	**98**	**92**	**88**	**86**	**84**	**92**
Verarbeit. Gewerbe	100	115	109	102	97	91	87	85	84	93
Textilien	100	118	109	101	101	90	84	82	80	89
Bekleidung	100	120	110	104	99	96	87	86	86	98

Quelle: eigene Darstellung nach Daten des DEVLET İSTATİSTİK ENSTİTÜSÜ [Staatliches Institut für Statistik] zit. n. CEPS ET AL. (2005), S. 101

Die Daten von *Tabelle 26* untermauern die oben angestellten Überlegungen. Innerhalb von zehn Jahren sind die Ausfuhren des gesamten Verarbeitenden Gewerbes der Türkei explosionsartig um weit mehr als 200% angestiegen. Mit einem Zuwachs von fast 200% im gleichen Zeitraum liegen die Textilexporte knapp darunter, sind aber damit immer noch höher als der Index der Gesamtausfuhren. Demgegenüber kann die Bekleidungsindustrie mit dem rasanten Anstieg der allgemeinen Exportindustrie nicht Schritt halten: Zwar wuchsen die Bekleidungsexporte im betrachteten Zeitraum um fast das doppelte an – was an sich als ein beeindruckender Erfolg gewertet werden muss –, gleichwohl bewegen sich die Indexe der Bekleidungsausfuhren innerhalb der Zeitreihe immer deutlich unter dem allgemeinen Trend (sowohl der Gesamtausfuhren als auch der Ausfuhren des Verarbeitenden Gewerbes). Zusammenfassend kann gesagt werden, dass die Textilexporte in etwa mit dem Tempo der Gesamtausfuhren gewachsen sind, wohingegen der Anstieg der Bekleidungsexporte deutlich unter der Wachstumsdynamik der Gesamtausfuhren liegt. Im Übrigen ist ein deutlicher Sprung in der Datenkonsistenz ab dem Jahr 2001 zu beobachten; dementsprechend gilt dieses Datum als eigentlicher Startpunkt der bis heute andauernden Boomphase der türkischen Exportindustrie.

Wie bereits festgestellt wurde, befinden sich die wichtigsten Zielmärkte der türkischen Textil- und Bekleidungsindustrie – neben dem wichtigen eigenen Heimatmarkt – in der EU-15. Für den weiteren Verlauf dieser Arbeit lohnt es sich, die wichtigsten **nationalen Exportmärkte** der türkischen Textil- und Bekleidungsindustrie einer genaueren Betrachtung zu unterziehen. Deshalb sind in *Tabelle 27* die Textil- und Bekleidungsexporte der Türkei in 2005 in die einzelnen Länder der EU-15 aufgelistet:

Tabelle 27: Textil- und Bekleidungsexporte der Türkei in die Länder der EU-15 (2005)

						in Mio. US-Dollar
	Textilien			Bekleidung		
Rang		Wert	Veränd. in %		Wert	Veränd. in %
1	Italien	493.8	-0,7	Deutschland	3.571.3	0,1
2	Deutschland	328.7	3,5	Verein. Königreich	2.203.3	11,7
3	Verein. Königreich	206.0	-3,7	Frankreich	995.4	6,9
4	Spanien	166.9	5,2	Niederlande	884.2	16,5
5	Griechenland	140.7	9,6	Italien	557.7	27,5
6	Frankreich	132.8	-0,2	Spanien	542.2	26,2
7	Portugal	75.6	-3,5	Dänemark	371.1	8,9
8	Niederlande	71.4	1,9	Schweden	236.9	9,4
9	Belgien	70.1	-1,8	Belgien	234.1	-12,0
10	Dänemark	29.4	22,8	Österreich	129.4	22,0
11	Österreich	23.3	28,0	Griechenland	126.8	36,0
12	Schweden	17.8	13,6	Irland	78.0	-8,0
13	Finnland	15.0	18,7	Finnland	41.9	29,1
14	Irland	7.6	20,6	Portugal	8.7	6,1
15	Luxemburg	4.0	-24,2	Luxemburg	2.2	-21,6

Quelle: eigene Darstellung nach Daten von İSTANBUL TEKSTİL VE KONFEKSİYON İHRACATÇILAR BİRLİĞİ [Vereinigung der Textil- und Konfektionsexporteure Istanbul][437]

Die wichtigsten Exportmärkte für türkische Textilprodukte sind Italien, Deutschland, England, Spanien, Griechenland und Frankreich, für Bekleidung sind es die Länder Deutschland, England, Frankreich, die Niederlande, Italien und Spanien. Zwei Aspekte stechen hierbei sofort ins Auge: Zum einen bilden die Zielmärkte für Textilien und für Bekleidung keine homogene Gruppe, zum Anderen sind – sowohl für Textilien als auch für Bekleidung – die wertmäßigen Anteile der einzelnen Zielmärkte in ihrer Höhe sehr unterschiedlich. Mit Letzterem ist nicht gemeint, dass der Zielmarkt Deutschland ein höheres Volumen aufweist als Luxemburg – diese Aussage ist zwar zutreffend, aber trivial. Gemeint ist vielmehr, dass schon innerhalb der Top-5 die wertmäßigen Sprünge erstaunlich deutlich

[437] Im Internet: http://www.itkib.org.tr/itkib/istatistik/dosyalar/2005_YILLIK_TEKSKONF_ISTA_WEB.xls (Abruf am 06.07.2006).

ausfallen. Im Fall der Textilexporte sind die Unterschiede weniger deutlich als bei Bekleidung, weil als Zielmärkte nur solche Länder in Frage kommen, die eine bedeutende Verarbeitende Textil- und Bekleidungsindustrie aufweisen; dabei handelt es sich in der EU-15 fast deckungsgleich um diejenigen Länder, in die auch die Türkei Textilien ausführt. Besonders augenfällig indes sind die wertmäßigen Unterschiede im Fall der Bekleidungsexporte: Deutschland ist mit Abstand der wichtigste (und auch der konstanteste) Zielmarkt, gefolgt mit deutlichem Unterschied von England, danach folgt auf Platz 3 schon weit abgeschlagen Frankreich und die übrigen Länder der EU-15. Anhand der Daten aus *Tabelle 27* zeigt sich, dass die Zielmärkte vor allem für Bekleidungsausfuhren – zum Teil gilt dies auch für die Textilausfuhren – wenig diversifiziert sind. D.h. die türkischen Bekleidungsexporte (und zum Teil auch die Textilexporte) sind von einigen wenigen Zielmärkten abhängig. Es liegt auf der Hand, dass die türkische Textil- und Bekleidungsindustrie dadurch relativ abhängig von konjunkturell bedingten Nachfrageschwankungen in diesen wichtigen Abnehmerländern ist. Die **Volatilität** der türkischen Textil- und Bekleidungsausfuhren wird offenkundig, wenn die Daten der wertmäßigen Veränderungen aus *Tabelle 27* herangezogen werden. Betrachtet man nur jeweils die Top-5, dann fallen allein schon die Veränderungen zwischen 2004 und 2005 erheblich aus. Dies gilt zwar auch für die Textilexporte, diese zeigen aber – wenn zugleich die Daten für die vergangenen Jahre berücksichtigt werden – einen insgesamt konstanteren Verlauf. Wesentlich stärker sind die wertmäßigen Veränderungen im Fall der Bekleidungsexporte: Betrachtet man die sieben wichtigsten Zielmärkte (d.h. die wertmäßig wichtigsten Zielmärkte), dann stellt sich heraus, dass sich innerhalb dieser Gruppe in vier nationalen Zielmärkten innerhalb eines Jahres Veränderungen im zweistelligen Bereich ergeben haben! Daneben sind auch die Bekleidungsausfuhren in die anderen, wertmäßig weniger wichtigeren Länder sogar noch volatiler. Diese von Jahr zu Jahr auftretenden, deutlichen wertmäßigen Veränderungen in den Ausfuhren gehören in der türkischen Textil- und Bekleidungsindustrie mittlerweile zum gewohnten Bild und sind ein Beleg für das zum Teil erhebliche Marktrisiko, dem die türkischen Textil- und Bekleidungsunternehmen ausgesetzt sind – dies gilt wohlgemerkt auch für die angestammten Massenmärkte (in den großen Abnehmerländern) und keineswegs nur für die kleineren oder neu erschlossenen Zielmärkte. Es kann resümiert werden, dass von der wertmäßigen Volatilität der Ausfuhren die Textilindustrie weniger, die Bekleidungsindustrie hingegen in erheblichem Ausmaß betroffen ist. Insbesondere die Bekleidungsexporte variieren in ihren wertmäßigen Anteilen sehr stark, was umso bedenklicher ist, wenn man berücksichtigt, dass sie ja auch im absoluten Wert deutlich über den Textilexporten liegen.

Betrachtet man die **Export-Produkte** der Textil- und Bekleidungsindustrie, dann kann gesagt werden, dass der Erfolg der Exportindustrie nicht unmittelbar auf einige bestimmte Produkt- oder Preisgruppen zurückzuführen ist. Es sind also keine spezifischen „Monokulturen" unter den Exportprodukten auszumachen, im Gegenteil: Die Palette der türkischen Textil- und Bekleidungsprodukte ist sehr differenziert. Darunter befinden sich Produkte aus den verschiedensten Rohstoffen (Wolle, Baumwolle, Synthetik) sowie aus allen Genres (Niedrigpreisgenre bis Luxusgenre). Sicherlich kann der Versuch unternommen werden, die Exporterfolge der türkischen Textil- und Bekleidungsindustrie anhand von einigen speziellen Produkt- und Preisgruppen zu exemplifizieren. Somit können Hinweise dafür geliefert werden, in welchen Bereichen die Erfolgsfaktoren der türkischen Textil- und Bekleidungsindustrie zu finden sind. Beispielsweise ist die Türkei hinter China und Italien und vor Deutschland der drittgrößte Exporteur von Strickwaren mit einem Weltmarktanteil von 7,1%.[438] Auch bei Unterwäsche ist die Türkei nach China und Hongkong der weltweit drittgrößte Exporteur mit einem Weltmarktanteil von 7,73%.[439] Eine weitere beachtliche Größe auf dem Weltmarkt stellt die Türkei bei Jeanshosen und -stoffen dar: Bei Jeans und Denim halten türkische Textil- und Bekleidungsunternehmen einen Weltmarktanteil von 60%![440] Dabei ist die Bundesrepublik Deutschland mit Abstand der wichtigste Markt für Jeanshosen aus der Türkei: 2005 stiegen die Jeans-Exporte nach Deutschland im Vergleich zum Vorjahr um 11% und erreichten ein Volumen von 284,3 Mio. US-Dollar.[441] Unter den gesamten Bekleidungsexporten der Türkei machten 2005 Jeans und Denim einen Anteil von 28% aus; davon gingen 20% nach Deutschland.[442]

Eine empirische Studie von SEZGIN ET AL. (2000), die sich auf die Befragung von 100 Textil- und Bekleidungsunternehmen aus Istanbul stützt, kommt auf einige überraschende Ergebnisse: Demnach exportieren nur 16,7% der exportierenden Textil- und Bekleidungsunternehmen speziell für die EU-Märkte diversifizierte Produkte, oder anders herum betrachtet: 83,3% der exportierenden Textil- und Bekleidungsunternehmen produzieren keine speziell an den Kundenbedürfnissen in den Zielmärkten orientierten Produkte.[443] Des Weiteren betreiben nur 37,1% der befragten Textil- und Bekleidungsunternehmen eine

[438] Vgl. das Ranking in HÜRRİYET [Türkei-Ausgabe] vom 22.08.2005, S. 10.
[439] Vgl. TEXTILWIRTSCHAFT DÜNYA TEKSTİL Nr. 8 (2005), S. 110.
[440] Vgl. TEXTILWIRTSCHAFT DÜNYA TEKSTİL Nr. 8 (2004), S. 14 sowie TEXTILWIRTSCHAFT DÜNYA TEKSTİL Nr. 9 (2005), S. 115.
[441] Vgl. das Ranking in HÜRRİYET [Deutschland-Ausgabe] vom 14.02.2006, S. 14.
[442] Vgl. TEXTILWIRTSCHAFT DÜNYA TEKSTİL Nr. 7 (2006), S. 26 und 27.
[443] Vgl. SEZGIN ET AL. (2000), S. 173 und 185.

professionelle Marktforschung.[444] Dies liegt unter anderem daran, dass nur 11,2% der befragten Textil- und Bekleidungsunternehmen ihre Exportunternehmen selber akquiriert, d.h. die überragende Mehrheit von fast 89% der Produzenten besteht aus marktpassiven „Auftragsfertigern".[445] Diese ernüchternden Ergebnisse werden stichwortartig an dieser Stelle angeführt, um auf besonders augenfällige Defizite der türkischen Textil- und Bekleidungsunternehmen hinzuweisen: Die *mangelnde Marktorientierung* sowie der *fehlende Fokus auf Marketing-Aktivitäten*. Dieser Nachholbedarf ist in der türkischen Textil- und Bekleidungsbranche zwar allgemein bekannt, doch werden von Seiten der Unternehmen meist nur halbherzige Versuche unternommen, diesem Problemverhalt entgegenzuwirken.[446] Daher soll an dieser Stelle daran erinnert werden, dass eine Hauptmotivation der vorliegenden Studie und des erarbeiteten Marketing-Konzeptes – das ja gerade die Wichtigkeit der „Marktorientierung" betont – eben diesem aktuell begründeten Defizit geschuldet ist. Im weiteren Verlauf wird sich zeigen, dass die mit der Quotenliberalisierung Anfang des Jahres 2005 eingetretene Stagnation bzw. der kurzzeitige Rückgang der Textil- und Bekleidungsexporte unter anderem auf die zum Teil mangelnde Anpassungsfähigkeit der türkischen Textil- und Bekleidungsunternehmen an veränderte Marktbedingungen zurückzuführen ist.

5.1.2.2 Direkte Mitbewerber und Importpenetration

Bei der Suche nach geeigneten Marktstrategien ist es für türkische Textil- und Bekleidungsunternehmen unerlässlich, ihre direkten Mitbewerber auf den internationalen Märkten zu kennen. „Kennen" meint in diesem Zusammenhang nicht nur ein Bescheidwissen über deren geografische Herkunft und jeweilige Marktanteile, sondern ein tieferes Verständnis für die Erfolgsfaktoren sämtlicher direkten Konkurrenten. Gleichwohl würde eine solche umfassende Analyse aller in direktem Wettbewerb miteinander stehenden Marktteilnehmer (in der Marketing-Theorie üblicherweise als *Benchmarking* bezeichnet) den Rahmen der vorliegenden Arbeit sprengen. Deshalb müssen sich die folgenden Ausführungen damit begnügen, wichtige und problembezogene Ansätze zu liefern.

Eine Wettbewerbsanalyse der türkischen Textil- und Bekleidungsindustrie kann formal in zwei Teilbereiche gegliedert werden, nämlich

- eine Analyse des Wettbewerbs auf den bearbeiteten ausländischen Märkten sowie

---

[444] Vgl. SEZGIN ET AL. (2000), S. 172.
[445] Vgl. SEZGIN ET AL. (2000), S. 171.
[446] Dieser Problemkomplex wird eingehend in *Kapitel 5.1.4* untersucht.

- eine Analyse des Wettbewerbs auf den heimischen Binnenmärkten.

Angesichts der enormen Exportorientierung und -erfolge türkischer Textil- und Bekleidungsunternehmen (vgl. *Kapitel 5.1.2.1*) rücken zunächst die Auslandsmärkte in den Fokus. Aber auf der anderen Seite gewinnen für die türkischen Produzenten auch die Inlandsmärkte immer mehr an Bedeutung, vor allem aufgrund der seit etwa einer halben Dekade anhaltend boomenden Wirtschaft im Heimatland und der damit gesteigerten Kaufkraft der privaten Konsumenten.

Wie bereits festgestellt wurde, ist die EU mit Abstand der wichtigste Exportmarkt der türkischen Textil- und Bekleidungsunternehmen. Weit mehr als zwei Drittel der gesamten Textil- und Bekleidungsexporte der Türkei verteilen sich auf die lukrativen nationalen Märkte der EU-15 (vgl. *Tabelle 27*). Dementsprechend sind die wichtigsten Mitbewerber der türkischen Textil- und Bekleidungsexporteure auf diesen Märkten zu suchen. *Abbildung 18* zeigt die wichtigsten Lieferanten für Bekleidung in die EU-15:

Abbildung 18: Die 10 wichtigsten Exporteure von Bekleidung in die EU-15 (2003)

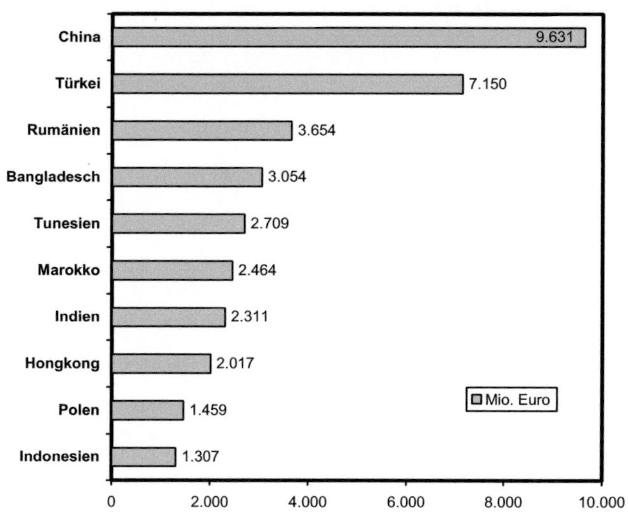

Quelle: eigene Darstellung nach Daten von EUROSTAT zit. n. HEYMANN (2005b), S. 21

Abbildung 18 gibt eine Auflistung der wichtigsten Konkurrenten der türkischen Bekleidungsexporteure.[447] Hieraus geht ganz klar hervor, dass allen voran **China** für die türkische Textil- und Bekleidungsindustrie der schärfste Konkurrent auf den westeuropäischen Märkten ist. Weitere Konkurrenten sind vor allem Rumänien, Bangladesch, Tunesien, Marokko sowie Indien. Es ist davon auszugehen, dass sich die Verteilung der Marktanteile in der EU-15 nach der Quotenliberalisierung noch stärker zu Gunsten Chinas und auch Indiens entwickeln wird, d.h. China und Indien werden ihre Exporte in die EU im Laufe der nächsten Jahre noch deutlich erhöhen. Diese Entwicklung ist zum Teil bereits zum jetzigen Zeitpunkt eingetroffen (Mitte 2006). Nach Ansicht von Experten wird sich dieser Trend in den nächsten Jahren noch weiter verstärken, so dass China und Indien ihre Marktdominanz auf den EU-weiten Textil- und Bekleidungsmärkten immer weiter ausbauen werden.[448] Diese Entwicklung stellt aktuell die größte Herausforderung für die türkische Textil- und Bekleidungsindustrie dar. Nun könnte sich die Frage stellen, warum in entsprechenden Marktprognosen neben China stets **Indien** als Gewinner der Quotenliberalisierung genannt wird, obwohl dessen Marktanteile doch aktuell weit hinter denen der Türkei und anderer potenzieller Mitbewerber liegen. Dies liegt vor allem daran, dass die indische Textil- und Bekleidungsindustrie (im Gegensatz zu China) verhältnismäßig spät seine Marktchancen erkannt und erst kurz vor und nach 2005 mit massiven Investitionen und Kapazitätsausweitungen auf den Quotenwegfall reagiert hat, so dass deutliche Marktverschiebungen zu Gunsten Indiens zum jetzigen Zeitpunkt (2006) noch nicht zu beobachten, aber in den nächsten Jahren mit Sicherheit zu erwarten sind.[449] Experten prognostizieren für die Textil- und Bekleidungsausfuhren Indiens ein jährliches Wachstum von 18% bis 2010.[450]

Es gilt zu bedenken, dass sowohl die Türkei als auch China und Indien und alle anderen Mitbewerber davon betroffen sind, dass wegen der grundsätzlich gesättigten Märkte das Gesamtvolumen der Exporte kaum mehr gesteigert werden kann. D.h. es ist davon

[447] Eine vergleichbare Statistik für die Textil-Exporteure in die EU-15 liegt nicht vor.

[448] Vgl. hierzu z.B. den Artikel „China und Indien sind die Gewinner. Von der Öffnung des Textilhandels profitieren die Großen" in SÜDDEUTSCHE ZEITUNG vom 25.10.2005, S. 22 sowie den Artikel „China and India gain from end of quotas" in FINANCIAL TIMES vom 25.10.2005, S. 5.

[449] Über aktuelle Entwicklungen in der Textil- und Bekleidungsindustrie Indiens vgl. z.B. den Artikel „Ende der Quoten heizt den Boom an" in FINANCIAL TIMES DEUTSCHLAND vom 03.06.2005, S. 17, „Textilsektor baut seine Produktionskapazitäten aus" in NACHRICHTEN FÜR AUSSENHANDEL" vom 10.11.2005, S. 8 sowie „Le savoir-faire ‚made in India'" in LE FIGARO vom 18.11.2004, S. 15.

[450] Vgl. den Indien-bezogenen Artikel „Exportbranche über Auslaufen der Textilquoten erfreut" in NACHRICHTEN FÜR AUSSENHANDEL vom 10.03.2005, S. 8. In diesem Artikel wird auch eine aktuelle Marktstudie des BUSINESS ECONOMICS RESEARCH AND INFORMATION CENTER (BERIC) zitiert, in der empirisch nachgewiesen wird, dass Indien in der Textil- und Bekleidungsproduktion gegenüber allen fernöstlichen Mitbewerbern und sogar im direkten Vergleich mit China über komparative Wettbewerbsvorteile verfügt.

auszugehen, dass sich der Wettbewerb auf dem EU-Markt als ein Verdrängungswettbewerb, also ein **„Kampf um Marktanteile"** gestalten wird. Die diesbezüglich berechtigten Sorgen der türkischen Textil- und Bekleidungsunternehmen, für die das Exportgeschäft mit der EU eine Säule ihres unternehmerischen Fortbestandes ist, werden auch von deutscher Seite erkannt und das Risikopotenzial für die türkische Textil- und Bekleidungsindustrie richtig eingestuft.[451] Da Deutschland der wichtigste Abnehmer türkischer Textil- und Bekleidungsprodukte ist, hängt der Fortbestand der zahlreichen und engen deutsch-türkischen Handelspartnerschaften und Lieferantenverhältnisse unmittelbar von der aktuellen Marktentwicklung ab.

Nach dem Wegfall der Quoten ist auch die Türkei als Absatzland für die weltweiten Textil- und Bekleidungsexporteure ein interessanter Markt geworden. Die boomende Wirtschaft, die real gestiegene Kaufkraft und die junge und modebewusste Bevölkerung veranlasste nicht nur die türkischen Produzenten, ihr Augenmerk verstärkt auf den **Heimatmarkt** zu richten, sondern lockte auch ausländische Textil- und Exporteure an. 2005 stiegen die Textilimporte gegenüber dem Vorjahr um fast 5% auf knapp 4 Mrd. US-Dollar, nachdem bereits 2004 eine Zunahme der Einfuhren von über 22% eingetreten war. Gleichzeitig legten die türkischen Bekleidungsimporte 2005 sogar um über 15% auf knapp 700 Mio. US-Dollar zu, nachdem schon 2004 ein Zuwachs von fast 34% verzeichnet wurde. Bezeichnenderweise ist China dasjenige Land, das seine Textil- und Bekleidungsausfuhren in die Türkei am deutlichsten steigern konnte. Die gesamten türkischen Textileinfuhren aus der VR China erhöhten sich 2005 um 26,8% auf 424,1 Mio. US-Dollar, die Bekleidungseinfuhren erhöhten sich im gleichen Zeitraum sogar um 37,1% auf 136 Mio. US-Dollar.[452] Somit stammen über 10% der gesamten türkischen Textilimporte sowie fast 20% der gesamten Bekleidungsimporte aus China. D.h. China zählt nach dem Quotenwegfall auch auf dem türkischen Textil- und Bekleidungsmarkt zu den großen Gewinnern. Es gilt also festzuhalten, dass China nicht nur auf den internationalen Textil- und Bekleidungsmärkten der schärfste Konkurrent für die Türkei ist, sondern auch auf dem eigenen Heimatmarkt. Der Erfolg der chinesischen Textil- und Bekleidungsexporteure auf dem türkischen Markt ist umso bemerkenswerter, wenn man berücksichtigt, dass nach dem Quotenwegfall die gesamten türkischen Textil- und Beklei-

---

[451] Vgl. hierzu z.B. den Artikel „In Europas Nähstube geht die Angst um. Für die türkische Textilindustrie brechen harte Zeiten an, wenn China ungehemmt exportieren darf" in HANDELSBLATT vom 16.09.2004 sowie den Artikel „Türkische Textilindustrie kämpft gegen Billigkleidung aus China. Produzenten setzen auf Qualität und schnelle Lieferung" in HANDELSBLATT vom 21.12.2004, S. 10.

[452] Vgl. TEXTILWIRTSCHAFT DÜNYA TEKSTİL Nr. 12 (2005), S. 22.

dungseinfuhren zwar deutlich, aber keineswegs so explosionsartig anstiegen wie etwa in der EU-15. Ein aufschlussreiches Gesamtbild ergibt sich, wenn man die türkischen Textil- und Bekleidungsimporte der vergangenen zehn Jahre in einer Zeitreihe betrachtet (vgl. *Tabelle 28*):

Tabelle 28: Textil- und Bekleidungsimporte der Türkei und deren Anteile an den Gesamteinfuhren

							in Mio. US-Dollar
	Textilien	Anteile in %	Bekleidung	Anteile in %	Textilien und Bekleidung	Anteile in %	Gesamt-ausfuhren
1996	1.882	3,4	191	0,4	2.073	4,7	43.627
1997	2.037	4,2	276	0,6	2.313	4,8	48.559
1998	2.004	4,4	249	0,5	2.253	4,9	45.921
1999	1.646	4,0	186	0,5	1.832	4,5	40.671
2000	1.853	3,4	266	0,5	2.119	3,9	54.503
2001	1.683	4,1	277	0,7	1.960	4,8	41.399
2002	2.500	4,8	346	0,7	2.846	5,5	51.554
2003	3.094	4,5	450	0,6	3.544	5,1	69.340
2004	3.786	3,9	602	0,6	4.388	4,5	97.540
2005	3.970	3,4	694	0,6	4.664	4,0	116.563

Quelle: eigene Darstellung und eigene Berechnungen nach Daten von TÜRK İSTATİSTİK KURUMU [Türkische Gesellschaft für Statistik][453]

In *Tabelle 28* kann abgelesen werden, dass sich die Textileinfuhren der Türkei innerhalb von zehn Jahren mehr als verdoppelt haben; noch deutlicher fällt der Anstieg der Bekleidungseinfuhren aus: diese wuchsen im gleichen Zeitraum sogar um mehr als das Dreieinhalbfache! Augenfällig ist jedoch der wertmäßige Abstand zwischen Textil- und Bekleidungsimporten: Im Wert liegen die Textileinfuhren stets um ein Vielfaches höher als die Bekleidungseinfuhren. So war der Wert der Textileinfuhren 2005 etwa 5,7-mal so hoch wie der der Bekleidungseinfuhren; zehn Jahre zuvor war der Wert der Textileinfuhren sogar fast 10-mal so hoch wie der der Bekleidungseinfuhren! Diese enorme wertmäßige Differenz zwischen den Textil- und Bekleidungsimporten lässt sich leicht erklären: Da die Türkei über eine bedeutende Verarbeitende Textil- und Bekleidungsindustrie verfügt, werden dementsprechend auch viele textile Vormaterialien und -produkte importiert. Dabei importiert die Türkei gerade auch höherwertige (also wertmäßig höhere) Vorprodukte, die sie selbst nicht oder nicht in

[453] Im Internet: http://www.tuik.gov.tr/PreIstatistikTablo.do?istab_id=518 (Abruf am 27.06.2006).

ausreichender Menge produzieren kann. Diese importierten Vorprodukte (z.B. hochwertige Stoffe aus Italien) werden dann von der heimischen Textil- und Bekleidungsindustrie weiterverarbeitet. Die zunehmende Beliebtheit ausländischer Bekleidung in der Türkei ist eine Folge der boomenden Wirtschaft und der damit einhergehenden Steigerung der Kaufkraft. Die kaufkräftige und modebewusste Bevölkerung der Türkei schätzt in zunehmendem Maße hochpreisige Markenbekleidung ausländischer Provenienz. Gleichwohl ist die Bevölkerungsschicht, die sich die teuren Bekleidungsartikel namhafter westlicher Marken leisten kann, noch relativ schmal, was den relativ geringen absoluten Wert der Bekleidungsimporte erklärt. Dennoch ist davon auszugehen, dass dieser Wert in nächster Zeit noch rasant zunehmen wird. Denn die Türkei entwickelt sich für die westlichen Bekleidungshersteller verstärkt zu einem interessanten Absatzmarkt, und zwar auch für diejenigen, die beispielsweise vermehrt in China oder in der Türkei selbst produzieren. Dies zeigt sich unter anderem darin, dass zusehends mehr westliche Bekleidungsmarken in der Türkei gelauncht werden und sich im Bekleidungseinzelhandel zunehmender Beliebtheit erfreuen.[454] Mittel- bis langfristig ist abzusehen, dass die westlichen Bekleidungsmarken ihre Marktanteile in der Türkei werden ausbauen können, allerdings werden sie dabei in einem verschärften Wettbewerb stehen. D.h. die ausländischen Bekleidungsmarken werden sowohl verstärkt untereinander konkurrieren als auch mit den einheimischen Bekleidungsmarken, die das gleiche (qualitativ und preislich höhere) Marktsegment bedienen. Zum Teil ist diese Marktsituation auf den Bekleidungsmärkten der Türkei schon jetzt gegeben.

5.1.3 Standortfaktoren und struktureller Wandel

5.1.3.1 Produktionsfaktoren

Die Türkei verfügt über eine der größten Textil- und Bekleidungsindustrien der Welt. Der Produktions-Output der türkischen Textil- und Bekleidungsindustrie hat wert- und mengenmäßig einen bedeutenden Anteil am gesamten Weltmarkt. Der Aufstieg der Türkei zu einer bedeutenden Exportmacht auf den internationalen Textil- und Bekleidungsmärkten begann in den 1980er Jahren und seit den 1990ern ist die türkische Textil- und Bekleidungsindustrie zu einer festen Größe auf dem globalen Textilweltmarkt geworden. Die weltweiten Export-

[454] Vgl. hierzu die Kurzhistoriografien ausländischer Bekleidungsmarken in der Türkei in HÜRRİYET [Türkei-Ausgabe] vom 14.08.2004, S. 13.

erfolge der türkischen Textil- und Bekleidungsindustrie sind auf **Standortvorteile im Inland** zurückzuführen. In der Folge gelang es den Textil- und Bekleidungsunternehmen – die eigentlichen Akteure in einem privatwirtschaftlichen Wirtschaftssystem sind immer einzelne Unternehmen –, aus den Standort-vorteilen in der Türkei **Wettbewerbsvorteile gegenüber ausländischen Konkurrenten** zu entwickeln. Diese Wettbewerbsvorteile sind einem ständigen Veränderungsprozess unterworfen, der unmittelbar von der Bedeutung der jeweiligen Standortvorteile abhängig ist, wobei in diesem Zusammenhang unter einem „Standortvorteil" keineswegs ein ökonomisches Abstraktum, sondern eine eindeutig quantifizierbare oder qualifizierbare Determinante verstanden werden sollte. Die spezifische „Vorteilhaftigkeit" eines Standorts wiederum wird von den aktuellen Entwicklungen auf den Exportmärkten bestimmt. Insofern kann sowohl für die Standortvorteile der türkischen Textil- und Bekleidungsindustrie als auch – auf unternehmerischer Ebene betrachtet – für die Wettbewerbsvorteile der türkischen Textil- und Bekleidungsunternehmen ein kontinuierlicher **Strukturwandel** festgestellt werden, da im Ergebnis die ökonomischen Aktivitäten immer mehr auf die Exportmärkte ausgerichtet und mithin zunehmend von den Entwicklungen auf den Exportmärkten abhängig wurden.

In den Jahren zwischen 1980 und 2000 stieg das Produktionsvolumen relativ am höchsten und am schnellsten (vgl. *Kapitel 5.1.1.1).*[455] Es sei an dieser Stelle daran erinnert, dass diese Eckdaten für die deutsche Textil- und Bekleidungsindustrie eine Phase des kontinuierlichen Schrumpfens und der Krise markierten (vgl. *Kapitel 4.1.3*), d.h. dass die Textil- und Bekleidungsindustrie der Türkei rückblickend betrachtet eine genau gegenläufige Entwicklung zur Textil- und Bekleidungsindustrie in Deutschland abgeschritten hat. Diese gegenläufige Entwicklung ist – aus ökonomischer Perspektive – kein Zufall, denn in den 1980er und 1990er Jahren gingen die Textil- und Bekleidungshersteller aus den Industrieländern vermehrt dazu über, ihre Produktion in Schwellenländer wie etwa die Türkei zu verlagern. Hauptursache dieses Trends waren die hohen Lohnkosten in den Industrieländern bzw. die weit niedrigeren Lohnkosten in den Schwellenländern. An anderer Stelle der vorliegenden Arbeit wurde bereits gezeigt, dass die lokalen Lohnkosten nicht der einzige, aber der wichtigste Faktor für die Standortentscheidung in der Textil- und Bekleidungsproduktion sind (vgl. *Kapitel 2.1.3*, *2.2.2.2*, *2.2.4*, *4.1.1.1*, *4.1.1.2* und *4.1.3.1*). Übertragen auf die türkische Textil- und Bekleidungsindustrie bedeutet dies: Die Türkei bot in Bezug auf die **Lohnkosten** einen

[455] Vgl. hierzu TAYMAZ (2002), S. 3.

Standortvorteil gegenüber den Industrieländern und anderen Schwellenländern. Hiervon profitierten insbesondere diejenigen türkischen Textil- und Bekleidungsunternehmen, die für westliche Partner Auftragsfertigung betrieben, da sie im Hinblick auf Lohnkosten einen klaren Wettbewerbsvorteil ausschöpfen konnten.[456]

Jedoch hat der Wettbewerbsvorteil „niedrige Lohnkosten" für die türkischen Textil- und Bekleidungsproduzenten seit Ende der 1990er Jahre immer mehr an Bedeutung eingebüßt, da die Lohnkosten in der Türkei mittlerweile deutlich über den Lohnkosten in anderen Schwellenländern liegen.[457] Spätestens seit 2000 gilt die Türkei in der Textil- und Bekleidungsproduktion de facto nicht mehr als Niedriglohnland. Zu den Schwellenländern, deren Lohnkosten niedriger sind als in der Türkei, gehören auch Länder, die zum Kreis der direkten Mitbewerber der türkischen Textil- und Bekleidungsindustrie zu zählen sind. Listet man diese Mitbewerber nach der Höhe der Lohnkosten hierarchisch auf, dann folgen auf die Türkei: Ägypten, China (Küstenregion), Indien, Indonesien, China (Hinterland), Vietnam, Pakistan und Bangladesch.[458] Mit anderen Worten: Im direkten Kostenvergleich mit jedem dieser Länder verfügt die Türkei über **keine komparativen Kostenvorteile** mehr. Hieraus kann im Hinblick auf die Themenstellung der vorliegenden Arbeit folgendes abgeleitet werden: Für Textil- und Bekleidungsunternehmen aus Deutschland, die mit einer Auslagerung von unternehmerischen Funktionsbereichen nichts weiter als eine reine Kostendegression bezwecken, kommt ein Outsourcing in die Türkei eigentlich nicht in Frage, oder anders herum: Für eine Outsourcing-Kooperation mit einem Partner in der Türkei kann für deutsche Textil- und Bekleidungshersteller eine Optimierung der Kostenstruktur (d.h. eine monetär möglichst hohe Reduzierung der Fertigungskosten) *nicht* das ausschlaggebende betriebswirtschaftliche Kriterium sein.

Gewiss ist ein einfacher Vergleich von internationalen Lohnkosten grundsätzlich kritisch zu betrachten, da es sich hierbei immer um Näherungswerte handelt, bei deren Berechnung Durchschnittspreise, Zirka-Kosten und Zirka-Zeiten herangezogen werden. Außerdem werden bei Lohnkosten-Vergleichen im Allgemeinen nicht die Lohnnebenkosten berücksichtigt, sondern nur die gezahlten Stundenlöhne.[459] Noch problematischer erscheint ein Vergleich der

[456] Vgl. hierzu auch den internationalen Lohnkostenvergleich in *Tabelle 4*.
[457] Dieser Sachverhalt wurde von SEZGIN ET AL. (2000) mithilfe einer postalischen Unternehmensbefragung empirisch überprüft und bestätigt. Vgl. hierzu SEZGIN ET AL. (2000), S. 184.
[458] Vgl. hierzu den tabellarischen Kostenvergleich von HEYMANN (2005a), S. 6.
[459] Vgl. hierzu LOHRMANN (1999), S. 92.

Produktionskosten, da in diesem Fall sogar noch mehr Variablen in die Berechnung einfließen. Um trotzdem eine Vorstellung davon zu bekommen, wie hoch die Unterschiede in den länderspezifischen Produktionskosten ausfallen können, sei an dieser Stelle ein praktisches Beispiel aus der wirtschaftlichen Realität angeführt. *Tabelle 29* gibt einen Vergleich der Produktionskosten für eine Outdoor-Jacke in einfacher Ausführung:

Tabelle 29: Vergleich der Produktionskosten für eine Outdoor-Jacke in einfacher Ausführung

Position	Deutschland	Türkei	VR China	Rumänien
	Kosten/ Zeiten / Mengen pro Stück			
Lohnkosten (in Euro)	13,50	6,60	2,80	6,40
Produktionszeit (in Min.)	45	55	70	80
Materialkosten[a)] (in Euro)	6,00	5,20	3,80	5,80
Mindestmenge (in Stück)	250	1.000	5.000	1.000
Lieferzeit[b)] (in Tagen)	5	20	60	25
Transportkosten[b)] (in Euro)	0,75	0,80	0,50	0,80
Zoll (in Euro)	/	zollfrei	0,80	zollfrei
Produktionskosten insg. (in Euro)	**20,25**	**12,60**	**7,90**	**13,00**
a) Wenn Material vor Ort verfügbar. – b) Seefracht für China unterstellt.				

Quelle: eigene Darstellung in Anlehnung an HOFMANN (2005), S. 38 nach Daten von SECO SECTOR CONSULTING (Eschborn/ Frankfurt) und THIEL LIFESTYLE LOGISTIK + SERVICES (Hongkong)[460]

Tabelle 29 verdeutlicht anhand eines eingängigen Beispiels, wie hoch die Produktionskostenunterschiede je nach Produktionsstandort ausfallen können. Die Unterschiede in der Kostenstruktur der einzelnen Produktionsstandorte sind enorm. Betrachtet man die gesamten Produktionskosten, dann liegen diese in Deutschland um 150% höher als in China. Auch die Türkei wäre gemäß diesem Beispiel als Produktionsstandort nicht konkurrenzfähig, da hier die Produktionskosten immer noch um über 40% über denen in China lägen. Interessant ist das Beispiel Rumänien: Dieses Land gehört (neben Bulgarien) zu denjenigen Ländern, die sich in den nächsten Jahren zu direkten Mitbewerbern der Türkei entwickeln könnten. Bezüglich der Produktionskosten liegt Rumänien etwa gleichauf mit der Türkei, doch ist die Produktivität des rumänischen Standorts wesentlich niedriger (in *Tabelle 29* abzulesen an der Produktionszeit, die in Rumänien um etwa ein Drittel höher liegt als in der Türkei). Mithilfe von *Tabelle 29* können aber noch weitere interessante Aussagen getroffen werden: Die

[460] Dieses Kostenbeispiel ist ursprünglich entnommen aus TEXTILWIRTSCHAFT Nr. 53 (2004), S. 88f.

Lohnkosten in China sind so niedrig, dass diesbezüglich keiner der Mitbewerber auch nur annähernd konkurrenzfähig ist: In der Textil- und Bekleidungsproduktion Chinas ist Arbeit etwa 60% billiger als in der Türkei oder in Rumänien. Dies gilt auch für die Materialkosten, die in China mit weitem Abstand unter denen der Mitbewerber liegen. Betrachtet man jedoch die Produktivität, dann liegt die Türkei (hinter dem eher theoretischen Beispiel Deutschland) vorn. Dies spricht für die modern ausgerüsteten und effektiv arbeitenden Produktionskapazitäten in der Türkei. In Bezug auf Lieferzeiten übertrifft die Türkei sogar das geografisch näher gelegene Rumänien – ein deutliches Indiz für die überlegene und professionelle Logistik in der türkischen Textil- und Bekleidungsindustrie. Gerade letzteres – der Faktor Zeit – ist für türkische Textil- und Bekleidungsproduzenten zu einem immer wichtigeren Wettbewerbsvorteil geworden. In Bezug auf die Mindestmengen zeigt sich, dass diese in China mit Abstand am höchsten sind. Damit kann für China die Produktion von geringen Losgrößen (also auch die Fertigung von höherwertigen Nischenprodukten) grundsätzlich ausgeschlossen werden. D.h. dass sich gerade in diesem Bereich Chancen für den Standort Türkei ergeben. Anhand von *Tabelle 29* wird deutlich, dass die Entscheidung für einen Produktionsstandort von vielen Einflussgrößen abhängt. Es kann nicht abschließend gesagt werden, ob ausschließlich und ausnahmslos die Produktionskosten für eine Standortentscheidung den Ausschlag geben. Gerade in der Textil- und Bekleidungsproduktion können andere Faktoren im Einzelfall wichtiger sein; so spielen z.B. bei hochmodischer Bekleidung die Produktionszeiten und die Lieferzeiten eine herausragende Rolle, weil diese maßgeblich den Erfolg oder Misserfolg eines Produktionsprogramms bestimmen. Aber nicht nur bei modischen Produkten wird die *time-to-market* – also die Gesamtdauer vom Produktionsstandort zum Point-of-Sale – für den Abverkauf zu einer immer entscheidender werdenden Größe.

5.1.3.2 Produktion und Produktivität

Es wurde bereits gezeigt, dass die türkische Textil- und Bekleidungsindustrie seit etwa eineinhalb Jahrzehnten eine Boomphase durchläuft. Das wertmäßig kontinuierliche Wachstum der Textil- und Bekleidungsexporte ist ein deutlicher Indikator für diesen Boom (vgl. *Kapitel 5.1.3.1*). Auch wurde bereits gezeigt, dass die Wachstumsdynamik der türkischen Textil- und Bekleidungsindustrie infolge der weltweiten Liberalisierung der Importquoten aktuell massiv bedroht ist, insbesondere durch die sich hieraus ergebenden Wettbewerbsvorteile für direkte Mitbewerber wie China oder Indien. Im Ergebnis ist aufgrund dieser neuen Marktsituation ein verstärkter Wettbewerb zu erwarten. Aus dieser veränderten

Wettbewerbskonstellation zwischen den Textil- und Bekleidungsexporteuren werden sich auf den internationalen Märkten zwangsläufig Marktverzerrungen ergeben. Diese neue Wettbewerbssituation im Textil- und Bekleidungshandel betrifft prinzipiell weltweit *alle* Absatzmärkte, dementsprechend wird auch der lukrative Heimatmarkt der Türkei einer erhöhten Importpenetration von Seiten der direkten Mitbewerber unterliegen. Diese Entwicklung ist selbstverständlich nicht „über Nacht" eingetroffen, wurde der Wegfall der Quoten doch bereits 1993 im Rahmen der „Uruguay-Runde" beschlossen. Demzufolge hatte die türkische Textil- und Bekleidungsindustrie über ein Jahrzehnt Zeit, sich auf die neue Wettbewerbssituation einzustellen und ihre Produktion den zu erwartenden Marktbedingungen anzupassen.

Gleichwohl wurden in der Türkei die aktuellen Probleme und Herausforderungen der heimischen Textil- und Bekleidungsindustrie in ihrer ganzen Tragweite erst mit dem faktischen Wegfall der Quoten am 1. Januar 2005 Gegenstand der öffentlichen und (wirtschafts-)politischen Diskussion, nachdem Anfang 2005 erdrutschartige Rückgänge in den Textil- und Bekleidungsexporten verzeichnet wurden (vgl. hierzu *Kapitel 5.1.4.1*). Hingegen deutete sich eine solche Zuspitzung schon in den Jahren zuvor an und spiegelte sich in der quantitativen und qualitativen **Entwicklung der Produktion** (d.h. des industriellen Output) wider, so dass gesagt werden kann, dass die aktuellen Wettbewerbsprobleme nicht ausschließlich auf die Quotenliberalisierung zurückzuführen sind. Ein differenzierteres Bild ergibt sich, wenn man die wertmäßigen Produktionsindexe der Textil- und Bekleidungsindustrie mit dem übrigen Verarbeitenden Gewerbe bzw. mit der Gesamtwirtschaft vergleicht (vgl. *Tabelle 30*):

Tabelle 30: Produktionsindexe der türkischen Textil- und Bekleidungsindustrie

Produktionsindex (1997 = 100)	2000	2001	2002	2003	2004
Gesamtindustrie	**103**	**94**	**103**	**112**	**123**
Verarbeitendes Gewerbe	102	92	103	112	124
Textilindustrie	96	91	102	104	103
Bekleidungsindustrie	109	105	109	111	115

Quelle: eigene Darstellung nach Daten von STAATLICHES INSTITUT FÜR STATISTIK (2005), S. 214

Tabelle 30 zeigt für den betrachteten Zeitraum für jeden Produktionsindex ein kontinuierliches Wachstum (mit Ausnahme des Krisenjahres 2001). Insofern bestätigt sich der beispiellose Boom, der die türkische Wirtschaft in den letzten fünf Jahren von Rekord zu Rekord geführt hat. Nichtsdestotrotz vermögen die Daten aus *Tabelle 30* in mehrerlei Hinsicht zu überraschen. Geht man nämlich davon aus, dass die Textil- und Bekleidungsindustrie der Türkei bezogen auf das Produktionsvolumen einer der wichtigsten nationalen Industriezweige ist und wert- und mengenmäßig die größte Exportindustrie des Landes stellt, dann hätte man vermuten können, dass die Wachstumsraten doch eigentlich über denen des Verarbeitenden Gewerbes oder zumindest der Gesamtwirtschaft liegen. Dies trifft jedoch nicht zu. Der Produktionsindex der türkischen Textilindustrie (ohne Bekleidungsindustrie) lag seit 2000 immer unter den Werten des Verarbeitenden Gewerbes und sogar der Gesamtwirtschaft, d.h. explizit: Das Wachstum der Textilindustrie ist seit 2000 niedriger als das des Verarbeitenden Gewerbes und der Gesamtwirtschaft! Auch die Differenz zwischen den jeweiligen Vergleichswerten von Textilindustrie und Verarbeitendes Gewerbes bzw. Gesamtwirtschaft ist erstaunlich hoch; zieht man nur die vorliegenden Daten zu Rate, dann könnte die mikroökonomische Begründung hierfür theoretisch in zwei Richtungen gehen: Entweder hat die Textilindustrie seit 2000 kontinuierlich an Wettbewerbsstärke verloren oder aber die anderen Industriezweige (bzw. die Gesamtwirtschaft) sind im Vergleich zur Textilindustrie übermäßig gewachsen. In der wirtschaftlichen Realität ist es sicherlich so, dass *beide* Begründungen ineinander greifen. Nimmt man den Referenzwert des Jahres 1997, dann ist die Textilindustrie innerhalb der vergangenen sieben Jahre um nur 3% gewachsen (– freilich nicht absolut, sondern nur gemäß der gewichteten Produktionsindexe!). Anders verhält es sich im Fall der Bekleidungsindustrie (ohne Textilindustrie): Der Produktionsindex ist seit 1997 insgesamt um immerhin 15% gestiegen, dennoch liegt dieser Wert deutlich unter dem Wachstum des Verarbeitenden Gewerbes und sogar der Gesamtwirtschaft. Des Weiteren fällt sofort auf, dass die Werte der Bekleidungsindustrie immer mit deutlichem Abstand über den Werten der Textilindustrie liegen; dies spricht eindeutig für eine relative Wettbewerbsstärke der Bekleidungsindustrie gegenüber der Textilindustrie. Doch im Vergleich mit dem übrigen Verarbeitenden Gewerbe und der Gesamtwirtschaft gilt diese relative Wettbewerbsstärke nur bis 2002, mit anderen Worten: Seit 2003 (und damit zeitlich deutlich *vor* dem faktischen Quotenwegfall) wächst die Produktion des Verarbeitenden Gewerbes (und sogar der Gesamtwirtschaft!) schneller als die der Bekleidungsindustrie. Dementsprechend gilt es festzuhalten, dass sowohl die Textil- als auch die Bekleidungsindustrie der Türkei im Vergleich zu

Verarbeitendem Gewerbe und zur Gesamtwirtschaft schon vor der Quotenliberalisierung an Dynamik verloren haben.

Gleichwohl wäre es falsch, aus dem übermäßigen Wachstum des übrigen Verarbeitenden Gewerbes und der Gesamtwirtschaft unmittelbar eine konjunkturelle Schwäche der Textil- und Bekleidungsindustrie abzuleiten. Denn der anhaltende Boom der türkischen Gesamtwirtschaft, die seit 2001 kontinuierlich wächst (vgl. *Tabelle 30*), gilt auch für die türkische Textil- und Bekleidungsindustrie, wenn auch auf niedrigerem Niveau. Betrachtet man nur das Verarbeitende Gewerbe der Türkei, dann zeigt sich, dass in den letzten Jahren andere Industriezweige neben der Textil- und Bekleidungsindustrie (z.B. die Automobilindustrie und die Elektronikindustrie) zunehmend an Bedeutung gewonnen haben. Dies bestätigt sich, wenn man den Auslastungsgrad der Produktionskapazitäten miteinander vergleicht (vgl. *Tabelle 31*):

Tabelle 31: Auslastungsgrad der Produktionskapazitäten in der türkischen Textil- und Bekleidungsindustrie

Auslastungsgrad der Prod.kapazitäten	2000	2001	2002	2003	2004
Verarbeitendes Gewerbe	**76**	**71**	**75**	**78**	**81**
Textilindustrie	79	76	82	81	80
Bekleidungsindustrie	83	79	84	85	84

Quelle: eigene Darstellung nach Daten von STAATLICHES INSTITUT FÜR STATISTIK (2005), S. 214

Anhand von *Tabelle 30* wurde erklärt, dass die Produktion der türkischen Textil- und Bekleidungsindustrie langsamer wächst als das übrige Verarbeitende Gewerbe und sogar die Gesamtwirtschaft. *Tabelle 31* bestätigt, dass das **verlangsamte Wachstum der türkischen Textil- und Bekleidungsindustrie** nicht nur auf eine relative Stärke der übrigen Industriezweige zurückzuführen ist, sondern auch in strukturellen Problemen der Branche selbst begründet liegt. Zwar liegt der Auslastungsgrad der Textilindustrie in etwa gleichauf mit dem Verarbeitenden Gewerbe bzw. der Auslastungsgrad der Bekleidungsindustrie deutlich darüber, dennoch ist ein rückläufiger Trend zu erkennen: In der Textilindustrie schrumpft die Auslastung seit 2003, in der Bekleidungsindustrie seit 2004. Gewiss sollte diese Entwicklung nicht überwertet werden, denn man könnte beispielsweise unterstellen, dass in der Textil- und

Bekleidungsindustrie bereits ein bestimmtes Maximum in der Produktionsauslastung (und also in der Produktivität) erreicht sei und dass dementsprechend die Werte auf hohem Niveau oszillieren. Eine solche Argumentation ist sicherlich in gewissem Maße zutreffend, erklärt jedoch nicht plausibel, warum bei konstanten bzw. sinkenden Produktionsauslastungen die Produktionsleistung kontinuierlich (und zwar um erhebliche Werte!) steigt (vgl. *Tabelle 30*). Außerdem ist zu betonen, dass zum jetzigen Zeitpunkt nur von einem sich andeutenden Trend gesprochen werden kann, der der aktuellen Marktentwicklung ja tatsächlich gerecht wird; für eine weitergehende Prognose sind die Daten von *Tabelle 31* in der Tat nicht belastbar. Andererseits wird sich im weiteren Verlauf noch zeigen, dass sich dieser Trend 2005 und 2006 fortgesetzt hat (vgl. *Kapitel 5.1.4.1*). Der Rückgang der Produktionsauslastung in der Textil- und Bekleidungsindustrie kann aktuell eindeutig auf *geringere Auftragseingänge* und *massive Entlassungen* zurückgeführt werden, die unmittelbar in den Auswirkungen der Quotenliberalisierung begründet liegen.

5.1.5 Aktuelle Herausforderungen und Entwicklungsrichtungen

5.1.5.1 Aktuelle Strukturprobleme infolge der Quotenliberalisierung

In *Kapitel 4* der vorliegenden Arbeit wurde für die deutsche Textil- und Bekleidungsindustrie festgestellt, dass die Auswirkungen der Quotenliberalisierung als eher geringfügig einzuschätzen sind, da in Deutschland der Strukturwandel bereits in den 1990er Jahren weitgehend abgeschlossen wurde und die Mehrzahl der deutschen Textil- und Bekleidungsunternehmen sich seitdem auf relativ enge Geschäftsfelder und Marktsegmente spezialisiert hat (vgl. *Kapitel 4.1.3* und *4.1.4*). Ob von der Quotenliberalisierung mittel- oder langfristig eine Bedrohung für die weitgehend spezialisierte Textil- und Bekleidungsindustrie Deutschlands ausgeht, ist zum jetzigen Zeitpunkt noch nicht klar abzusehen. Im Gegensatz hierzu kann für die türkische Textil- und Bekleidungsindustrie gesagt werden, dass mit dem Quotenwegfall zum 1. Januar 2005 schlagartig eine völlig neue Marktsituation eingetreten ist, da die türkischen Textil- und Bekleidungsunternehmen zum Großteil den breiten Markt bedienen und sich jetzt plötzlich einem intensiven Wettbewerb von Marktteilnehmern wie China oder Indien ausgesetzt sehen. Die **akute Bedrohung der türkischen Textil- und Bekleidungsindustrie** betrifft vor allem das niedrig- und mittelpreisige Massengeschäft; der Hauptgrund hierfür ist in den komparativen Kostenvorteilen zu finden, die den chinesischen und indischen Mitbewerbern eine vergleichsweise kostengünstige Massenproduktion ermöglicht.

Die Einschätzungen und Analysen der aktuellen Situation der türkischen Textil- und Bekleidungsindustrie gehen zum Teil sehr weit auseinander. Dabei reichen die Stellungnahmen von Experten und Branchenkennern über den Status quo der türkischen Textil- und Bekleidungsindustrie von einer kurzfristigen, temporären Stagnation bis hin zur tiefgreifenden, sich langfristig auswirkenden Krise. Feststeht, dass mit der Quotenliberalisierung eine **Marktverschiebung zu Ungunsten der türkischen Textil- und Bekleidungshersteller** einhergehen wird – in Bezug auf Ausmaß und Fristigkeit dieser zu erwartenden Veränderung ist zum jetzigen Zeitpunkt (Anfang 2007) noch kein klarer Trend zu erkennen. Jedoch besteht spätestens seit dem Beitritt Chinas in die WTO (2002) kein Zweifel darüber, dass die türkischen Textil- und Bekleidungsunternehmen mit adäquaten Anpassungsstrategien auf die lawinenartige Marktpenetration durch chinesische Textil- und Bekleidungswaren reagieren müssen (vgl. *Kapitel 5.1.5.2*).

Die ersten Symptome der Krise zeigten sich bereits unmittelbar nach dem Wegfall der Quoten: Als erste aktuelle Daten veröffentlicht wurden und herauskam, dass die Gesamtausfuhren um 18% in die Höhe geschnellt, jedoch gleichzeitig die türkischen Textilexporte um 6% und die Bekleidungsexporte sogar um 10% zurückgegangen waren, geriet die türkische Textil- und Bekleidungsbranche allgemein in einen Schockzustand.[461] Tatsächlich setzte sich die negative Entwicklung im Laufe des Jahres 2005 fort: Es kam zwischen Januar und Oktober bei Bekleidung zu einem Produktionsrückgang von 12,5%; zwischen Januar und November ging die Inlandsnachfrage nach heimischen Bekleidungsprodukten um 10% zurück. Damit stand fest, dass sich die türkische Textil- und Bekleidungsindustrie in ihrer **schwersten Krise seit 30 Jahren** befand.[462] Die Beunruhigung über die Entwicklung in der Textil- und Bekleidungsindustrie – schließlich einer der wichtigsten Industriezweige des Landes – griff auf die öffentliche Diskussion über und war im Jahr 2005 ein bestimmendes wirtschaftspolitisches Thema in der tagesaktuellen Presse und den anderen Medien.

Betrachtet man jedoch rückblickend die relevanten Daten für das Jahr 2005, dann zeigt sich, dass diese allgemeine Hysterie sicherlich übertrieben war und einer differenzierten Analyse

[461] Vgl. TEXTILWIRTSCHAFT DÜNYA TEKSTİL Nr. 3 (2005), S. 34.
[462] Vgl. hierzu TEXTILWIRTSCHAFT DÜNYA TEKSTİL Nr. 2 (2006), S. 104.

nicht standhält. Dennoch muss der türkischen Textil- und Bekleidungsindustrie vor allem bei der Beschäftigung eine akute Bedrohung attestiert werden: Laut offiziellen Zahlen verloren 2005 151.274 Beschäftigte ihre Arbeit, was etwa 5-8% der Beschäftigten insgesamt entspricht.[463] Dies war von Experten – auch in dieser Dimension – erwartet worden.[464] Indessen relativiert sich diese Negativentwicklung, wenn die Performance bei den Exporten betrachtet wird. Hierzu ergibt sich folgendes interessante Bild (vgl. *Tabelle 32*):

Tabelle 32: Ausfuhren von Bekleidungsprodukten im Jahr 2005

			in 1.000 US-Dollar
	2004 Jan. – Dez.	**2005 Jan. – Dez.**	**Veränd. in %**
Gesamtausfuhren	64.027	73.426	14,7
Bekleidungsexporte	13.095	13.708	4,7
Anteil der Bekleidungsexporte %	20,5	18,7	-1,8
Ausfuhren des Verarb. Gewerbes	44.104	48,945	11,0
Anteil der Bekleidungsexporte %	29,7	28,0	-1,7

Quelle: eigene Darstellung nach Daten von İHRACATÇI BİRLİKLERİ KAYITLARI [Datenbestände der Vereinigungen der Exporteure][465]

Tabelle 32 zeigt, dass 2005 die Bekleidungsausfuhren (Daten für Textilprodukte nicht verfügbar) insgesamt verblüffenderweise gestiegen sind, und zwar mit fast 5% um einen signifikanten Wert. Gleichwohl bleibt dieser Anstieg im Vergleich zu den bemerkenswerten Wachstumsraten im übrigen Verarbeitenden Gewerbe (+11%) und in der Gesamtwirtschaft (+14,7%) relativ klein. Dementsprechend ist auch der Anteil der Bekleidungsexporte an den Gesamtausfuhren gesunken (-1,8%). In Anbetracht der starken Exportabhängigkeit der türkischen Textil- und Bekleidungsindustrie ist dieser Rückgang im Wachstum zwar ernüchternd, zeigt aber, dass sich die Nachfrage nach türkischen Textil- und Bekleidungsprodukten auf den internationalen Märkten nur geringfügig verschoben hat. Insofern kann aktuell – im streng

[463] Vgl. HÜRRİYET [Deutschland-Ausgabe] vom 24.02.2006, S. 1.

[464] Vgl. hierzu z.B. die Prognose von SÜLEYMAN ORAKÇIOĞLU, Industrieller (CEO der ORKA-HOLDING) und Präsident von İTKİB (İSTANBUL TEKSTİL VE KONFEKSİYON İHRACATÇILARI BİRLİĞİ [Vereinigung der Textil- und Konfektionsexporteure Istanbul]), einer der wichtigsten und einflussreichsten Textil- und Bekleidungsverbände der Türkei, in einem Interview mit LE MONDE. ORAKÇIOĞLU prognostiziert, dass 100.000 Beschäftgte ihre Arbeit verlieren werden und mindestens 200.000 weitere Arbeitsplätze akut bedroht sind. Vgl. LE MONDE vom 04.05.2005, S. 18.

[465] Die Daten sind entnommen aus TEXTILWIRTSCHAFT DÜNYA TEKSTİL Nr. 2 (2006), S. 105.

ökonomischen Sinn – weniger von einer „Krise", sondern allenfalls von einer **Verlangsamung der Wachstumsdynamik** gesprochen werden.[466]

Ob und in welchem Ausmaß sich die aktuelle Situation der türkischen Textil- und Bekleidungsindustrie mittel- oder langfristig zu einer originären Konjunkturkrise ausweiten wird, ist zum jetzigen Zeitpunkt kaum abzusehen – dafür ist das Ereignis des Quotenwegfalls noch zu wenig historisch. Es ist aber bereits jetzt schon vorherzusehen, dass die direkten Mitbewerber der Türkei – allen voran China und Indien – ihre Markmacht zumindest mittelfristig noch deutlich ausweiten werden. D.h. die temporäre Stagnation der türkischen Textil- und Bekleidungsindustrie unmittelbar nach dem Quotenwegfall sollte mehr als Vorbote einer tiefgreifenden Marktveränderung interpretiert werden, die sich im Laufe der nächsten Jahre noch wesentlich zuspitzen könnte. Ein Vertreter dieser Einschätzung ist EMRE SARAR, Vorstand von SARAR GİYİM TEKSTİL, einem der wichtigsten türkischen Hersteller von Herren- und Damenmode im hochpreisigen Genre.[467] Er äußert hierzu:

> „Viele Betriebe dort [in China] haben sich italienische Mitarbeiter eingekauft und saugen in den nächsten Jahren deren Know-how auf. Ich glaube, dass die Chinesen ab 2010 richtig gefährlich werden."[468]

SARAR meint damit, dass chinesische Produzenten in den nächsten Jahren ihre Produktionskapazitäten noch weiter aufstocken werden, und zwar nicht nur für niedrig- oder mittelpreisige Marktsegmente, sondern auch für das Know-how-intensive hochpreisige Genre, das bisher als eine Domäne Italiens galt und auch für die türkischen Bekleidungshersteller sich zu einem immer wichtiger werdenden Zielmarktsegment entwickelt hat. Tatsache ist, dass die chinesische Textil- und Bekleidungsindustrie aktuell enorme Investitionen in ihre Industrieanlagen tätigt. Dabei finden auch zunehmend hochwertige Technologien Einzug in die bisher eher rückständigen Produktionsverfahren. Damit beabsichtigt China seine Marktdominanz langfristig nicht nur auch auf den niedrig- bis mittelpreisigen, sondern auch auf den hochpreisigen Textil- und Bekleidungsmärkten auszubauen. Dies zeigt sich beispielsweise darin, dass China (vor der Türkei) seit 2002 der wichtigste Absatzmarkt für die deutsche

[466] Der Rückgang der Bekleidungsausfuhren setzte sich auch in der ersten Hälfte des Jahres 2006 (Januar bis Juni) fort. Auch in diesem Zeitraum sanken die Bekleidungsausfuhren um weitere 1,8%. Vgl. TEXTILWIRTSCHAFT DÜNYA TEKSTİL Nr. 8 (2006), S. 22. Hier wird dieser Rückgang unter Anderem damit erklärt, dass die Bekleidungsausfuhren in die USA in drastischem Ausmaß (nämlich um 23,1%!) zurückgingen.

[467] Dem Umsatz nach ist SARAR GİYİM TEKSTİL die Nr. 25 unter den türkischen Textil- und Bekleidungsunternehmen. Vgl. hierzu das Ranking in TEXTILWIRTSCHAFT DÜNYA TEKSTİL Nr. 9 (2005), S. 122.

[468] TEXTILWIRTSCHAFT Nr. 31 (2004), S. 109.

Textilmaschinenindustrie ist.[469] Im Jahr 2004 exportierte Deutschland Textilmaschinen im Wert von 518 Mio. Euro nach China (+11% im Vergleich zum Vorjahr); die Türkei als zweitgrößter Kunde deutscher Textiltechnologie kaufte Maschinen für 194 Mio. Euro (-20% im Vergleich zum Vorjahr).[470] D.h. die chinesische Textil- und Bekleidungsindustrie betreibt massive Investitionen und bezieht in großem Umfang die weltweit modernsten Fertigungsanlagen, um auch bei qualitativ höherwertigen und Design-intensiven Produkten ihre Marktanteile erhöhen zu können. Für die türkischen Textil- und Bekleidungshersteller, die aufgrund der real steigenden Löhne in den letzten Jahren vermehrt das hochpreisige Genre fokussiert haben, bedeutet dies eine zusätzliche Bedrohung.

5.1.5.2 Anpassungsstrategien

Der Quotenwegfall zum 1. Januar 2005 kam nicht „über Nacht", vielmehr setzte dieses Datum den Schlusspunkt einer für zehn Jahre angesetzten Übergangsfrist, innerhalb derer der weltweite Handel mit Textilien und Bekleidung vollständig und endgültig liberalisiert wurde (vgl. *Kapitel 2.3.3*). Insofern kann davon ausgegangen werden, dass die türkische Textil- und Bekleidungsindustrie mindestens zehn Jahre Zeit hatte, sich strukturell auf den Quotenwegfall und dessen Auswirkungen vorzubereiten. Dass ab dem Jahr 2005 für den weltweiten Textil- und Bekleidungshandel eine neue Epoche anbrechen würde, war in den vergangenen zehn Jahren von der türkischen Industrie und ebenso von allen anderen wichtigen Textil- und Bekleidungsnationen erwartet worden. Für alle Akteure auf den weltweiten Textil- und Bekleidungsmärkten war also schon in den 1990er Jahren klar abzusehen, das mit dem Stichtag „1. Januar 2005" eine Phase eingeläutet werden würde, in der mittel- bis langfristig die bisherigen Märkte und Marktstrukturen neu definiert werden. Speziell in der türkischen Textil- und Bekleidungsbranche werden seit etwa 2000 ernsthafte Anstrengung unternommen, um durch gezielte **strategische Maßnahmen** in den Bereichen Produktion, Design und Marketing die eigene Marktposition zu verteidigen – denn die türkischen Textil- und Bekleidungsproduzenten erkannten rasch, dass sie wegen real steigender Lohnkosten ihre Wettbewerbsposition im Vergleich mit „Niedriglohnländern" mittel- bis langfristig nicht mehr würden halten können. Zieht man unmittelbar nach dem Quotenwegfall ein Fazit dieser Anpassungsstrategien, so muss festgestellt werden, dass der **Strukturwandel noch nicht**

---

[469] Vgl. hierzu BONN (2005), S. 3.

[470] Vgl. MELLIAND [Türkei-Ausgabe] Nr. 1 (2005), S. 5.

abgeschlossen ist, d.h. dass die Mehrzahl der türkischen Textil- und Bekleidungsunternehmen sich immer noch in einer Phase der strategischen Restrukturierung befindet.[471]

Stichwortartig verkürzt, lassen sich die **strukturellen Anpassungsstrategien** der türkischen Textil- und Bekleidungsindustrie wie folgt subsumieren:

- Der Aufbau von Marken,
- die Kreation von Mode und Design,
- die produktpolitische Ausrichtung auf höherwertige (Nischen-)Produkte,
- die Etablierung der Metropole Istanbul als Mode-Standort sowie
- die Verlagerung der Produktion in kostengünstigere Regionen Anatoliens.[472]

Zu betonen ist, dass diese strategischen Stoßrichtungen nicht voneinander isoliert verfolgt werden, sondern ineinander greifen.

Die in den letzten Jahren in der türkischen Textil- und Bekleidungsindustrie am stärksten und konsequentesten forcierte Marketingstrategie ist der Aufbau von Marken.[473] Die Schaffung und Führung neuer Marken wurde vor allem von der Bekleidungsindustrie, in geringerem Ausmaß aber auch von der Textilindustrie vorangetrieben. Mit **Marken und Markenstrategien** beabsichtigen die türkischen Textil- und Bekleidungsunternehmen vor allem in höherpreisigen Genres neue Geschäftsfelder zu erschließen bzw. in den aktuell bearbeiteten Marktsegmenten ihre Wettbewerbsposition zu sichern und auszubauen. Im Fokus stehen hierbei insbesondere die lukrativen Exportmärkte, auf denen durch höhere Wertschöpfung höhere Gewinnmargen erzielt werden sollen.[474] Der Aufbau neuer Marken ist bis heute eines der bestimmenden Themen in der türkischen Textil- und Bekleidungsindustrie; unternehmer-

[471] Vgl. hierzu z.B. den Artikel „Strukturwandel noch nicht abgeschlossen. Liberalisierung erfordert schwierige Anpassungen" in NACHRICHTEN FÜR AUSSENHANDEL vom 10.03.2005, S. 8.

[472] Vgl. hierzu die Aussagen von UMUT ORAN, Industrieller und einflussreiche Persönlichkeit in der türkischen Textil- und Bekleidungsindustrie sowie ehemals Präsident des wichtigen Textilverbandes TGSD (TÜRKİYE GİYİM SANAYİCİLERİ DERNEĞİ [Verband der Bekleidungsindustriellen der Türkei]), in TEXTILWIRTSCHAFT DÜNYA TEKSTİL Nr. 7 (2005), S. 96 sowie in TEXTILWIRTSCHAFT Nr. 29 (2003), S. 167. Vgl. hierzu auch die Aussagen von PROF. DR. IŞIK TARAKÇIOĞLU, Direktor des TAM (TEKSTİL ARAŞTIRMA MERKEZİ [Zentrum für Textilforschung]) und eine Art „Grandseigneur" der türkischen Textil- und Bekleidungsbranche, in TEXTILWIRTSCHAFT DÜNYA TEKSTİL Nr. 5 (2005), S. 119. Vgl. hierzu in der wissenschaftlichen Literatur z.B. TAYMAZ (2002), S. 19 und 22.

[473] Vgl. hierzu den ausführlichen Artikel und die Aussagen der wichtigsten Persönlichkeiten der türkischen Textil- und Bekleidungsindustrie in TEXTILWIRTSCHAFT DÜNYA TEKSTİL Nr. 7 (2005), S. 98-104.

[474] Vgl. hierzu die Aussagen von BAHRİ ÖZDİNÇ, Präsident von TİGSAD (TÜRKİYE İÇ ÇAMAŞIR GİYİM SANAYİCİLER DERNEĞİ [Verband der Unterwäsche-Industriellen der Türkei]) in TEXTILWIRTSCHAFT DÜNYA TEKSTİL Nr. 4 (2006), S. 99. In der wissenschaftlichen Literatur vgl. z.B. CEPS ET AL. (2005), S. 85.

ische Markenstrategien zur Sicherung der Wettbewerbsposition bzw. zur Neupositionierung wurden von einer großen Zahl türkischer Textil- und Bekleidungshersteller mit großem Ehrgeiz und hohen Erwartungen gestartet. Allerdings muss festgestellt werden, dass bis dato mit Markenstrategien kaum nennenswerte Erfolge erzielt wurden, da sich bis zum jetzigen Zeitpunkt so gut wie keine der neu lancierten Marken auf den Zielmärkten etablieren konnte. Belastbare empirische Erhebungen über die *Markenbekanntheit* türkischer Textil- und Bekleidungsmarken auf den internationalen Märkten liegen bislang nicht vor. Im Übrigen gilt dies auch für die „älteren Marken“, also diejenigen Marken, die wesentlich älter sind und nicht unmittelbar unter dem Eindruck des Quotenwegfalls aufgebaut wurden. Es zählt zu den vordringlichsten Herausforderungen der türkischen Textil- und Bekleidungsindustrie, dass türkische Marken – bis auf einige wenige Ausnahmen[475] – kaum von den jeweiligen Zielgruppen auf den internationalen Textil- und Bekleidungsmärkten akzeptiert werden.[476]

In unmittelbarem Zusammenhang mit Markenstrategien steht das Ziel der türkischen Textil- und Bekleidungsindustrie, sich verstärkt im Bereich **Mode und Design** zu positionieren. Auch hier kann der Start fokussierter Marketingaktivitäten in etwa auf das Jahr 2000 datiert werden.[477] Hierbei wird angestrebt, durch Modekompetenz Produkte mit höherem Modegehalt und also höherem Mehrwert zu vertreiben. Die Generierung von Erfolgspositionen in Mode und Design fußt vorwiegend auf unternehmerischer Eigeninitiative (z.B. F&E) und den Aktivitäten der sehr einflussreichen Textil- und Bekleidungsverbände (z.B. Förderprogramme und Wettbewerbe für Nachwuchsdesigner), Unterstützung staatlicherseits bleibt dagegen weitgehend aus.[478] Letzteres ist umso erstaunlicher, wenn man die ehrgeizig verfolgten und auch von der breiten Öffentlichkeit zur Kenntnis genommenen Bemühungen der türkischen Textil- und Bekleidungsindustrie sieht, die Metropole **Istanbul als eine „Hauptstadt der Mode“** in der internationalen Modewelt zu etablieren, ähnlich wie heute Paris, Mailand,

[475] Zu den wenigen Ausnahmen gehören z.B. Marken wie VAKKO, MAVI JEANS, RODI, NETWORK, COLIN‘S, ABBATE oder SILK&CASHMERE.

[476] Vgl. hierzu UMUT ORAN, Industrieller und einflussreiche Persönlichkeit in der türkischen Textil- und Bekleidungsindustrie sowie ehemals Präsident des wichtigen Textilverbandes TGSD (TÜRKİYE GİYİM SANAYİCİLERİ DERNEĞİ [Verband der Bekleidungsindustriellen der Türkei]) in TEXTILWIRTSCHAFT DÜNYA TEKSTİL Nr. 1 (2005), S. 56: „Dem türkischen Textilsektor mag es vielleicht momentan nicht gelingen, Marken zu erschaffen, aber es werden Designs, Organisation und Kompetenz an Weltmarken weitergegeben und beim Thema Markenaufbau wichtige Schritte getan [deutsche Übersetzung des Verfassers].“

[477] Vgl. hierzu z.B. den Artikel „Türkei will sich stärker als Modeland profilieren“ in HANDELSBLATT vom 12.02.2001, S. 20.

[478] Vgl. hierzu z.B. den Artikel „Mode ‚made in Turkey‘. Der Modeverband ITKIB will türkische Marken und Designer pushen“ in TEXTILWIRTSCHAFT Nr. 27 (2003), S. 164. Zu Modewettbewerben und jungen Designern vgl. auch TEXTILWIRTSCHAFT DÜNYA TEKSTİL Nr. 7 (2005), S. 44ff. Zur mangelnden Unterstützung von staatlicher Seite vgl. z.B. HÜRRİYET [Türkei-Ausgabe] vom 16.04.2005, S. 14.

London oder New York. Ein wichtiges Podium für die türkische Mode sind die jährlich in Istanbul stattfindenden Messen, die aber bislang nur in eher geringem Ausmaß die Aufmerksamkeit von internationalen Modevertretern und ausländischen Teilnehmern und Besuchern gewinnen konnten.[479] Jedoch zeigen die jüngsten Entwicklungen in der oft schnelllebigen Modewelt, dass türkische Mode bzw. Mode von türkischen Designern auch international immer stärker wahrgenommen wird. Zum Teil mit ihren eigenen Labels, zum Teil bei ausländischen Marken gelingt es türkischen Designern und Modeschaffenden in letzter Zeit immer besser, das Image der Türkei auf der internationalen Modebühne in eine neue Richtung zu lenken.[480] Es steht völlig außer Frage, dass sich der Fokus der Produktstrategien auch in den nächsten Jahren vermehrt auf die hochmodischen Marktsegmente und die modeorientierten Zielgruppen richten wird. İSMAİL GÜLLE, Industrieller (CEO von İLTATEKS) und Präsident des wichtigen Verbandes İTHİB (İSTANBUL TEKSTİL VE HAMMADDE İHRACATÇILARI BİRLİĞİ [Verband der Textil- und Rohstoffexporteure Istanbul]) bestätigt diese Entwicklungsrichtung:

> „Stil und Design wird heutzutage von den Produkten unserer Industrie reflektiert. Unsere Investitionen zielen auf Kreativität und Image. Mode wird zur Natur der türkischen Textil-Industrie gehören."[481]

Hierzu muss ergänzt werden, dass in der Türkei bislang keine private Modeschule existiert; dies ist für ein Land, das sich als Textil- und Modeland sehen möchte, mehr als verwunderlich. Die Eröffnung einer privaten Modeschule ist zwar seit längerem geplant und dringend erforderlich, da in den vorhandenen staatlichen Modeschulen kaum Kreativität und modische Individualität gefördert werden, jedoch konnte dieses Projekt bis heute nicht realisiert werden.[482]

Auch *produktionsseitig* befindet sich die türkische Textil- und Bekleidungsindustrie aktuell inmitten eines Wandlungsprozesses. So wird im Bereich der Produktion seit längerem die Möglichkeit diskutiert, durch die **Verlagerung arbeitsintensiver Fertigungskapazitäten nach Anatolien** die Produktions- und Arbeitskosten zu rationalisieren. Im Vordergrund steht dabei der Gedanke, die stark auf die Metropolregion Istanbul konzentrierte Textil- und

479 Die wichtigste Modemesse ist die jährlich in Istanbul stattfindende „IF (Istanbul Fashion) İstanbul Uluslararası Hazır Giyim Fuarı". Vgl. hierzu TEXTILWIRTSCHAFT DÜNYA TEKSTİL Nr. 11 (2005), S. 108f sowie TEXTILWIRTSCHAFT DÜNYA TEKSTİL Nr. 3 (2006), S. 88ff.

480 Vgl. hierzu z.B. den kenntnisreichen Artikel „Der neue Türken-Look. Seit China als Billigproduktionsstätte nicht mehr zu unterbieten ist, setzt man am Bosporus auf hochwertige Mode – mit Erfolg" in SÜDDEUTSCHE ZEITUNG vom 30./31.07.2005, S. V.

481 TEXTILWIRTSCHAFT Nr. 20 (2005), S. 85.

482 Vgl. TEXTILWIRTSCHAFT Nr. 31 (2004), S. 111. Darüber, dass es bis dato nicht gelungen ist, ein in der Branche seit langem diskutiertes „Mode-Institut" zu eröffnen, äußert sich der Staatsminister für Außenhandel, KÜRŞAT TÜZMEN, in TEXTILWIRTSCHAFT DÜNYA TEKSTİL Nr. 4 (2005), S. 96..

Bekleidungsindustrie Schritt für Schritt in das strukturschwache anatolische Hinterland zu verlagern.[483] Sinn und Zweck einer solchen regionalen Umstrukturierung ist die Ausnutzung des enormen Lohnkostengefälles zwischen dem industrialisierten Westen und dem weitgehend rückständigen Osten und Südosten des Landes.[484] Durch die Ausnutzung von Lohnkostenvorteilen soll die Kostenssituation der Textil- und Bekleidungsunternehmen insgesamt verbessert werden, denn im Osten und Südosten der Türkei liegen die Löhne zum Teil um mehr als die Hälfte unter dem landesweiten Pro-Kopf-Einkommen.[485] Gerade in der Weltstadt Istanbul fallen die Lohnkosten für unqualifizierte Arbeit besonders hoch aus. Allerdings ist die weiträumige Dislozierung von Produktionsbetrieben bislang nur ein konzeptioneller Ansatz geblieben, in der wirtschaftlichen Realität hat eine unternehmerische Wanderungsbewegung von West nach Ost nicht oder nur in sehr geringem Ausmaß stattgefunden. Dies liegt zum einen daran, dass für einen Standortwechsel enorme Investitionen und Finanzierungsmittel vonnöten sind, über die die allgemein kapitalschwachen türkischen Textil- und Bekleidungsunternehmen jedoch kaum verfügen. Zum Anderen sind den eventuellen Chancen in der Kostenstruktur (geringere Lohnkosten, geringere Energiekosten, teilweise Steuervergünstigungen in strukturschwachen Regionen) die erheblichen Risiken im Bereich Infrastruktur gegenüberzustellen (schlechte Verkehrswege, unsichere politische Verhältnisse). Mit Sicherheit ist davon auszugehen, dass sich die Kapazitätenverlagerung nach Anatolien in den nächsten Jahren noch verstärken wird, gleichwohl wird Istanbul auch langfristig der wichtigste Textilstandort der Türkei bleiben.

[483] Vgl. hierzu die Aussagen von AYNUR BEKTAŞ, Industrielle und derzeitige Präsidentin des wichtigen Textilverbandes TGSD (TÜRKİYE GİYİM SANAYİCİLERİ DERNEĞİ [Verband der Bekleidungsindustriellen der Türkei]) in TEXTILWIRTSCHAFT DÜNYA TEKSTİL Nr. 1 (2005), S. 56f.

[484] Vgl. z.B. ÖZIPLIK (2005), S. 13.

[485] Vgl. TEXTILWIRTSCHAFT Nr. 29 (2003), S. 167. Vgl. hierzu auch die Aussagen von AYNUR BEKTAŞ in TEXTILWIRTSCHAFT DÜNYA TEKSTİL Nr. 3 (2005), S. 10. BEKTAŞ gibt für die monatlich anfallenden Lohnkosten als Richtwerte für Istanbul 700 US-Dollar und für Anatolien 300-400 US-Dollar an.

5.2 Chancen-Risiken-Analyse von Outsourcing-Potenzialen

Mit dem Datum 1. Januar 2005 beginnt für die Textil- und Bekleidungsindustrie der Türkei eine neue Zeitrechnung. Anders als im Fall der deutschen Textil- und Bekleidungsindustrie bedeutet der Quotenwegfall für die türkischen Textil- und Bekleidungsunternehmen seit 2005 eine massive und akute Bedrohung ihrer Wettbewerbssituation. Ohne Zweifel wird es durch den quotenfreien Handel auf den weltweiten Textil- und Bekleidungsmärkten zu einer mittel- und langfristigen Marktverschiebung zu Ungunsten der türkischen Hersteller kommen; vor allem infolge der explosionsartig angestiegenen Exporte aus China ist diese Situation teilweise schon zum jetzigen Zeitpunkt – knapp zwei Jahre nach der Quotenwegfall – eingetreten. Vor diesem Hintergrund geht es für viele türkische Textil- und Bekleidungsunternehmen nicht nur um die Sicherung ihrer Marktposition, sondern vielmehr um die Sicherung ihres unternehmerischen Fortbestandes; von daher herrscht für die betroffenen Produzenten in der Türkei rascher Handlungsbedarf. Das strategische Konzept des *anbieterinitiierten Outsourcing* kann hierbei ein geeigneter Lösungsansatz sein, um durch die unternehmerische Neuausrichtung und Fokussierung auf neue Marktsegmente dem Wettbewerbsdruck chinesischer und anderer Markteilnehmer entgegenzuwirken.

Die folgende Analyse der Outsourcing-Chancen- und Risikopotenziale für die türkische Textil- und Bekleidungsindustrie stützt sich auf die in *Kapitel 3.3.3* (*Outsourcing aus Anbietersicht*) theoriegeleitet herausgearbeiteten Konzeptansätze und versucht diese, mit dem Status quo der wirtschaftlichen Realität in Einklang zu bringen bzw. auf ihre Implementierbarkeit in der wirtschaftlichen Praxis hin zu beleuchten. Insofern wird stets sowohl auf die konkreten branchen- und marktspezifischen Fakten und Aspekte, die im vorangegangenen *Kapitel 5.1* untersucht wurden, rekurriert als auch fortlaufend auf die aktuelle Situation in der Textil- und Bekleidungsindustrie hingewiesen. Zu betonen ist, dass bei der Chancen-Risiken-Analyse der Outsourcing-Potenziale nicht ausschließlich die Perspektive türkischer Textil- und Bekleidungsunternehmen als *Outsourcing-Anbieter* eingenommen wird, vielmehr geht es darum, im Sinne des **Win-win-Prinzips einer Outsourcing-Partnerschaft** gleichzeitig auch Motive und Entscheidungstreiber des *Outsourcing-Nachfragers* zu antizipieren. Dabei wird wie bereits in *Kapitel 4.2* bei der Analyse systematisch-formalisierend zwischen *prozessbezogenen* und *produktbezogenen* Chancen und Risiken unterschieden, wobei sich die prozessbezogene Chancen-Risiken-Analyse (*Kapitel 5.2.1.1* und *5.2.2.1*) auf die textilen

Produktionsprozesse und die produktbezogene Chancen-Risiken-Analyse (*Kapitel 5.2.1.2* und *5.2.2.2*) auf die textilen *Produktionsergebnisse* bezieht.

Das Kapitel schließt mit einer zusammenfassenden Betrachtung der Analyseergebnisse in *Kapitel 5.2.3*.

5.2.1 Chancen

5.2.1.1 Prozessbezogene Chancen

Entscheidet sich ein deutsches Textil- und Bekleidungsunternehmen zu einer Outsourcing-Kooperation mit einem Partner-Unternehmen in der Türkei, dann hängt die Entscheidung vordergründig von rationalen betriebswirtschaftlichen Kriterien ab. Die Gewichtung dieser Entscheidungskriterien, die qualitativ und/oder quantitativ sein können, setzt eine möglichst präzise Kenntnis des Partnerunternehmens und dessen Unternehmensumwelt (d.h. sämtlicher unternehmensspezifischer Märkte) voraus. Dies gilt selbstverständlich auch umgekehrt für das türkische Partnerunternehmen: Je genauer der türkische Outsourcing-Dienstleister mit Marktposition und Marktzielen seines deutschen Kooperationspartners vertraut ist, umso effektiver und zieladäquater wird er dessen Kundenwünsche erfüllen können. Der „springende Punkt" hierbei ist, dass die unternehmerische Ist-Situation sowohl von Outsourcer als auch von Dienstleister sich zum Teil sehr erheblich von den allgemeinen Branchenstrukturen abheben kann. Schärfer formuliert: Eine pauschale *Marktanalyse* kann für eine Outsourcing-Entscheidung niemals hinreichend sein, sondern muss immer mit einer (oft sehr aufwändigen) individuellen *Unternehmensanalyse* des Kooperationspartners Hand in Hand gehen. Von daher können die unternehmerischen Ziele, die mit der Outsourcing-Kooperation verfolgt werden, sehr unternehmensindividuell sein und von Unternehmen zu Unternehmen stark voneinander abweichen.

Gleichwohl dürfte bei der Mehrzahl der outsourcingwilligen Unternehmen die *Kostendegression* bei der Fertigung im Vordergrund stehen (vgl. *Kapitel 3.3.2.2.1*). Hinsichtlich der prozessbezogenen Kriterien ist die Rationalisierung der Fertigungskosten der wichtigste entscheidungsrelevante Faktor für eine Outsourcing-Entscheidung. Indem deutsche Textil- und Bekleidungsunternehmen ihre Fertigung teilweise oder vollständig an einen türkischen Dienstleister outsourcen, können sie die **Lohnkostenvorteile in der Türkei** ausnutzen. Da die Lohnkostenunterschiede zwischen Deutschland und der Türkei enorm hoch sind, können deutsche Hersteller dadurch ihre Kostenstruktur erheblich rationalisieren. Zwar ist abzusehen, dass wegen steigender realer Lohnkosten in der Türkei die deutschen und türkischen Lohnkosten langfristig konvergieren werden (, dass also die Lohnkostenunterschiede mit der Zeit immer schmaler werden), dennoch wird zwischen dem Lohnkostenniveau in Deutschland und der Türkei (auch langfristig) immer eine deutliche *Lohnkostendifferenz* verbleiben, so dass für deutsche Unternehmen ein Outsourcing in der Türkei grundsätzlich immer betriebswirtschaftlich rational und kosteneffizient sein wird. Der Effekt der Kostenrationalisierung kann noch erhöht werden, wenn das Outsourcing nicht in Betrieben in der Metropolregion Istanbul, sondern in den strukturschwachen Regionen Ost- und Südostanatoliens erfolgt. Denn dort sind die Lohnkosten um etwa die Hälfte und die restlichen Produktionskosten um etwa 20% niedriger als in den Industriezentren des Landes.[486]

Zu den wichtigsten Wettbewerbsvorteilen der türkischen Textil- und Bekleidungsindustrie zählen **Schnelligkeit und Flexibilität**.[487] Angesichts des in der Textil- und Bekleidungsbranche immer mehr an Bedeutung gewinnenden Faktors Zeit wird diesem Wettbewerbsvorteil steigende Aufmerksamkeit beigemessen. Gerade im kurzzyklischen Modegeschäft ist ein Zeitvorsprung immer gleichbedeutend mit einem Wettbewerbsvorsprung. Wichtig zu betonen ist, dass mit dem *Wettbewerbsfaktor Schnelligkeit* sowohl **kürzere Durchlaufzeiten** bei der Wertschöpfung als auch **kürzere Lieferzeiten** zum Abnehmer gemeint sind. Kürzere Durchlaufzeiten werden in der türkischen Textil- und Bekleidungsindustrie unter anderem deshalb erreicht, weil allgemein schon seit Längerem fortschrittliche (sprich automatisierte oder rationalisierte) Fertigungsverfahren in die Produktion Einzug gehalten haben. Auch die praktische Umsetzung von produktions-theoretischen Ansätzen wie etwa *Lean Production* ist in der türkischen Textil- und Bekleidungsindustrie mittlerweile weit verbreitet.[488] Kürzere Lieferzeiten ergeben sich vor allem durch die in der Türkei gut ausgebaute Infrastruktur und eine inzwischen an westliche Standards heranreichende, professionelle Logistik. In diesem Bereich hat die türkische Textil- und Bekleidungsindustrie in den letzten Jahren enorme Fortschritte erzielt.[489] Auch die europäischen Handelspartner, vor allem aus dem deutschen

[486] Vgl. hierzu TEXTILWIRTSCHAFT Nr. 31 (2004), S. 112.

[487] Vgl. hierzu z.B. die Aussagen von AYNUR BEKTAŞ in TEXTILWIRTSCHAFT DÜNYA TEKSTİL Nr. 7 (2005), S. 100. Vgl. in der wissenschaftlichen Literatur z.B. ENER ET AL. (2002),S. 6.

[488] Über *Lean Production* in der türkischen Textil- und Bekleidungsindustrie vgl. z.B. den kenntnisreichen Artikel in TEXTILWIRTSCHAFT DÜNYA TEKSTİL Nr. 4 (2006), S. 106f.

[489] Zum Thema „Logistik in der Textil- und Bekleidungsindustrie“ vgl. die Beiträge in TEXTILWIRTSCHAFT DÜNYA TEKSTİL Nr. 5 (2005), S. 111-117.

Textil- und Bekleidungseinzelhandel, schätzen die Schnelligkeit und Flexibilität ihrer Lieferanten in der Türkei und setzen gerade auch bei kleineren Losgrößen (d.h. geringen Stückzahlen) auf türkische Produzenten, da diese – im Gegensatz zu Herstellern in China und Indien – sehr zeitnah auf spontane (z.B. modebedingte) Nachfrageveränderungen auf den Endverbrauchermärkten reagieren können.[490] Ein in diesem Zusammenhang nicht zu unterschätzender Wettbewerbsvorteil ergibt sich für türkische Textil- und Bekleidungsunternehmen aufgrund der **geografischen Nähe zu den wichtigen Absatzmärkten in Westeuropa**. Dadurch werden kürzere Auslieferungszeiten bis zum Point-of-Sale auch bei kurzfristig erteilten Aufträgen ermöglicht – ein Wettbewerbsvorteil, der hinsichtlich der immer kürzer werdenden Modezyklen zunehmend an Bedeutung gewinnt.[491] Im Übrigen setzt die türkische Textil- und Bekleidungsindustrie auch im Wettstreit mit dem direkten Mitbewerber China auf die relativ geringe geografische Distanz zu den Abnehmern und Partnern in Europa. Denn während die Auslieferung von der Türkei nach Europa innerhalb weniger Tage bewerkstelligt wird, benötigen Textil- und Bekleidungswaren aus China über den Seeweg oft mehrere Wochen.[492] Für europäische und für deutsche Kunden, die Produkte für die hochmodischen Märkte fertigen lassen, stellen lange Lieferzeiten aber ein enormes Risiko dar.

Gerade im modischen Bereich verfügt die türkische Textil- und Bekleidungsindustrie im Vergleich zu China über überlegene Kompetenzen bei der Fertigung. Bei der Suche nach neuen Marktsegmenten und der Sicherung von bestehenden Marktpositionen gewinnt die **spezifische Fertigungskompetenz** bei modischen, Design-orientierten und qualitativ höherwertigen Textil- und Bekleidungsprodukten nach der Quotenliberalisierung immer mehr an Bedeutung. Begreift man die Fertigungskompetenz als *unternehmerischen Erfolgsfaktor*, dann stellt sich schnell heraus, dass dieser kaum qualitativ oder quantitativ zu konkretisieren ist. Ein deutsches Textil- und Bekleidungsunternehmen, das von der Fertigungskompetenz in der Türkei in ganz besonderem Maße profitiert, ist die HUGO BOSS AG (Metzingen). Die HUGO BOSS AG betreibt seit 1998 ein eigenes Werk in Izmir, in dem hochwertige Herrenoberbekleidung (unter anderem Anzüge und Hemden) gefertigt wird. Eine in einem aktuellen

[490] Vgl. hierzu den informativen Artikel „„Wir halten der Türkei die Stange‘. Die europäischen Einkäufer schätzen die Schnelligkeit der türkischen Lieferanten“ in TEXTILWIRTSCHAFT Nr. 31 (2004), S. 114f.

[491] Über die Bedeutung des Vorteils der geografischen Nähe für die türkische Textil- und Bekleidungsindustrie vgl. HEYMANN (2005a), S. 8.

[492] Vgl. hierzu den Artikel „Turks say speed will keep them ahead of China“ in FINANCIAL TIMES vom 23.07.2004, S. 6.

Interview erfolgte Aussage des Vorstands-vorsitzenden der HUGO BOSS AG, Herr DR. BRUNO SÄLZER, soll an dieser Stelle als „Expertenmeinung" über die Fertigungskompetenz in der Türkei zitiert werden:

> **„Sie haben erst kürzlich Ihre Produktion in der Türkei ausgebaut. Wäre es nicht sinnvoller gewesen, gleich in China zu investieren?**
> Die Türkei wird wegen China nach unserer Einschätzung nicht verlieren. Und das nicht nur wegen der geografischen Nähe, sondern auch wegen der großen Kompetenz der Türken in Sachen Bekleidungsproduktion. So wie die Deutschen Autos bauen können, verstehen die Türken was von Anzügen. Die haben das Know-how und die Menschen."[493]

5.2.1.2 Produktbezogene Chancen

Bei den globalen Textil- und Bekleidungsmärkten handelt es sich heute fast ausschließlich um *Käufermärkte*, und zwar in allen Produktsegmenten und Preisgenres. Diese abnehmerseitige Marktmacht im Textil- und Bekleidungshandel gilt mehr denn je nach dem Wegfall der weltweiten Quotenregelungen zum Jahresanfang 2005. Es ist davon auszugehen, dass infolge des Quotenwegfalls die Anteile auf den globalen Textil- und Bekleidungsmärkten mittel- bis langfristig neu verteilt werden; als erstes Symptom dieser Neuordnung bei den Marktanteilen im weltweiten Textil- und Bekleidungshandel kann die unmittelbar auf den Quotenwegfall Anfang 2005 folgende und bis heute anhaltende *Marktzerrüttung* gesehen werden, die vor allem durch die explosionsartig gestiegenen Ausfuhren aus China hervorgerufen wurde. Die im Jahr 2006 noch verstärkte „Marktzerrüttung" (engl. *market disruption*) beruht im Grunde genommen auf nichts anderem als einem massiven *Preiswettbewerb*, der von China geschürt wird, da derzeit keine andere nationale Textil- und Bekleidungsindustrie imstande ist, preislich mit den chinesischen Produkten zu konkurrieren. Deshalb betrifft der verschärfte Wettbewerb nach der Quotenliberalisierung in erster Linie die niedrigpreisigen und unteren mittelpreisigen Marktsegmente.

So wie alle bedeutenden nationalen Textil- und Bekleidungslieferanten ist auch die Textil- und Bekleidungsindustrie in der Türkei auf der Suche nach adäquaten Anpassungsstrategien. Hierbei wurde rasch erkannt, dass ein auf produktionsseitiger Ebene ausgetragener Preiskampf mit den kostengünstiger produzierenden Ländern in Asien und Fernost betriebswirtschaftlich aussichtslos ist. Insofern betreffen die vom Quotenwegfall angeschobenen Strukturveränderungen grundsätzlich weniger den *Produktionsprozess*, sondern vielmehr die

[493] Das Interview ist entnommen aus TEXTILWIRTSCHAFT Nr. 47 (2005), S. 25.

Produkte. So ist es in den vergangenen Jahren bei den Textil- und Bekleidungsunternehmen der Türkei erklärtermaßen zu einer zentralen Unternehmensstrategie geworden, möglichst zügig von der Erfüllung von Lohnaufträgen abzukommen und sich stattdessen auf **Produktkategorien mit hohem Mehrwert** zu konzentrieren.[494] Betriebswirtschaftliches Formalziel dieser – marketingtechnisch gesprochen – *Produktinnovationen* sind höhere Umsatzrenditen durch eine höhere Wertschöpfung. Produktpolitisch gesehen, bestehen die Produktinnovationen in der türkischen Textil- und Bekleidungsindustrie heute vor allem in einem dem Produkt hinzugefügten Mehrwert. Im Rahmen der aktuell verfolgten Unternehmensstrategien, bei denen es sich in der Mehrzahl um *Marktbearbeitungs-* und *Markenstrategien* handelt, ist dieser produktspezifische Mehrwert bei türkischen Textil- und Bekleidungswaren im Wesentlichen zurückzuführen auf

- einen spezifischen **Modegehalt** und/oder
- einen **Markenwert** des Produkts.[495]

Berücksicht man die beeindruckenden Erfolge, die die türkische Textil- und Bekleidungsindustrie seit der Jahrtausendwende erreicht hat, so lässt dies den Schluss zu, dass sich die Wettbewerbsstärke der Unternehmen von einer konsequenten Marktorientierung ableitet. Diese spezifische Fähigkeit der türkischen Textil- und Bekleidungsunternehmen, ihre Produkte zielmarktgerecht an den Kundenbedürfnissen auszurichten, kann als **spezifische Produktkompetenz** bezeichnet werden. D.h. die Produktkompetenz türkischer Textil- und Bekleidungsunternehmen, die erfolgreich auf den nachfrageinduzierten globalen Absatzmärkten agieren, umfasst spezifische Kompetenzen vor allem in den Bereichen Design und Qualität. Im Bereich des Markenaufbaus und der Markenführung werden zwar von Seiten der meisten Hersteller verstärkte Anstrengungen unternommen, jedoch blieb bei der Positionierung und Etablierung neuer Marken der erwartete Erfolg bislang weitgehend aus.[496]

Ohne Zweifel wird der Ausbau von spezifischen Produktkompetenzen für die Mehrzahl der exportorientierten Textil- und Bekleidungsunternehmen der Türkei auch in Zukunft die wichtigste Wettbewerbsstrategie sein (z.B. auch im Rahmen von grenzüberschreitenden Unternehmenskooperationen). Mittel- und langfristiges Hauptziel dieser Wettbewerbs-

[494] Vgl. hierzu z.B. den Artikel „Die Türken kommen. Vorgestern die Italiener, gestern die Spanier, heute die Türken. Voller Optimismus gehen türkische Labels auf Expansionskurs. Mit guten Voraussetzungen: Sie haben Geld, sie haben Know-how und sie sind vertikal“ in TEXTILWIRTSCHAFT Nr. 8 (2005), S. 20.
[495] Vgl. hierzu *Kapitel 5.1.5.2.*
[496] Vgl. hierzu *Kapitel 5.2.2.2.*

strategie wird die **Positionierung in höherpreisigen Marktsegmenten** bleiben, auch und gerade, um dadurch dem von China vorangetriebenen Preiskampf zu entgehen. Gestützt auf ihre spezifischen Produktkompetenzen, hat die türkische Textil- und Bekleidungsindustrie im Vergleich mit dem direkten Mitbewerber China gemäß einer Studie von DEUTSCHE BANK RESEARCH klare Wettbewerbsvorteile in puncto Design und Qualität.[497] Diese Kompetenzvorteile werden auch von Experten bestätigt. So äußert HERR ANDREAS STREUBIG, Bereichsleiter bei OTTO GROUP INTERNATIONAL, für die die Türkei einer der wichtigsten Beschaffungsmärkte ist:

> „Im Moment haben wir extreme Qualitätsprobleme mit China."[498]

Hinsichtlich Design und Modeaussage geht die Überlegenheit türkischer Textil- und Bekleidungsunternehmen gegenüber chinesischen Konkurrenten sogar so weit, dass manche europäische Labels, die bisher in China fertigen ließen, jetzt aus Qualitätsgründen ihre Produktion von China in die Türkei verlagern.[499] Ein unternehmensspezifisches Beispiel für spezifische Produktkompetenzen ist das Bekleidungsunternehmen SARAR. SARAR stellt Herren- und Damenoberbekleidung im oberen Preissegment her. 15 Jahre lang arbeitete dieses Unternehmen als Lohnfertiger für HUGO BOSS aus Deutschland und generierte während dieser Zeit spezifische Fertigungs- und Produktkompetenzen im hochpreisigen Genre.[500] Als das deutsche Unternehmen 1998 ein eigenes Werk in der Türkei aufbaute und die Zusammenarbeit beendete, entwickelte SARAR eine eigene Bekleidungsmarke. Heute gehört SARAR zu denjenigen türkischen Marken, die von Produktpiraten am häufigsten kopiert werden. Allerdings stammen die gefälschten Artikel nicht nur aus der Türkei, sondern auch aus Russland, vor allem aber aus China. Hierzu äußert HERR CEMALETTİN SARAR, Vorstandsvorsitzender von SARAR GİYİM TEKSTİL, in einem Interview:

> „Nach Russland sind auch in China Imitate [von SARAR] aufgetaucht. Die Firma aus Schanghai, die in einer anderen Produktkategorie produziert, vertreibt unter der Marke SARAR weltweit Produkte. Im Zuge unserer Recherchen haben wir diese Firma lokalisiert, jetzt mühen wir uns mit den chinesischen Gerichten ab."[501]

[497] Vgl. hierzu HEYMANN (2005a), S. 8.
[498] Das Interview ist entnommen aus TEXTILWIRTSCHAFT Nr. 24 (2005), S. 46.
[499] Vgl. hierzu den Artikel „Textile production moves away from China as taste for fashion grows" in FINANCIAL TIMES vom 30.08.2005 sowie den Artikel „İngilizler tekstil üretimini Çin'den Türkiye'ye kaydırıyor [Engländer verlagern Textilproduktion von China in die Türkei]" in HÜRRİYET [Türkei-Ausgabe] vom 31.08.2005, S. 8. Der Artikel in HÜRRİYET ist eine Replik auf den tags zuvor in der FINANCIAL TIMES erschienenen Artikel.
[500] Vgl. hierzu HANDELSBLATT vom 17.03.2003, S. 12.
[501] Das Interview ist entnommen aus HÜRRİYET [Deutschland-Ausgabe] vom 23.12.2003, S. 11 und wird an dieser Stelle in deutscher Übersetzung wiedergegeben.

Für deutsche Textil- und Bekleidungsunternehmen, die mit einem türkischen Partner eine Outsourcing-Kooperation eingehen, bieten sich auch im Absatzbereich gute Chancen. Dies gilt bei einer fertigungsorientierten deutsch-türkischen Kooperation in besonderem Maße für den Absatz in der Türkei. Hierbei ist für den Absatz der kooperativ produzierten Textil- und Bekleidungswaren ein klarer Wettbewerbsvorteil in der **Nähe zu den heimischen Absatzmärkten** zu sehen. Vor dem Hintergrund der anhaltend boomenden Wirtschaft in der Türkei konnte seit 2004 mit finanzpolitischen Mitteln die seit Jahrzehnten chronische Inflation gebremst werden, so dass die Kaufkraft seit Jahren real ansteigend ist.[502] Unter der jungen, konsumfreudigen und modebewussten Bevölkerung der Türkei kann ein Nachholbedarf nach Textilien und Bekleidung mit hochmodischem Gehalt beobachtet werden, wobei insbesondere Marken und Labels aus dem westlichen Ausland einen besonders guten Ruf genießen und mit Vorliebe konsumiert werden.[503] Von daher bieten für deutsch-türkische Outsourcing-Partnerschaften die Binnenmärkte in der Türkei enorme Marktchancen. Insofern muss an dieser Stelle betont werden, dass dieses Marktpotenzial nur dann erfolgreich abgeschöpft werden kann, wenn sich die Outsourcing-Partnerschaft nicht nur auf den Fertigungsprozess beschränkt, sondern auch eine kooperativ-gemeinschaftliche *Produktentwicklung* umfasst. Nicht zuletzt im Hinblick auf die Absatzchancen für deutsche Textil- und Bekleidungsunternehmen auf den türkischen Binnenmärkten offenbart sich, dass eine strategisch vorausgedachte und marktorientiert konfigurierte Outsourcing-Partnerschaft nicht nur eine *produktionsbezogene*, sondern auch eine *absatzbezogene* Komponente beinhaltet. Durch ein partnerschaftliches Zusammenführen des produktions- und produktbezogenen Know-hows („Pooling“) und der durch die Nähe des türkischen Partners zum Markt gewährleisteten Kenntnis der Absatzkanäle entfaltet sich die deutsch-türkisches Outsourcing-Kooperation so zu einer für beide Seite erfolgversprechenden unternehmerischen Win-win-Situation.

---

[502] Vgl. hierzu z.B. den Artikel „Yüzde 7.72 ile son 37 yılın en düşük enflasyonu yaşandı [Mit 7,72% Inflation wurde der niedrigste Stand seit 37 Jahren erreicht]“ in MİLLİYET [Deutschland-Ausgabe] vom 04.01.2006, S. 8.

[503] Vgl. hierzu z.B. das Feature „Boom am Bosporus. Als Bezugsquelle seit langem in einer Spitzenposition, wird die Türkei nun auch als Absatzmarkt immer interessanter. Zahlreiche Filialisten haben das Land auf ihre Expansionsliste gesetzt“ in TEXTILWIRTSCHAFT Nr. 31 (2006), S. 26-30.

5.2.2 Risiken

5.2.2.1 Prozessbezogene Risiken

Outsourcing-Partnerschaften, die als strategische Unternehmenskooperationen konfiguriert sind, erstrecken sich grundsätzlich über mittel- oder langfristige Zeiträume und werden dementsprechend im Rahmen von mittel- und langfristigen Entscheidungsfeldern koordiniert, welche unmittelbar der strategischen Unternehmensplanung unterstellt sind. Von daher ist eine mittel- und langfristige Projektion auch der Risiken einer Outsourcing-Kooperationen nicht nur eine entscheidungsrelevante *hinreichende Bedingung*, sondern eine *notwendige Voraussetzung*, deren strategische Dimensionen von Seiten der Unternehmensführung plausiblerweise schon *vor* dem operativen Start der Outsourcing-Kooperation richtig einzuschätzen sind. Eine möglichst präzise Projektion der Risiken umfasst nicht nur *kurzfristige Volatilitäten* (, die gerade in einem Land wie der Türkei in enormen quantitativen Abweichungen resultieren können), sondern auch *mittel- und langfristige Entwicklungsrichtungen*. Des Weiteren besteht die Schwierigkeit für die Unternehmensführung nicht nur darin, Risikopotenziale – sowohl kurz- als auch mittel- und langfristige – zu *identifizieren*, sondern vor allem darin, diese zugleich auch sachgerecht zu *gewichten*.

Die Komplexität einer prozessbezogenen Risiko-Projektion wird an dieser Stelle deshalb so betont, weil sie die wichtigste Determinante für Outsourcing-Entscheidungen unmittelbar betrifft: die Lohnkosten. Die türkische Textil- und Bekleidungsindustrie sieht sich seit Anfang der 2000er Jahre (also schon lange vor der Quotenliberalisierung) mit der Herausforderung **real steigender Lohnkosten** konfrontiert (vgl. *Kapitel 5.1.3.1)*. „Real steigend“ bedeutet, dass die Lohnkosten nicht nur nominal, sondern auch inflationsbereinigt ansteigen, so dass es zu periodenbezogenen (z.B. jährlichen) Netto-Zuwächsen bei den Lohnkosten kommt. Da die steigenden Löhne nicht unmittelbar auf kurzfristige Konjunkturschwankungen zurückgeführt werden können, sondern vielmehr eine Folgeerscheinung der seit 2001 real wachsenden Gesamtwirtschaft der Türkei sind, kann hierbei von einem langfristigen Trend gesprochen werden. Für ein outsourcingwilliges deutsches Unternehmen stellen mittel- und langfristig steigende Lohnkosten in der Türkei ein erhebliches Risiko dar, das in angemessener Weise in der Erfolgsplanung des Unternehmens berücksichtigt werden muss – schließlich hängt der ökonomische Erfolg eines Outsourcing quantitativ am stärksten von der Höhe der Lohnkosten des Outsourcing-Dienstleisters ab. Die steigenden Lohnkosten in der türkischen Textil- und Bekleidungsindustrie korrespondieren mit allgemein stetig steigenden Betriebskosten – eine aktuelle Problemstellung, die momentan zu den wichtigen Themen in der türkischen Textil- und Bekleidungsbranche zählt.[504] Zurzeit machen die Lohnkosten in der türkischen Textil- und Bekleidungsindustrie etwa 30% der gesamten Betriebskosten aus; es ist davon auszugehen, dass dieser Wert in den nächsten Jahren sowohl relativ als auch in absoluter Höhe ansteigen wird.[505]

Eine weitere Herausforderung, die mit dem realen Anstieg der Lohnkosten in der türkischen Textil- und Bekleidungsindustrie unmittelbar zusammenhängt, ist die **regionale Konzentration auf die Metropole Istanbul**. Auch für alle anderen Industriezweige ist die Metropolregion Istanbul der wichtigste Standort, wiewohl dies gerade für die Textil- und Bekleidungsindustrie in besonderem Maße gilt (vgl. *Kapitel 5.1.1.1* und *5.1.1.2*). 23% des gesamten Bruttoinlandsproduktes (BIP) der Republik Türkei werden in Istanbul erwirtschaftet, 46% aller Güterausfuhren und 40% aller Gütereinfuhren werden von Unternehmen in Istanbul abgewickelt; des Weiteren bezieht der Staat 40% seiner Steuereinnahmen allein aus Istanbul.[506] Wegen der Konzentration des Außenhandels und der internationalen wirtschaftlichen Beziehungen in der Weltstadt Istanbul gibt es für ausländische Unternehmen, die ein Engagement in der Türkei anstreben, kaum Ausweichmöglichkeiten in andere Regionen des Landes. Doch gerade für die Textil- und Bekleidungsproduktion, die aktuell eine sukzessive Verlagerung der Kapazitäten in die strukturschwachen Regionen Anatoliens vorantreibt, um die dortigen Lohnkostenvorteile auszunutzen, kann die geografische Fokussierung auf Istanbul ein realer (weil kostenverursachender) Wettbewerbsnachteil sein. Der allgemeine Boom, den die türkische Wirtschaft seit fünf Jahren erlebt, hat vor allem in den Großstädten des Landes stattgefunden; das anatolische Hinterland blieb vom wirtschaftlichen Schwung der letzten Jahre weitgehend unberührt. Dadurch sind Lohn- und Arbeitskosten (aber auch andere Kosten wie etwa Energiekosten oder Lebenshaltungskosten der Mitarbeiter) enorm in die Höhe gestiegen und haben in Istanbul in manchen Bereichen mittlerweile westeuropäisches Niveau erreicht. Deutsche Unternehmen, die von einem Engagement in Anatolien wegen der Inkongruenz zu westeuropäischen Kultur- und Businessstandards absehen und im Hinblick auf die internationale Infrastruktur, das moderne Geschäftsleben und die vorökonomischen

---

504 Vgl. hierzu die Aussagen von Branchenvertretern in TEXTILWIRTSCHAFT DÜNYA TEKSTİL Nr. 4 (2006), S. 99-101.

505 Vgl. TEXTILWIRTSCHAFT DÜNYA TEKSTİL Nr. 4 (2006), S. 101.

506 Zur Bedeutung Istanbuls für die türkische Wirtschaft vgl. die aufschlussreiche Glosse „İstanbul trafiği Türkiye'nin büyümesini frenliyor [Der Verkehr in Istanbul bremst das Wachstum der Türkei]" in MİLLİYET [Deutschland-Ausgabe] vom 09.10.2005, S. 8.

Anreize (z.B. aus Gründen der Mitarbeiter-Motivierung) eine Outsourcing-Partnerschaft in Istanbul vorziehen, müssen sich über entsprechende Kostennachteile im Klaren sein.

Berücksichtigt man, wie historisch verwurzelt und gesamtwirtschaftlich bedeutsam die türkische Textil- und Bekleidungsindustrie ist, dann überrascht bisweilen, wie gering die Investitionen zur Steigerung der Produktivkraft ausfallen. Dies betrifft übrigens auch die ausländischen Direktinvestitionen, die in der Türkei verglichen mit anderen Schwellenländern sehr niedrig sind und in den vergangenen Jahren immer unter 1% des BIP blieben.[507] Die geringen Eigeninvestitionen liegen im Fall der türkischen Textil- und Bekleidungsindustrie vor allem an der allgemeinen Kapitalschwäche der Unternehmen und an den niedrigen Cash-Flows. Dementsprechend beträgt die Investitionsquote in F&E-Aktivitäten etwa 0,65% des BIP.[508] Insofern kann festgestellt werden, dass die Textil- und Bekleidungsindustrie **zu geringe Aktivitäten in Fertigung und Entwicklung (F&E)** aufbringt.[509] Für einen national wie international bedeutsamen Industriezweig ist aber die Vernachlässigung von F&E in der Gegenwart gleichzusetzen mit Wettbewerbsnachteilen in der Zukunft. Erstaunlicherweise wird das Problem der zu geringen F&E-Aktivitäten sowohl innerhalb der Branche als auch in wissenschaftlichen Beiträgen – gerade angesichts der aktuellen Bedrohung durch die Quotenliberalisierung – nur randständig behandelt. Dies ist als umso bedenklicher einzustufen, wenn berücksichtigt wird, dass F&E-Aktivitäten üblicherweise auf eine Verbesserung der Erfolgspositionen sowohl auf *prozessbezogener* als auch auf *produktbezogener* Ebene ausgerichtet sind. Denn eine Unternehmenspolitik, die unter dem Eindruck einer akuten Marktveränderung wie durch den Quotenwegfall 2005 *nicht* eine Verbesserung der Prozesse und Produkte fokussiert, wird mittel- bis langfristig zu einer Schwächung der eigenen unternehmerischen Wettbewerbsposition führen.[510] Im Falle einer angestrebten Outsourcing-Kooperation kann aber ein so geartetes strategisches Risiko des türkischen Outsourcing-Dienstleisters für den Outsourcer aus Deutschland ein ausschlaggebendes Kriterium *gegen* eine Outsourcing-Entscheidung sein.

---

[507] Vgl. FAZ (2005b), S. 14.

[508] Vgl. TEXTILWIRTSCHAFT DÜNYA TEKSTİL Nr. 12 (2004), S. 122. Die Investitionsquote in Höhe von 0,65% findet sich auch in der wissenschaftlichen Literatur bei EFE (2005), S. 11.

[509] Vgl. hierzu auch den Artikel „Türk Tekstil Sektörü nasıl gelişir? [Wie kann sich der türkische Textilsektor weiterentwickeln?] in TAD TEKSTİL ARAŞTIRMA DERGİSİ [Zeitschrift für Textilforschung] Nr. 1 (2005), o. S. – Im Internet: http//www.tad.com.tr/makale.aspx?id=17 (Abruf am 30.06.2005). In diesem kenntnisreichen Artikel werden die geringen F&E-Aktivitäten explizit als das *größte Problem* der türkischen Textil- und Bekleidungsindustrie bezeichnet.

[510] Vgl. hierzu in der wissenschaftlichen Literatur die Handlungsempfehlungen von ENER ET AL. (2002), S. 7f.

5.2.2.2 Produktbezogene Risiken

Bezogen auf ablauforganisationale Entscheidungskriterien, ist ein Hauptargument für globale Produktionsverlagerungen darin zu sehen, dass es in der Textil- und Bekleidungsproduktion kaum spezielle Fertigungsverfahren oder standortgebundene Produktionsverfahren gibt (mit Ausnahme von z.B. manchen technischen Industrietextilien). Sofern betriebswirtschaftlich vorteilhaft, können Produktionskapazitäten mit relativ geringem finanziellem Aufwand in relativ kurzer Zeit an nahezu jedem beliebigen Ort der Erde in Betrieb genommen werden. Die geringe Standortgebundenheit ist ein Auslöser dafür, dass in der Textil- und Bekleidungsindustrie produktionsbezogene Herausforderungen immer mehr in den Hintergrund gedrängt werden, wohingegen im Rahmen der Marketingmaßnahmen die *Produktpolitik* immer mehr in den Vordergrund gerät. Ein weiterer, vielleicht noch entscheidender Grund für die Bedeutungszunahme der Produktpolitik liegt an den immer kleiner werdenden Zielmarktsegmenten im Textil- und Bekleidungshandel. Die Zielmärkte wiederum werden deshalb immer kleiner, weil die Zielgruppen im Abverkauf immer kleiner werden, oder etwas präziser formuliert: Die Kundenbedürfnisse bei Textilien und Bekleidung werden immer spezieller und diversifizierter. Letzteres ist – produktpolitisch betrachtet – unter anderem damit zu erklären, dass es seit den 1990er Jahren vor allem bei Bekleidung keine klar abzugrenzenden *Modetrends* mehr gibt, sondern die „aktuelle Mode“ von einer Vielzahl von *Modethemen* bestimmt wird, die sich ergänzen, voneinander abweichen oder sogar einander widersprechen können. Im Hinblick auf dieses vor allem in der Bekleidungsbranche mittlerweile fest verwurzelten Marktphänomens wird plausibel, dass das **Moderisiko** für Bekleidungshersteller immer höher wird, ist doch der unternehmerische Erfolg (d.h. das Erreichen des unternehmerischen Formalziels) unmittelbar davon abhängig, ob die angebotene Ware – die ja nur eine einzige Saison lang vertrieben wird – den modischen Geschmack der Konsumenten trifft, also von der jeweiligen Zielgruppe angenommen wird oder „floppt“. Wie in keinem anderen Industriezweig sonst, ist in der Textil- und Bekleidungsindustrie die unternehmerische Performance im Absatz von einer rational so schwer zu erfassenden Dimension wie dem „Modegeschmack“ abhängig – so kann der Erfolg bzw. Misserfolg *einer* Modekollektion unmittelbar den unternehmerischen Fortbestand beeinflussen.

Für die türkische Textil- und Bekleidungsindustrie gewinnt die produktpolitische Dimension auch deshalb mehr und mehr an Bedeutung, weil es – angesichts der aktuellen Herausforderungen durch die Quotenliberalisierung – verstärkt Bemühungen gibt, die Türkei als „Modeland“ zu präsentieren (vgl. *Kapitel 5.1.5.2*). Damit wird das eingangs beschriebene produktpolitische Moderisiko zu einem nicht zu unterschätzenden Risikofaktor, der nicht nur auf der Ebene der operativen Produktplanung und -steuerung (PPS), sondern auch auf der Ebene der Unternehmensstrategie berücksichtigt werden muss. Ein in der Branche intensiv diskutiertes, akutes Problem der türkischen Textil- und Bekleidungsindustrie ist das **negative Länderimage** der Türkei. D.h. nichts anderes, als dass die Türkei vom Endverbraucher nicht (oder noch nicht) als Ursprungsland von hochwertiger Mode akzeptiert wird, ja dass das Labeling „Made in Turkey“ sogar das Kaufverhalten des Konsumenten so weit negativ beeinflussen kann, dass dieser von einem Kauf absieht. Das negative Länderimage der Türkei bei den Endverbrauchern wird in entsprechenden empirischen Untersuchungen immer wieder bestätigt.[511] Für türkische Textil- und Bekleidungsunternehmen stellt das negative Länderimage eine marketingpolitisch schwer zu überwindende Barriere beim Aufbau eigener Marken dar. Marketingstrategien, die bewusst das Herkunftsland des Produktes kommunizieren (sog. *Country-of-origin*-Strategien) werden damit quasi aussichtslos. Deutsche Textil- und Bekleidungshersteller, die in der Türkei fertigen lassen und ihre Produkte mit „Made in Turkey“ labeln, müssen sich über mögliche Risiken beim Abverkauf im Klaren sein. Denn auch im Fall von ausländischen Marken bzw. nicht-türkisch klingenden Markennamen gilt, dass das Label „Made in Turkey“ eine negativ belegte und also verkaufshemmende Wirkung auf die Kaufentscheidung des Konsumenten ausüben kann.

Zwar gibt es von Seiten der türkischen Textil- und Bekleidungsindustrie Anstrengungen, dass negative Länderimage aufzubessern, jedoch bislang ohne nennenswerten Erfolg. Ein Beispiel hierfür ist die vom türkischen Außenhandelsministerium und verschiedenen Textil- und Bekleidungsverbänden in Zusammenarbeit mit 18 Textil- und Bekleidungsunternehmen im Januar 2004 aufwändig gelaunchte Imagekampagne TURQUALITY, die aber bis dato nicht die gewünschten Erfolge erzielte und mittlerweile kaum mehr weiterverfolgt wird. TURQUALITY sieht die Markierung von qualitativ höherwertigen Textil- und Bekleidungsprodukten aus der Türkei mit einem „TURQUALITY“-Logo vor (weiße Schrift auf türkisem Hintergrund).[512] Beteiligten sich in der Anfangsphase noch zahlreiche Unternehmen an diesem Projekt, indem sie ihre Produkte mit TURQUALITY markierten und auch in verschiedenen Kommunikations-

---

[511] Vgl. TEXTILWIRTSCHAFT DÜNYA TEKSTİL Nr. 7 (2005), S. 107. Hier wird eine Untersuchung der englischen Tageszeitung THE OBSERVER zitiert. Diese empirische Untersuchung umfasste eine Befragung von 5 Mio. Teilnehmern (!). Im Ergebnis schnitt das Länderimage der Türkei am schlechtesten ab und landete unter zehn Nationen auf dem letzten Platz.

[512] Vgl. hierzu z.B. TEXTILWIRTSCHAFT DÜNYA TEKSTİL Nr. 2 (2005), S. 14.

maßnahmen (Werbung, Public Relations etc.) TURQUALITY-Kampagnen launchten, wurden diese Marketing-Aktivitäten mangels positiver Kundenresonanz nach und nach eingestellt.[513]

Ein Beispiel für ein positives Länderimage bei Textilien und Bekleidung ist Italien: Aufgrund jahrzehntelanger Modekompetenzen und zahlreicher weltweit bekannter Modemarken ist das Label „Made in Italy“ eine positiv belegte und verkaufsfördernde Werbe-Botschaft, die von italienischen Herstellern bewusst eingesetzt wird. Hieraus erklärt sich, dass nicht wenige türkische Textil- und Bekleidungshersteller dazu übergegangen sind, als Markennamen „italienisch klingende Namen“ (Logotype) einzusetzen. Einige Beispiele hierfür sind die Marken VINZO, BESSINI, RAVELLI, PAREZZA, LANGONA oder BIGAZZI, die allesamt türkischen Ursprungs sind. Ob eine solche mit nicht-türkischen Logotypen arbeitende *Branding-Strategie* langfristig gesehen erfolgversprechend ist, kann an dieser Stelle nicht endgültig beantwortet werden.

Die Suche der türkischen Textil- und Bekleidungsindustrie nach adäquaten Marketingstrategien, um den Marktverschiebungen nach dem Quotenwegfall entgegenzuwirken, ist noch nicht abgeschlossen. Gescheiterte Marketing-Maßnahmen wie das TURQUALITY-Projekt oder fragwürdige Markenstrategien wie die Verwendung italienischer Logotype im Namen weisen auf das eigentliche Kernproblem hin, das sich unter dem Stichwort **Marketing-Defizite** subsumieren lässt. *Marktorientierung* als Denkhaltung bei der Bearbeitung der Zielmarktsegmente ist zwar in Ansätzen erkennbar, doch ist die unternehmensbezogene *Herstellerperspektive* nach wie vor vorherrschend. Die konsequente und konsistente Nutzung von Marketing-Instrumenten erfolgt nur bei einer Minderheit der Textil- und Bekleidungsunternehmen. Charakteristisch für die mangelnde Marktorientierung der türkischen Textil- und Bekleidungshersteller ist ein oft fehlendes, tieferes Verständnis für Produkt-Markt-Beziehungen; dies spiegelt sich dann in der suboptimalen Realisierung des Marketing-Mix (*Produktpolitik*, *Preispolitik*, *Kommunikationspolitik*, *Distributionspolitik*) wider. Selbstverständlich werden von solchen Marketing-Defiziten auch deutsche Outsourcing-Partner berührt, die die Zusammenarbeit mit ihrem türkischen Kooperationspartner nicht nur auf reine Fertigungsvorgänge beschränken, sondern auch auf Marketing-Aktivitäten ausdehnen wollen. Beispiele für produktpolitische Risiken wurden bereits genannt, daher seien hier zwei Beispiele aus dem Bereich der Distributionspolitik und der Preispolitik angeführt:

[513] Über die relativ strengen Bedingungen, die ein Unternehmen erfüllen muss, um das TURQUALITY-Zertifikat zu erhalten vgl. TEXTILWIRTSCHAFT DÜNYA TEKSTİL Nr. 7 (2006), S. 55.

- Höherwertige bzw. hochmodische Textilien und Bekleidung bedürfen der *selektiven Distribution* in ausgewählten Absatzkanälen, ein Massengeschäft mit hohen Losgrößen (z.B. zur Realisierung von Skalenvorteilen) ist hierbei per se auszuschließen. Betriebswirtschaftlich relevant sind hohe positive Deckungsbeiträge, die nicht durch geringe Kosten, sondern mehr über hohe Preise im Abverkauf generiert werden (, eine entsprechend hohe Preisbereitschaft der Zielgruppe vorausgesetzt). Hohe Preise wiederum sind nur durch selektive Distribution zu erreichen. Aber in der wirtschaftlichen Praxis der Türkei gibt es kaum Textil- und Bekleidungshersteller, die diesen (einfachen) Marketing-Ansatz verfolgen.
- In der türkischen Textil- und Bekleidungsbranche sind *Eckpreise* weitgehend unbekannt (z.B. 199,- , 449,- , 1089,- etc.). Dies ist insofern erstaunlich, als es sich bei Eckpreiskalkulationen um ein relativ einfaches, aber psychologisch überaus wirksames Mittel im Rahmen von *Pricing-Strategien* handelt.

Die betriebswirtschaftlichen „Lösungen“ dieser beiden Praxisbeispiele sind zwar verblüffend einfach – und mögen dem akademisch ausgebildeten Betriebswirt trivial erscheinen –, verdeutlichen aber umso mehr die allgemeinen Marketing-Defizite in der türkischen Textil- und Bekleidungsindustrie. Problematisch ist ebenso ein mangelndes Verständnis für die Wichtigkeit von *Marktforschung*. Die Zusammenarbeit zwischen wirtschaftlicher Praxis und wissenschaftlicher Forschung ist als völlig ungenügend zu bezeichnen. Zwar existiert eine Unzahl von oft überoptimistischen Branchenberichten oder subjektiven Einschätzungen von einflussreichen Branchenvertretern, jedoch sind zitierfähige Untersuchungen, die wissenschaftlichen Maßstäben genügen, oder fundierte Marktanalysen, die sich auf reliable empirische Erhebungen stützen, äußerst rar.[514] Die Unternehmensführung eines deutschen Textil- und Bekleidungsunternehmens, das sich in der Entscheidungsphase einer Outsourcing-Kooperation befindet, stellt dies vor ungewohnte Schwierigkeiten, da eine Outsourcing-Entscheidung plausiblerweise nur unter Rückgriff auf seriöse und verlässliche *externe* Marktanalysen getroffen werden kann – denn für entsprechende *interne* Analysen sind meistens nicht die erforderlichen Ressourcen (in vollem Umfang) verfügbar. Insofern stellen etwaige Marketing-Defizite des türkischen Partners nicht nur ein Risiko während der laufenden operativen betrieblichen Zusammenarbeit dar, sondern können schon im Vorfeld

[514] Dieses Problem betrifft auch die vorliegende Arbeit. Da wegen der Aktualität der wissenschaftlichen Problemstellung kaum auf vorhandene Forschungsliteratur zurückgegriffen werden konnte, erforderte die Recherche und die Auswahl der verlässlichen und zitierfähigen Quellen außerordentlich viel Sorgfalt.

der Outsourcing-Partnerschaft zu Informationsasymmetrien führen, die den deutschen Kooperationspartner aus Sicherheitserwägungen zu einer Entscheidung *gegen* ein Outsourcing-Engagement in der Türkei bewegen können.

5.2.3 Zusammenfassende Interpretation der Analyseergebnisse

Vor dem Hintergrund der aktuellen Marktbedrohung durch die Quotenliberalisierung herrscht für die meisten türkischen Textil- und Bekleidungsunternehmen Handlungsbedarf. Das Jahr 2005 läutet für die Textil- und Bekleidungshersteller der Türkei eine neue Epoche ein, in deren Folge enorme Marktveränderungen und völlig neue Wettbewerbsstrukturen in Erscheinung treten werden. Da die Quotenliberalisierung mittel- und langfristige Auswirkungen nach sich ziehen wird, müssen entsprechende Anpassungsstrategien ebenso mittel- und langfristig (sprich strategisch) ausgerichtet sein. Hauptanliegen der Potenzial-Analyse von *Kapitel 5.2.* war, unter Berücksichtigung der gewachsenen Strukturen und aktuellen Herausforderungen der türkischen Textil- und Bekleidungsindustrie, die in *Kapitel 5.1.* herausgearbeitet wurden, ein differenziertes Bild der Chancen und Risiken von Outsourcing-Partnerschaften wiederzugeben. Dabei wurde bei der analytischen Betrachtung bewusst nicht nur die Perspektive türkischer Unternehmen eingenommen, sondern immer wieder auch auf die Perspektive potenzieller Partnerunternehmen aus Deutschland rekurriert (wie sie in *Kapitel 4.2.* dargelegt wurde) – nicht zuletzt, um somit der Win-win-Philosophie von Outsourcing-Kooperationen gerecht zu werden. Nichtsdestotrotz sollte eine Chancen-Risiken-Analyse, wie sie an dieser Stelle vorgeführt wurde, nicht als pauschale Antwort auf die aktuelle Marktsituation fehlinterpretiert werden. Betriebswirtschaftlich gesehen, darf eine Outsourcing-Partnerschaft nie nach dem Ursache-Wirkung-Prinzip einer *Normstrategie* abgewickelt werden, sondern ist vielmehr als eine **individuelle Unternehmensstrategie** zu definieren, die die eigene unternehmensspezifische Situation *und zugleich* die Situation des Partner-Unternehmens berücksichtigen muss.

Auf der Ebene der konkreten Analyseergebnisse wurde deutlich, dass die Chancen-Risiken-Profile der türkischen und der deutschen Textil- und Bekleidungsindustrie weitgehend kompatibel sind, d.h. die aktuellen Marktbedingungen sind für deutsch-türkische Outsourcing-Partnerschaften (im Sinne einer Win-win-Situation) grundsätzlich sehr geeignet. Charakteristisch für dieses **Win-win-Verhältnis** zwischen deutschen und türkischen Textil-

und Bekleidungsunternehmen ist, dass sowohl jedes Unternehmen für sich genommen Erfolgspositionen generiert, gleichzeitig aber auch gemeinschaftlich-partnerschaftliche Erfolgspositionen herausgebildet werden können. Für ein Outsourcing in der Türkei bietet die *Ausnutzung von Lohnkostenvorteilen* ein großes Chancen-Potenzial, wenn auch eingeschränkt werden muss, dass direkte Mitbewerber wie China oder Indien gegenüber der Türkei bereits zum jetzigen Zeitpunkt über komparative Lohnkostenvorteile verfügen. Doch im Vergleich mit den asiatischen Mitbewerbern bietet die Türkei Chancen durch *Schnelligkeit und Flexibilität* in der Produktion, wobei dies sowohl die Durchlaufzeiten durch die textile Pipeline als auch die Lieferzeiten zum Abnehmer betrifft. Hierbei kommt den türkischen Unternehmen sicherlich die *geografische Nähe zu den Absatzmärkten* in Europa zugute, doch auch die *spezifischen Fertigungskompetenzen*, die türkische Betriebe im Rahmen von Auftragsfertigung für europäische Unternehmen gewonnen haben, verstärken diesen Wettbewerbsvorteil. Betrachtet man die produktbezogene Dimension von deutsch-türkischen Outsourcing-Partnerschaften, dann zeigt sich, dass die türkischen Textil- und Bekleidungsunternehmen auch über *spezifische Produktkompetenzen* verfügen, auf denen letztlich auch ihre beeindruckenden Erfolge im Außenhandel beruhen. In Synergie mit den Produktkompetenzen ihrer deutschen Partner, könnten türkische Unternehmen im Rahmen von Outsourcing-Kooperationen so Textilien und Bekleidung mit *höherem Mehrwert* produzieren und sich in der Folge dauerhaft in *höherpreisigen Marktsegmenten positionieren.* Ein nicht zu unterschätzender Wettbewerbsvorteil für die türkischen Hersteller ist in der *Nähe zu den heimischen Absatzmärkten* zu sehen, was eine schnellere und effektivere Marktbearbeitung ermöglicht. Auf der anderen Seite ergibt sich für die deutschen Partnerunternehmen hierdurch die Chance, mittels ihrer heimischen Kooperationspartner neue Absatzwege in der Türkei zu erschließen – in Anbetracht der lukrativen Marktbedingungen in der Türkei ist letzteres für deutsche Textil- und Bekleidungsunternehmen, die allgemein mit Absatzrückgängen und erschwerten Wettbewerbsbedingungen zu kämpfen haben, eine unternehmerisch überaus reizvolle Option.

Hinsichtlich der Risiken eines Outsourcing in der Türkei sind zuvörderst die *real steigenden Lohnkosten* zu nennen – ein klarer Wettbewerbsnachteil und langfristiger Trend, der weder aufzuhalten noch rückgängig zu machen ist und insofern durch andere Wettbewerbsvorteile überkompensiert werden muss. Ein Faktor, mit dem der kontinuierliche Anstieg der Lohnkosten zusammenhängt, ist die *geografische Konzentration* der türkischen Textil- und Bekleidungsindustrie vor allem in der Metropolregion Istanbul, da hier – dem „wirtschaftlichen Herz“ der Türkei – alle ökonomischen und außerökonomischen Kosten höher ausfallen als im wirtschaftlich rückständigen Anatolien. Ein großes Risiko-Potenzial ist in den vergleichsweise *geringen Fertigungs- und Entwicklungsaktivitäten (F&E)* der türkischen Textil- und Bekleidungsunternehmen zu sehen; hier bietet sich jedoch gleichzeitig die Chance eines gemeinsamen Know-how-Poolings mit dem deutschen Outsourcing-Partner. Schwerer zu kompensieren sind indessen die Risiken auf der produktbezogenen Ebene: Das *negative Länderimage* der Türkei stellt einen Risikofaktor dar, der höchstens mittel- bis langfristig deaktiviert werden kann. Dementsprechend ist davon auszugehen, dass das Label „Made in Turkey“ auch in den nächsten Jahren kaum für eine positive Beeinflussung des Käuferverhaltens genutzt werden kann. Das größte Risikopotenzial geht jedoch von den teilweise vorhandenen *Marketing-Defiziten* bei türkischen Textil- und Bekleidungsunternehmen aus. Eine Synchronisierung mit den Marketing-Aktivitäten des deutschen Partnerunternehmens böte hierbei die Chance, echte (d.h. erfolgswirksame) Synergien zu realisieren.

Tabelle 33 gibt die Outsourcing-Chancen- und Risikopotenziale für ein Outsourcing in der Türkei überblickshaft wieder:

Tabelle 33: Chancen- und Risikopotenziale für ein Outsourcing in der Türkei

	Chancen	Risiken
prozessbezogen	- Lohnkostenvorteile - Schnelligkeit und Flexibilität - geografische Nähe zu Europa - spezifische Fertigungskompetenzen	- steigende Lohnkosten - regionale Konzentration der Produktion auf Istanbul - zu wenig F&E
produktbezogen	- spezifische Produktkompetenzen - Nähe zu den heimischen Absatzmärkten	- negatives Länderimage - teilweise Marketing-Defizite

Quelle: eigene Darstellung

KAPITEL 6: THEORIEGELEITETE ENTWICKLUNG EINES INTEGRATIVEN KONZEPTES FÜR ANBIETERINITIIERTES OUTSOURCING

6.1 Theoretische Prämissen

Das in *Kapitel 6.2* vorgeführte Konzept für *anbieterinitiiertes Outsourcing* basiert auf theoretischen Prämissen und ist insofern „theoriegeleitet". Im vorangehenden *Kapitel 6.1* werden zur Erklärung und theoretischen Fundierung des Konzeptes Theorien und theoretische Ansätze herangezogen, die in der Betriebswirtschaftslehre weit verbreitet und allgemein anerkannt sind. Es sei betont, dass es in diesem Abschnitt *nicht* darum geht, eine theoretische Abhandlung der Outsourcing-Problematik vorzuführen oder die theoretischen Grundlagen für die innovative Idee des *anbieterinitiierten Outsourcing* auszuarbeiten – dies ist bereits in *Kapitel 3* geschehen. Vielmehr soll ein theoretischer Überbau für das Modell eines integrativen Konzeptrahmens geschaffen werden, indem Fragen der **organisationalen Gestaltung**, der **Koordination** und des **Managements** diskutiert werden. Hierbei sollen die angestellten Überlegungen mithilfe von plausiblen Ansätzen aus der Entscheidungs-, Organisations- und Managementtheorie abgesichert werden. Hierfür werden in Abschnitt *6.1.1* zentrale wissenschaftstheoretische Aspekte aus der Entscheidungs- und Organisationstheorie aufgegriffen. Dabei wird – mit stetem Bezug auf das Konzept für *anbieterinitiiertes Outsourcing* – das *Organisationsproblem* in den Mittelpunkt gerückt und auf besondere Problembereiche bei der Betrachtung der *Inter-Ebene der organisationalen Gestaltung* hingewiesen. Der nächste Abschnitt (*Kapitel 6.1.2*) widmet sich spezielleren Ansätzen aus der Managementlehre: Dabei sind vor allem solche Managementinstrumente von Interesse, denen bei einer Outsourcing-Partnerschaft – verstanden als eine interorganisationale Wertschöpfungsstruktur – ein besonderer Stellenwert beizumessen ist, z.B. *Vertrauen* und *partnerschaftliche Kooperationskultur.* Darüber hinaus werden wichtige managementtheoretische Dimensionen einer Outsourcing-Kooperation besprochen, wie etwa *interpersonelle Verbindungen* (Interaktionen) und *Konflikte*. Im letzten Abschnitt (*Kapitel 6.1.3*) wird auf eine besondere Fragestellung eingegangen: Durch die Gegenüberstellung des *marktorientierten Ansatzes* und des *ressourcenbasierten Ansatzes* und einem direkten Vergleich beider wird erörtert, weshalb und inwiefern für das Konzept für *anbieterinitiiertes Outsourcing* grundsätzlich das Prinzip der **Marktorientierung** gilt. Um zu diesem Ergebnis zu gelangen, wird die Anwendbarkeit der beiden gegensätzlichen

Ansätze für das Konzept für *anbieterinitiiertes Outsourcing* geprüft. Hierfür wird aus der anbieterseitigen Perspektive (also aus Sicht des Outsourcing-Dienstleisters) die *Outside-in-Perspektive* des marktorientierten Ansatzes und die *Inside-out-Perspektive* des ressourcenbasierten Ansatzes gegeneinander abgeglichen. Abschließend wird festgestellt, dass für das Konzept für *anbieterinitiiertes Outsourcing* die „Marktorientierung" nicht nur als konzeptuelle Leitidee, sondern vielmehr als *Bestandteil der Kooperationsphilosophie* und als *Führungskonzept des Managements* anzusehen ist.

6.1.1 Ansätze aus der Entscheidungs- und Organisationstheorie

Unternehmensübergreifende Organisationsformen, zu denen die in dieser Untersuchung fokussierten Outsourcing-Partnerschaften gehören, finden allgemein in der industrieökonomischen und speziell in der organisationstheoretischen Diskussion zunehmende Beachtung. Aus den mittlerweile zahlreichen wissenschaftlichen Beiträgen über neuartige Organisationsformen zwischen Markt und Hierarchie – im Allgemeinen als *hybrid* bezeichnet – geht hervor, dass sich in den diversen Ausprägungen von zwischenbetrieblichen Kooperations- und Vernetzungsformen die Organisationsstrukturen der Zukunft herausbilden. Dies ist in besonderem Maße für Unternehmen aus der Textil- und Bekleidungsindustrie festzustellen.[515]

Das im Folgenden zu entwickelnde Konzept für *anbieterinitiiertes Outsourcing* ist, unter entscheidungs- und organisationstheoretischen Gesichtspunkten betrachtet, gestaltungsorientiert. Es soll ein Modell für den **planmäßigen Einsatz von Gestaltungsinstrumenten** zur Etablierung von Organisationsstrukturen vorgeführt werden. Dabei wird, zur Konkretisierung der abgeleiteten theoretischen Aussagen und zur Demonstration ihrer anwendungsbezogenen Tragfähigkeit, die Unternehmung aus der *Perspektive des Outsourcing-Dienstleisters* als Bezugsobjekt herangezogen. Berücksichtigt man, dass mit einer Neuausrichtung der Unternehmensstrategie im Rahmen von Outsourcing-Partnerschaften meist Entscheidungen von großer Tragweite verbunden sind, dann liegt die Relevanz des entscheidungstheoretischen Ansatzes unmittelbar auf der Hand. Gegenstand der Entscheidungstheorie ist, verkürzt gesagt, das Verhalten von Organisationen als Ergebnis individueller Entscheidungen sowie

[515] Vgl. hierzu z.B. PICOT (1999), S. Vf.

organisationaler und externer Rahmenbedingungen.[516] Das Konzept für *anbieterinitiiertes Outsourcing* stützt sich im Wesentlichen auf Bereiche der *verhaltenswissenschaftlichen Entscheidungstheorie*, wie sie von BARNARD begründet und von SIMON, MARCH und CYERT weiterentwickelt wurden.[517] Im verhaltenswissenschaftlichen Zweig der Entscheidungslehre steht die **Perspektive der Gesamtunternehmung** im Mittelpunkt der Analysen; Kerngedanke ist, dass das Verhalten der gesamten Unternehmung auf das Verhalten einzelner Teilnehmer zurückgeführt werden kann. Organisationen (d.h. organisationale Strukturen) werden als kooperative Systeme verstanden, innerhalb derer Individuen (d.h. Teilnehmer der Organisation) Entscheidungen koordinieren, um dadurch die Organisationsziele zu erreichen.[518] Das Erkenntnisinteresse überschreitet dabei die individuellen Entscheidungen einzelner Organisationsteilnehmer (Akteure) und tangiert die Perspektive der Gesamtunternehmung.[519] Mit anderen Worten: In der engeren betriebswirtschaftlichen Diktion wird der Organisationsbegriff auf die gesamte Unternehmung übertragen; dementsprechend werden als Organisationsteilnehmer die *Mitarbeiter der Unternehmung* und als Organisationsziele die *strategischen und operativen Unternehmensziele* definiert. Der Entscheidungsansatz wird in seiner heutigen Form als empirisch-realistischer Entscheidungsprozess aufgefasst. Dieser auf HEINEN zurückgehende Ansatz sieht die Betriebswirtschaftslehre als angewandte, interdisziplinäre Wissenschaft, die in problemorientierter Weise reale (d.h. empirische) Umweltzustände zu integrieren versucht und primär auf Handlungs- und Gestaltungsziele ausgerichtet ist.[520]

Die entscheidungsorientierte Organisationstheorie liefert die methodischen Grundlagen für Entscheidungen über Organisationsstrukturen. Dem Management der Unternehmung sollen systematisierte Entscheidungsprinzipien und -hilfen zur Verfügung gestellt werden, um durch den Einsatz von bestimmten Gestaltungsinstrumenten die Unternehmensziele in einem möglichst optimalen Maße zu realisieren. Dabei folgt die Entscheidung über die Etablierung von Unternehmensstrukturen dem **Prinzip der intendierten Rationalität**, d.h. die unternehmenszielbezogenen Entscheidungen stützen sich auf fundierte Zweck-Mittel-Abschätzungen.

[516] Vgl. hierzu HEINEN (1991), S. 12.
[517] Die Werke, die den Grundstein für die verhaltenswissenschaftliche Entscheidungstheorie legten, sind BARNARD (1970), SIMON (1981), MARCH ET AL. (1976) sowie CYERT ET AL. (1963).
[518] Vgl. KIESER ET AL. (1978), S. 42.
[519] Vgl. KIESER ET AL. (1978), S. 69.
[520] Vgl. ULRICH ET AL. (1979), S. 173. Vgl. hierzu auch im Original HEINEN (1972), S. 21-70.

Somit orientieren sich die Entscheidungen an einer vorgegebenen Norm.[521] Das Konzept für *anbieterinitiiertes Outsourcing* stellt eine solche organisationale Norm dar. Zu betonen ist, dass das Konzept für *anbieterinitiiertes Outsourcing* sowohl aufbauorganisationale (d.h. institutionelle) als auch ablauforganisationale (d.h. prozessuale) Entscheidungsprobleme umfasst.[522]

Auf der *institutionellen* Betrachtungsebene ist eine Outsourcing-Partnerschaft ein **Vertragssystem**. Ihre organisationalen Elemente sind zwei autonome Unternehmen (d.h. selbstbestimmte Entscheidungsträger), zwischen denen vertragsrechtliche (d.h. institutionelle) Beziehungen bestehen. Auf der *prozessualen* Betrachtungsebene wird die Outsourcing-Partnerschaft als **Wertschöpfungssystem** gesehen. Hierbei werden die Wertschöpfungsprozesse (Transformationsprozesse) als organisationale Elemente betrachtet, die über Güter-, Informations- und Finanzflüsse (Transferprozesse) miteinander gekoppelt sind. Der Koordinationsbedarf entsteht einerseits durch diese Transferprozesse, die das Resultat verknüpfter Leistungsprozesse in Form von Beschaffungs-, Produktions- und Distributionsprozessen sind. Andererseits sind diese unternehmensübergreifenden Transaktionen das Resultat vertraglicher Abstimmungen zwischen den autonomen Akteuren, in denen Leistungen und Gegenleistungen festgelegt sind. Dies wiederum setzt eine unternehmensübergreifend abgestimmte, interorganisationale *Koordination durch institutionelle Arrangements* voraus.

Aus organisationstheoretischer Sicht handelt es sich also bei Outsourcing-Kooperationen um eine interorganisationale Aufgaben-, Kompetenz- und Verantwortungsübertragung, die auf den Aufbau einer langfristigen Austauschbeziehung zweier Unternehmungen gerichtet ist.[523] Die methodologische Herausforderung, die sich aus dieser Definition ergibt, besteht darin, dass sich die im Fall von Kooperationen besonders interessante **Inter-Ebene der organisationalen Gestaltung** durch eine direkte Übertragung von Leitsätzen und Modellen aus der traditionellen Organisationslehre beschreiben lässt.[524] Dies gilt nicht nur für den Fall einer bipolaren, wechselseitigen Betrachtung der Kooperationsbeziehung, sondern erst recht für eine auf die anbieterseitige Perspektive fokussierte Analyse der interorganisationalen

[521] Vgl. FRESE (2005), S. 3; auch S. 78. Das Standardwerk von FRESE gehört zu den am meisten beachteten Beiträgen zur entscheidungsorientierten Organisationsgestaltung.
[522] Dass bei Outsourcing-Kooperationen grundsätzlich zwischen institutioneller und prozessualer Dimension unterschieden werden kann, wird diskutiert bei MAYER (2005) S. 176.
[523] Vgl. BRUCH (1998), S. 25.
[524] Diese Problematik steht im Mittelpunkt der aufschlussreichen Arbeit von FUEST (1998). Vgl. FUEST (1998), S. 4f.

Gestaltung. Somit stellt sich die Frage, welche Ansätze aus der traditionellen Organisationslehre für die interorganisationale Gestaltung eines *anbieterinitiierten Outsourcing* übernommen werden können und für welche Gestaltungsparameter weitere theoretische Erklärungsansätze herangezogen werden müssen. Insofern leistet das zu entwickelnde Konzept auch einen Beitrag zur Diskussion der organisationalen Gestaltung von unternehmensübergreifenden Austauschbeziehungen. Ziel ist der Entwurf eines Organisationsmodells zur Analyse und Erklärung eines neuartigen, organisationalen Problems; dieses soll das Ergebnis einer theoriegeleiteten Auseinandersetzung sein, die sich aus einer neuartigen Gestaltungssituation ergibt. Daher ist es für die theoretische Fundierung des Konzepts eine wesentliche Fragestellung, inwieweit sich das (inter-)organisationale Gestaltungsproblem mit den Gestaltungsinstrumenten der traditionellen Organisationslehre bewerkstelligen lässt bzw. inwieweit diese zu ergänzen sind.

Die wissenschaftsmethodische Grundlage für die organisationale Gestaltung eines Konzeptrahmens ist das so genannte **Organisationsproblem**.[525] Mit der Betrachtung der *Bedingungen*, *Ziele* und *Instrumente* der Organisation in einer bestimmten Gestaltungssituation und dem sich daraus ergebenden konzeptuellen Rahmen ist das Organisationsproblem als ein Denkschema auf verschiedene Ebenen der organisationalen Gestaltung übertragbar. Ein solches Konzept ermöglicht einerseits die ebenen- und situationsspezifische Betrachtung der vorgegebenen Problemstellung und andererseits die problemspezifische Ableitung von Lösungsansätzen. Hierbei ist ein methodischer Vorteil darin zu sehen, dass sowohl bei der Analyse der Problemstellung als auch bei den konzeptuellen Lösungen eine synchrone Betrachtung der Intra- und der Interebenen ermöglicht wird.[526] Das Organisationsproblem, das wesentliche organisationale Elemente für den zu entwickelnden Konzeptrahmen für *anbieterinitiiertes Outsourcing* beisteuert, ist also eine Entscheidungshilfe, die dem Management Handlungsempfehlungen bei organisationalen Gestaltungsaufgaben zur Verfügung stellt. Als Vorgehenskonzept erfordert das Organisationsproblem dabei die situationsspezifische Auseinandersetzung mit den drei bereits genannten, zentralen Determinanten des Organisierens: Erstens muss der situative Kontext der Gestaltungsaufgabe erfasst werden, d.h. die *Bedingungen des Organisierens*, die als externe und interne Einflussfaktoren auf die Gestaltung einwirken.[527] Zweitens gilt es, die *Ziele des Organisierens* zu bestimmen und

[525] Vgl. zur wissenschaftstheoretischen Fundierung des Organisationsproblems z.B. HILL ET AL. (1998a), S.19ff.
[526] Vgl. hierzu auch FUEST (1998), S. 5.
[527] Externe Einflussfaktoren ergeben sich z.B. aus empirischen Umweltzuständen, interne Einflussfaktoren z.B. aus unternehmensinternen Ressourcen.

damit die Kriterien, auf die die Gestaltung gerichtet ist und anhand derer das Ergebnis bewertet wird. Drittens muss festgelegt werden, mit welchen *Gestaltungsinstrumenten des Organisierens* das Organisationsproblem angegangen wird.

Eine wesentliche Schwierigkeit bei der intendiert rationalen Organisationsgestaltung ist darin zu sehen, dass es grundsätzlich eine nahezu unendliche Anzahl an Bedingungen und mithin an möglichen Handlungsalternativen gibt. D.h. das Entscheidungsfeld des Organisationsproblems reicht von der möglichst umfassenden und exakten Einbeziehung sämtlicher Handlungsbedingungen und -alternativen bis zur radikalen Reduzierung auf einen einfachen Zweck-Mittel-Zusammenhang. Die Herausforderung an den Konzeptrahmen besteht also darin, dass einerseits zur Gewährleistung des Realitätsbezugs ein möglichst detailliertes Abbild von der komplexen Vielfalt organisationaler Anforderungen in der Unternehmung wiedergegeben werden muss, andererseits die Handhabbarkeit bei der Problemlösung der formulierten Vorgehensregeln dadurch nicht erschwert werden darf. Schließlich soll die konzeptuelle Organisationsgestaltung dazu beitragen, die betriebliche Koordination zu erleichtern und nicht das Management vor zusätzlich zu bewältigende Aufgaben zu stellen. Deshalb sollte der Grundsatz der Komplexitätsreduzierung zu keiner Zeit aus den Augen verloren werden. Eine zu diesem Zweck von der Organisationstheorie zur Verfügung gestellte Methode ist das **Prinzip der Modularisierung**, d.h. zur Lösung eines komplexen Organisationsproblems wird das Gesamtproblem bis zu einem bestimmten Grad in einzelne, voneinander unabhängige Teilprobleme zerlegt.[528] Folglich setzt eine Modularisierung des Gesamtproblems die Einführung von Teilzielen voraus. Der gesamte Problemlösungsprozess umfasst neben der Problemmodularisierung die sequenziell-iterative Integration der Modullösungen zu einer Gesamtlösung. Der Konzeptrahmen für *anbieterinitiiertes Outsourcing* trägt diesem Prinzip Rechnung, indem das Gesamtproblem „Outsourcing-Partnerschaft" im Rahmen eines **Phasenmodells** in mehrere Teilprozesse (also Teilziele bzw. „Meilensteine") gegliedert wird.[529] Diese Methode bietet in zweierlei Hinsicht Vorteile: Zum einen können Teillösungen für das Kompetenz- und Steuerungsproblem in den einzelnen Phasen entwickelt werden, zum anderen erfolgt die Integration dieser Kompetenz- und Steuerungsprobleme in einem sequenziellen Strukturkonzept. Im Endeffekt werden durch den Konzeptrahmen die Koordinationsaufgaben des Managements strukturiert und modelliert, darüber hinaus werden

[528] Vgl. hierzu FRESE (2005), S. 79.

[529] Zur wissenschaftstheoretischen Fundierung des Phasenmodell-Konzepts beim Entscheidungsprozess vgl. HEINEN (1972), S. 48ff.

aber für die Anwendung im konkreten Fall Spielräume gelassen, die das Management – je nach situativem Kontext – mit subjektiven Setzungen ausfüllt. Zwar können dem Management zur Sicherung der Forderung intendiert rationalen Handelns bestimmte Begründungspflichten für subjektive Koordinationsentscheidungen auferlegt sein, dennoch bleibt stets ein situationsspezifischer Spielraum, der nur sehr begrenzt durch konzeptuelle Normen eingeengt werden kann. Diesem methodologischen Problem, das im Grunde genommen die gesamte Organisationstheorie durchzieht, wird im Phasenschema für *anbieterinitiiertes Outsourcing* zumindest teilweise dadurch entgegengewirkt, indem für jede Phase konkrete Management-Implikationen formuliert werden, die auf den vorangegangen empirischen Marktanalysen von *Kapitel 4* und *5* beruhen.

Nichtsdestotrotz sei an dieser Stelle betont, dass das Konzept für *anbieterinitiiertes Outsourcing* sich primär von einer **theoriegeleiteten Wissenschaftsmethodik** ableitet. Die konzeptuellen Ausführungen basieren auf theoretisch fundierten Überlegungen. Mithin ist die angewandte Methode des Erkenntnisfortschritts argumentativ. Im Vordergrund steht die Diskussion der strukturellen Gestaltung von anbieterinitiierten Outsourcing-Partnerschaften, nicht die Darstellung von Normstrategien oder empirisch generierten Erfolgsfaktoren. Dies schließt ebenso aus, Ratschlags- oder Checklisten in der Art der praxisnahen Literatur zu erstellen. Vielmehr folgt der zu entwickelnde Konzeptrahmen den von HILL, FEHLBAUM und ULRICH in ihrem einschlägigen Standardwerk zur Organisationslehre festgelegten Ansätzen und Methoden des Organisierens; demnach dient die Entwicklung eines geeigneten Konzepts

- zum Erkennen organisationaler Probleme und ihrer Ursachen,
- zur Erarbeitung von Problemlösungsalternativen unter Berücksichtigung der situationsspezifischen Bedingungen,
- zur Auswahl und Realisierung der zweckmäßigsten Alternative sowie
- zur nachträglichen Ermittlung der Wirkung (Erfolgskontrolle).[530]

6.1.2 Ansätze aus der Managementtheorie

Der marketingorientierte Management-Ansatz, der zu wesentlichen Teilen auf den Erkenntnissen der entscheidungs- und systemtheoretischen Ansätze beruht, stellt im weiteren

[530] Vgl. HILL ET AL. (1998b), S. 467.

Sinne eine **Führungskonzeption der Unternehmung** dar.[531] Verkürzt auf ein einprägsames Schlagwort, gilt dabei als konzeptionelle Leitidee, die Unternehmung „von den Märkten her auf die Märkte hin“ zu führen.[532] Stellt man bei der führungsorientierten Betrachtung der Unternehmung die Marketing-Perspektive in den Mittelpunkt, dann besteht der Management-Prozess aus

- der Analyse von Marketing-Chancen und -Risiken,
- der Ermittlung und Auswahl von Zielmärkten,
- der Erarbeitung von Marketing-Strategien,
- der Planung des taktischen Vorgehens unter Zuhilfenahme von Marketingprogrammen sowie
- der Organisation, Durchführung und Steuerung von Marketingaktivitäten.[533]

Bezogen auf die Wertschöpfungsprozesse, besteht das Management-Problem in einer Outsourcing-Partnerschaft insbesondere darin, die interorganisationalen Austauschprozesse an den Schnittstellen der beiden Unternehmen gemäß dem Prinzip der Effektivität und Effizienz möglichst optimal zu koordinieren. Demnach liegt der Management-Bedarf vor allem in der **Koordination der interorganisational arbeitsteiligen Einzelaktivitäten**. Für den Zweck der Erreichung des partnerschaftlichen Gesamtziels müssen die einzelnen Management-Abläufe auf die Bewältigung der interorganisationalen Aufgabenstellung ausgerichtet sein. Somit hat sich – auf interorganisationaler Ebene – die Konfiguration der Management-Systeme stets auch an den Bedürfnissen und Bedingungen des Partner-Unternehmens zu orientieren. Es kann also festgehalten werden, dass es für eine erfolgreiche Outsourcing-Partnerschaft eine Voraussetzung ist, dass interne aufbauorganisationale Strukturen mit den unternehmensübergreifenden ablauforganisationalen Strukturen in Einklang gebracht werden.

Grundsätzlich erstrecken sich Koordinationsmaßnahmen auf zwei Bereiche: auf die Formulierung von Entscheidungskompetenzen und auf die Festlegung von Kommunikationsbeziehungen.[534] Mithin kann beim Einsatz der Koordinationsinstrumente zwischen einer **Entscheidungsdimension** und einer **Kommunikationsdimension** unterschieden werden. Die

[531] Vgl. hierzu NIESCHLAG ET AL. (1994), S. 23.
[532] Diese Formulierung stammt von RAFFÉE (1993), S. 24.
[533] Vgl. KOTLER ET AL. (1992), S 90.
[534] Vgl. FRESE (2005), S. 144.

Entscheidungsdimension betrifft die Vorgehensweise bei der Zerlegung eines Entscheidungskomplexes in eine Hierarchie von Teilentscheidungen; die *Kommunikationsdimension* betrifft die Regelung des Informationsaustausches zwischen den mit der Lösung von Entscheidungsproblemen betrauten Einheiten. Natürlich fungieren diese Dimensionen nicht unabhängig voneinander, vielmehr bestimmt die Art der Zerlegung eines komplexen Entscheidungsproblems in Teilprobleme gleichzeitig auch zu einem gewissen Grad die institutionelle Ebene der Kommunikationsbeziehungen.

Managementtheoretisch betrachtet, bestehen die Koordinationsaufgaben im Rahmen einer Outsourcing-Partnerschaft vor allem in der Überbrückung von kooperationstypischen Spannungsfeldern wie etwa **Autonomie und Interdependenz, Integration und Unabhängigkeit** sowie **Vertrauen und Risikominimierung**.[535] Die Intensität dieser Polaritäten hängt von der individuellen Konfiguration der Outsourcing-Partnerschaft ab. Ein wesentliches Instrument zur Regelung von Koordinationsproblemen ist dabei der Outsourcing-Vertrag, dem im weiteren Verlauf noch besonderes Augenmerk zu Teil wird (vgl. *Kapitel 6.2.2*). Dem zu einem bestimmten Zeitpunkt – nämlich ganz zu Beginn der Outsourcing-Partnerschaft – hierarchisch organisierten Regelwerk, das im Outsourcing-Vertrag festgelegt wird, widerspricht jedoch die Dynamik der Outsourcing-Partnerschaft, die eine *kontinuierliche, situative Anpassung der Koordinationsmechanismen* erfordert. Gerade den nicht-hierarchischen Koordinationsinstrumenten wie Autonomie und Vertrauen kommt bei der vertraglichen oder nicht-vertraglichen Rekonfiguration der Outsourcing-Partnerschaft (vgl. *Kapitel 6.2.4*) ein besonderer Stellenwert zu.

Die Gewährung von *Autonomie* äußert sich im bewussten Verzicht auf Koordination, d.h. es wird innerhalb der bestehenden Managementstrukturen einseitig und zu einem gewissen Grad Koordinationsautonomie gewährt.[536] Dabei kann es sich um Entscheidungsautonomie und/oder um Informationsautonomie handeln. *Interdependenz* ist wechselseitige Abhängigkeit; diese ist für kooperative Organisationsstrukturen kennzeichnend, im Gegensatz zu „Independenz“ (die Unabhängigkeit der Transaktionspartner im Markt) und „Dependenz“ (die Abhängigkeit in der Hierarchie).[537] Entscheidungsinterdependenzen bestimmen einen großen Teil der interorganisationalen Kommunikationsaktivitäten. Dabei kann sich der Grad der

535 Vgl. BRUCH (1998), S. 18.
536 Vgl. FRESE (2005), S. 144.
537 Vgl. FUEST (1998), S. 114.

Interdependenz sowohl auf formelle als auch auf informelle Kommunikationswege beziehen. Eine besondere Beachtung beim zwischenbetrieblichen Management von Outsourcing-Partnerschaften gebührt dem **Vertrauen**. Wie bei Transaktionsbeziehungen über den Markt ist auch in den kooperativen Austauschprozessen Vertrauen ein Mittel zur Senkung von Transaktionskosten.[538] Gerade in vertikal aufgebauten Kooperationen – also bei der Mehrzahl der Outsourcing-Partnerschaften – sind markttypische Abhängigkeiten als latente Systemstrukturen vorhanden, insbesondere dann, wenn die Outsourcing-Kooperationen aus bereits bestehenden marktlichen Lieferantenbeziehungen entstanden ist.[539] Nichtsdestotrotz ist der Vertrauensbegriff im engeren Sinn immer an einzelne Akteure gebunden, kann aber im weiteren Sinn zumindest teilweise auch auf die Gesamtunternehmung ausgedehnt werden. Vertrauen wird von einigen Autoren als konstitutiv für Kooperationen gesehen, von anderem wiederum nicht.[540] Allgemein jedoch gilt Vertrauen als Erfolgsfaktor, der wesentlich zur Erreichung des Kooperationsziels beitragen kann, sofern der Vertrauensbegriff – in seiner unternehmensbezogenen, institutionalisierten Auffassung – von der rein irrationalen, emotionalen Wahrnehmung sich abhebt und als komplexitätsreduzierendes Koordinationsinstrument eingesetzt wird.[541] Mit anderen Worten: Bei kooperativen Outsourcing-Beziehungen spielt neben dem unmittelbar auf Personen bezogenen Vertrauen (personales Vertrauen) auch ein institutionelles Vertrauen (Systemvertrauen) eine wichtige Rolle. Letzteres erschöpft sich nicht in der „moralischen Aufrichtigkeit" und dem „guten Willen" des Kooperationspartners, sondern umschreibt den betriebswirtschaftlichen Sachverhalt, dass in der Organisation des Partnerunternehmens bestimmte *Prinzipien und Normen* gelten.

Dass Vertrauen eine ökonomisch schwer zu operationalisierende Dimension darstellt, ist ein in der Managementlehre allgemein akzeptiertes Problem.[542] Vertrauen ersetzt Regelung und Absicherung: Bei vollständigem Vertrauen ist eine Absicherung hinfällig, möglichst umfangreiches *Wissen* über eine Transaktion (und damit Management-Aufwand) ist nicht mehr nötig. Um den Vertrauensbegriff systematisch erfassen zu können, wird grundsätzlich zwischen den Ebenen **Vertrauenshandlung** und **Vertrauenserwartung** unterschieden (vgl. *Abbildung 19*):

---

538 Ausführlicher bei BEER (1998), S. 270.
539 Vgl. BECKER (2005), S. 159.
540 FUEST (1998) postuliert: „Ohne Vertrauen gibt es keine Kooperation." Vgl. FUEST (1998), S. 115. SCHRÄDER (1996) dagegen sieht in Vertrauen nur einen „modus cooperandi". Vgl. SCHRÄDER (1996), S. 63.
541 Vgl. hierzu z.B. den aufschlussreichen Artikel „Vertrauen als vernachlässigter Erfolgsfaktor der Internationalisierung" von KRYSTEK (1997), insbesondere S. 544f.
542 Vgl. z.B. FUEST (1998), S. 117.

Abbildung 19: Vertrauen – Vertrauenshandlung und Vertrauenserwartung

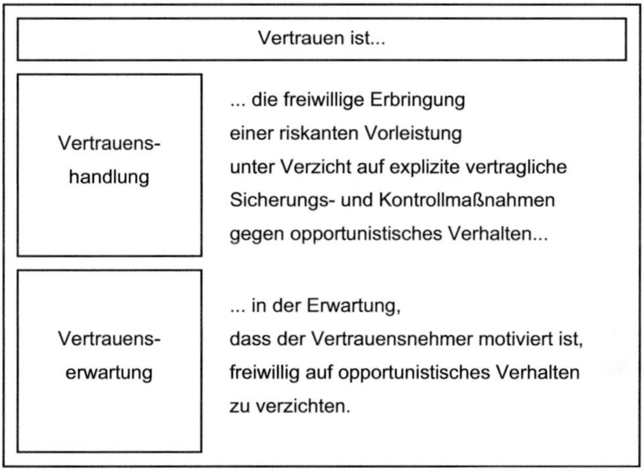

Quelle: PICOT ET AL. (2003), S. 125 in Anlehnung an RIPPERGER (1998), S. 45

Gerade bei Outsourcing-Partnerschaften ist – wie im Übrigen bei jeder ökonomischen Prinzipal-Agent-Beziehung – dem Vertrauen, insbesondere dem **Aufbau von Vertrauen** ein wichtiger Stellenwert beizumessen, und zwar sowohl auf der operativen als auch auf der strategischen Management-Ebene. Zur Bildung von Vertrauensbeziehungen gibt es geradezu unendlich viele Möglichkeiten. Grundsätzlich geht dem voraus, dass ein beteiligter Akteur zum Aufbau einer Vertrauensbeziehung bewusst einen Vertrauensvorschuss in Form von materiellen oder immateriellen Vorleistungen leistet – „bewusst" meint hierbei, dass der Vertrauensgeber bei der Vertrauenshandlung das Risiko eines materiellen oder immateriellen Schadens in Kauf nimmt. Dabei erfolgt die Entscheidung zur Vertrauenshandlung unter Berücksichtigung zweier Risikofaktoren im (Informations-)Verhalten des Vertrauensnehmers: begrenzte Rationalität und Opportunismus.[543] Eine Voraussetzung für den Aufbau von Systemvertrauen ist das Vorhandensein von personalem Vertrauen an den Schnittstellen der Partnerunternehmen, weshalb den Akteuren an diesen Schnittstellen – dem Schnittstellen-management – im Vertrauensbildungsprozess eine herausragende Rolle zukommt. Eine strukturelle Bedingung der Vertrauensbildung bei Outsourcing-Partnerschaften ist zum einen die Tatsache wiederholter Transaktionen und zum anderen die *Häufigkeit und Offenheit der interorganisationalen Kommunikation*. Dabei ist es zum Aufbau von Systemvertrauen

[543] Ausführliches hierzu bei PICOT ET AL. (2003), S. 124f.

erforderlich, dass die Häufigkeit und Offenheit der Kommunikation nicht den einzelnen Akteuren, sondern dem gesamten partnerschaftlichen Austauschsystem zugerechnet wird. Zweifelsohne ist neben der Kommunikationshäufigkeit auch die Anzahl der beteiligten Akteure (des Schnittstellenmanagements) maßgeblich; je mehr Akteure an der interorganisationalen Kommunikation beteiligt sind und je mehr die in der jeweiligen Unternehmenskultur verankerten Kommunikationsstrukturen sich ähneln, umso höher ist die Wahrscheinlichkeit, dass sich vertrauensvolle Personen- und Systembeziehungen herausbilden. Es soll an dieser Stelle betont werden, dass interorganisationales Vertrauen in Outsourcing-Partnerschaften dazu beiträgt, die **Reputation** der Organisation (also auch der Gesamtunternehmung) in der Wahrnehmung des jeweiligen Partnerunternehmens zu festigen und zu steigern. Um eine praktische Vorstellung darüber zu geben, wie bedeutend Vertrauen gerade in deutsch-türkischen Kooperationsbeziehungen ist, sei an dieser Stelle eine Expertenmeinung wiedergegeben. MAHMUT ÇATAKLI, Vorstandsvorsitzender der MERCEK HOLDING, einer der bedeutendsten Hersteller von Textilien und Bekleidung in der Türkei, äußert hierzu:

> „Qualität ist die erste Voraussetzung für den Erfolg, Vertrauen in die Zuverlässigkeit eine zweite.“ [544]

Die Diskussion um die Bedeutung von Vertrauen in Outsourcing-Partnerschaften zeigt, dass die kooperative Austauschbeziehung – und damit letztlich die Effektivität und Effizienz der interorganisationalen Wertschöpfungs- und Transferprozesse – in einem hohen Maße von personalen Interaktionen bestimmt wird. In seiner viel beachteten Arbeit zum Thema Kooperationsmanagement geht TRÖNDLE (1987) sogar so weit, die „interpersonellen Verbindungen (Interaktionen) als zentrale Voraussetzung für die Zielerreichung bei Unternehmenskooperationen“ zu sehen.[545] Zweifelsohne wird der Erfolg von Outsourcing-Partnerschaften von der Häufigkeit und Intensität der Interaktionen zwischen den Entscheidungsträgern der beteiligten Partner reflektiert. Insofern sind die mit dem Schnittstellenmanagement betrauten Individuen, deren Eigenschaften, Motivationen und Interaktionen ein wichtiger Einflussfaktor, von denen in entscheidendem Maße die Zielerreichung abhängt. Gerade im Fall von Outsourcing-Partnerschaften, die ja auf der formalen Gleichheit der Partnerunternehmen begründet sind, sollte dieses Problem als erstrangige, geschäftssensible Herausforderung behandelt werden. Denn der fortwährende Kontakt der Kooperationsträger aus unterschiedlichen Partnerunternehmen (**Multiorganisationalität**) bei kollektiven Entscheidungen (**Multi-**

[544] In einem Interview über deutsch-türkische Kooperationen in der Textil- und Bekleidungsindustrie in der FRANKFURTER ALLGEMEINEN ZEITUNG vom 14.06.2004, S. 20.

[545] TRÖNDLE (1987), S. 7.

personalität), ohne dass formale, hierarchische Weisungsrechte bestehen, verlangsamt die Entscheidungsfindung; dies gilt erst recht im Fall von den hier betrachteten grenzüberschreitenden Kooperationen, wenn die Partner also aus unterschiedlichen sozio-kulturellen Umwelten (**Multinationalität**) stammen.[546] Folglich bergen einerseits *unternehmensspezifische* Wertesysteme (Unternehmensphilosophie, Vision und Mission des Unternehmens) und andererseits unterschiedliche *landeskulturelle* Wertesysteme (z.B. Religion, Tradition) erhebliche Konfliktpotenziale, die nicht nur bei der strategischen Ausrichtung der Outsourcing-Partnerschaft, sondern vor allem im operativen Tagesgeschäft (z.B. bei der Beurteilung von geeigneten Instrumenten) hinderlich sein können.

Zusammenfassend lässt sich sagen, dass sich das Schnittstellenmanagement bei Outsourcing-Partnerschaften keineswegs nur auf die Koordination der interorganisationalen Wertschöpfungsprozesse beschränkt, sondern aufgrund der kulturellen Unterschiede auch auf die Regelung und Schlichtung außervertraglicher Konflikte erstreckt. Es sei betont, dass sich derartige Konflikte nicht nur auf den personalen (d.h. zwischenmenschlichen) Bereich beschränken, sondern in der subjektiven Wahrnehmung der Akteure auch auf die ganze Organisation des Partner-Unternehmens ausweiten können. Deshalb ist ein institutionalisiertes **Konfliktmanagement** zwischen den Partnerunternehmen dringend erforderlich. Das Konfliktmanagement dient in erster Linie dazu, die kulturelle Kompatibilität der Partnerunternehmen sicherzustellen und auch zu intensivieren.

Betrachtet man das Konfliktmanagement als Bestandteil der *taktischen Ebene* der Kooperation, dann lässt sich die Management-Philosophie der *normativen Ebene* zuordnen. Nicht wenige Autoren – insbesondere diejenigen, die sich den St.-Galler-Management-Ansätzen verpflichtet fühlen – sehen die **Entwicklung einer gemeinsamen Management-Philosophie** zwischen den Partnerunternehmen als notwendige Voraussetzung und erstrebenswertes Teilziel einer erfolgreichen Kooperation.[547] Dies kann auch für Outsourcing-Partnerschaften geltend gemacht werden. Die partnerschaftliche Management-Philosophie ist nicht statisch, sondern vielmehr ein dynamisches Konstrukt, das sich parallel zum Werdegang der Outsourcing-Partnerschaft entwickelt. Des Weiteren ist die partnerschaftliche Management-Philosophie kein verhaltensbeeinflussendes Abstraktum, sondern kann auch in Form einer schriftlich niedergelegten Grundsatzerklärung bestehen, in der die leitbildhaft kodifizierten

[546] Vgl. TRÖNDLE (1987), S. 6. Ausführlicher bei BALLING (1998), S. 100.
[547] Explizit z.B. bei BLEICHER (1992), S. 289f.

Verhaltensmaßregeln für beide Partner verbindlich formuliert werden. Dies wiederum setzt natürlich das Vorhandensein eines verhaltenbestimmenden Leitbildes voraus. Von der Gesamtheit gemeinsamer Werte, Normen und Einstellungen kann ein *Wertesystem* abgeleitet werden, welches das wichtigste Element für die partnerschaftliche Management-Philosophie zur Verfügung stellt. Die Management-Philosophie wird grundsätzlich von zwei Prinzipien getragen:[548] Zunächst geht es um den inhaltlichen Kern und um grundlegende Annahmen über Werte und Verhalten, die *kommunizierbar* sind und einen Prozess der *Weiterentwicklung* in Gang setzen. Darüber hinaus bedarf es aber unternehmerischer Persönlichkeiten, denen es über ihre Verantwortlichkeit als Entscheidungsträger hinaus gelingt, durch ihr *Vorbild* und *Vorleben* die Verhaltensnormen für alle beteiligten Akteure transparent zu machen.

Letzten Endes ist die Management-Philosophie als verbindlicher Verhaltenskodex der gemeinsam gelebten **Kooperationskultur** aufzufassen. Es liegt auf der Hand, dass die Kooperationskultur im Rahmen einer Outsourcing-Partnerschaft nur schwer zu steuern und zu operationalisieren ist. Zu Recht eruiert BEER (1998):

> „Sie [die Kooperationskultur von Outsourcing-Partnerschaften] beschreibt die vorherrschenden allgemeinen Grundwerte, Normen und Denkhaltungen. Die Verhaltenssteuerung über unternehmenskulturelle Werte erfolgt implizit und ist nur begrenzt beeinflussbar. Die Kooperationskultur stellt sich in der Regel nach einem langjährigen Lernprozeß heraus."[549]

Hierzu noch zu ergänzen gilt, dass die Kooperationskultur nicht einseitig, sondern von *beiden* Partnern in ihrem wechselseitigen Informationsfluss geprägt wird. Dabei spielt nicht nur die formelle, sondern insbesondere die informelle Kommunikation zwischen den Akteuren eine wichtige Rolle. Außerdem hängt die Dauer der Herausbildung einer Kooperationskultur stark vom ökonomischen Erfolg der Outsourcing-Partnerschaft: Je optimaler die gesetzten Zielgrößen (bezogen auf Zeit, Qualität und Quantität) erreicht werden, umso eher wird sich eine positiv wahrgenommene, für beide Partner die Zusammenarbeit erleichternde Kooperationskultur herauskristallisieren.

---

[548] Vgl. hierzu BLEICHER (1992), S. 290.
[549] BEER (1998), S. 276.

6.1.3 Marktorientierter versus ressourcenbasierter Ansatz

Die im folgenden Kapitel (*Kapitel 6.2*) vorgeführte, theoriegeleitete Ableitung eines Konzeptes für *anbieterinitiiertes Outsourcing* basiert auf einer **marktorientierten Analyse von dynamischen Märkten**. Die marktorientierte Perspektive der Unternehmensführung dient für die gesamte vorliegende Arbeit als methodisches Leitmotiv. Um die exponierte Bedeutung der „Marktorientierung" für den Gang der Untersuchung und die erzielten Ergebnisse ausdrücklich hervorzuheben, ist der Begriff „marktorientiert" sogar im Titel der vorliegenden Arbeit verankert. Bei dem herausgearbeiteten Konzept handelt es sich also um ein explizit *marktorientiertes* Strategie- und Organisationskonzept; bei den konkret herangezogenen Märkten, die einer empirischen Analyse unterzogen wurden, handelt es sich einerseits um die deutsche und andererseits um die türkische Textil- und Bekleidungsindustrie (vgl. *Kapitel 4* und *5*). Beide Märkte sind als *dynamisch* zu bezeichnen, genauer gesagt: Bei beiden Märkten handelt es sich um stagnierende bzw. schrumpfende Märkte, wenn auch auf völlig unterschiedlichem Niveau.

Erklärungsgrundlage für den Unternehmenserfolg durch Outsourcing-Partnerschaften ist beim marktorientierten Ansatz (engl. *Market-based View* bzw. *Market-oriented View*) das Structure-Conduct-Performance-Paradigma.[550] Charakteristisch für den marktorientierten Ansatz ist, dass bei der Betrachtung der Unternehmung eine strikte **Outside-in-Perspektive** eingenommen wird (im Gegensatz zur Inside-out-Perspektive beim ressourcenbasierten Ansatz). Wichtig zu betonen hierbei ist, dass die Outside-in-Betrachtungsweise sowohl interne Vorgänge der Unternehmung betrifft als auch die Einwirkung von (externen) Umwelteinflüssen auf die Unternehmung. Bildlich gesprochen, wird die Unternehmung also aus dem Blickwinkel der anderen Marktteilnehmer betrachtet, wobei damit nicht nur direkte Wettbewerber, sondern auch komplementäre Marktprotagonisten (z.B. Zulieferer) gemeint sind. Aus dem marktorientierten Ansatz lässt sich schließen, dass für den Aufbau von unternehmensspezifischen Erfolgspotenzialen in erster Linie die Orientierung an speziellen Branchen- und Marktstrukturmerkmalen maßgeblich ist. Auf der Geschäftsfeldebene resultieren solche Erfolgspotenziale aus strategisch vorteilhaften Branchen- bzw. Marktpositionen, die sich in

[550] Vgl. hierzu BACHER (2000), S. 166ff.

dauerhaften (d.h. strategischen) Wettbewerbsvorteilen niederschlagen.[551] Im Verständnis des marktorientierten Ansatzes sollten Unternehmungen deshalb ihre strategischen Konzepte – auch z.B. im Fall von Outsourcing-Kooperationen – konsequent an den Marktstrukturmerkmalen (d.h. an den Bedürfnissen und Bedingungen der unternehmensrelevanten Märkte) ausrichten.

Anders herum betrachtet, sind gemäß dem marktorientierten Ansatz unternehmens- und marktspezifische Strukturen, die Barrieren im bearbeiteten Markt erzeugen, Voraussetzung für die Generierung von Wettbewerbsvorteilen. Mit anderen Worten: Die Unternehmensstrukturen und -strategien werden nicht von den verfügbaren (unternehmensinternen) Ressourcen determiniert (wie das der ressourcenbasierten Auffassung zufolge der Fall wäre), sondern von der spezifischen Marktposition, die das Unternehmen aktuell einnimmt bzw. als Unternehmensziel anstrebt. Etwas schärfer formuliert: Die Unternehmensstrategie leitet sich ab von den unternehmensspezifischen Umwelteinflüssen und Marktmechanismen, nicht von den internen Ressourcen oder Strukturen der Hierarchie. Dabei gibt es – nach marktorientierter Auffassung – im Wesentlichen drei Faktoren, die unmittelbar auf die Konfiguration der Unternehmensstrategie einwirken:

- **Dynamik** (beschreibt z.B. Wachstumsmöglichkeiten, Wandel von Innovation bzw. Forschung und Entwicklung),
- **Heterogenität** (beschreibt z.B. Unterschiede in Marketinganforderungen, Marktsegment-spezifische Anforderungen an die Wertschöpfung) sowie
- **Wettbewerb** (beschreibt z.B. die Härte des Wettbewerbs, die Treiber des Wettbewerbs (Preis, Qualität etc.), die Unvorhersehbarkeit der Aktivitäten von Kunden bzw. Wettbewerbern, regulatorische Gegebenheiten).[552]

Diese drei wesentlichen Umweltfaktoren wurden in Bezug auf die deutsche und türkische Textil- und Bekleidungsindustrie in den Marktanalysen in *Kapitel 4* und *5* eingehend untersucht und dienen dem Konzeptrahmen von *Kapitel 6.2* als empirisch-argumentative Grundlage.

Demgegenüber wird beim *ressourcenbasierten Ansatz* bei der Betrachtung der Unternehmung eine Inside-out-Perspektive angenommen. Der Ressourcenansatz sieht die Grundlage des ökonomischen Erfolges der Unternehmung in der Faktorspezifität (engl. *asset specifity*).

[551] Vgl. BAMBERGER ET AL. (1996), S. 146f.
[552] Vgl. BILLINGER (2005), S. 122f.

Demnach gehört es zur zentralen strategischen Herausforderung der ressourcenbasierten Unternehmensführung, den Aufbau und die Sicherung von unternehmenseigenen Fähigkeitspotenzialen („Ressourcen“) zu managen.[553] Zu den spezifischen Fähigkeitspotenzialen der Unternehmung zählen auch und vor allem die sog. Kernkompetenzen, auf die im Wesentlichen der Aufbau von Erfolgspotenzialen zurückgeht (vgl. *Kapitel 3.2.3.3* und *3.2.4.2*). Da der Ressourcenansatz den unternehmerischen Markterfolg auf ein Ressource-Conduct-Performance-Erklärungsmuster zurückführt, kann er insofern als kritische Antwort auf den marktorientierten Ansatz interpretiert werden. Im Mittelpunkt der Kritik steht die einseitige Ausrichtung des marktorientierten Ansatzes an externen Größen (Umweltfaktoren), während interne Erfolgsfaktoren, die in der Ressourcenausstattung der Unternehmung begründet sind, vernachlässigt werden. D.h. der Ressourcenansatz stellt eine Umkehrung des marktorientierten Strategiedenkens dar: Ausgehend von der eigenen spezifischen Ressourcenausstattung muss die Unternehmung (bzw. die strategische Geschäftseinheit) eine adäquate Wettbewerbsstrategie entwickeln, um innerhalb der bearbeiteten Märkte eine strategisch vorteilhafte Position einnehmen und verteidigen zu können. Demnach leiten sich also marktspezifische Wettbewerbsvorteile der Unternehmung unmittelbar von der unternehmensinternen Ressourcenausstattung ab.[554] Wird diese Argumentation weiter geführt, heißt das, dass der unternehmerische Ressourcenbedarf nicht von den Markt- oder Wettbewerbsbedingungen abhängig ist; je besser es der Unternehmung gelingt, Ressourcenpotenziale aufzubauen, umso besser wird die Wettbewerbsposition im Markt sein. Dementsprechend ist der unterschiedliche qualitative und quantitative Erfolg von Unternehmen innerhalb einer Branche (z.B. im Fall von direkten Wettbewerbern) ein Resultat ihrer **individuellen, heterogenen Ressourcenausstattung**. Der Grad der Erreichung der unternehmerischen Sach- und Formalziele liegt in der Fähigkeit begründet, Erfolgspotenzial-generierende Ressourcen aufzubauen und zu sichern. Insofern ist im ressourcenbasierten Paradigma ein Umdenken der strategischen Unternehmensführung gefordert: Für den Aufbau und die Sicherung von dauerhaften Wettbewerbsvorteilen ist es erforderlich, den Fokus des strategischen Managements weg von den bisher dominierenden externen Einflussfaktoren und hin zu spezifischen, internen Fähigkeitspotenzialen zu richten. Für Outsourcing-Partnerschaften bedeutet dies, dass alle unternehmerischen Bereiche, die außerhalb dieser spezifischen, Erfolgspotenzial-

[553] Vgl. hierzu BACHER (2000), S. 134ff.
[554] Vgl. hierzu auch HOLLEKAMP (2005), S. 87.

generierenden Ressourcen liegen, an den Partner outgesourcet werden können. Insofern liefert die ressourcenbasierte Theorie ein Erklärungsmuster für unternehmerische Outsourcing-Entscheidungen.[555]

Die Outsourcing-Entscheidung bildet jedoch nur die Vorstufe zur Outsourcing-Partnerschaft, von weitaus größerem Interesse ist an dieser Stelle die organisationale Gestaltung des Outsourcing-Konzeptes. Hierbei lautet unter ressourcenbasierten Vorzeichen die zentrale Frage: Wie ist bei modularen, unternehmensübergreifenden Wertschöpfungsketten das Ressourcenmanagement zu gestalten?[556] Denn es ist bei Outsourcing-Partnerschaften davon auszugehen, dass im Rahmen der kooperativen Wertschöpfungsprozesse das Problem der interorganisationalen Ressourcenallokation auftaucht. Bei einem strategisch ausgerichteten Outsourcing-Konzept muss also für die Aufbau- und Ablaufgestaltung der partnerschaftlichen Wertschöpfungsprozesse die Frage geklärt werden, wie der interorganisationale Ressourcen-austausch mit möglichst geringen Reibungsverlusten bewerkstelligt werden kann. Dieses zentrale Gestaltungsproblem, das sich nach ressourcentheoretischer Denkweise stellt, muss im Konzept für *anbieterinitiiertes Outsourcing* berücksichtigt werden. Inwieweit bei einer Outsourcing-Parternschaft von einem echten partnerschaftlichem Ressourcenmanagement gesprochen werden kann, hängt jedoch letzten Endes von der Intensität der gemeinschaftlichen Wertschöpfungsprozesse ab. Darüber hinaus spielen natürlich auch die wechselseitige Kommunikation und der Informationsaustausch an den Schnittstellen der Wertschöpfungskette eine wesentliche Rolle.

Zusammengefasst lässt sich sagen, dass es bei einer differenzierteren Betrachtung falsch wäre, den markt- und ressourcenorientierten Ansatz als prinzipiell gegensätzliche Ansätze zu bezeichnen. Mit treffender Süffisanz resümiert DÖMER (2002), dass „markt- und ressourcenbasierte Ansätze eigentlich zwei Seiten der selben Medaille darstellen".[557] HERIBERT MEFFERT, von dem das Vorwort zu der Arbeit von DÖMER (2002) stammt, sekundiert:

> „Da weder die ausschließliche Berücksichtigung der ‚Inside-Out'-Perspektive des Ressourcenansatzes noch die ausschließliche Berücksichtigung der marktorientierten ‚Outside-in'-Perspektive als

[555] Die theoretischen Dimensionen von Outsourcing-Entscheidungen wurden bereits in *Kapitel 3* eingehend behandelt und sollen an dieser Stelle nicht weitergeführt werden.

[556] Verblüffenderweise wird diese Frage in keiner der für diese Arbeit konsultierten Schriften (siehe LITERATURVERZEICHNIS) aufgeworfen.

[557] DÖMER (2002), S. VII. Gestützt auf den ressourcenbasierten Ansatz, analysiert DÖMER (2002) in seiner Arbeit die Erschließung neuer Märkte in der Textilindustrie.

> hinreichend für die Marktauswahl angesehen werden können, werden beide Perspektiven als komplementär betrachtet."[558]

Diese Einschätzung ist sicherlich zutreffend, dennoch erscheint es sinnvoll, das Schwergewicht auf eine der beiden Perspektiven zu legen. Für das Konzept des *anbieterinitiiertes Outsourcing* wurde bewusst der marktorientierte Fokus gewählt, unter anderem auch deshalb, weil eine ressourcenbasierte Untersuchung grundsätzlich eine umfassende empirische Analyse der unternehmensspezifischen Ressourcen erfordert. Die empirischen Befunde einer solchen Unternehmensanalyse können allerdings – das zeigt die Beschäftigung mit der einschlägigen Forschungsliteratur – nur in seltenen Fällen und mit erheblichem Aufwand in aussagekräftige Ergebnisse gebündelt werden.[559] Die Vorzüge des marktorientierten Ansatzes können – aus der rein erfolgsgetriebenen Perspektive der strategischen Unternehmensführung – vor allem anhand eines einfachen betriebswirtschaftlichen Kausalzusammenhanges festgemacht werden: Die Ressourcen einer Unternehmung lassen sich besser an den Markt anpassen als der Markt an die Ressourcen der Unternehmung. Es leuchtet unmittelbar ein, dass dieses betriebswirtschaftliche Axiom gerade für die Outsourcing-Diskussion plausibel ist, denn die Outsourcing-Entscheidung richtet sich letzten Endes eben *nicht* an der internen Ressourcenausstattung des Unternehmens, sondern primär an den Marktbedingungen und den Zugriffsmöglichkeiten auf den Markt. Insofern muss ein Outsourcing-Konzept (bzw. insgesamt die strategische Outsourcing-Partnerschaft) auf der Basis branchenspezifischer Analysen entwickelt werden. Eine rein ressourcenbasierte Sichtweise, die sich in einer Outsourcing-Partnerschaft nur auf die eigenen, unternehmensinternen Ressourcen konzentrierte, liefe allein schon logisch und erst recht konzeptuell der unternehmensübergreifenden Verknüpfung von Wertschöpfungsketten zuwider. Vielmehr muss gerade der Outsourcing-Dienstleister, der ja die Outsourcing-Entscheidung bei seinem Partner antizipiert, die partnerschaftlichen Wertschöpfungsprozesse stets nach marktorientierten Kriterien gestalten und evaluieren. Die konzeptuelle Leitidee der Marktorientierung dominiert die Ressourcenperspektive – und zwar in jeder Phase der Outsourcing-Partnerschaft. Somit wird das Prinzip der Marktorientierung auf der *normativen Ebene* der Outsourcing-Partnerschaft zu einem

[558] DÖMER (2002), S. IV.

[559] Eine typische methodische Vorgehensweise für eine ressourcenbasierte Untersuchung ist z.B. eine empirische Datenerhebung in Form einer postalischen Unternehmensbefragung; dabei sollte die statistische Stichprobe aus Gründen der Validität mindestens eine dreistellige Zahl umfassen. Grundsätzlich fraglich ist jedoch, ob und inwieweit die jeweiligen Unternehmen in Bezug auf ihre spezifischen Ressourcen auskunftswillig sind. Üblicherweise bewegt sich der versendete Fragebogen inhaltlich gesehen auf dem schmalen Grat zwischen geschäftssensiblen Informationen und trivialen Allgemeinplätzen. Die Forschungspraxis kennt zahlreiche Einzelbeispiele, in denen über dieses Problem gerne hinweggesehen wurde und es im Ergebnis scheinbar lediglich darauf ankam, die gewählte empirische Auswertungsmethode (z.B. Faktorenanalyse oder Regressionsanalyse) richtig und konsistent angewendet zu haben.

Bestandteil der Kooperationsphilosophie und auf der *strategischen Ebene* zu einem **Führungskonzept des Managements**. Dementsprechend hat auch bei einem *anbieterinitiierten Outsourcing* zu gelten, dass die Marktorientierung in jeder einzelnen Projektphase der Outsourcing-Partnerschaft geprüft und gegebenenfalls durch gemeinschaftlich koordinierte Maßnahmen entlang der gemeinsamen Wertschöpfungskette verbessert werden muss.

6.2 Phasenmodell eines integrativen Management-Konzeptes

Im Folgenden wird ein betriebswirtschaftliches Management-Konzept für *anbieterinitiiertes Outsourcing* entwickelt. Das Konzept basiert im Wesentlichen auf dem in *Kapitel 3* ausgearbeiteten Bezugsrahmen, auf den empirischen Marktanalysen aus den *Kapiteln 4* und *5* sowie auf den konzeptspezifischen theoretischen Prämissen aus *Kapitel 6.1*. Des Weiteren werden bei der Entwicklung des Konzeptes Strukturierungsmethoden aus dem *Projektmanagement*, dem *Kooperationsmanagement* und vor allem dem *Outsourcing-Management* herangezogen. Auf den damit zur Verfügung stehenden begrifflichen und konzeptuellen Grundlagen aufbauend, werden zur Lösung der betriebswirtschaftlichen Problemstellung hypothetische Aussagen über die Zielwirkung von organisationalen Instrumentalvariablen und Managementinstrumenten getroffen. Im Ergebnis entsteht ein integratives Grundmodell des anbieterinitiierten Entscheidungsprozesses.

Der Problemstellung dieser Dissertation Folge leistend, wird der Outsourcing-Prozess in erster Linie aus der Perspektive des Outsourcing-Anbieters betrachtet. Das vorgestellte Konzept für *anbieterinitiiertes Outsourcing* ist formal in eine sequenzielle Abfolge von vier Teilprozessen („Phasen") untergliedert, die ihrerseits wiederum aus jeweils zwei Teilschritten bestehen. Zur besseren Übersicht sei an dieser Stelle ein Ablaufschema des zu entwickelnden Phasenmodells wiedergegeben (vgl. *Abbildung 20*):

Abbildung 20: Ablaufschema des Phasenmodells für anbieterinitiiertes Outsourcing

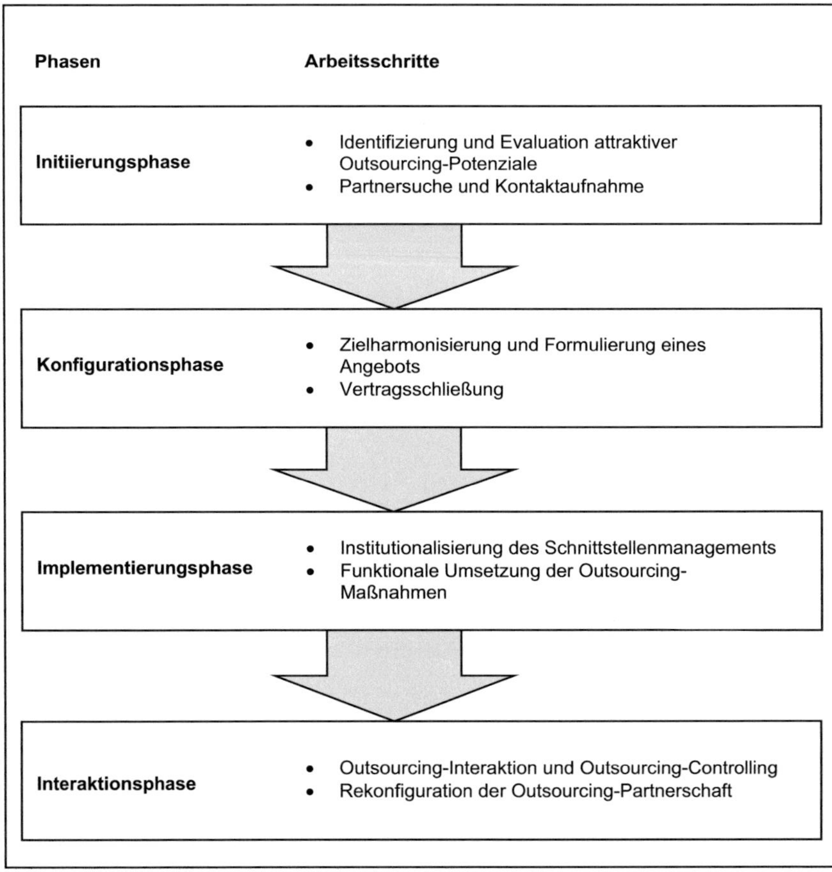

Quelle: eigene Darstellung

Die einzelnen Phasen stellen eine sachlogische Abfolge dar, wobei Dauer und Intensität der einzelnen Phasen bei der Realisierung sehr unterschiedlich ausfallen können. Die Ablauforganisation des Phasenmodells ist sequenziell strukturiert und folgt streng der festgelegten Reihenfolge: Auf das prozessuale Ende einer Phase folgt unmittelbar der Ablauf der jeweils nächsten Phase. Dabei ist der Eintritt in die jeweils nächste Phase von *eindeutigen und klar definierten organisationalen Bedingungen* abhängig, d.h. durch die Nicht-Erfüllung der vorgegebenen Kriterien wird der weitere Fortgang der Ablauforganisation gestoppt, „Sprünge“ oder etwa der parallele Ablauf von Teilprozessen sind nicht vorgesehen.

In der ersten Phase des Modells, der **Initiierungsphase**, dreht es sich um Fragen zur *Identifizierung und Evaluation von Outsourcing-Potenzialen* sowie zur *Lokalisierung eines geeigneten Partnerunternehmens* (*Kapitel 6.2.1.1.1* und *6.2.1.1.2*). In der konzeptuell nächsten Phase, der **Konfigurationsphase**, wird zunächst das Problem der *Zielharmonisierung* der potenziellen Partnerunternehmen durchleuchtet: Hierbei steht vor allem die Kongruenz der individuellen Unternehmensziele im Vordergrund (*Kapitel 6.2.2.1.1*). Demfolgend werden Entscheidungs- und Gestaltungsprobleme im Zusammenhang mit dem *Outsourcing-Vertrag* erörtert (*Kapitel 6.2.2.1.2*). In der **Implementierungsphase** erfolgt die Umsetzung der Vereinbarungen des Outsourcing-Vertrags. Besonderes Augenmerk wird dabei auf die Bedeutung des *Schnittstellenmanagements* geworfen, das mithilfe von geeigneten Interaktionskanälen und Interaktionsinstrumenten für den möglichst reibungsarmen Betrieb der Outsourcing-Partnerschaft zuständig ist (*Kapitel 6.2.3.1.1*). Im nächsten Abschnitt (*Kapitel 6.2.3.1.2*) wird die *funktionale Umsetzung der Outsourcing-Maßnahmen* analysiert. Von konzeptuellem Interesse ist vor allem der *Betriebsübergang* vom outsourcenden Unternehmen zum Outsourcing-Dienstleister und die ausgehend von zwei unternehmensindividuellen Wertschöpfungsketten erfolgende *Integration zu einer gemeinsamen, unternehmensübergreifenden Wertschöpfungskette*. Die letzte Phase des Management-Konzeptes, die **Interaktionsphase**, umfasst die eigentlich wertschöpfende Phase der Outsourcing-Partnerschaft. Eine zentrale Aufgabenstellung kommt hierbei dem *Outsourcing-Controlling* und, als Teilbereich des Controllings, dem *Konfliktmanagement* zu (*Kapitel 6.2.4.1.1*). Der letzte Teilschritt (*Kapitel 6.2.4.1.2*) hinterfragt die *evolutive Weiterentwicklung* der Outsourcing-Partnerschaft und schließt mit der möglichen Entscheidungssituation der *Auflösung der Outsourcing-Partnerschaft.*

In Ergänzung zu den einzelnen Phasen werden jeweils *Management-Implikationen für deutsch-türkische Outsourcing-Partnerschaften* diskutiert (*Kapitel 6.2.1.2, 6.2.2.2, 6.2.3.2* und *6.2.4.2*). Entsprechend der pragmatischen Forschungsmethodik des Management-Konzeptes, basierend auf theoretischen Erkenntnissen *Handlungsempfehlungen* für die wirtschaftliche Praxis zu formulieren, werden in diesen ergänzenden Kapiteln vor allem praxisrelevante Fragen aufgegriffen und Hinweise auf konkrete Problemstellungen und Herausforderungen bei der praktischen Umsetzung des Konzeptes gegeben. Anders als in den jeweils vorangehenden Kapiteln wird dabei nicht nur die Perspektive des Outsourcing-Anbieters, sondern auch die des Outsourcing-Nachfragers berücksichtigt, wobei stets gezielt versucht wird, die beiden Sichtweisen zu einer partnerschaftlichen Perspektive zu vereinen.

6.2.1 Initiierungsphase

6.2.1.1 Konzeptuelle Koordinations- und Entscheidungsprobleme

Die **Initiierung** entspricht der ersten Phase der Outsourcing-Partnerschaft. Die *Initiierungsphase* kann grob in zwei Teilprozesse untergliedert werden. In *Abbildung 21* werden die beiden zentralen Problembereiche der *Initiierungsphase* stichwortartig wiedergegeben:

Abbildung 21: Die Initiierungsphase einer Outsourcing-Partnerschaft

Initiierungsphase	• Identifizierung und Evaluation attraktiver Outsourcing-Potenziale • Partnersuche und Kontaktaufnahme

Quelle: eigene Darstellung

6.2.1.1.1 Identifizierung und Evaluation attraktiver Outsourcing-Potenziale

Im Mittelpunkt der *Initiierungsphase* steht die **Entscheidung für eine Outsourcing-Kooperation**. Für den Outsourcing-Dienstleister ist die Entscheidung für oder gegen eine Outsourcing-Kooperation mit einem potenziellen Partner das wichtigste Entscheidungsproblem während der *Initiierungsphase*. Die Entscheidung für eine Outsourcing-Kooperation basiert auf der Auswertung von zwei Entscheidungsfeldern:

- Die Identifizierung und Evaluation unternehmensinterner Outsourcing-Potenziale (dies entspricht einer „Ist-Analyse“ des eigenen Unternehmens) sowie
- die Unternehmens- und Umweltanalyse des potenziellen Partners (dies entspricht einer „Ist-Analyse“ des Partnerunternehmens).

Es liegt auf der Hand, dass die Identifizierung und Evaluation von Outsourcing-Potenzialen je nach Outsourcing-Dienstleister und dessen spezifischer strategischer Ausrichtung sehr unterschiedlich ausfallen können. Insofern müssen für die Analyse und Auswertung von Outsourcing-Potenzialen prinzipiell individualisierte Analyse- und Auswertungsmethoden entwickelt werden, die die Besonderheiten der jeweiligen Unternehmensstrategie und der unternehmensspezifischen Märkte angemessen berücksichtigen. Die Schwierigkeit aus der Perspektive des Outsourcing-Dienstleisters ist vor allem in der konzeptuellen **Disaggregation der unternehmensspezifischen Wertschöpfungsketten** zu sehen. Das bedeutet: Der Outsourcing-Dienstleister muss zur Analyse von attraktiven Outsourcing-Potenzialen sowohl für die Disaggregation der eigenen Wertschöpfungskette als auch für die Disaggregation der Wertschöpfungskette des potenziellen Partnerunternehmens im Voraus eine möglichst präzise Planung zur Verfügung haben, oder anders formuliert: Der Outsourcing-Dienstleister muss die Disaggregation der Wertschöpfungsketten konzeptuell und organisational antizipieren. Schließlich sollen ja beide Wertschöpfungsketten, bildlich gesprochen, zu einer „verknüpft" werden. Für die möglichst effektive und effiziente Organisation der unternehmensübergreifenden Wertschöpfungskette ist eine möglichst umfassende Analyse der einzelnen Wertschöpfungsstrukturen und -prozesse erforderlich. Für eine solche Analyse und Evaluierung einer potenziellen Disaggregation hat BILLINGER (2005) in seiner aufschlussreichen Dissertation ein adäquates Instrument entwickelt. Dieses beruht „auf den Restriktionen der interorganisationalen Logik vertikaler Strukturen einer Industrie und verknüpft diese mit der intraorganisationalen Logik der vertikalen Architektur eines Unternehmens."[560] Mit einigen Anpassungen und Ergänzungen kann die Methode von BILLINGER (2005) auf die Analyse von unternehmensinternen Outsourcing-Potenzialen übertragen werden. Dabei vollzieht sich die Identifizierung und Evaluation in sieben Einzelschritten (vgl. *Tabelle 34*):

[560] BILLINGER (2005), S. 128.

Tabelle 34: Identifizierung und Evaluation von Outsourcing-Potenzialen

Nr.	Schritte der Identifizierung und Evaluation von Outsourcing-Potenzialen	Kernfragen
1	Evaluation markbasierter Restriktionen	• In welchem Markt ist das Partner-Unternehmen tätig? • Welche weiteren (Zwischen-)märkte gibt es bzw. welche könnten entlang der Wertschöpfungskette entwickelt werden?
2	Evaluation ressourcenbasierter Restriktionen	• Welche Produktionsanlagen existieren in welcher geographischen Konfiguration? • Welche Arten und Ausmaße von Ressourcen-Flexibilität ermöglichen diese?
3	Evaluation von Produkttypus-Restriktionen	• Mit welchen Produkttypen (innovativ oder funktional) ist das Partner-Unternehmen in welchem Markt aktiv? • Welche könnten attraktiv sein?
4	Evaluation von Produktmodularitäts-Restriktionen	• Wo existiert welche Art von Produktmodularität entlang der Wertschöpfungskette? • Werden Marktstandards im Unternehmen verwendet?
5	Identifikation von Fähigkeiten und Kernkompetenzen	• Welche Fähigkeiten und Kernkompetenzen besitzt das Partner-Unternehmen? • Welche Fähigkeiten und Kernkompetenzen sind für die Outsourcing-Partnerschaft notwendig, und was sind fehlende Fähigkeiten?
6	Identifikation der Hauptprozesse und Prozessstrategien	• Welche Hauptprozesse lassen sich entlang der Wertschöpfungskette identifizieren? • Wie müssen diese Prozesse hinsichtlich Effizienz und Effektivität entwickelt werden?
7	Abschätzung der intraorganisationalen Modularisierung	• Welche Produkt-, Prozess-, Organisationsmodularität existiert bzw. muss in welcher Reihenfolge entwickelt werden? • Welches Kosten-Nutzen-Verhältnis hat die Entwicklung, Implementierung und Optimierung der intraorganisationalen Modularisierung?

Quelle: eigene Darstellung in Anlehnung an BILLINGER (2005), S. 129

Mit Hilfe der in *Tabelle 34* aufgeführten Kernfragen gelingt es, den Entscheidungsprozess bezüglich einer potenziellen Disaggregation einer Wertschöpfungskette in sieben Einzelschritte zu strukturieren. Am Ende einer solchen Analyse sollte die Unternehmensführung in die Lage versetzt sein, eine klare Entscheidung darüber zu treffen, ob das eigene Unternehmen als Outsourcing-Dienstleister agieren kann oder nicht.

6.2.1.1.2 Partnersuche und Kontaktaufnahme

Nun ist es aber in der wirtschaftlichen Praxis für den Outsourcing-Dienstleister ein offensichtliches Problem, dass die Disaggregation der eigenen Wertschöpfungskette zwar relativ schnell und problemlos analysiert werden kann, dass allerdings eine solche Analyse in Bezug auf das potenzielle Partnerunternehmen ohne entsprechenden Informationsaustausch kaum im erforderlichen Umfang zur Verfügung stehen wird oder nur mit erheblichem Aufwand besorgt werden kann. Ein intensiver Austausch von Informationen zwischen den beteiligten Unternehmen ist jedoch erst für die nächste Phase der Outsourcing-Partnerschaft, nämlich die *Konfigurationsphase* (vgl. *Kapitel 6.2.2*) zu erwarten. Bevor es zur Konfiguration der Partnerschaft kommt, muss aber zunächst das „richtige" Partnerunternehmen gefunden werden. Also müssen für die **Partnersuche** auch andere probate Analyseinstrumente herangezogen werden. Da die Analyse des potenziellen Partnerunternehmens in der *Initiierungsphase* meistens nur mit begrenzten finanziellen und personellen Ressourcen durchgeführt werden kann – ganz abgesehen davon, dass hierfür nur ein schmales Zeitfenster geöffnet werden kann –, müssen die angewendeten Instrumente *praktikabel* sein.[561] Eine präzise und umfassende Kenntnis der Unternehmensstrukturen des Partners ist für eine erste **Kontaktaufnahme** nicht dringend erforderlich; diese Problemstellung ist erst beim eigentlichen Projektstart in der *Konfigurationsphase* relevant, wenn es gilt, eine verbindliche Entscheidung darüber zu treffen, ob die Outsourcing-Partnerschaft eingegangen werden soll oder nicht, d.h. wenn klare und rechtsverbindliche Vereinbarungen zwischen den Unternehmen definiert werden müssen.

Wie aber können die in *Tabelle 34* aufgeworfenen Fragen hinreichend für die Partnersuche und Kontaktaufnahme beantwortet werden? Es ist sicherlich zutreffend, dass eine Unternehmens- und Umweltanalyse – je nach potenziellem Partner – sehr unterschiedlich gestaltet sein kann. Dies liegt darin begründet, dass – auch bei grundsätzlicher strategischer Kompatibilität mit dem Outsourcing-Dienstleister – die Unternehmensstruktur (also unternehmensinterne Faktoren) und die Marktmechanismen (also unternehmensexterne Faktoren) je nach Partner sehr unterschiedlich ausfallen können. Im Vordergrund der Partnersuche muss also eine *entscheidungsrelevante Gewichtung* der Unternehmens- und Umweltfaktoren stehen. Denn nur so ist eine direkte Vergleichbarkeit zwischen zwei möglichen Partnern gegeben. Überhaupt kann eine rationale Entscheidung für einen Outsourcing-Partner nur auf der Grundlage von empirischen Daten (d.h. operationalisierbaren Größen) getroffen werden. Dieses Prinzip der empirischen Entscheidungsabsicherung ist auch schon für die

[561] Enttäuschenderweise liefert BILLINGER (2005) in seinem Analysemodell keinerlei Hinweise, wie die Kernfragen – in einem praktischen Sinn verstanden – „beantwortet" werden sollen.

Entscheidungen in der *Initiierungsphase* (und erst recht in allen folgenden Projektphasen) verbindlich.

Da bei strategischen Outsourcing-Partnerschaften die langfristigen **strategischen Implikationen** eindeutig im Vordergrund stehen, müssen auch die Unternehmens- und Umfeldanalysen im Kontext der Strategie des potenziellen Partnerunternehmens betrachtet und bewertet werden. Insofern stellt sowohl die grundlegende Analyse der Unternehmenssituation und des Unternehmensumfeldes als auch die Frage, ob eine Outsourcing-Partnerschaft mit der Strategie des potenziellen Partnerunternehmens vereinbar ist, einen wichtigen Teilbereich der Outsourcing-Entscheidung des Dienstleisters dar. Dabei sollte berücksichtigt werden, dass zwar vordergründig die partnerschaftlichen Wertschöpfungsaktivitäten betroffen sind, dass aber darüber hinaus im Rahmen der Outsourcing-Partnerschaft auch andere unternehmerische Funktionsbereiche mittelbar oder unmittelbar von der partnerschaftlichen Kooperationsstrategie beeinflusst werden. Dementsprechend muss die Outsourcing-Partnerschaft von Anfang an so ausgerichtet sein, dass sie konsequent mit der strategischen Planung des potenziellen Partnerunternehmens in Einklang gebracht werden kann.

Eine enge Fokussierung ausschließlich auf die Outsourcing-Potenziale des Partnerunternehmens greift in jedem Fall zu kurz. Vielmehr müssen auch

- die allgemeine Umwelt (d.h. allgemeine ökonomische, rechtlich-politische, technologische und sozio-kulturelle Faktoren) sowie
- die unternehmensspezifische Umwelt (d.h. insbesondere Mitbewerber, Kunden, Lieferanten und Kapitalgeber)

in der Partneranalyse berücksichtigt werden.[562] In der Regel folgt auf die Analyse der unternehmensexternen Faktoren die Analyse der unternehmensinternen Faktoren. Es liegt auf der Hand, dass die Analyse der unternehmensinternen Faktoren des potenziellen Outsourcing-Partners grundsätzlich schwieriger und aufwändiger ist als die Analyse der Umwelt. Zentrale Bereiche der unternehmensinternen Analyse sind unter anderem die outsourcingrelevanten strategischen Geschäftseinheiten, die Leistungen und die Wertschöpfung der Outsourcing-Potenziale sowie nicht zuletzt die Unternehmenskultur. Verständlicherweise ist der Zugriff auf solche Informationen dem Outsourcing-Dienstleister in der Regel nur in beschränktem Maße möglich. Dies ist für die Kontaktaufnahme und für erste Gespräche mit dem

[562] Vgl. hierzu z.B. die Ausführungen von HÖFER (1997), S. 56f.

potenziellen Partnerunternehmen ja auch nicht erforderlich. Wichtiger ist eine plausible Aufbereitung und Dokumentation von zentralen Informationen mit Hilfe von verbreiteten und eingängigen Verfahren wie z.B. die *strategische Lückenanalyse (Gap-Analyse)*, die *Analyse der Wertschöpfungskette nach PORTER*, die *Portfolio-Analyse (Ansatz der BOSTON CONSULTING GROUP)* oder die *SWOT-Analyse*. Der Einsatz von konventionellen Analyse-Verfahren ist auch deshalb geboten, weil dadurch die Ergebnisse für die Ansprechpartner transparenter und leichter nachvollziehbar sind. Hierdurch wiederum werden die Kommunikationsvorgänge allgemein erleichtert und beschleunigt. Im Übrigen sollte nicht aus den Augen verloren werden, dass die Ist-Analyse ja in erster Linie die *Schwächen* (und nicht etwa die *Stärken*) des potenziellen Partner-Unternehmens aufdecken sollte. Plausiblerweise sollten analog hierzu im Ergebnis die *Chancen* eines Outsourcing gegenüber den *Risiken* überwiegen. Denn nur so ist eine vernünftige Gesprächsgrundlage für weitere Kontakte geschaffen. Primäres Ziel bei den ersten Kontakten ist, die Entscheider auf Seiten des potenziellen Partnerunternehmens davon zu überzeugen, in weitere Gespräche und Konsultationen mit dem Outsourcing-Dienstleister zu treten. Ist dies geschehen, dann beginnt damit die zweite Phase der Outsourcing-Partnerschaft, die *Konfigurationsphase.*

6.2.1.2 Management-Implikationen für deutsch-türkische Outsourcing-Partnerschaften

Dass es für deutsche und türkische Unternehmen der Textil- und Bekleidungsindustrie ein enormes Potenzial für Outsourcing-Partnerschaften gibt, wurde bereits in den Marktanalysen (in *Kapitel 4* und *5*) herausgearbeitet. Dabei hat sich gezeigt, dass nicht nur – im allgemeinen Wirtschaftszusammenhang betrachtet – „gute Möglichkeiten der Zusammenarbeit“ vorhanden sind. Vielmehr konnten konkrete unternehmerische Wertschöpfungspotenziale für ganz bestimmte strategische Geschäftsfelder identifiziert werden. Darüber hinaus wurden auch – im Kontext der heimischen Textil- und Bekleidungsindustrie der jeweiligen Seite – explizite Chancen und Risiken für strategische Outsourcing-Partnerschaften erörtert (vgl. *Kapitel 4.2* und *5.2*).

Die Wahl des richtigen Outsourcing-Partners ist auf der Marktebene der wichtigste Erfolgsfaktor einer Outsourcing-Kooperation.[563] Das bedeutet, dass die türkischen Outsourcing-Dienstleister schon mit der ersten direkten Kontaktaufnahme gezielt solche deutschen Unternehmen ansprechen sollten, mit denen sie ernsthaft gewillt sind, eine langfristige

[563] Vgl. RUOFF (2001), S. 193.

strategische Outsourcing-Partnerschaft zu begründen. Die Kontaktaufnahme dient schließlich dazu, das potenzielle Partner-Unternehmen in Deutschland davon zu überzeugen, dass in der Türkei durch die gemeinschaftliche Zusammenarbeit mittel- und langfristig Nutzenpotenziale generiert werden können. Daher sollte der fundamentale **Wille zur partnerschaftlichen Zusammenarbeit** von Anfang in den Mittelpunkt der Kontaktvorgänge gerückt und entsprechend kommuniziert werden. Es sei an dieser Stelle noch einmal darauf hingewiesen, dass ein einmal erfolgtes strategisches Outsourcing nur schwer reversibel ist und, wenn überhaupt, nur unter erheblichem Aufwand rückgängig gemacht werden kann – eine Tatsache, die jedem Entscheider auf deutscher Seite hinlänglich bewusst sein dürfte und deshalb zunächst eine *grundsätzliche Skepsis* gegenüber einem Outsourcing in der Türkei hervorrufen wird. Betriebswirtschaftlich aufgefasst, ist diese „grundsätzliche Skepsis“ eine negative Zukunftsprojektion: Durch die neue betriebliche Situation infolge eines Outsourcing könnte ein Zustand der *Unsicherheit* eintreten. Diese Unsicherheit liegt darin begründet, dass durch Outsourcing die unternehmerische Unabhängigkeit sinkt, während die interorganisationale Abhängigkeit steigt. Der anfänglichen Skepsis gegenüber strategischen Outsourcing-Partnerschaften kann und muss von türkischer Seite vor allem durch Seriosität und Expertise entgegengewirkt werden. Dabei geht es natürlich um viel mehr als nur den „guten ersten Eindruck“. Gerade um die geographische und kulturelle Distanz in den Kommunikationsvorgängen zu überbrücken, kann – auch schon vor der ersten direkten Kontaktaufnahme – die Einbindung von externen Beratern oder vermittelnden Institutionen (z.B. Handelskammern, Branchen-Verbänden, Fachmessen) sinnvoll sein.[564] Vorhandene **landeskulturelle und unternehmenskulturelle Barrieren** sollten wohl von beiden Seiten nicht unterschätzt werden, denn bereits in der *Initiierungsphase* – die ja hauptsächlich von noch unverbindlichen und informellen Kommunikationsvorgängen getragen wird – kann sich herausstellen, inwieweit die beiden unterschiedlichen Unternehmenskulturen kompatibel sind. Die Überbrückung von bestehenden Unterschieden in der Landes- und Unternehmenskultur ist für den Erfolg einer grenzübergreifenden Outsourcing-Partnerschaft entscheidend.[565] Kulturunterschiede stellen oft die größte Implementierungsbarriere dar; der Mehraufwand für deren Überbrückung kann zu einer Entscheidung gegen ein Outsourcing führen.

[564] Vgl. hierzu z.B. GULDEN (2000), S. 168.

[565] Über interorganisationale Probleme durch geographische und kulturelle Distanz ausführlich bei FUEST (1998), S. 153ff.

Die interorganisationale Kommunikation zwischen beiden Akteuren wird von Beginn an hauptsächlich über **persönliche Kontakte** geregelt, sei es in Meetings und gemeinsamen Konferenzen oder sei es durch Telekommunikation (Telefon, E-Mail etc.). In der türkischen Textil- und Bekleidungsindustrie, aber auch in den mittelständischen deutschen Unternehmen wird grundsätzlich viel Wert auf eine intensive persönliche Kommunikation gelegt, sowohl auf formeller als auch auf informeller Ebene. Dabei müssen Kommunikation und Informationsaustausch sich keineswegs nur auf sach- oder projektbezogene Fragen beschränken. Deshalb sollte der türkische Outsourcing-Dienstleister schon für die erste Kontaktaufnahme mit besonderer Sorgfalt geeignetes Management-Personal einsetzen. Eine optimale *Personalbedarfsplanung* sollte von den türkischen Entscheidern nicht nur am Anfang, sondern am besten während der ganzen Outsourcing-Partnerschaft umgesetzt werden. Idealerweise sollten sämtliche Kontakte und Konsultationen zwischen beiden Akteuren stets vom gleichen Mitarbeiterstab betreut werden, da Fluktuationen bei den eingesetzten Mitarbeitern als negativ aufgefasst werden könnten. Dies gilt vor allem in der Geschäftspraxis mittelständischer deutscher Unternehmen. Daher wäre es sicher von Vorteil, wenn Mitarbeiter, die in der *Initiierungsphase* (und auch noch in der *Konfigurationsphase*) eingesetzt wurden, auch im weiteren Verlauf im institutionalisierten Schnittstellenmanagement (in der *Implementierungsphase* und in der *Interaktionsphase*) eingesetzt werden.

6.2.2 Konfigurationsphase

6.2.2.1 Konzeptuelle Koordinations- und Entscheidungsprobleme

Die **Konfiguration** entspricht der zweiten Phase der Outsourcing-Partnerschaft. Die *Konfigurationsphase* setzt im Anschluss an die *Initiierungsphase* an. Konzeptuell beginnt die *Konfigurationsphase* exakt in dem Moment, wenn der potenzielle Outsourcing-Partner positiv auf die erste Kontaktaufnahme reagiert und zu weiteren Gesprächen und Verhandlungen bereit ist. In der Management-Praxis wird dieser Vorgang als *Request for Information (RFI)* oder *Request for Proposal (RFP)* bezeichnet. *RFI* bezeichnet die Aufforderung an den Outsourcing-Dienstleister, auf allgemeiner Ebene seine Leistungsfähigkeit darzulegen und gegebenenfalls anhand ähnlicher Referenzprojekte zu dokumentieren. Der *RFP* geht einen Schritt weiter und gilt als Aufforderung zur Abgabe eines detaillierten Angebotes.[566] Wie die

[566] Vgl. hierzu DITTRICH ET AL. (2004), S. 122.

Initiierungsphase kann auch die *Konfigurationsphase* in zwei übergeordnete Teilprozesse untergliedert werden (vgl. *Abbildung 22*):

Abbildung 22: Die Konfigurationsphase einer Outsourcing-Partnerschaft

Konfigurationsphase	• Zielharmonisierung und Formulierung eines Angebots • Vertragsschließung

Quelle: eigene Darstellung

6.2.2.1.1 Zielharmonisierung und Formulierung eines Angebots

Konzeptuell betrachtet, ist die *Konfigurationsphase* die Phase der **Verhandlungen** zwischen dem Outsourcing-Dienstleister und dem potenziellen Outsourcing-Partner. Mit Verhandlungen ist die Gesamtheit aller interorganisationalen Kommunikationsvorgänge gemeint, die im Ergebnis zu rechtsverbindlichen Vereinbarungen führen. Diese Vereinbarungen regeln die *Implementierung* und die *Interaktion* des Outsourcing, d.h. während der Verhandlungen werden verbindliche Entscheidungen über die Koordination der Outsourcing-Partnerschaft in der *Implementierungsphase* und der *Interaktionsphase* getroffen. Auf der Grundlage der getroffenen Vereinbarungen, die am Ende der Verhandlungen schriftlich in einem **Vertrag** niedergelegt werden, wird das zwischenbetriebliche Austauschverhältnis zwischen Outsourcing-Dienstleister und -Partner geregelt.

Ehe es jedoch zur endgültigen Vertragsschließung kommt, sind im Vorfeld oft langwierige und diffizile Verhandlungen erforderlich. Nicht selten bei Outsourcing-Projekten aus der Praxis können sich solche Vertragsverhandlungen über mehrere Wochen, ja Monate erstrecken. Zwar ist die **Dauer der Verhandlungen** nach Möglichkeit zu reduzieren (und es könnte dementsprechend am Anfang der Verhandlungen ein genauer Zeithorizont bestimmt werden), dennoch ist eine lange Verhandlungsphase a priori nicht als Negativum zu werten, da mit der Outsourcing-Partnerschaft für beide beteiligte Unternehmen eine strategische Entscheidung von erheblicher Tragweite getroffen wird. Wegen Zeitdrucks vorschnell geschlossene bzw. ungenau formulierte Vertragsvereinbarungen können im Nachhinein zu ernsten, ja sogar kooperationsgefährdenden Konflikten zwischen den Akteuren führen. Natürlich kann es ebenso vorkommen, dass Verhandlungen vorzeitig abgebrochen werden oder es an deren Ende zu keiner vertraglichen Einigung kommt. In diesem Zusammenhang muss betont werden, dass die Initiative bei den Verhandlungen (also Verhandlungsführung und Verhandlungsgestaltung) zum Großteil auf Seiten des Outsourcing-Dienstleisters liegt, da dieser schließlich die zukünftige Outsourcing-Partnerschaft initiiert hat. Die betriebswirtschaftliche Verhandlungstheorie unterscheidet zwischen sog. *integrativen* und *distributiven* Verhandlungen.[567] Bei *integrativen Verhandlungen* handelt es sich – spieltheoretisch gesprochen – um eine Nicht-Null-Summen-Situation. Als Ergebnis der Verhandlungen werden Lösungen gesucht, die beiden Partnern ökonomische Vorteile bringen und insofern von vornherein als wenig konfliktträchtig anzusehen sind. Die Erzielung eines maximalen Gesamtnutzens durch *gemeinsames* Problemlösen steht im Vordergrund. *Distributive Verhandlungen* dagegen sind durch die Situation des reinen Konflikts gekennzeichnet, wie es spieltheoretisch im Nullsummenspiel zum Ausdruck gebracht wird. Der „Gewinn" der einen Seite ist zugleich der „Verlust" der anderen Seite. Ziel und Motivation bei distributiven Verhandlungen ist die Aufteilung des gemeinsam erreichten maximalen Gesamtnutzens auf die *eigene* Verhandlungsinstanz. Es steht völlig außer Frage, dass das Verhandlungsziel einer strategischen Outsourcing-Partnerschaft, deren normatives Leitbild und betriebliches Austauschverhältnis von einer beiderseitigen Win-win-Situation charakterisiert ist, nur mittels **integrativer Verhandlungen** begründet werden kann und sollte.

Die ökonomischen Interessen der zukünftigen Partnerunternehmen stellen während der Vertragsverhandlungen das zentrale Gestaltungsfeld dar. Im Zuge der **Zielharmonisierung** wird versucht, die Ziele des eigenen Unternehmens und des potenziellen Partnerunternehmens auf eine inhaltlich widerspruchsfreie Vereinbarungsgrundlage zu bringen. Die Ziele der einzelnen Unternehmen werden nach Möglichkeit klar definiert, sinnvoll strukturiert, operationalisiert und anschließend auf ihre gegenseitige Verträglichkeit geprüft. Potenzielle Partnerunternehmen, deren Hauptziele konfliktär zu denen des initiierenden Outsourcing-Dienstleisters stehen, scheiden entweder aus oder das Unternehmen muss im Rahmen einer Iterationsschleife seine Zielvorstellungen fundamental revidieren bzw. neu bestimmen. Um die beiderseitigen Interessen analysieren und auf ihre Kompatibilität hin prüfen zu können, müssen diese zuerst als konkrete betriebswirtschaftliche Ziele definiert werden. Nur auf Grundlage konkreter unternehmensindividueller Ziele kann eine beiderseitige Harmonisierung der Ziele im Rahmen der Outsourcing-Partnerschaft erfolgen. Während der Verhandlungen gilt es also zu unterscheiden zwischen

- einer gemeinsamen Interessenlage und

[567] Vgl. hierzu TRÖNDLE (1987), S. 130ff; auch HÖFER (1997), S. 90ff.

- einer individuellen Interessenlage

der beteiligten Unternehmen.[568] In erster Linie obliegt es dem Outsourcing-Dienstleister, seinen zukünftigen Partner von der gemeinsamen Interessensymmetrie zu überzeugen. Die *gemeinsame Interessenlage* besteht darin, dass mit der Partnersuche und -auswahl die Vorteilhaftigkeit eines gemeinsamen Vorgehens eruiert wurde. Mithin können beide Partner davon ausgehen, dass das jeweils gegenüberstehende Unternehmen ein fundamentales Interesse an einem kooperativen Austauschverhältnis hat. Beide Unternehmen gehen also davon aus, dass bestimmte unternehmensindividuelle Ziele im Rahmen einer Outsourcing-Partnerschaft gemeinsam realisiert werden können. Die *individuelle Interessenlage* betrifft vor allem jeweils jene betrieblichen Bereiche der beteiligten Unternehmen, die *nicht* in die partnerschaftliche Zusammenarbeit eingebunden sind. Hieraus ergibt sich ein jeweils unternehmensindividuelles Eigeninteresse, da die Partnerschaft ja letztlich dem eigenen wirtschaftlichen Erfolg zuarbeiten soll. Da die Höhe dieses Erfolges auch und vor allem von den Mitteleinsätzen bestimmt wird, zielt jedes Partnerunternehmen darauf ab, gemäß dem „ökonomischen Prinzip" mit möglichst geringem Einsatz einen möglichst hohen Nutzen zu erreichen.

Verhandlungspraktischer Ausgangspunkt für den Outsourcing-Dienstleister ist bei der Zielharmonisierung die Frage nach der spezifischen Strategie, die – aus der Perspektive des *outsourcenden* Unternehmens – mit der Outsourcing-Partnerschaft verfolgt werden soll. Handelt es sich bei dem Outsourcing-Vorhaben des Partnerunternehmens um

- eine **Entlastungsstrategie** (im Sinne einer Reduzierung von Produktionskapazitäten) oder um
- eine **Erweiterungsstrategie** (im Sinne einer Erweiterung von Produktionskapazitäten)?

Ist diese Frage beantwortet, muss abgeschätzt werden, welchen Stellenwert der potenzielle Partner dem zukünftigen Outsourcing-Verhältnis beimessen würde. Direkt proportional zu einem hohen Stellenwert steht oft ein hoher Grad an *Commitment* gegenüber, der insbesondere in komplexen Situationen oder bei Konflikten den situativen Erfolg oder Nutzen beeinflusst.[569]

[568] Vgl. hierzu HÖFER (1997), S. 89.
[569] Vgl. FUCHS (1999), S. 129. Vgl. zu *Commitment* auch *Kapitel 3.3.1.1*.

Der konzeptuell nächste Schritt besteht im Zuge der Zielharmonisierung darin, die Kooperationsziele zu operationalisieren und auf ihre Symmetrie zu überprüfen. FUCHS (1999) schlägt hierzu vor, bei den Kooperationszielen zwischen finanziellen und realen Zielen zu unterscheiden.[570] *Finanzielle Kooperationsziele* beinhalten folgende Dimensionen:

- **Zielerreichungsgrad** der finanziellen Ziele (z.B. Return on Investment (ROI), Net Present Value (NPV)),
- **Zeitpräferenz** der finanziellen Ziele sowie
- **Risikopräferenz** der finanziellen Ziele.

Die finanziellen Ziele beziehen sich auf die Einkommenshöhe innerhalb einer bestimmten Periode bei einer akzeptablen Risikolage. Die *Zeitpräferenz* unterscheidet zwischen den Investorenwünschen für Einkommenszuflüsse (*Shareholder Value*) in naher, mittlerer und ferner Zukunft. Die *Risikopräferenz* richtet sich nach dem Willen der investierenden Akteure und deren Bereitschaft, Einkommensschwankungen als Gegenleistung zu einem möglicherweise höheren Einkommenszufluss (*operativer Cash Flow*) zu akzeptieren.

Die finanziellen Ziele können nur durch *reale Zielgrößen* erreicht werden. Diese können nach dem gleichen Schema (Ziele, Zeitraum, Risiko) strukturiert werden:

- **Zielansprüche** (Soll ein wettbewerbsrelevanter Sprung nach vorne gemacht werden oder werden kleine inkrementale und pfadabhängige Schritte bevorzugt?),
- **Zeitpräferenz** (Handelt es sich jeweils um kurz-, mittel- oder langfristige Ziele?) sowie
- **Risikopräferenz** (Sollen Ziele in klar definierten Bereichen angestrebt werden oder sollen neue Produkte und Prozesse mit noch unsicheren Rahmenbedingungen entwickelt werden?).

Mit der Analyse der finanziellen und realen Ziele wird ein Machbarkeitstest durchgeführt, der beiden Partnern im Hinblick auf die weiteren Konfigurationsschritte ein Szenario über die Realisierbarkeit ihrer Vorstellungen vermitteln soll. Entscheidend ist, dass die potenziellen Partner ein möglichst klares Bild über die Interessenlage des Anderen bekommen.

Einhergehend mit der gegenseitigen Abstimmung der finanziellen und realen Ziele müssen vor der Formulierung eines Angebots die im Rahmen der Outsourcing-Partnerschaft interorganisational abgewickelten Wertschöpfungsprozesse definiert werden. Auf der Grundlage

[570] Vgl. FUCHS (1999), 131ff.

der **erfolgskritischen Kernprozesse der Outsourcing-Partnerschaft** müssen die Arbeitspakete klar definiert werden, d.h. die Aufgaben und Leistungen der einzelnen Partner müssen eindeutig zugewiesen werden. Allerdings sollten die festgelegten Arbeitspakete nicht als statische, sondern als dynamische Geschäftsfelder betrachtet werden, die auch Raum für eine strategische Weiterentwicklung in der Zukunft bieten. Es ist überaus wichtig, dass bereits in der *Konfigurationsphase* beiden Partnern die Vorteilhaftigkeit – gestützt auf finanzielle und reale Zielgrößen – klar wird, und zentral hierbei ist ein tieferes Verständnis dafür, dass die Vorteilhaftigkeit der Outsourcing-Partnerschaft eben nicht nur in den taktisch-operativen Geschäftsprozessen, sondern auch in der strategischen Dynamik zu finden ist.[571]

Sicherlich komplexer und schwieriger als die Definition der Arbeitspakete gestaltet sich die **Festlegung der Ressourcen**, die für die Zielerreichung der Arbeitspakete in der nötigen Qualität und Quantität, in der richtigen linearen Reihenfolge und zum richtigen Zeitpunkt zur Verfügung stehen müssen. Die Festlegung von Art und Umfang der einzubringenden Ressourcen gehört zu den zentralen Fragen der Outsourcing-Partnerschaft. Das wesentliche Problem besteht darin, in möglichst detaillierter (und später rechtsverbindlicher) Form zu klären, wie die Ressourceneinbringung zwischen den Partnern aufzuteilen ist.[572] Zur besseren Operationalisierbarkeit kann zwischen folgenden Ressourcenarten unterschieden werden:

- Personal und Humankapital,
- Technologien und technisches Wissen,
- Betriebsgeschäftsausstattung, Sachanlagen und sonstige Infrastruktur sowie
- finanzielle Ressourcen.

Basierend auf den definierten Arbeitspaketen wird ein **Ressourcenplan** erstellt, in dem die erforderlichen Ressourcen und Kompetenzen abgeleitet und so präzise wie möglich operationalisiert werden. Die Operationalisierung der Ressourcen stellt aufgrund der vorhandenen Planungsunsicherheiten eine große Herausforderung dar, auch deshalb, weil der Ressourcenplan ja im Laufe der Outsourcing-Partnerschaft weiter detailliert und angepasst werden muss (also dementsprechend die Möglichkeit der Rekonfiguration bieten muss). Die Schwierigkeit der Festlegung betrifft nicht nur standardisierte Ressourcen, als besonders problematisch ist die Festlegung von solchen Ressourcen anzusehen, die als *erfolgskritisch* (also wettbewerbsessenziell und geschäftssensibel) eingestuft werden.

[571] Hierzu ausführlich in *Kapitel 3.2.2*.
[572] Vgl. hierzu auch HÖFER (1997), S. 94.

Auf der Grundlage der klar definierten Ziele und Ressourcen erfolgt die **Formulierung eines Angebots**. Das vorgelegte Angebot setzt sich zusammen aus der Benennung eines Outsourcing-Leistungsangebotes und der Benennung eines Preisangebotes. Beide Komponenten dienen als Verhandlungsgrundlage für weitere Vertragsverhandlungen, sofern der potenzielle Partner dem Angebot grundsätzlich zustimmt und zu weiteren Gesprächen bereit ist. Ein offenkundiges Planungsproblem bei der Formulierung des Angebotes besteht für den Outsourcing-Dienstleister in zweierlei Hinsicht: Zum einen müssen die Leistungsbeschreibungen für die Dauerleistungen in Art und Umfang klar formuliert sein, zum anderen muss hierfür ein konkreter Preis benannt werden. Aus Sicht des Outsourcing-Dienstleisters ist das **Problem der Kostenkalkulation** besonders evident. Denn mit Abgabe des Angebots muss der Outsourcing-Dienstleister in der Regel einen umfassenden und exakten Kostenvoranschlag vorlegen. Jedoch ist eine systematische Analyse der Kostenblöcke zu diesem Zeitpunkt überhaupt nicht oder nur bedingt möglich. Die Transparenz über die Kostensituation und Kostenentwicklung im Rahmen des Outsourcing-Projektes ist Grundvoraussetzung für ein genau benennbares Preisangebot. Als besonders diffizil kann die Erstellung von genauen Prozesskostenrechnungen angesehen werden. Ein weiteres Problem ist darin zu sehen, dass das Angebot so formuliert sein muss, dass auf Seiten des potenziellen Partnerunternehmens eindeutige Kostenvorteile realisiert werden. Allerdings sind hierfür Größenbestimmungen für wesentliche Kostenfaktoren nötig, die in ihrer Höhe allenfalls nur annäherungsweise abgeschätzt werden können. Hierzu gehören vor allem

- die Migrationskosten,
- der Aufwand für das Outsouring-Management im potenziellen Partnerunternehmen,
- der Gewinnzuschlag für den Outsourcing-Dienstleister sowie
- die steuerlichen Belastungseffekte.[573]

Eine nachhaltige Win-win-Situation ist in der Regel nur dann gegeben, wenn der Dienstleister einen *strukturellen Kostenvorteil* besitzt. Folglich kann ein Preisangebot abgegeben werden, das sich für den potenziellen Partner kostenreduzierend auswirkt. Die Höhe des Preisangebotes richtet sich also nicht nur an den strukturellen Kostenvorteilen des Outsourcing-Dienstleisters, sondern ebenso am Effekt der Kostenrationalisierung auf Seiten des potenziellen Partners.

[573] Vgl. hierzu NETTESHEIM ET AL. (2003), S. 26.

Ist der potenzielle Partner mit dem vorgelegten Angebot einverstanden, erfolgt im konzeptuell nächsten Schritt die *Vertragsschließung*.

6.2.2.1.2 Vertragsschließung

Bei Outsourcing-Kooperationen ist es grundsätzlich üblich, nach der Zielharmonisierung mit dem gewählten Partner eine schriftliche Absichtserklärung, einen sog. **Letter of Intent** abzuschließen.[574] Ein *Letter of Intent* ist eine rechtlich verbindliche Vorwegnahme des eigentlichen Outsourcing-Vertrags und dient als inhaltliche Grundlage des späteren Vertragswerks. Der *Letter of Intent* benennt bereits alle wesentlichen Elemente des Vertragsgegenstandes und spielt insbesondere dann eine wichtige Rolle, wenn der Abschluss des eigentlichen Vertrages terminlich noch nicht absehbar ist, jedoch davor bereits bestimmte outsourcingrelevante Vorkehrungen (z.B. Ressourcenverlagerungen) oder Investitionen zeitnah erforderlich sind. Insofern ist der *Letter of Intent* als eine Art „Roadmap" für terminkritische Aktivitäten *vor* dem eigentlichen Beginn der Outsourcing-Partnerschaft zu verstehen. Gerade bei betrieblichen oder prozessbedingten Schwierigkeiten während der Migration oder während der Leistungskonfiguration kann der *Letter of Intent* ein nützliches Regulativ zur Vorbeugung von Konflikten sein. Zwar verpflichtet der *Letter of Intent* nicht endgültig zum Vertragsabschluss, bildet aber für die Übergangszeit eine solide rechtliche Grundlage der interorganisationalen Zusammenarbeit. Selbst wenn bis zur Vertragsschließung noch erhebliche Änderungen und Ergänzungen vorgenommen werden sollten, stellt die Absichtserklärung den ersten institutionalisierten Meilenstein der gemeinsamen Zusammenarbeit dar. Nicht zu unterschätzen ist dabei auch die symbolische Bedeutung des *Letter of Intent*, der oft als der eigentliche historische „Startschuss" für eine langfristige strategische Unternehmenspartnerschaft gesehen wird. Übliche Gestaltungsinhalte des *Letter of Intent* sind z.B.

- eine Präambel mit der Willenserklärung zur Outsourcing-Partnerschaft,
- der Vertragsgegenstand,
- die Regelung der Vorlaufszeit bis Vertragsschluss (insbesondere der Ablauf der Migration),
- der Datenschutz und die Vertraulichkeit (bzw. die Geheimhaltung),
- Exklusivitätsvereinbarungen sowie
- Preisabsprachen und Zahlungsvereinbarungen bis Vertragsschluss.

[574] Vgl. hierzu RUOFF (2001), S. 202; auch BARTH (2003), S. 239f sowie REINECKE (1996), S. 134.

Die letzte Stufe der *Konfigurationsphase* bildet die **Vertragsschließung**. Die *institutionelle Ebene* der Outsourcing-Partnerschaft ist durch ein System von Regeln bestimmt, die im gegenseitigen Einvernehmen der beteiligten Akteure festgelegt werden: dem Outsourcing-Vertrag. Dieser beeinflusst maßgeblich die Güte und Effizienz der *Prozessebene*. Daher ist der Vertrag für die Outsourcing-Partnerschaft ein zentrales und besonders kritisches Instrument der Gestaltung. Prinzipiell ist der Vertrag als Anreizmechanismus das Ergebnis eines Verhandlungsprozesses zwischen den beteiligten Akteuren und hat die Koordination ihrer Entscheidungen und Handlungen zum Gegenstand. Die Kernidee eines jeden Kooperationsvertrages besteht darin, die Gefahr opportunistischen Verhaltens zwischen den Kooperationspartnern zu senken und somit den Faktor Unsicherheit nach Möglichkeit einzugrenzen. Insofern handelt es sich bei einem Outsourcing-Vertrag einerseits um eine Ex-post-Regelung zur Allokation von Mitteln und Ressourcen, andererseits um eine Ex-ante-Regelung zur Antizipation von Konflikten und deren effiziente, reibungsarme Lösung.[575] KÖHLER-FROST (1995) formuliert diesen Zusammenhang wie folgt:

> „Tragende Säule für die Beziehung zwischen Anwender und Anbieter ist der Vertrag, der gleichermaßen das zukünftige Miteinander gestalten helfen soll und die Qualitätskontrolle für die Aktivitäten des Anbieters festlegt." [576]

Für die organisationale Gestaltung und Koordination der Outsourcing-Partnerschaft ist der Outsourcing-Vertrag der strukturelle Handlungsrahmen, der die Leistungs- und Weisungssysteme so präzise wie möglich festlegt.

Allerdings stellt gerade die inhaltliche Formulierung des Vertragswerkes für beide Seiten eine nicht zu unterschätzende, koordinative Herausforderung dar. Grundsätzlich ist jeder Outsourcing-Vertrag individuell, d.h. der Rückgriff auf Standardverträge oder -klausulierungen ist bei langfristigen strategischen Partnerschaften per se ausgeschlossen. Denn dafür ist das Vertragsverhältnis zu komplex; allein das schier unbegrenzte Spektrum an individuellen Leistungskonfigurationen zwischen den beiden Partnerunternehmen lässt es – auch im juristischen Sinn – sinnvoll und notwendig erscheinen, in die individuellen Formulierungen des Vertragswerkes besondere Sorgfalt zu legen. Im Übrigen widerspräche ein während der Vertragsverhandlungen quasi beiläufig aufgesetzter und bürokratisch abgewickelter Standardvertrag dem „partnerschaftlichen Geist", der mit der strategischen Partnerschaft begründet

[575] Vgl. hierzu auch BALLING (1998), S. 109; auch FUEST (1998), S. 157.
[576] KÖHLER-FROST (1995), S. 24.

wird.[577] Juristisch gesehen, handelt es sich bei einem Outsourcing-Vertrag um einen *Innominatvertrag*, d.h. um einen gesetzlich nicht ausdrücklich geregelten Vertrag. Dennoch enthält er Elemente geregelter Vertragstypen wie des Kauf- und Mietvertrags oder des Auftrags bzw. Dienstvertrags. Von daher herrscht bei der Vertragsschließung grundsätzlich *Vertragsfreiheit*; die meisten gesetzlichen Vorschriften sind dispositives Recht, so dass es den Vertragsparteien freisteht, diese im Konsens zu ändern.[578]

Also handelt es sich bei Outsourcing-Verträgen um individuelle Rahmenabkommen, die einen gewissen Grad an Flexibilität zulassen müssen, da die beiden Partner ex ante nicht sämtliche Eventualitäten vorhersehen und regeln können. D.h. im Vorfeld können weder die Leistungen noch die Kosten simultan geplant und bis ins letzte Detail vertraglich fixiert werden. Der Vertrag muss also beiden Partnern die Möglichkeit einräumen, innerhalb eines vorgesetzten Rahmens bestimmte Aspekte im Verlauf der Partnerschaft immer wieder nachverhandeln zu können. Hieraus ergibt sich ein Dilemma, das der Outsourcing-Vertrag bestmöglich lösen muss: Einerseits soll das Vertragswerk möglichst vollständig und detailliert ausformuliert sein und kontrollierbare (d.h. qualifizierte und quantifizierte) Leistungsvereinbarungen enthalten. Andererseits muss ein bestimmter Grad an Flexibilität eingegrenzt werden, d.h. es müssen Vorgehensweisen für Lieferungs- und Leistungsanpassungen definiert werden, um die vertraglichen Vereinbarungen an geänderte Bedürfnisse oder Veränderungen in der Kostenstruktur anpassen zu können.

Der eigentliche Gesamtvertrag kann nach inhaltlichen Aspekten in drei einzelne Teile untergliedert werden:

- der Rahmenvertrag, der das grundsätzliche Geschäftsverhältnis der Partner beschreibt,
- der Übernahmevertrag, der die Übernahme von Ressourcen und technischem Wissen (Know-how) regelt sowie
- die Pflichtenhefte, die die Zusammenarbeit auf Prozess- und Projektebene konkretisieren.[579]

---

[577] Insofern erklärt sich auch, dass in der Outsourcing-Forschung gerade der Diskussion des Outsourcing-Vertrages immer wieder viel Raum beigemessen wird. Vgl. insbesondere HORCHLER (1996), S. 199-247, STAUDACHER (2000), S. 201-228 sowie BARTH (2003), S. 230-242.

[578] Vgl. REINECKE (1996), S. 133.

[579] Diese plausible Unterteilung findet sich ähnlich auch bei REINECKE (1996), S. 135.

Diese dreiteilige Gliederung sollte jedoch nicht als Muss für den strukturellen Aufbau des Vertragsdokuments missverstanden werden. Infolge der Vertragsfreiheit zwischen den Outsourcing-Partnern und der je nach Einzelfall gebotenen Konfiguration der Outsourcing-Partnerschaft ist es kaum möglich, die inhaltlichen Bestandteile konzeptuell zu umreißen. Wie die partnerschaftliche Austauschbeziehung ressourcenseitig und finanziell geregelt wird, ist von den individuellen Unternehmenszielen abhängig und obliegt letzten Endes den strategischen Erwägungen der einzelnen Partner. Da die strategische Unternehmensplanung je nach Unternehmenssituation und -umwelt höchst unterschiedlich ausfallen kann, erscheint es grundsätzlich wenig sinnvoll, die Outsourcing-Partnerschaft vertraglich nach bestimmten vorgegebenen *Normstrategien* zu konfigurieren. Es gibt also – außer dem Leitbild einer Win-win-Beziehung – kein „Grundprinzip", das für ein nach allen Seiten hin abgesichertes, erfolgreiches Vertragswerk herhalten könnte, denn dafür ist der Verhandlungsspielraum, den eine Outsourcing-Partnerschaft eröffnet, schlechterdings zu groß. Zu den konzeptuell wesentlichen, übergeordneten Vertragsbestandteilen gehören:

- eine Präambel[580],
- Begriffsbestimmungen,
- die Ziele der Zusammenarbeit (Geltungsbereich und Vertragsgegenstand),
- Art und Umfang der Zusammenarbeit,
- der Leistungsumfang (quantitative und qualitative Richtlinien, Standards),
- Laufzeiten, Realisierungsphasen und Zeitpläne (Fristen und Orte der Leistungserbringung),
- Preise, Konditionen und Zahlungsmodalitäten,
- Übernahmebestimmungen,
- Projektorganisation und -management,
- Abnahmeverpflichtungen und Verzugsregelungen sowie
- Vertraulichkeits-, Gewährleistungs- und Haftungsregelungen.[581]

---

[580] Präambeln zu Verträgen werden oft für entbehrlich oder sogar schädlich gehalten, weil sich daraus keine unmittelbaren Vertragspflichten ergeben und dementsprechend ihre Bedeutung juristisch ungewiss sei. Jedoch empfiehlt es sich, in der Präambel die Ausgangslage für die Outsourcing-Partnerschaft zu skizzieren und auch die mit dem Outsourcing verfolgten, langfristigen Kooperationsziele zu umreißen. Hierzu gehört möglicherweise auch eine Charakterisierung der ideellen Grundzüge des Partnerschaftsverhältnisses. Vgl. hierzu die rechtswissenschaftliche Diskussion der Präambel bei STAUDACHER (2000), S. 219.

[581] Vgl. hierzu z.B. REINECKE (1996), S. 135, STAUDACHER (2000), S. 219-228 sowie RUOFF (2001), S. 204; auch BARTH (2003), S. 234ff.

Die *Konfigurationsphase* endet mit der Rechtswirksamkeit (d.h. Unterzeichnung und Ratifizierung) des Outsourcing-Vertrags.

6.2.2.2 Management-Implikationen für deutsch-türkische Outsourcing-Partnerschaften

War die *Initiierungsphase* noch von dem überwiegend einseitigen Kommunikationsfluss vom Outsourcing-Dienstleister zum potenziellen Partner geprägt, so steht jetzt in der *Konfigurationsphase* der **wechselseitige Informationsaustausch** im Mittelpunkt. Für die Outsourcing-Partner aus der Türkei und aus Deutschland bedeutet dies, dass sie sich bei der Lösung der funktionalen Fragen (d.h. die Harmonisierung der gemeinsamen Ziele und die Vertragsschließung) einer gemeinsamen „Umgangssprache" bedienen müssen. Das ist in zweierlei Hinsicht aufzufassen: Einerseits muss aus praktischen Gründen die Sprachbarriere überwunden und für alle künftigen Informationstransfers eine Verkehrssprache bestimmt werden.[582] Andererseits ist die *Konfigurationsphase* die Phase, in der sich beide Unternehmenskulturen einander näher kommen und im wechselseitigen Austausch eine gemeinsame Kooperationskultur sich herauskristallisiert. So entwickeln sich im weiteren Verlauf des „Sich-Kennenlernens" peu à peu ganz bestimmte Sprachgewohnheiten und Gepflogenheiten beim Kontakt, die für die Outsourcing-Partnerschaft die Umgangsregeln in der Kommunikation maßgeblich bestimmen werden. Dies gilt sowohl für die formelle Kommunikation (z.B. das Formulieren des Vertragswerks) als auch die informelle Kommunikation, wobei gerade Letztere ja beim Aufbau von *Vertrauen* und *Commitment* eine wichtige Rolle spielt und nicht unterschätzt werden darf.

Nochmals betont sei, dass in der *Konfigurationsphase* ausschließlich Kommunikationsaktivitäten (d.h. keine eigentlich wertschöpfenden Aktivitäten) zwischen den zukünftigen Partnern stattfinden und dass deshalb der Stellenwert der Kommunikation bei der Konfiguration der Partnerschaft keineswegs unterschätzt werden sollte. Für türkische Outsourcing-Anbieter heißt das, dass bei der Zielharmonisierung und der Angebotsabgabe für die Outsourcing-Entscheidung des deutschen Partners nicht nur „der Inhalt", sondern auch „die Form" entscheidend ist. Dieser Grundsatz sollte bei allen Kommunikationsvorgängen verfolgt werden und bei allen individuellen Kontakten zwischen den künftigen Partnerunternehmen

[582] Dabei dürfte es sich bei der Mehrzahl der Fälle um Englisch handeln, wünschenswert wäre aber durchaus eine Kommunikation auf Deutsch und/oder Türkisch, da durch den Gebrauch der eigenen Muttersprache die Kommunikationsvorgänge und überhaupt allgemein Management-Probleme üblicherweise effektiver abgewickelt werden können. Insofern käme es sicher für beide Seiten in Erwägung, zumindest für die informelle Kommunikation sich so weit möglich der Muttersprache des Gegenüber zu bedienen.

(z.B. Telefonate, E-Mails, Präsentationen) auch entsprechend zur Geltung kommen. Daher spielen *weiche Faktoren* wie kommunikative Kompetenzen, Seriosität und Strukturiertheit für die türkischen Mitarbeiter bzw. das zusammengestellte Projektteam eine wichtige Rolle. Als erstes konkretes Ergebnis der gelungenen Kommunikation kann der *Letter of Intent* angesehen werden. Dieser sollte als ein übersichtliches, leicht verständliches Dokument gehalten sein und – als eine Art „Zwischenergebnis" – sowohl den Ist-Zustand der Outsourcing-Partnerschaft beschreiben als auch die wesentlichen Aspekte der zukünftigen Zusammenarbeit (also den Soll-Zustand der Partnerschaft) auf einigen wenigen Seiten zusammenfassen.

Noch intensiver verläuft die Kommunikation während der Vertragsverhandlungen. Hierbei ist nicht nur auf eine ergebnisorientierte Führung der Vertragsverhandlungen zu achten, sondern die beteiligten Akteure sollten sich bewusst die Zeit nehmen, ausführlich auf die Fragen des Gegenüber oder auf kritische Punkte einzugehen. Unter Zeitdruck geschlossene Verträge sind für langfristig angelegte Partnerschaften geradezu ausgeschlossen und ein Mehraufwand an Zeit und Personalressourcen in der Mehrzahl der Fälle gerechtfertigt, denn falsche Formulierungen, Missverständnisse und ausgesparte kritische Punkte sind im Nachhinein nur schwer zu revidieren und führen zwangsläufig zu nachhaltigen Konflikten. Ein früher Beizug von Juristen ist selbstverständlich. Trotz alledem ist es vor allem aus der Sicht des deutschen Partners sinnvoll, den Outsourcing-Vertrag nicht nur als ein juristisch verklausuliertes Dokument aufzusetzen, sondern gleichzeitig dem türkischen Partner damit eine Art „Projekthandbuch" in die Hand zu geben.[583] Das Problem hierbei ist darin zu sehen, dass aus Gründen der Vertragsklarheit die Leistungsbeschreibungen möglichst exakt definiert werden müssen. Aus wertschöpfungsbezogener Hinsicht gilt es zu unterscheiden zwischen:

- der Beschreibung der Leistungsinhalte sowie
- die Darstellung der Leistungsdurchführung.[584]

Die **Spezifikation der Leistungsinhalte** fokussiert im Wesentlichen die *Ergebnisperspektive* von Dienstleistungen. Um diese besser operationalisieren zu können, empfiehlt sich eine Zerlegung der Gesamtleistung in überschaubare Einzelpakete, die hinsichtlich ihres Ergebnisses eindeutig beschreibbar sind. Dagegen fokussieren die Festlegungen hinsichtlich der **Durchführung der Leistung** die *Prozess- und Potenzialperspektive* der Dienstleistungen. Es müssen sinnvolle Vereinbarungen getroffen werden, wie die beschriebenen Leistungen zu

[583] Dieser konzeptuelle Vorschlag stammt von REINECKE (1996), S. 134.
[584] Ausführlich bei BARTH (2003), S. 236ff.

erbringen sind und welche Messgrößen zur Überwachung herangezogen werden. Summa summarum müssen unter Einbezug von Produktionsfachleuten (z.B. Textilingenieure) die Wertschöpfungsprozesse auf den in Rede stehenden Produktionsstufen klar definiert und so exakt wie möglich beschrieben werden. Dass das für eine langfristige Partnerschaft nur schwer möglich und nur bedingt praktikabel ist, liegt auf der Hand; daher muss für jede Soll-Vorgabe dem türkischen Outsourcing-Dienstleister ein nach Möglichkeit operationalisierbarer Grad an Flexibilität eingeräumt werden. Letzten Endes sollte der Outsourcing-Vertrag nicht als starres Gebilde konstruiert werden, vielmehr zeichnet sich ein guter und für langfristige Outsourcing-Partnerschaften sachgerechter Vertrag gerade dadurch aus, dass er beiden Partnern in bestimmten Kooperationsbereichen die Möglichkeit der *Rekonfiguration* bietet. Dieses Problem ist besonders in der letzten Phase der Outsourcing-Partnerschaft, der *Interaktionsphase*, relevant.

6.2.3 Implementierungsphase

6.2.3.1 Konzeptuelle Koordinations- und Entscheidungsprobleme

Konzeptuell beginnt die *Implementierungsphase* mit der Rechtswirksamkeit des Outsourcing-Vertrags. Dieser Zeitpunkt kann (und ist üblicherweise) mit dem Inkrafttreten der Vertragsbestimmungen identisch, muss es aber nicht sein; denkbar sind auch Konstellationen, in denen das Inkrafttreten aus bestimmten Gründen zeitlich nachgelagert ist. Nichtsdestotrotz fallen bereits vor dem eigentlichen Betriebsübergang vom Dienstleister zum Partner (d.h. der „Migration") wichtige Koordinationsaufgaben und Maßnahmen an, die die Implementierung des Outsourcing-Betriebes vorbereiten und zwar:

- die Planung und das Design der Schnittstellen sowie
- die Planung und das Design der interorganisationalen Wertschöpfung.

Wie die *Konfigurationsphase* kann auch die *Implementierungsphase* formal in zwei Teilschritte gegliedert werden (vgl. *Abbildung 23*):

Abbildung 23: Die Implementierungsphase einer Outsourcing-Partnerschaft

Implementierungsphase	• Institutionalisierung des Schnittstellenmanagements • Funktionale Umsetzung der Outsourcing-Maßnahmen

Quelle: eigene Darstellung

6.2.3.1.1 Institutionalisierung des Schnittstellenmanagements

Im betriebswirtschaftlich-theoretischen Verständnis entstehen Schnittstellen aus der Komplexität von Aufgabenstellungen bzw. der daraus resultierenden Aufspaltung komplexer Probleme in Teilprobleme.[585] Eine Schnittstelle liegt dann vor, wenn zwischen zwei organisationalen Einheiten ein potenzieller Koordinationsbedarf besteht. Dies gilt insbesondere für kooperative Austauschbeziehungen zwischen zwei (oder mehreren) spezialisierten Organisationseinheiten, deren sachlich zusammenhängende Funktionalität unterbrochen ist und von unterschiedlichen Funktionsträgern erbracht wird. Demzufolge sind Schnittstellen „Übergangspunkte", an denen Produkte, Teilleistungen, Sachgüter, Informationen oder auch Finanzmittel über Organisationseinheiten hinweg transferiert oder aufeinander abgestimmt (d.h. koordiniert) werden. Im Fall von Outsourcing-Partnerschaften sind zwischen den beiden Akteuren in *horizontaler* Hinsicht Schnittstellen vorhanden, weil zwischen den betrachteten, autonomen Einheiten Interdependenzen und koordinationsrelevante Potenzialtrennungen existieren.[586] Diese interorganisationalen Schnittstellen – verstanden als Beziehungen oder „Verbindungspunkte" zwischen den beiden autonomen Akteuren – bedürfen der Koordination. Schnittstellenmanagement, als Spezialfall der Koordination, wird an den interorganisationalen Berührungspunkten benötigt, um die wechselseitige Interaktion *ohne* das Vorhandensein eines gemeinsamen Vorgesetzten zu koordinieren. Folglich ersetzt oder ergänzt das Schnittstellenmanagement in diesem Sinne die hierarchische Koordination.[587]

Das Management der Schnittstellen (bzw. synonym das Schnittstellenmanagement) erfüllt prinzipiell zwei Funktionen:

---

[585] Vgl. HERBST (2002), S. 88.

[586] Vgl. hierzu die organisationstheoretische Fundierung von FRESE (2005), S. 263ff. Der Begriff „Potenzialtrennung", der die organisationale Grenze zwischen beiden Akteuren bezeichnet, stammt ebenfalls von FRESE (2005), S. 264.

[587] Vgl. HERBST (2002), S. 90.

- Zum einen dient es der **Planung und Steuerung der zwischenbetrieblichen Koordination**,
- zum Anderen der **Minimierung dieses Koordinationsaufwandes**.

D.h. Aufgabe des Schnittstellenmanagement ist es, die Schnittstelle mit dem Outsourcing-Partner unter Effektivitäts- und Effizienzkriterien zu analysieren, zu planen, zu gestalten sowie zu kontrollieren und dementsprechend auch ihre Wirtschaftlichkeit zu gewährleisten. Funktionales Ziel dabei ist es, die effektive und effiziente Abwicklung des Transfers von Sachgütern, Informationen und Finanzmitteln unter Optimierung der dabei entstehenden *Transaktionskosten* sicherzustellen.

Ruft man sich ins Gedächtnis, dass eine Outsourcing-Partnerschaft auf der *Wertschöpfungsebene* in Form von informationellen und transformatorischen Interaktionen stattfindet, dann ist klar, dass die Bestimmung und Lokalisierung der Schnittstellen entlang der interorganisationalen Wertschöpfungskette relativ einfach ist. Schließlich wurden die gemeinsamen Schnittstellen im Wertschöpfungsprozess ja auch im Outsourcing-Vertrag klar definiert oder zumindest indirekt (über die Leistungskonfiguration) benannt.[588] Problematisch hingegen ist die Institutionalisierung dieser gemeinsamen Schnittstellen. Zuallererst ist es wichtig zu betonen, dass die Institutionalisierung der Schnittstellen nicht *einseitig* vom Outsourcing-Dienstleister zum Outsourcer erfolgt, sondern *bilateral* organisiert und im partnerschaftlichen Einvernehmen implementiert werden muss. Bei der partnerschaftlichen Institutionalisierung der gemeinsamen Schnittstellen gilt es zu unterscheiden zwischen *Interaktionskanälen* und *Interaktionsinstrumenten*.[589]

Die Bestimmung der **Interaktionskanäle** hängt von den wertschöpfungsbezogenen, individuellen Interaktionsbedürfnissen der Outsourcing-Partner ab, d.h. in erster Linie

- von den am Wertschöpfungsprozess beteiligten *Mitarbeitern*,
- den wertschöpfungsrelevanten *Prozessen* sowie
- den wertschöpfungsrelevanten *Ressourcen*.

Dabei kann zwischen informatorischen Interaktionen (z.B. Datenaustausch bezüglich Schnittmuster) oder transformatorischen Interaktionen (z.B. Fertigungsverfahren in der textilen Kette) unterschieden werden. Den zweifellos wichtigsten informatorischen Interaktionskanal,

---

[588] Vgl. hierzu *Kapitel 6.2.2.1.2*.
[589] Vgl. hierzu auch FUCHS (1999), S. 163-168.

von dem alle anderen abhängen, bildet das Schnittstellenmanagement und die hierfür angewiesenen Schnittstellenmanager. Darüber hinaus können auch solche gemeinsamen Interaktionskanäle bestimmt werden, die zwar kooperationsrelevant, aber nicht-wertschöpfend sind. Allen voran ist für den nicht-wertschöpfenden Bereich der Interaktionskanal *Logistik* zu nennen, der im Rahmen der transformatorischen Interaktion ein erfolgskritischer Faktor für die Outsourcing-Partnerschaft sein kann.

Die Bestimmung der **Interaktionsinstrumente** leitet sich von den festgelegten Interaktionskanälen der Outsourcing-Partner ab. Wie die Kanäle können auch die Instrumente der Interaktion informatorischer Art (z.B. eine angepasste CAD-Software für Schnittmuster) oder transformatorischer Art (z.B. angepasste Methoden der Lagerhaltung) sein. Die gewählten Instrumente müssen selbstverständlich quantitativ und qualitativ auf die interorganisationalen Wertschöpfungsprozesse abgestimmt werden. „Quantitativ" und „qualitativ" soll hierbei heißen, dass nicht aus den Augen verloren werden darf, dass die Austauschprozesse an den Schnittstellen letzten Endes den Anforderungen zur Erreichung des Kooperationszieles, der Infrastruktur und den Budgetgrenzen entsprechen müssen. Zugespitzter formuliert bedeutet das, dass die Funktionalität der genutzten Instrumente auch von deren Wirtschaftlichkeit abhängt. Wenn ein bestimmter Interaktionskanal von strategischer Bedeutung für die Outsourcing-Partnerschaft ist (z.B. die direkte und sichere Übermittlung von CAD-Daten), dann ist geboten, dies bereits in der *Konfigurationsphase* (im Outsourcing-Vertrag) zu berücksichtigen und entsprechende Budgetposten und Verantwortlichkeiten zu schaffen.

Die zentrale Rolle beim Schnittstellenmanagement kommt den **Schnittstellenmanagern** zu. Sie koordinieren die interorganisationale Interaktion über Interaktionskanäle mithilfe von Interaktionsinstrumenten. Darüber hinaus fungieren sie gleichsam als „Kulturübermittler" und dienen somit auch der indirekten, „weichen" Koordination auf Grundlage der sog. *Soft factors*. Diese *Soft factors* sind gezielt kommunizierte und entsprechend vom Partner wahrgenommene Kompetenzen, Eigenschaften oder Bestandteile der Unternehmenskultur.[590] Dementsprechend muss ein Schnittstellenmanager hohen Qualifikationsanforderungen in fachlicher ebenso wie in sozialer Hinsicht gerecht werden, schließlich ist er – bildlich gesprochen – der sichtbare „Knotenpunkt" oder „Brückenkopf" und fungiert als eine Art „Medium" für einen Großteil der Informationsströme zwischen beiden Partnerunternehmen.

[590] Vgl. hierzu auch RUOFF (2001), S. 198f.

Konkret heißt das, dass dem Schnittstellenmanagement die wichtigste Rolle beim Informationstransfer zwischen Outsourcing-Dienstleister und Partner zukommt; mithin ist das Schnittstellenmanagement die wichtigste Institution beim Abbau von *sozialen und kulturellen Barrieren* zwischen den Outsourcing-Partnern und ebenso bei der Lösung von *interorganisationalen Konflikten*. Daher lässt sich sagen, dass die informatorische Effektivität und Effizienz der Outsourcing-Partnerschaft maßgeblich von der Qualität und Quantität der Interaktionen des Schnittstellenmanagements abhängig ist.

Bei den Interaktionsprozessen mit dem Partnerunternehmen übernimmt der Schnittstellenmanager verschiedene funktionale „Rollen", um der Komplexität der Kommunikationsprozesse und Informationstransfers gerecht zu werden. Diese Rollen bzw. Aufgabenfelder können begrifflich näher spezifiziert und typologisiert werden (vgl. *Abbildung 24*):

Abbildung 24: Rollen und Aufgaben eines Schnittstellenmanagers

Rolle	Aufgaben
Koordinator	• Steuerung der Transferprozesse • Kanalisierung der Informations- und Kommunikationsflüsse • Reduzierung von Reibungsverlusten
Beziehungsmanager	• Aufbau und Pflege von personellen Beziehungen • Zusammenführung der Kulturen • Management von Konflikten • Stimulation von Lernprozessen • Bildung von Vertrauen
Schnittstellen-Entwickler	• Suche nach leistungssteigernden Veränderungsmaßnahmen • Initiierung notwendiger Anpassungen
Schnittstellen-Architekt	• Konfiguration der Interaktionskanäle • Rekonfiguration des Regelwerks (Outsourcing-Vertrag) • Schaffung von Verbindungen • Gestaltung des Transfers • Integration von Fähigkeiten, Wissen und Ressourcen
Controller	• Evaluation der Schnittstelle • Überprüfung der Transferperformance

Quelle: eigene Darstellung in Anlehnung an HERBST (2002), S. 152

Anhand von *Abbildung 24* werden die vielfältigen Rollen und Aufgabenfelder eines Schnittstellenmanagers deutlich. Er fungiert gleichzeitig als Koordinator, Beziehungsmanager, Schnittstellen-Architekt, Schnittstellen-Entwickler und Controller. Angesichts der herausragenden Funktion des Schnittstellenmanagements im interorganisationalen Informationsprozess wird klar, dass diese Aufgabe nur in den wenigsten Fällen von einer Person allein wahrgenommen werden kann; vielmehr sollte das Schnittstellenmanagement – je nach Darstellbarkeit im Rahmen der Budgetgrenzen – als Team oder Stab implementiert werden.

6.2.3.1.2 Funktionale Umsetzung der Outsourcing-Maßnahmen

Die funktionale Umsetzung der Outsourcing-Maßnahmen umfasst einen wesentlichen Schritt in der organisationalen Konfiguration der Outsourcing-Partnerschaft: nämlich den **Betriebsübergang** (synonym: „die **Migration**" bzw. in der Management-Praxis: „der Roll-out") vom Outsourcer zum Outsourcing-Dienstleister. Betriebsübergang bzw. Migration im *theoretischen* Kontext von Outsourcing meint, dass bestimmte funktionale Organisationseinheiten vom Outsourcer ausgegliedert (externalisiert) und in die Organisationsstruktur des Outsourcing-Dienstleisters eingegliedert (internalisiert) werden. Dabei kann, muss aber kein *praktischer* Übergang von Produktionskapazitäten erfolgen, sondern diese können vom Outsourcing-Dienstleister je nach Outsourcing-Situation ganz oder teilweise neu gestaltet werden. Auf jeden Fall geht mit der Migration eine betriebliche Restrukturierung der Unternehmensstruktur sowohl auf Seiten des Outsourcers als auch auf Seiten des Outsourcing-Dienstleisters einher. Diese betriebliche Restrukturierung im Zuge der Outsourcing-Implementierung betrifft sowohl Bereiche der Aufbauorganisation als auch der Ablauforganisation. Da es sich bei den hier betrachteten Outsourcing-Partnerschaften um Kooperationen mit strategischer Tragweite handelt, kann gesagt werden, dass unmittelbar oder zumindest mittelbar *alle* Bereiche der Unternehmung von der betrieblichen Neuorganisation betroffen sind.

Mit dem Betriebsübergang werden die produktionstechnischen Voraussetzungen für die Erfüllung der Kooperationsziele geschaffen. Rein organisational betrachtet, liegt die spezifische Besonderheit von Outsourcing-Partnerschaften in der gemeinsamen, **unternehmensübergreifenden Wertschöpfungskette** zwischen beiden Partnerunternehmen. Daher besteht die wichtigste Aufgabe darin, die Kernprozesse der Kooperation in die Wertschöpfungskette des Outsourcing-Dienstleisters zu integrieren. Insofern kann der Betriebsübergang – aus Sicht des Outsourcing-Dienstleisters – auch als Vorgang der Integration unternehmens*externer* Wertschöpfungsprozesse in die eigene Organisation verstanden werden. Im Ergebnis entsteht zwischen Outsourcer und Outsourcing-Dienstleister *eine gemeinsame* Wertschöpfungskette, die durch interorganisationale Schnittstellen verknüpft wird. Die „Verknüpfung" der Schnittstellen findet über die Interaktionskanäle statt (unter

Einsatz der Interaktionsinstrumente) und wird vom Schnittstellenmanagement koordiniert (vgl. *Kapitel 6.2.3.1.1*).

An das Projektmanagement, das während der Migration für den Ablauf der funktionalen Umsetzung verantwortlich ist, sind hohe Anforderungen gestellt. Es gilt schließlich, den Betriebsübergang vom Outsourcer zum Dienstleister passgenau und mit möglichst geringen Reibungsverlusten zu koordinieren. Hinzu kommt, dass die Migration meist unter erheblichem Zeitdruck und einer hohen Erwartungshaltung des Outsourcers abgewickelt werden muss. Die wichtigsten Gestaltungsparameter bei der Migration können systematisch zu einer der drei folgenden Kategorien – Zeit, Kostenaufwand, Qualität – zugeordnet werden:

- Die *fristengerechte* Bereitstellung der notwendigen organisationalen und technischen Infrastruktur,
- die *kostenadäquate* Anpassung der vorhandenen (Ist), der geforderten (Soll) und der prospektiven, wachstumsorientierten Infrastruktur (Potenzial) sowie
- die Sicherstellung der *Qualität* der Implementierungsaktivitäten.[591]

Die *Implementierungsphase* endet, sobald die Outsourcing-Implementierung (gemäß den Vorgaben des Outsourcing-Vertrages) vollständig abgeschlossen ist.

6.2.3.2 Management-Implikationen für deutsch-türkische Outsourcing-Partnerschaften

Kennzeichnend (im konzeptuellen Sinn) für die *Implementierungsphase* ist, dass sie den Charakter einer „Übergangsphase" hat. Sie beginnt mit dem Abschluss des Outsourcing-Vertrages – also der *Formalisierung* der Outsourcing-Partnerschaft – und endet mit dem eigentlichen Beginn der zwischenbetrieblichen Wertschöpfungsprozesse – also der *Funktionalisierung* der Outsourcing-Partnerschaft. Vor dem Hintergrund des während der Migration anfallenden Zeit- und Finanzaufwandes (bzw. des Finanzausfalles durch ausbleibende Einkommenszuflüsse) ist verständlich, dass die Partner aus Deutschland und der Türkei bemüht sein werden, die Phase der Outsourcing-Implementierung so kurz wie möglich zu halten. Dennoch ist damit zu rechnen, dass bis zum Start des Outsourcing-Betriebes ein Zeitraum von einigen Monaten vergehen kann. Diese Zeit ist für den türkischen Outsourcing-Dienstleister erforderlich, um die Implementierungsmaßnahmen vollständig und vertragsgemäß durchzuführen. Zwar ist eine zeitlich ausgedehnte Implementierungsphase grund-

[591] Ähnlich bei FUCHS (1999), S. 152.

sätzlich kein negatives Kriterium – auf die Irreversibilität bei fehlerhafter Implementierung wurde bereits hingewiesen –, trotzdem können gerade während der Migration auf beiden Seiten Enttäuschungserscheinungen und Ablehnungsphänomene auftreten.[592] MAYER (2005) fasst die dabei typischerweise in Erscheinung tretenden, betrieblichen Probleme wie folgt zusammen:

> „Typische Haltungen, die in diesem Kontext auftreten können, sind etwa fehlendes Verständnis für den dargestellten Veränderungsbedarf oder konkret erarbeitete Veränderungslösungen. Oftmals ergeben sich ablehnende Einstellungen aber auch aus Angst vor nicht absehbaren Folgen, den möglichen Verlust von Arbeitsplätzen, der Nichterfüllbarkeit neuer Anforderungen, der Beeinflussung eigener Interessen sowie der Reduzierung von angestammten Privilegien."[593]

Hinzu können auf beiden Seiten auch Interpretationskonflikte kommen, sei es aus reinem Opportunismus, sei es aus Gründen der Vertragsungenauigkeit, die bei der Formulierung des Outsourcing-Vertragswerkes wegen der Komplexität des Vertragsgegenstandes nolens volens hingenommen werden mussten.

Die verschiedenartigen Friktionen, die zwischen beiden Partnerunternehmen auftreten können, beweist die Wichtigkeit der Institutionalisierung des Schnittstellenmanagements bereits *vor* der Phase des Betriebsübergangs. Demnach werden an die Schnittstellenmanager schon während der Migration außergewöhnlich hohe Anforderungen gestellt; der Koordinationsaufwand an den Schnittstellen ist bezogen auf den Zeitabschnitt in der *Implementierungsphase* sicherlich höher als in der darauffolgenden *Interaktionsphase*, da in der *Implementierungsphase* noch die Routine in den Kommunikationsabläufen fehlt und eine gemeinschaftliche Kooperationskultur, die sich hierbei komplexitätsreduzierend auswirken würde, sich noch nicht herauskristallisiert hat. Deshalb gilt es sowohl für den türkischen als auch für den deutschen Partner, bei der Berufung der Schnittstellenmanager den richtigen Maßstab anzusetzen. Nicht zu unterschätzen hierbei sind die *Soft skills* der Schnittstellenmanager, allen voran etwa rhetorische Kommunikationsfähigkeit, interkulturelle Kompetenzen und soziales Einfühlungsvermögen. Seine *Soft skills* erleichtern es dem Schnittstellenmanager, die formelle und informelle Kommunikation mit dem Gegenüber effektiver und effizienter zu bewerkstelligen. Gerade der informellen Kommunikation zwischen den typischerweise mittelständischen türkischen und deutschen Textil- und Bekleidungs-

---

[592] Dieses typische Phänomen in der Outsourcing-Praxis erörtert MAYER (2005); vgl. MAYER (2005), S. 183. Ähnliche Probleme, die in der Implementierungs-Praxis auftauchen können, beschreibt auch GULDEN (2000); vgl. GULDEN (2000), S. 177. Dass in der Implementierungs-Praxis mehr oder minder zwangsläufig Probleme auftreten, stellen auch NETTESHEIM ET AL. (2003) fest; vgl. NETTESHEIM ET AL. (2003), S. 29.

[593] MAYER (2005), S. 183.

unternehmen kommt eine besondere Rolle zu, da formelle Kommunikationswege bei kurzfristigen Entscheidungen oft zu zeit- oder kostenintensiv wären. Für die pragmatische Geschäftskultur in der türkischen Textil- und Bekleidungsindustrie ist es geradezu charakteristisch, dass für zeitnahe und praktikable Lösungen die informelle Kommunikation bevorzugt wird. Neben den wichtigen *Soft skills* muss der geeignete Schnittstellenmanager auch ein hohes Maß an Expertise für die technischen Vorgänge bei der Implementierung mitbringen, denn nur so kann die termingerechte Abwicklung der Migration unter möglichst geringen Reibungsverlusten realisiert werden. Profunde textiltechnische Kenntnisse befähigen den Schnittstellenmanager dazu, die Implementierung der erforderlichen Wertschöpfungskapazitäten unter betriebswirtschaftlich rationalen Gesichtspunkten zu planen, zu steuern und zu kontrollieren. Dennoch kann gerade während der Implementierungsphase oft der Fall eintreten, dass einem der Partner eine punktgenaue Erfüllung der Vertragsvereinbarungen situativ (z.B. aufgrund plötzlicher Umweltveränderungen) nicht möglich ist oder Ressourcenobergrenzen überschritten werden. Solche Vorfälle können schnell zu gegenseitigen Verstimmungen führen und das Kooperationsklima nachhaltig schädigen. Nichtsdestotrotz sollte in einem solchen Fall nicht unbedingt mit Sanktionen gedroht oder gar der Rechtsweg beschritten werden (, was zwangsläufig einen Abbruch der Outsourcing-Partnerschaft bedeuten würde). Daher sollten kleinere Soll-Ist-Abweichungen nicht zum Anlass für Konflikte zwischen den beteiligten Akteuren genommen werden. Werden bestimmte vereinbarte Soll-Zustände in weniger relevanten Einzelfällen nicht oder nur suboptimal erreicht, dann sollten die Partner darum bemüht sein, aufgetretene Defizite nachträglich zu beheben oder vergleichbare Zukunftsfälle präventiv zu berücksichtigen. Denn nicht zuletzt ein gewisser Grad an Flexibilität und Kulanz bei sachlichen Versäumnissen des Partners kann manchmal dazu beitragen, dass die zwischenbetrieblichen Geschäftsprozesse letztlich reibungsarmer ablaufen und gleichzeitig – als erwünschter Nebeneffekt – die Kooperationskultur gefördert wird. Im weiteren Zeitverlauf treten an den Schnittstellen verstärkt kooperative Verhaltensmuster in den Vordergrund und es bilden sich von beiden Outsourcing-Partnern akzeptierte Verhaltensnormen und -regeln heraus, welche die weitere Zusammenarbeit erleichtern und die wechselseitige positive Wahrnehmung der Outsourcing-Partnerschaft erhöhen.[594]

---

[594] Vgl. hierzu auch MAYER (2005), S. 190.

6.2.4 Interaktionsphase

6.2.4.1 Konzeptuelle Koordinations- und Entscheidungsprobleme

Die *Interaktionsphase* ist die letzte und zeitlich längste Phase der Outsourcing-Partnerschaft. Konzeptuell beginnt sie mit dem Start der partnerschaftlichen Wertschöpfung. Dieser Zeitpunkt ist erreicht, sobald die outgesourceten Funktionsbereiche in das Organisationsgefüge des Outsourcing-Dienstleisters internalisiert sind und ihre betriebliche Funktion aufgenommen haben. An den Schnittstellen der Partnerunternehmen finden wertschöpfungsrelevante Informations- und Transformationsflüsse (Material- und Ressourcenflüsse) statt, was im Folgenden unter dem Begriff *Outsourcing-Interaktion* zusammengefasst wird. Wie alle anderen Phasen auch, kann die *Interaktionsphase* formal in zwei modulare Einheiten untergliedert werden (vgl. *Abbildung 25*):

Abbildung 25: Die Interaktionsphase einer Outsourcing-Partnerschaft

Interaktionsphase	• Outsourcing-Interaktion und Outsourcing-Controlling • Rekonfiguration der Outsourcing-Partnerschaft

Quelle: eigene Darstellung

6.2.4.1.1 Outsourcing-Interaktion und Outsourcing-Controlling

Die *Interaktionsphase* ist die wertschöpfende Phase der Outsourcing-Partnerschaft. Am Verlauf und an den betrieblichen Ergebnissen der *Interaktionsphase* zeigt sich, ob die Analysen der *Initiierungsphase*, die Zielsetzungen der *Konfigurationsphase* und die Umsetzungsmaßnahmen der *Implementierungsphase* zum gemeinsamen Kooperationserfolg führen. In dieser Phase werden die wertschöpfungsrelevanten Leistungen – die *Outsourcing-Interaktionen* – durchgeführt und mithilfe eines kooperationsspezifischen Controlling-Systems beurteilt. Die Hauptaufgabe des Outsourcing-Controllings ist die **Überwachung und Sicherstellung des vertragsgemäßen Funktionierens der Outsourcing-Partnerschaft**.[595] Der unternehmensspezifische Sinn und Zweck eines solchen Outsourcing-Controllings variiert je nach anbieterseitiger oder nachfragerseitiger Sicht: Aus der Perspektive des Outsourcing-Dienstleisters dient das Outsourcing-Controlling der Planung und Kontrolle seiner Wertschöpfungsaktivitäten, aus der Perspektive des Outsourcers dienen die durch das

[595] Vgl. hierzu BARTH (2003), S. 250.

Outsourcing-Controlling gewonnenen Erkenntnisse und Daten (z.B. Kennzahlen, Cash-flows) als Grundlage für das *Reporting*, womit der Outsourcing-Dienstleister in Form von regelmäßigen Ergebnisberichten Rechenschaft über die Outsourcing-bezogenen Wertschöpfungsaktivitäten gibt.[596]

Das **Outsourcing-Controlling** umfasst also die interorganisationalen Koordinationsbereiche der autonomen Partner. Entscheidungsträger des Outsourcing-Controllings ist, je nach Unternehmenssituation, das Schnittstellenmanagements und/oder die Unternehmensführung. Zu den Kernaufgaben des Outsourcing-Controllings gehört die Koordination des Managementsystems zur Sicherstellung der zielgerichteten Lenkung der Outsourcing-Interaktionen, also die Gestaltung, Steuerung und Kontrolle der Outsourcing-bezogenen Wertschöpfungsaktivitäten. Input und Output der Outsourcing-Controllingprozesse sind Informationen und Daten über Strategien, Ziele, Erfolgs-, Finanz-, Beschäftigungs-, Wissens-, Organisationssowie interne und externe Infrastrukturpotenziale.[597]

Bei der Koordination des Schnittstellenmanagements erfüllt das Outsourcing-Controlling mehrere Funktionen. Als funktionales Bindeglied zwischen den Einheiten der Leistungserstellung und dem verantwortlichen Management beinhaltet es die Koordination der Informationserzeugung, -darstellung und -bereitstellung mit der Informationsverwendung. Somit dient das Outsourcing-Controlling auch der Unterstützung und Vorbereitung von Entscheidungen des (Schnittstellen-)Managements. Dementsprechend spielt das Outsourcing-Controlling bei der betrieblichen Entscheidungsfindung – auf operativer, taktischer und strategischer Ebene – eine herausragende Rolle. Die einzelnen Instrumente des Outsourcing-Controlling können als ein *System* aufgefasst werden; insofern lässt sich von einem den unterschiedlichen Unternehmensstrukturen und -kulturen der beiden Partner angepassten, **kooperationsspezifischen Controlling-System** reden. Grundsätzliche Merkmale dieses Controlling-Systems sind – bezogen auf die Informationsgewinnung und -darstellung – die Ziel-, Engpass-, Zukunfts- und Entscheidungsorientierung. Unter den Vorzeichen der Ziel-, Engpass-, Zukunfts- und Entscheidungsorientierung erfüllt das Controlling-System folgende Planungs-, Steuerungs- und Kontrollaufgaben:

---

[596] Da in der vorliegenden Arbeit die Analyse der anbieterseitigen Perspektive des Outsourcing im Mittelpunkt steht, wird auf eine vertiefende Darstellung der nachfragerseitigen Perspektive verzichtet.
[597] Vgl. REUTER (2004), S. 33.

- Die Wahrnehmung von Veränderungen im wirtschaftlichen, technologischen, sozialen, rechtlichen und ökologischen Umfeld der Outsourcing-Partnerschaft,
- die Koordination der nach innen gerichteten Subsysteme der Outsourcing-Partnerschaft (z.B. die interorganisationale Wertschöpfung, die Interaktionskanäle und -instrumente, die Allokation humaner, finanzieller und materieller Ressourcen),
- den Abgleich zwischen der Außen- und Innensicht zur kurz-, mittel- und langfristigen Sicherung der Lebensfähigkeit der Outsourcing-Partnerschaft sowie
- die Förderung des Lernens und der Lernfähigkeit der Outsourcing-Partnerschaft (z.B. durch Wissensmanagement).[598]

Die Informationsversorgungsaufgaben des Outsourcing-Controlling sind stark von der konkreten, individuellen Ausgestaltung der Outsourcing-Partnerschaft abhängig.[599] Dementsprechend können die einzelnen Elemente des Controlling-Systems je nach Outsourcing-Situation sehr unterschiedlich sein. Unverzichtbarer Bestandteil der Elemente sind jedoch die Kontrollgrößen Zeit, Kosten und Qualität. Sachlogische Voraussetzung für die Suffizienz einer Kontrollgröße ist, dass sie *messbar* ist, sodass die jeweiligen Messgrößen miteinander *vergleichbar* sind. Aus numerischen Messgrößen (z.B. „100 Stück", „1.000 Euro") können Kennzahlen gebildet werden, die wiederum in einem System von Kennzahlen (z.B. einer *Balanced Scorecard*) miteinander verglichen werden können. Die Möglichkeiten zur Bildung von Kennzahlen sind schier unendlich. An dieser Stelle sei ein anschauliches Beispiel angeführt:

> Eine typische Qualitätskennzahl ist die Kennzahl „Ausschussquote": Diese entspricht dem Quotienten aus der Messgröße „fehlerhafte Teile" und der Messgröße „insgesamt hervorgebrachte Menge".[600]

Es lässt sich sagen, dass das Controlling-System der Outsourcing-Partnerschaft – heruntergebrochen auf den konzeptuellen Kern – aus einem **Umsetzungsmix aus Zeitcontrolling, Kostencontrolling und Qualitätscontrolling** besteht.[601] *Zeitcontrolling* meint, dass einerseits die organisationalen Bedingungen für die Wertschöpfung, andererseits die Zielerreichung bei der Wertschöpfung zeitnah und termingerecht realisiert werden. Hierbei muss das *Kostencontrolling* die wirtschaftliche Nützlichkeit und Rationalität der Umsetzungs-

[598] Ähnlich bei FUCHS (1999), S. 175.
[599] Vgl. hierzu BARTH (2003), S. 252.
[600] Vgl. hierzu HIMPEL ET AL. (2005), S. 65.
[601] Vgl. hierzu FUCHS (1999), S. 153.

maßnahmen prüfen und gewährleisten. Beim *Kostencontrolling* spielen sowohl aktuelle (ex post) als auch zukünftige (ex ante) Kosten-/Nutzenüberlegungen eine wichtige Rolle, etwa bei der Erstellung von Kostenbudgets. Das *Qualitätscontrolling* überwacht die Funktionalität und die bedürfnisgerechte Bereitstellung der Infrastruktur, also die Effektivität und Effizienz der Wertschöpfung.

Eine zentrale Bedeutung haben die vom Outsourcing-Controlling zur Verfügung gestellten Informationen bei der interorganisationalen Kommunikation, also dem Austausch von Informationen an den Schnittstellen der Partnerunternehmen. Hierbei leistet das Outsourcing-Controlling einen wichtigen Beitrag bei der Lösung von Konflikten zwischen den beteiligten Akteuren. Insofern ist das **Konfliktmanagement** ein wichtiger Teilbereich des Controlling-Systems. Bei Konflikten handelt es sich um Handlungen, die auf Interessengegensätzen der beteiligten Akteure beruhen. Situationen, in denen es zu Konflikten kommt, sind bei Unternehmenskooperationen nie gänzlich auszuschließen und können auch bei als Win-win-Konstellation definierten Outsourcing-Partnerschaften als Folge von situativen Interessendiskrepanzen auftreten. Charakteristisch dabei ist, dass die Konflikte zwischen den Partnern ausschließlich an den Schnittstellen auftreten können (anderenfalls wäre nicht von Konflikt, sondern von Opportunismus die Rede). Konflikte in Outsourcing-Partnerschaften sind grundsätzlich aus zweierlei Hinsicht zu vermeiden: Zum einen verursachen sie Transaktionskosten[602], zum Anderen können sie zu einer nachhaltigen Störung des Kooperationsklimas führen. Konflikte können in Art und Ausmaß sehr unterschiedlich sein. In Bezug auf die Art eines Konflikts kann unterschieden werden zwischen:

- Zielkonflikte (konkurrierende Zielvorstellungen),
- Verteilungskonflikte (Konkurrenz um Ressourcen und die Aufteilung des Kooperationserfolgs),
- Machtkonflikte (einseitige Durchsetzung von Sanktionen aufgrund von Machtasymmetrien),
- Rollenkonflikte (Abweichungen zwischen den Rollenerwartungen und dem tatsächlichen Rollenverhalten von beteiligten Akteuren),
- Kommunikationskonflikte (Informationsasymmetrien, unvollständige Informationen),

[602] Vgl. hierzu auch BALLING (1998), S. 131.

- Beziehungskonflikte (individuelle Antipathien zwischen Mitarbeitern an den Schnittstellen) sowie
- Konflikte aufgrund einfacher Missverständnisse (z.B. soziale oder kulturelle Unterschiede, Sprachbarrieren).[603]

Grundsätzlich ist davon auszugehen, dass Konflikte an den Schnittstellen ex post die Interaktionsintensität reduzieren. Auch können ungelöste Konfliktsituationen – vor allem bei schwereren Konflikten – in einer nachhaltigen Schädigung von *Vertrauen* und *Commitment* der Outsourcing-Partnerschaft resultieren. Dies führt zwangsläufig zu einer Störung des effizienten Transfers an den Schnittstellen. Ein weiterer Negativeffekt ist die Verursachung von zusätzlichen Transaktionskosten. Nichtsdestotrotz kann von Konflikten auch eine **positive Wirkung** für die Outsourcing-Partnerschaft ausgehen. Durch Konflikte können Veränderungs- und Innovationsprozesse in Gang gesetzt werden, die zur Fokussierung auf ein bestimmtes interorganisationales Problemfeld zwingen.[604] Insofern spielen Konflikte bei der Verbesserung und Rekonfiguration des Partnerschaftsverhältnisses eine wichtige Rolle (vgl. *Kapitel 6.2.4.1.2*). In diesem Sinne können Konflikte als Motor der sozialen und organisationalen Evolution zwischen den Outsourcing-Partnern interpretiert werden. Die Grundvoraussetzung hierfür ist ein leistungsfähiges Konfliktmanagement, dem ein zielbewusstes Gestalten und Steuern der Konflikte gelingt, um so die Differenz aus positiven und negativen Konfliktfolgen (also den Nutzen eines Konfliktes) zu maximieren bzw. den Schaden zu minimieren.

6.2.4.1.2 Rekonfiguration der Outsourcing-Partnerschaft

Die Outsourcing-Partnerschaft ist kein statisches Gebilde; vielmehr ist gerade die evolutive Dynamik des Austauschverhältnisses ein wesentliches Charakteristikum. Die beiden Partner sind im Zuge ihrer Interaktionen darum bemüht, die unternehmensübergreifende Ablauf- und Aufbauorganisation durch kontinuierliche Verbesserungsprozesse zu optimieren. Die Verbesserungsprozesse im Rahmen des zwischenbetrieblichen Transfer- und Transformationssystems (i.e. im Rahmen der „gemeinsamen Wertschöpfungskette") finden an den interorganisationalen Schnittstellen statt; dementsprechend zielen die Optimierungsbemühungen in erster Linie auf Effektivitäts- und Effizienzsteigerungen an den Schnittstellen. Erwünschtes Resultat

---

[603] Vgl. HERBST (2002), S. 131; auch REINECKE (1996), S. 206; besonders ausführlich bei BEER (1998), S. 281-285.

[604] Vgl. BEER (1998), S. 280.

solcher Effektivitäts- und Effizienzsteigerungen ist die Erhöhung des Outputs der partnerschaftlichen Wertschöpfung.

Eine **Rekonfiguration der Outsouring-Partnerschaft** ist grundsätzlich dann erforderlich, wenn die Vereinbarungen des Outsourcing-Vertrags den Bedingungen und Zielen der Kooperationspraxis nicht mehr entsprechen. Die Ursachen für die Notwendigkeit einer Rekonfiguration der Outsourcing-Partnerschaft können sehr unterschiedlich sein. So können diese Ursachen in der *veränderten Unternehmenssituation* (z.B. Liquiditätsengpässe) oder in der *veränderten Umweltsituation* (z.B. spontane Marktverzerrungen) liegen. Wichtig zu betonen ist, dass Veränderungswünsche in der Organisation der Outsourcing-Partnerschaft *zu jedem Zeitpunkt* während der Interaktionen auftauchen können. In organisationstheoretischer Hinsicht betrifft die Rekonfiguration der Outsourcing-Partnerschaft sowohl die *Gebildestruktur* (i.e. die Aufbauorganisation) als auch die *Prozessstrukturen* (i.e. die Ablauforganisation).[605]

Ausgelöst wird das Bedürfnis nach Rekonfiguration der Outsourcing-Partnerschaft aufgrund von **Zielabweichungen**, die durch das Outsourcing-Controlling festgestellt werden. Verständlicherweise können Zielabweichungen zwischen den Partnerunternehmen in Art und Umfang sehr unterschiedlich ausfallen und sowohl die operative als auch die strategische Ebene der Kooperationsbeziehung betreffen. Versucht man mögliche Zielabweichungen zwischen den Outsourcing-Partnern zu systematisieren, so lassen sich drei übergeordnete Problemkategorien finden. Demzufolge ist eine Rekonfiguration der Outsourcing-Partnerschaft dann erforderlich, wenn

- bestimmte (operative oder strategische) Ziele der Outsourcing-Partnerschaft nicht erreicht werden,
- sowohl die gemeinsamen Ziele als auch die partnerindividuellen Ziele erreicht worden sind oder
- einer der Partner seine individuellen Ziele und Strategien ändern möchte und daher die Outsourcing-Partnerschaft beenden will.[606]

Vor dem Hintergrund dieser zielbezogenen Problemfelder kann es entweder zur Rekonfiguration oder zur Auflösung der Outsourcing-Partnerschaft kommen. Die konzeptuelle Idee der

[605] Vgl. zum Gegenstand organisationaler Änderung z.B. HILL ET AL. (1998b), S. 465f.
[606] Ähnlich bei FUCHS (1999), S. 183.

Rekonfiguration trägt dem erwerbswirtschaftlichen Prinzip Rechnung: Die Sachziele einer Kooperation lassen sich konsistent aus den individuellen Unternehmenszielen ableiten, insofern erfüllt das Kooperationsverhältnis nur einen funktionalen Zweck und ist nie Selbstzweck.[607] Die Rekonfiguration des Partner-Verhältnisses bedarf der Formalisierung, indem der vorhandene Outsourcing-Vertrag um sachbezogene Zusatzvereinbarungen ergänzt wird. Eine **Neuregelung des Vertragsverhältnisses** verlangt von beiden Akteuren viel Fingerspitzengefühl und sollte aus Gründen der rationalen Zielfindung auf *Kompromissen* beruhen. Es sei betont, dass die Kompromissbereitschaft eines Partners bei Zielkonflikten nicht zuletzt von dem bis dato aufgebauten *Vertrauen* und *Commitment* abhängt. Nur im wechselseitigen Dialog, der die Kongruenz von individuellen Zielen und gemeinsamen Kooperationszielen sucht, kann der Fortbestand der Outsourcing-Partnerschaft erreicht werden. So wird durch die Rekonfiguration der vertraglichen Vorgaben die Zielkonformität zwischen den Outsourcing-Partnern – zumindest bis zur nächsten Rekonfiguration – sichergestellt. D.h. dass in konzeptueller Hinsicht die Outsourcing-Partnerschaft in der *Interaktionsphase* eine Endlosschleife aus Interaktion und Rekonfiguration durchläuft.

Diese Endlosschleife wird nur durch die **Auflösung der Outsourcing-Partnerschaft** beendet. Ein Ende der Outsourcing-Partnerschaft ergibt sich dann, wenn es im Zuge der Rekonfiguration zwischen den Partnern zu keiner Lösung der Zielabweichungen kommt. Die Auflösung der Outsourcing-Partnerschaft manifestiert sich, je nach Konfliktsituation, in der *einseitigen* oder in der *einvernehmlichen* Kündigung der Vertragsvereinbarungen. Einseitige Vertragskündigungen können, je nach dem, wie dies in den Vertragsvereinbarungen vorgesehen wurde, mit Sanktionen für den vertragsbrüchigen Partner verbunden sein. Außerdem haben einseitige Vertragskündigungen in der Regel eine *sofortige* Auflösung der Interaktionskanäle zur Folge. Bei einer einvernehmlichen Auflösung der Outsourcing-Partnerschaft kann die Auflösung der Interaktionskanäle entweder mit sofortiger Wirkung oder gemäß einer gemeinsam vereinbarten *Auflösungsfrist* erfolgen. Eine Voraussetzung für eine einvernehmliche und deshalb reibungsarme (also transaktionskostengünstige) Zusammenarbeitsbeendigung ist ein funktionierendes Schnittstellenmanagement. Um dem Schnittstellenmanagement für die möglichst reibungsarme Abwicklung der Vertragsauflösung eine konflikt- und komplexitätsreduzierende Rahmenbedingung zu schaffen, können die Begleit-

[607] Vgl. hierzu TRÖNDLE (1987), S. 89.

umstände und Folgen bei der Auflösung der Outsourcing-Partnerschaft prophylaktisch als Vertragsgegenstand in den Outsourcing-Vertrag aufgenommen werden.[608]

6.2.4.2 Management-Implikationen für deutsch-türkische Outsourcing-Partnerschaften

Die Interaktionsphase repräsentiert im engeren Sinne die Phase der Wertschöpfungspartnerschaft zwischen den deutschen und türkischen Partnerunternehmen. Die vorbereitenden Maßnahmen der vorhergehenden Phasen sind durchgeführt, die notwendigen Implementierungen abgeschlossen und die kommunikativen und transformatorischen Austauschprozesse an den Schnittstellen institutionalisiert, so dass es nun gilt, die gemeinsam vereinbarten Zielsetzungen zu realisieren. Sämtliche kooperationsspezifischen Interaktionskanäle und Wertschöpfungsprozesse sind mittlerweile integriert und getestet und können ihren routinemäßigen Betrieb aufnehmen. Auch die unternehmensinterne Organisation wurde jeweils auf die neue Situation angepasst. Diesbezüglich ist davon auszugehen, dass beide Textil- und Bekleidungsunternehmen bereits erhebliche transaktions- bzw. partnerspezifische Investitionen getätigt haben und jetzt auf die Generierung des angezielten Return on Investment (ROI) hinarbeiten. Indessen besteht auf beiden Seiten die Gefahr, dass gerade die erste Zeit der Interaktionsphase von unrealistischen Erwartungen oder überoptimistischen Ergebniszielerfüllungen geprägt ist; nicht umsonst wird die erste Betriebsphase von Kooperationen mit Bezug auf deren besonders wohlwollender Kooperationsatmosphäre in der Management-Praxis treffenderweise als *honeymoon period* bezeichnet.[609] Jedoch stellen übermäßige Ergebniszielerwartungen, die nicht eindeutig vertraglich fixiert bzw. sachlich begründet sind, nicht nur zu Beginn, sondern grundsätzlich ein **Risiko für den Wertschöpfungsbetrieb** einer Outsourcing-Partnerschaft dar. Bedenkt man die aufgrund ihrer kapitalschwachen Ausstattung oft geringe Flexibilität von Textil- und Bekleidungsunternehmen und die schwer antizipierbare Volatilität des Textil- und Bekleidungsmarktes (vor allem die Volatilität der Absatzpreise!), dann lässt sich feststellen, dass mengen- und wertmäßige Schwankungen im Output kaum zu vermeiden sind. Es ist vor allem eine Herausforderung an das Schnittstellenmanagement, solche temporären Soll-Ist-Abweichungen in der partnerschaftliche Wertschöpfung mithilfe von *Erfahrungswerten*, die im Laufe der Partnerschaft angesammelt werden, zu antizipieren. Zugleich muss das Schnittstellenmanagement eine gemeinschaftliche *Kooperationsroutine* entwickeln, um Konfliktsituationen vorzubeugen oder diese besser zu lösen.

---

608 Vgl. hierzu auch RUOFF (2001), S. 205.
609 Vgl. hierzu REINECKE (1996), S. 210.

Ohnedies ist die Wichtigkeit eines fungiblen Schnittstellenmanagements in besonderem Maße für deutsch-türkische Outsourcing-Partnerschaften hervorzuheben. Hierbei ist vor allem die personelle Besetzung der Schnittstellenmanager von wesentlicher Bedeutung. Diese müssen, sowohl was die Kommunikation als auch was die Produktion betrifft, ein **tiefes Verständnis für die Kultur des Gegenüber** mitbringen. Dies betrifft zum einen die *landesspezifische Kultur* und zum anderen die typischerweise *mittelständische Unternehmenskultur*. Da beide dieser Dimensionen in Deutschland und in der Türkei in der wirtschaftlichen Praxis sehr unterschiedlich ausgefüllt sind, impliziert dies für die Schnittstellenmanager spezifisches Wissen und Kompetenzen im ökonomischen Bereich (z.B. spezifisch mittelständische Markt- und Wertschöpfungsstrukturen, Produktionsbedingungen und -faktoren) ebenso wie im vorökonomisch-sozialen Bereich (z.B. Sprache, landesspezifisch regionale Besonderheiten, mittelständische Geschäftsgepflogenheiten). Es ist davon auszugehen, dass der Zielerreichungsgrad einer deutsch-türkischen Outsourcing-Partnerschaft in hohem Maße von der gegenseitigen Kulturaffinität abhängig ist. Wie stark sich dieses Paradigma im Einzelfall auswirkt, hängt wiederum von der individuellen Outsourcing-Situation ab. Ohne Zweifel findet eine Annäherung an die jeweilige Landes- und Unternehmenskultur des Partners *evolutiv* statt. Die Fähigkeit, im Kooperationsalltag *Divergenzen* auszuräumen, *Konflikte* zu vermeiden und *Kompromisse* einzugehen, ist sicherlich für beide Seiten eine notwendige Voraussetzung hierfür.

KAPITEL 7: SCHLUSSBETRACHTUNG

Nationale Grenzen verlieren in der Wirtschaft immer mehr an Bedeutung. Dagegen ist die voranschreitende Globalisierung in den Wirtschafts- und Handelsbeziehungen spätestens seit den letzten beiden Dekaden des zwanzigsten Jahrhunderts als einer der wichtigsten, wenn nicht sogar *der* wichtigste Trend auszumachen. Ohne Zweifel wird die Globalisierung auch in diesem Jahrhundert den Werdegang der Weltwirtschaft bestimmen. Als eigentliche ökonomische Akteure werden insbesondere die Unternehmen in verstärktem Maße von dieser Entwicklung betroffen sein. Motiviert durch verschiedene ökonomische Einflussfaktoren – wie etwa die geringer werdenden Wachstumspotenziale in angestammten Märkten, die Homogenisierung der Konsumentenbedürfnisse oder die zunehmende Internationalisierung auf den Beschaffungsmärkten –, sehen sich immer mehr Unternehmen dazu veranlasst, international zu agieren. Die seit den neunziger Jahren des vergangenen Jahrhunderts wachsende Zahl der vor allem aus Fusionen und Übernahmen hervorgegangenen multinationalen Unternehmen ist ein deutlicher Messgrad für diesen Trend. Oftmals ist es für Unternehmen – seien es mittelständische oder Großunternehmen – nur dann möglich, einen Vorsprung gegenüber der Konkurrenz zu behaupten, wenn ihre Wettbewerbsvorteile konsequent international ausgerichtet sind. Dies gilt in besonderem Maße für Unternehmen der Textil- und Bekleidungsindustrie.

Für die deutsche Textil- und Bekleidungsbranche ist die Türkei einer der wichtigsten Zulieferer; für die Türkei ist Deutschland der wichtigste Handelspartner überhaupt. Die engen Wirtschaftsbeziehungen zwischen Deutschland und der Türkei werden gegenwärtig – vor allem aufgrund des anhaltenden Wirtschaftsbooms in der Türkei – weiter ausgebaut und auch in Zukunft wird sich der wirtschaftliche Austausch zwischen diesen beiden Ländern noch intensivieren. So hat der bilaterale Handel zwischen Deutschland und der Türkei in den vergangenen Jahren konstant hohe Steigerungsraten verzeichnet und wird sich Prognosen zufolge auch weiterhin dynamisch entwickeln; fast die Hälfte der deutschen Importe aus der Türkei sind Textil- und Bekleidungsprodukte. Dieses enge Beziehungsgeflecht zwischen der deutschen und der türkischen Exportindustrie legt – auf der unternehmerischen Ebene – eine vertiefte Zusammenarbeit in Form von Kooperationen und Unternehmenspartnerschaften bereits nahe. Diese außenwirtschaftlich günstigen Rahmenbedingungen sind zu einem wichtigen Teil auch den wirtschaftspolitischen Vorgaben zu verdanken: Die am 1. Januar 1996 zwischen der EU und der Türkei in Kraft getretene Zollunion, die als Vorstufe einer möglichen Vollmitgliedschaft der Türkei in der EU interpretiert werden kann, war für viele Geschäftsbeziehungen zwischen Unternehmen aus Deutschland und der Türkei wegbereitend, bedeutete die Zollunion für die Türkei nicht nur den fast vollständigen Wegfall von Zöllen und Importbeschränkungen, sondern in der Folge auch die Übernahme der EU-Handels- und Wettbewerbsregularien. Darüber hinaus wird seitdem, und erst recht im Zuge der Beitrittsverhandlungen seit 1999, die Anpassung der türkischen Wirtschaft an EU-Vorgaben und -Standards rasch umgesetzt. Dass die Türkei 2004 zum offiziellen EU-Beitrittskandidaten gekürt wurde, kann (ungeachtet der damit verbundenen politischen Diskussionen) als ein Zeichen für den Erfolg dieses Angleichungsprozesses gewertet werden. Bis heute ist die Annäherung zwischen der Türkei und der EU in vollem Gange und schlägt sich nicht nur in der Wirtschaft, sondern sichtbar in sämtlichen politischen und sozialen Lebensbereichen des Landes nieder.

Die türkische Textil- und Bekleidungsindustrie hat erheblich zum wirtschaftlichen Aufschwung des Landes beigetragen und ihrerseits selbst enorm davon profitiert. Gleichwohl befindet sich der Textil- und Bekleidungssektor aktuell an einem Wendepunkt. Die Situation auf den internationalen Textil- und Bekleidungsmärkten hat sich in den vergangenen Jahren tiefgreifend verändert; dieser strukturelle Wandlungsprozess wird sich in den folgenden Jahren fortsetzen und mittel- bis langfristig zu einer völlig neuen Konstellation auf dem Welttextilmarkt führen. Fokussiert man zunächst den für türkische Hersteller äußerst wichtigen und lukrativen europäischen Markt, so kann gesagt werden, dass zurzeit eine deutliche Verschärfung der Wettbewerbssituation zu beobachten ist. Diese Entwicklung ist zum einen aufgrund der Verwirklichung der EU-Osterweiterung eingetreten: Begünstigt durch den freien Zutritt auf den europäischen Binnenmarkt, verfügen direkte Mitbewerber der Türkei – insbesondere Polen, Rumänien und Bulgarien – nun über eine Reihe von Wettbewerbsvorteilen, die für türkische Hersteller nur schwer wett zu machen sind. Darüber hinaus wiegen diejenigen Wettbewerbsvorteile, die diese Länder auch schon vor der EU-Osterweiterung ausschöpfen konnten – z.B. geringe Lohnkosten oder die geographische Nähe –, jetzt noch schwerer.

Doch weitaus erheblichere Folgen für den Handel mit Textilien und Bekleidung haben die Auflösung der GATT-Regelungen und der daraus resultierende Wegfall der Importquoten.

Die Aufhebung der Quoten hat seit 2005 bis heute (2007) bereits zu einer Erhitzung der Marktsituation geführt. Die Auswirkungen des Quotenwegfalls werden auch in den kommenden Jahren zu deutlichen Marktverschiebungen auf den nationalen und internationalen Textilmärkten führen. Die deutsche Textil- und Bekleidungsindustrie ist hiervon, im Allgemeinen betrachtet, weniger stark betroffen als die türkische, da sich in Deutschland bereits in den 1980er und 1990er Jahren ein tiefgreifender Strukturwandel vollzogen hat; infolgedessen fand ein weitgehender Rückzug deutscher Textil- und Bekleidungsprodukte aus den Massenmärkten und eine gleichzeitige Fokussierung auf bestimmte Spezialmärkte statt. Dennoch bleibt die deutsche Textil- und Bekleidungsindustrie – bei Betrachtung dieser fokussierten Spezialmärkte – von den Folgen der Quotenliberalisierung nicht unberührt und es muss im Einzelnen auf zukünftige Veränderungen in den bedienten Märkten schon zum jetzigen Zeitpunkt reagiert werden. Im Gegensatz dazu bedeutet der Wegfall der Quoten für die türkischen Textil- und Bekleidungsproduzenten eine grundsätzliche Bedrohung ihrer wirtschaftlichen Existenz. Der Grund hierfür ist vor allen darin zu sehen, dass die Türkei – als einer der wichtigsten Exporteure der Welt – bislang hauptsächlich den breiten Massenmarkt bediente und jetzt einem vehementen Verdrängungswettbewerb mit asiatischen Produkten ausgesetzt ist. Bezogen auf niedrig- und mittelpreisige Marktsegmente verfügen die asiatischen Produzenten – allen voran China und Indien – im direkten Vergleich mit der Türkei in vielen Bereichen über komparative Wettbewerbsvorteile, die sich in den nächsten Jahren sogar noch ausweiten werden. Von daher erklärt es sich, dass türkische Textil- und Bekleidungsunternehmen im Hinblick auf den Quotenwegfall verstärkt dazu übergegangen sind, höherpreisige Märkte zu bearbeiten. Eine solche strategische Neupositionierung, die für eine Vielzahl türkischer Textil- und Bekleidungsproduzenten aktuell *die* zentrale Herausforderung zur Sicherung der unternehmerischen Wettbewerbsfähigkeit darstellt, äußerst sich sowohl produktionsseitig (z.B. Erhöhung der Qualität) als auch absatzseitig (z.B. Aufbau von Marken). Gleichwohl muss festgestellt werden, dass diese an sich richtige betriebswirtschaftliche Stoßrichtung für die meisten Textil- und Bekleidungsunternehmen nicht die gewünschten Erfolge brachte. Insbesondere anhand der bisher kaum erfolgreichen Versuche, eigene internationale Marken mit einem spezifischen Designanspruch zu etablieren, werden die allgemeinen Marketingdefizite in der türkischen Textil- und Bekleidungsindustrie deutlich.

Vor dem Hintergrund dieser Problemsituation aus der wirtschaftlichen Realität und zugleich gestützt auf adäquate betriebswirtschaftliche Theorien wurde in der vorliegenden Studie mit *anbieterinitiiertem Outsourcing* ein Management-Konzept zur Lösung entwickelt. Dessen Kernidee besteht in der Zusammenführung von deutschen und türkischen Unternehmen der Textil- und Bekleidungsindustrie in strategischen Unternehmenspartnerschaften. Als normative Leitphilosophie solcher Unternehmenspartnerschaften wurde eine Win-win-Konstellation vorausgesetzt, die auf den beiderseitigen ökonomischen Erfolg ausgerichtet ist und somit für beide beteiligte Partnerunternehmen in einer Verbesserung ihrer strategischen Position resultiert. Konventionelles Outsourcing ist mittlerweile ein in der wirtschaftlichen Praxis weit verbreitetes Phänomen und ein in der betriebswirtschaftlichen Forschung hinlänglich untersuchtes Forschungsobjekt, dem sicherlich auch in Zukunft wachsende wirtschaftliche und wirtschaftstheoretische Aufmerksamkeit gewidmet werden wird. Strategisches Outsourcing – also die betriebliche Auslagerung von strategisch relevanten (d.h. kernnahen) Funktionen der Unternehmung – ist ein neuerer Ansatz, der seit den 1990er Jahren in Wissenschaft und Praxis immer mehr an Bedeutung gewinnt. Eine wichtige Entwicklungsrichtung dabei ist, dass die Outsourcing-Austauschbeziehung zwischen den beteiligten Unternehmen nicht mehr nur als ein reines Lieferantenverhältnis, sondern verstärkt als ein Kooperationsverhältnis definiert wird. Eine strategische Unternehmenspartnerschaft geht noch einen Schritt weiter und bezeichnet eine Kooperation mit höherer Bindungsintensität, das heißt explizit: Wird im Fall einer „einfachen" Kooperation nichts anderes als die Koordination von zeitlich begrenzten und oft nur einseitigen Transaktionen zwischen Hierarchie und Markt verstanden, so ist bei einer Unternehmenspartnerschaft in organisationaler Hinsicht die wechselseitige Beziehung zwischen den kooperierenden Unternehmen wesentlich intensiver und grundsätzlich langfristig. Dementsprechend ist die spezifische „Marktorientierung" (wie sie auch im Titel der vorliegenden Arbeit verankert ist) keine bloße Worthülse, sondern Ausgangspunkt und konzeptueller Leitfaden für die strategische Konfiguration einer Unternehmenspartnerschaft.

Das Besondere im Fall von Unternehmenspartnerschaften bei *anbieterinitiiertem Outsourcing* ist, dass die Bindungsrichtung nicht, wie normalerweise sonst beim Outsourcing üblich, vom outsourcenden Unternehmen zum Dienstleister-Unternehmen verläuft, sondern umgekehrt: Hier ist es der Dienstleister, der die Outsourcing-Partnerschaft proaktiv initiiert und auch im weiteren Verlauf der Partnerschaft die Initiative bei der organisationalen Gestaltung behält. Dabei verläuft die Unternehmenspartnerschaft keineswegs linear, vielmehr durchläuft das Outsourcing-Projekt mehrere Entwicklungsstufen und lässt sich formal in einem vierstufigen Phasenmodell abbilden. In jeder einzelnen dieser Projektphasen müssen bestimmte kooperationsspezifische Gestaltungsmaßnahmen („Meilensteine“) erfüllt werden, denn erst dann sind die organisationalen Bedingungen für die jeweils nächste Phase gegeben. Zwar wurde das vorliegende Konzept für *anbieterinitiiertes Outsourcing* auf der Grundlage der dargestellten Marktanalysen speziell für Unternehmenspartnerschaften zwischen deutschen und türkischen Textil- und Bekleidungsunternehmen entwickelt, gleichwohl ist – mit etwaigen branchenspezifischen Modifikationen – eine Übertragung auch auf andere Industriezweige denkbar.

LITERATURVERZEICHNIS

ADLER (2003): Adler, Ulrich: „Unternehmerisches Handeln – Standortfaktor des deutschen Bekleidungsgewerbes". – In: ifo Schnelldienst Nr. 19 (2003), S. 55-62.

ADLER ET AL. (1984): Adler, Ulrich/Breitenacher, Michael: Bekleidungsgewerbe. Strukturwandlungen und Entwicklungsperspektiven. – Berlin und München 1984.

ADLER ET AL. (1995): Adler, Ulrich/Breitenacher, Michael: Bedeutung, Probleme und Zukunft des passiven Veredelungsverkehrs für die Textil- und Bekleidungsindustrie. – München 1995.

AHLERT (1994): Ahlert, Dieter: „Existenzsicherung in der textilen Kette durch vertikale Kooperation – Realität, Vision oder Utopie?". – In: Ahlert, Dieter/ Dieckheuer, Gustav: Kooperation in der Textilwirtschaft. Perspektiven und Konzepte zur Zusammenarbeit zwischen Industrie und Handel. – Münster 1994, S. 1-50.

AHLERT ET AL. (2000): Ahlert, Dieter/ Borchert, Stefan: „Kooperationen und Vertikalisierung in der Konsumgüterdistribution: Die kundenorientierte Neugestaltung des Wertschöpfungsprozeß-Management durch ECR-Kooperationen". – In: Ahlert, Dieter/ Borchert, Stefan (Hrsg.): Prozessmanagement im vertikalen Marketing. Efficient Consumer Response (ECR) in Konsumgüternetzen. – Berlin und Heidelberg 2000, S. 1-148.

ANTLITZ (1999): Antlitz, Arno: Unternehmensgrenzen und Kooperationen. Make-cooperate-or-buy im Zusammenspiel von Kompetenz und Strategieentwicklung. – Wiesbaden 1999.

ARSLAN (2000): Arslan, Riza: „Die Europäische Union und die Türkei". – In: Südosteuropa Nr. 5-6 (2000), S. 325-339.

AUDET (1996): Audet, Denis: „Globalisation in the Clothing Industry". – In: OECD (Hrsg.): Globalisation of Industry. Overview and Sector Reports. – Paris 1996, S. 325-355.

BACHER (2000): Bacher, Matthias Richard: Outsourcing als strategische Marketing-Entscheidung. – Wiesbaden 2000.

BALLING (1998): Balling, Richard: Kooperation. Strategische Allianzen, Netzwerke, Joint Ventures und andere Organisationsformen zwischenbetrieblicher Zusammenarbeit. – Frankfurt am Main, Berlin et al. 1998 (2. Auflage).

BAMBERGER ET AL. (1996): Bamberger, Ingolf/ Wrona, Thomas.: „Der Ressourcenansatz und seine Bedeutung für die strategische Unternehmensführung". – In: Zeitschrift für betriebswirtschaftliche Forschung Nr. 2 (1996), S. 130-153.

BANK AUSTRIA CREDITANSTALT (2004): Bank Austria Creditanstalt: „Die EU-Erweiterung – Großes Potenzial für Deutschland". – In: Xplicit. Konzernvolkswirtschaft und Analysen (April 2004. – Im Internet: http://www.ba-ca.com/informationspdfs/ReportXplicit_EU-Erweiterung-Chancen-Deutschlands_g.pdf (Abruf am 04.11.2004).

BÄNSCH (1989): Bänsch, Axel: Käuferverhalten. – München und Wien 1989 (4. Auflage).

BARNARD (1970): Barnard, Chester I. Die Führung großer Unternehmen. – Essen 1970.

BARTH (2003): Barth, Tilmann: Outsourcing unternehmensnaher Dienstleistungen. Ein konfigurierbares Modell für die optimale Gestaltung der Wertschöpfungstiefe. – Frankfurt am Main 2003.

BAUER ET AL. (2004): Bauer, David/ Hösch, Holger/ Schölzky, Martin/ Schwägele, Johannes: „Ein Shirt reist um die Welt. Von den Etiketten der meisten Textilien ist schon vor vielen Jahren der Hinweis ‚Made in Germany' verschwunden. Die Globalisierung in der Textilbranche". – In: Süddeutsche Zeitung Nr. 209 (09.09.2004), S. 24.

BAUMANN (2003): Baumann, Wolf-Rüdiger: „EU-Erweiterung 2004. Chancen und Herausforderungen für die Textil- und Bekleidungsindustrie", S. 1-2. – Im Internet: http://www.textil-online.de/app/read/servDocs.asp?AttachmentID=177 (Abruf am 08.04.2003).

BAUMANN (2004): Baumann, Wolf-Rüdiger: „En büyük birleşik pazar yolunda AB genişlemesi [Mit der EU-Erweiterung zum größten Binnenmarkt]". – In: Melliand [Türkei-Ausgabe] Nr. 4 (2004), S. 127.

BECKER (2005): Becker, Thomas: „Vernetzt – Kooperationen in der Textil- und Bekleidungsindustrie". – In: Becker, Thomas/ Dammer, Ingo/ Howaldt, Jürgen/ Killich, Stephan/ Loose, Achim (Hrsg.): Netzwerkmanagement. Mit Kooperationen zum Unternehmenserfolg. – Berlin und Heidelberg 2005, S. 153-160.

BEER (1998): Beer, Martin: Outsourcing unternehmensinterner Dienstleistungen. Optimierung des Outsourcing-Entscheidungsprozesses. – Wiesbaden 1998.

BIERBAUM (1992): Bierbaum, Frank: Strategisches Verhalten in stagnierenden Branchen. Eine Darstellung am Beispiel der deutschen Textilindustrie. – Gronau 1992.

BENNECKE (1990): Bennecke, Karl-Oskar: Wettbewerb zwischen inländischen und ausländischen Anbietern auf deutschen Binnenmärkten. Eine Analyse der Importkonkurrenz und ihrer Determinanten – dargestellt am Beispiel des Textil- und Bekleidungsgewerbes. – Münster und Hamburg 1990.

BILLINGER (2005): Billinger, Stephan: Management hybrid vertikaler Integration. – Bamberg 2005.

BLEICHER (1992): Bleicher, Knut: „Der Strategie-, Struktur- und Kulturfit strategischer Allianzen als Erfolgsfaktor“. – In: Bronder, Christoph/ Pritzl, Rudolf (Hrsg.): Wegweiser für strategische Allianzen. Meilen- und Stolpersteine bei Kooperationen. – Frankfurt am Main 1992, S. 267-292.

BLEY (1969): Bley, Dietrich: Die Standortverlagerungen der Bekleidungsindustrie in der Bundesrepublik Deutschland und ihre Ursachen. – Mainz, 1969.

BOGASCHEWIKY (1996): Bogaschewiky, Ronald: „Strategische Aspekte der Leistungstiefenoptimierung”. – In: Koppelmann, Udo: Outsourcing. – Stuttgart 1996, S. 123-148.

BONN (2005): Bonn, Claudia van: „Çin: Şanslar ile birlikte problemler de devam ediyor [China: Trotz Chancen bleiben auch Probleme]“. – In: melliand [Türkei-Ausgabe] Nr. 1 (2005), S. 3.

BUNDESMINISTERIUM DER FINANZEN (2004): Bundesministerium der Finanzen (Hrsg.): „Die passive Veredelung“ (Stand: 25.03.2004). – Im Internet: http://www.zoll.de/b0_zoll_und_steuern/a0_zoelle/h0_zollverfahren_mit_wirt/d0_passive_veredelung/ (Abruf am 05.04.2005).

BUNDESREGIERUNG (2005): Deutscher Bundestag, 15. Wahlperiode, Drucksache 15/5190 vom 30.03.2005. Antwort der Bundesregierung auf die Kleine Anfrage der Abgeordneten Erich G. Fritz, Dagmar Wöhrl, Karl-Josef Laumann, weiterer Abgeordneter und der Fraktion der CDU/CSU. „Zukunft der deutschen Textil- und Bekleidungsindustrie nach der Quotenliberalisierung“.

BREITENACHER (1989): Breitenacher, Michael: Textilindustrie im Wandel. – Frankfurt am Main 1989.

BRONDER ET AL. (1992): Bronder, Christoph/ Pritzl, Rudolf: „Ein konzeptioneller Ansatz zur Gestaltung und Entwicklung Strategischer Allianzen“. – In: Bronder, Christoph/ Pritzl, Rudolf (Hrsg.): Wegweiser für strategische Allianzen. Meilen- und Stolpersteine bei Kooperationen. – Frankfurt am Main 1992, S. 17-44.

BRONDER ET AL. (1998): Bronder, Christoph/ Pritzl, Rudolf: „Leitfaden für strategische Allianzen“. – In: Hamel, Gary: Strategische Allianzen. – Hamburg 1998, S. 26-35.

BRUCH (1998): Bruch, Heike: Outsourcing. Konzepte und Strategien, Chancen und Risiken. – Wiesbaden 1998.

BRÜCKER (2004): Brücker, Herbert: „Werden unsere Löhne künftig in Warschau festgesetzt?“. – In: Wirtschaftsdienst. Zeitschrift für Wirtschaftspolitik Nr. 5 (2004), S. 278-282.

CALISAN (2004): Calisan, Baris: „Bedeutung deutscher Wissenschaftler für den Aufbau eines modernen Hochschulwesens in der Türkei“. – In: Zerres, Michael (Hrsg.): Interdisziplinärer

Grundkurs. Plädoyer für ein Erfolgskonzept mit ausgewählten Hausarbeiten. – Hamburg 2004, S. 15-33.

CALISAN (2005): Calisan, Baris: „Marke und Markenführung: Ansätze für junge Bekleidungsunternehmen". – In: Möbus, Mathias/ Götte, Sascha (Hrsg.): Marketingmanagement für Entrepreneure. – München und Mering 2005, S. 105-123.

CALISAN ET AL. (2004): Calisan, Baris/ Dudo, Alois E./ Franck, Mirko/ Klindwort, Stefan: „Anbieterinduziertes Business Proces Outsourcing". – In: Dorka, Michael/ Potratz, Anja/ Zerres, Michael (Hrsg.): Entreperneurial Managerment. Transferanalysen prominenter Konzepte. – Hamburg 2004, S. 39-58. – Im Internet: http://www.hwp-hamburg.de/download /Forschung/ Sozoekonom118.pdf (Abruf am 24.08.2005).

CEPS ET AL. (2005): CEPS/ wiiw: „The Textiles and Clothing Industry in an enlarged Communitiy and the Outlook in the Candidate States. Part 1 Supplement: Turkey". – Im Internet: http://ec.europa.eu/enterprise/textile/documents/tc_study_jan_2005_summary.pdf (Abruf am 29.05.2006).

COASE (1937): Coase, Ronald H.: „The Nature of the Firm". – In: Economica Nr. 4 (1937), S. 386-405.

CYERT ET AL. (1963): Cyert, Richard/ March, Herbert A.: A Behavioral Theory of the Firm. – Englewood Cliffs (New Jersey) 1963.

DECKER (2005): Decker, Hagen: „Mehr Marge für Bekleidungshändler". – In: Beschaffung Aktuell. Materialwirtschaft, Einkauf, Logistik (Juli 2005), S. 28-29.

DITTRICH ET AL. (2004): Dittrich, Jörg/ Braun, Marc: Business Process Outsourcing. Ein Entscheidungsleitfaden für das Out- und Insourcing von Geschäftsprozessen. – Stuttgart 2004.

DÖMER (2002): Dömer, Markus: Ressourcenbasierte Erschließung neuer Märkte. Dargestellt am Beispiel der Textilindustrie. – Frankfurt am Main, Berlin, Bern et al. 2002.

DUDEN (1989): Duden. Deutsches Universalwörterbuch. – Mannheim, Leipzig, Wien und Zürich 1989 (2. Auflage).

DUDEN (1996): Duden. Deutsches Universalwörterbuch. – Mannheim, Leipzig, Wien und Zürich 1996 (3. Auflage).

DUDEN (2001): Duden. Deutsches Universalwörterbuch. – Mannheim, Leipzig, Wien und Zürich 2001 (4. Auflage).

DUDEN FREMDWÖRTERBUCH (1990): DUDEN FREMDWÖRTERBUCH. – Mannheim, Wien und Zürich 1990 (5. Auflage).

EFE (2005): Efe, Birol: „2005 sonrasında Türk tekstil & hazır giyim sektörü rekabet gücünü nasıl koruyacak? [Wie wird der türkische Textil- und Bekleidungssektor nach 2005 seine

Wettbewerbsstärke behaupten?]". – Im Internet: http://www.izto.org.tr/NR/rdonlyres/B942DEAC-917E-4200-81F5-20065174DF75/4258/tekstvekonf.pdf (Abruf am 10.05.2006).

ENER ET AL. (2002): Ener, Meliha/ Yelkialan, Nazan: „Çin'in Dünya Ticaret Örgütü'ne Üyeliğinin Türkiye'nin Tekstil ve Konfeksiyon Sektörüne Olası Etkileri ve Çözüm Önerileri [Mögliche Auswirkungen des Beitritts Chinas in die WTO auf den türkischen Textil- und Konfektionssektor und Lösungsvorschläge]". – Im Internet: http://www.econ.utah.edu/~ehrbar/erc2002/pdf/p221.pdf (Abruf am 10.05.2006).

FAZ (2005a): F.A.Z.-Institut: Länderanalyse Türkei (Februar 2005). – Frankfurt am Main 2005.

FAZ (2005b): F.A.Z.-Institut: Länderanalyse Türkei (September 2005). – Frankfurt am Main 2005.

FLEISCHER (1997): Fleischer, Sonja: Strategische Kooperationen. Planung – Steuerung – Kontrolle. – Lohmar und Köln 1997.

FRESE (2005): Frese, Erich: Grundlagen der Organisation. Entscheidungsorientiertes Konzept der Organisationsgestaltung – Wiesbaden 2005 (9. Auflage).

FRISCHMUTH ET AL. (2005): Frischmuth, Jürgen/ Oecking, Christian: „Outsourcing als strategische Unternehmensentscheidung". – In: Kuhlin, Bernd/ Thielmann, Heinz (Hrsg.): Real-Time Enterprise in der Praxis. Fakten und Ausblick. – Berlin und Heidelberg 2005, S. 331-344.

FUCHS (1999): Fuchs, Marius: Projektmanagement für Kooperationen. Eine integrative Methodik. – Bern, Stuttgart und Wien 1999.

FUEST (1998): Fuest, Ute. Die Organisation von Kooperationen. Rahmen, Parameter und Modelle der Gestaltung von Interorganizational Relations. – Bamberg 1998.

GABLER WIRTSCHAFTSLEXIKON (2000): Gabler Wirtschaftslexikon. K-R. – Wiesbaden 2000 (15. Auflage).

GERTH (1975): Gerth, Ernst: „Kooperation, zwischenbetriebliche". – In: Grochla, Erwin/ Wittmann, Waldemar (Hrsg.): Handwörterbuch der Betriebswirtschaft. – Stuttgart 1975 (4. Auflage), Sp. 2257-2263.

GESAMTTEXTIL (2004): Gesamtverband der deutschen Textil- und Modeindustrie (Hrsg.): Zahlen zur Textil- und Bekleidungsindustrie. – Eschborn 2004.

GESAMTTEXTIL (2005): Gesamtverband der deutschen Textil- und Modeindustrie (Hrsg.): Zahlen zur Textil- und Bekleidungsindustrie. – Eschborn 2005.

GESAMTTEXTIL (2006): Gesamtverband der deutschen Textil- und Modeindustrie (Hrsg.): Zahlen zur Textil- und Bekleidungsindustrie. – Eschborn 2006.

GRÖMLING ET AL. (2003): Grömling, Michael/ Matthes, Jürgen: Globalisierung und Strukturwandel der deutschen Textil- und Bekleidungsindustrie. – Köln 2003.

GULDEN (2000): Gulden, Joerg: „Strategisches Outsourcing als Instrument der Globalisierung". – In: Kastl, Monika/ Rödl, Bernd (Hrsg.): Going Global. Der Gang mittelständischer Unternehmen an den Weltmarkt. – Frankfurt am Main 2000, S. 151-181.

HEINEN (1972): Heinen, Edmund: Industriebetriebslehre. Entscheidungen im Industriebetrieb. – Wiesbaden 1972 (2. Auflage).

HEINEN (1991): Heinen, Edmund: Industriebetriebslehre. Entscheidungen im Industriebetrieb. – Wiesbaden 1991 (9. Auflage).

HEINZL (1991): Heinzl, Armin: Die Ausgliederung der betrieblichen Datenverarbeitung. Eine empirische Analyse der Motive, Formen und Wirkungen. – Koblenz 1991.

HENSCHE (1991): Hensche, Hans Horst: „Zeitwettbewerb in der Textilwirtschaft: Das Quick Response Konzept". – In: Zentes, Joachim (Hrsg.): Moderne Distributionskonzepte in der Konsumgüterwirtschaft. – Stuttgart 1991, S. 275-308.

HERBST (2002): Herbst, Claus: Interorganisationales Schnittstellenmanagement. Ein Konzept zur Unterstützung des Managements von Transaktionen. – Frankfurt am Main, Berlin, Brüssel et al. 2002.

HERMANN (1996): Hermann, Martin: Standortsicherung in der Textil- und Bekleidungsindustrie. Strategische Optionen für die Textil- und Bekleidungsindustrie der Industrienationen vor dem Hintergrund steigender Importe und zunehmender Produktionsverlagerungen in Niedriglohnländer. – Frankfurt am Main, Berlin et al. 1996.

HERMANNS (1999): Hermanns, Arnold: „Grundlagen des Mode-Marketing". – In: Hermanns, Arnold/ Schmitt, Wolfgang/ Wißmeier, Urban Kilian (Hrsg.): Handbuch Mode-Marketing. Grundlagen, Analysen, Strategien, Instrumente. Ansätze für Praxis und Wissenschaft. Band 1. – Frankfurt am Main 1999 (2. Auflage).

HERMANNS ET AL. (1994): Hermanns, Arnold/ Wißmeier, Urban Kilian: Internationales Marketing-Management. Grundlagen, Strategien, Instrumente, Kontrolle und Organisation. – München 1995.

HEYMANN (2004): Heymann, Eric: „Perspektiven Textil- und Bekleidungsindustrie". – Im Internet: http://www.dbresearch.com/Prod/DBR_INTERNET_DE-PROD/PROD0000000000064798.pdf (Abruf am 18.02.2005).

HEYMANN (2005a): Heymann, Eric: „Nach Ende des Welttextilabkommens: China reift zur Schneiderei der Welt". – In: Deutsche Bank Research Nr. 310 (4. Januar 2005). – Im Internet:

http://www.dbresearch.com/Prod/DBR_INTERNET_EN-PROD/PROD0000000000183204.PDF (Abruf am 18.02.2005).

HEYMANN (2005b): Heymann, Eric: „Textil- und Bekleidungsindustrie in Osteuropa: durch Ende des Quotensystems massiv unter Druck“. – In: Deutsche Bank Research o. Nr. (24. Juni 2005), S.21-26. – Im Internet: http://www.dbresearch.com/Prod/DBR_INTERNET_DE-PROD/PROD0000000000188762.pdf (Abruf am 10.05.2005).

HEYMANS (2004): Heymans, Jens D.-O.: Management der textilen Supply Chain durch den Bekleidungseinzelhandel. – Lohmar und Köln 2004.

HILL ET AL. (1998a): Hill, Wilhelm/ Fehlbaum, Raymond/ Ulrich, Peter: Organisationslehre 1. Theoretische Ansätze und praktische Methoden der Organisation sozialer Systeme. – Bern, Stuttgart und Wien 1998 (5. Auflage).

HILL ET AL. (1998b): Hill, Wilhelm/ Fehlbaum, Raymond/ Ulrich, Peter: Organisationslehre 2. Theoretische Ansätze und praktische Methoden der Organisation sozialer Systeme. – Bern, Stuttgart und Wien 1998 (5. Auflage).

HIMPEL ET AL. (2005): Himpel, Frank/ Bracht, Oliver: Schnittstellencontrolling. Ein Ansatz zur strategischen Steuerung von Marketing und Produktion. – Wiesbaden 2005.

HINTERHUBER ET AL. (1997): Hinterhuber, Hans H./ Handlbauer, Gernot/ Matzler, Kurt: Kundenzufriedenheit durch Kernkompetenzen. Eigene Potentiale erkennen – entwickeln – umsetzen. – München und Wien 1997.

HORCHLER (1996): Horchler, Hartmut: Outsourcing. Eine Analyse der Nutzung und ein Handbuch der Umsetzung. Markt, Recht, Management, Abwicklung, Vertragsgestaltung. – Köln 1996.

HÖFER (1997): Höfer, Susanne: Strategische Allianzen und Spieltheorie. Analyse des Bildungsprozesses strategischer Allianzen und planungsunterstützender Einsatzmöglichkeiten der Theorie der strategischen Spiele. – Lohmar und Köln 1997.

HOFMANN (2005): Hofmann, Herbert: „Nach dem Quotenfall: (K)ein Grund zur Beunruhigung für das Textil- und Bekleidungsgewerbe? – In: ifo Schnelldienst Nr. 4 (2005), S. 37-41.

HOLLEKAMP (2005): Hollekamp, Marco: Strategisches Outsourcing von Geschäftsprozessen. Eine empirische Analyse der Wirkungszusammenhänge und der Erfolgswirkungen von Outsourcingprojekten am Beispiel von Großunternehmen in Deutschland. – München und Mering 2005.

HOPFENBECK (2000): Hopfenbeck, Waldemar: Allgemeine Betriebswirtschafts- und Managementlehre. Das Unternehmen im Spannungsfeld zwischen ökonomischen, sozialen und ökologischen Interessen. – Landsberg am Lech 2000 (13. Auflage).

INSTITUT DER DEUTSCHEN WIRTSCHAFT (2002): Institut der deutschen Wirtschaft (Köln): „Internationalisierungsstrategien im deutschen Textil- und Bekleidungsgewerbe". – In: IW-Trends. Vierteljahresschrift zur empirischen Sozialforschung Nr. 4 (2002), S. 39-48.

JACOBI (1990): Jacobi, Georg F.: Markenkonzepte in der Bekleidungsindustrie der Bundesrepublik Deutschland. Eine ökonomische Analyse von vertikalen Integrations- und Kooperationsformen. – Göttingen 1990.

JAEGER (2005): Jaeger, Martin: „Türkei 2020: Auf Konvergenzkurs". – In: Deutsche Bank Research Nr. 315 (23. Februar 2005). – Im Internet: http://www.dbresearch.com/Prod/DBR_INTERNET_EN-PROD/PROD0000000000184618.pdf (Abruf am 10.05.2005).

KERN (1979): Kern, Werner: „Kostendegression und -progression". – In: Handwörterbuch der Produktionswirtschaft. – Stuttgart 1979, Sp. 939-955.

KIESER ET AL. (1978): Kieser, Alfred/ Kubicek, Herbert: Organisationstheorien II. – Stuttgart 1978.

KIESER ET AL. (2003): Kieser, Alfred/ Walgenbach, Peter: Organisation. – Stuttgart 2003 (4. Auflage).

KÖHLER-FROST (1995): Köhler-Frost, Wilfried: „Outsourcing – sich besinnen auf das Kerngeschäft". – In: Köhler-Frost, Wilfried (Hrsg.): Outsourcing. Eine strategische Allianz besonderen Typs. – Berlin 1995 (2. Auflage), S. 13-24.

KÖHLER-FROST (2000a): Köhler-Frost, Wilfried (Hrsg.): Outsourcing. Eine strategische Allianz besonderen Typs. – Berlin 2000 (4. Auflage).

KÖHLER-FROST (2000b): Köhler-Frost, Wilfried: „Outsourcing zur Jahrtausendwende. Zahlen – Informationen – Erkenntnisse". – In: Köhler-Frost, Wilfried (Hrsg.): Outsourcing. Eine strategische Allianz besonderen Typs. – Berlin 2000 (4. Auflage), S. 13-57.

KÖHLER-FROST (2005): Köhler-Frost, Wilfried (Hrsg.): Outsourcing. Schlüsselfaktoren der Kundenzufriedenheit. – Berlin 1995 (5. Auflage).

KÖHRER (1995): Köhrer, Bernd: Chancen und Risiken von Outsourcing. – Ulm 1995.

KÖK ET AL. (2004): Kök, Recep/ Coban, Orhan: „Türkiye Tekstil Endüstrisi ve Rekabet Gücü: AB Ülkeleriyle Karşılaştırmalı Bir Analiz Örneği, 1989-2001 [Die türkische Textilindustrie und ihre Wettbewerbsfähigkeit: Eine komparative Analyse mit den Staaten der EU, 1989-2001]". – Im Internet: http://www.deu.edu.tr/userweb/recep.kok/dosyalar/isletme finans.pdf (Abruf am 10.05.2005).

KOMMISSION DER EUROPÄISCHEN GEMEINSCHAFTEN (2003): Kommission der Europäischen Gemeinschaften: „Die Zukunft des Textil- und Bekleidungssektors in der erweiterten Europäischen Union" (Mitteilung der Kommission an den Rat, das Europäische Parlament, den Europäischen Wirtschafts- und Sozialausschuss und den Ausschuss der Regionen vom 29.10.2003). – Im Internet: http://europa.eu.int/comm/enterprise/textile/documents/ com2003 _0649de.pdf (Abruf am 08.04.2005).

KOPPELMANN (1996): Koppelmann, Udo: Outsourcing. – Stuttgart 1996.

KOTLER ET AL. (1992): Kotler, Philip/ Bliemel, Friedhelm: Marketing-Management. Analyse, Planung, Umsetzung und Steuerung. – Stuttgart 1992 (7. Auflage).

KRYSTEK (1997): Krystek, Ulrich: „Vertrauen als vernachlässigter Erfolgsfaktor der Internationalisierung". – In: Krystek, Ulrich/ Zur, Eberhard (Hrsg.): Internationalisierung. Eine Herausforderung für die Unternehmensführung. – Berlin und Heidelberg 1997, S. 543-562.

KUNKEL (2004): Kunkel, Michael: „Vertikales Prozessmanagement im Retail-Loop – Schnellere, flexiblere und kostengünstigere Wertschöpfung über die gesamte Prozesskette am Beispiel des Fashionhandels." – In: Riekhof, Hans-Christian (Hrsg.): Retail Business in Deutschland. Perspektiven, Strategien, Erfolgsmuster. – Wiesbaden 2004, S. 357-375.

KUTZ (2000): Kutz, Oliver: Strategisches Lizenz-Management. Eine empirische Analyse unter besonderer Berücksichtigung der kritischen Erfolgsfaktoren. – München und Mering 2000.

LAMMERS (2004): Lammers, Konrad: „Effekte der Osterweiterung für die alten Mitgliedsländer". – In: Wirtschaftsdienst. Zeitschrift für Wirtschaftspolitik Nr. 5 (2004), S. 275-278.

LOHRMANN (1999): Lohrmann, Astrid-Marina: „Der Textil- und Bekleidungssektor in der Türkei und die Auswirkungen der Zollunion mit der europäischen Union". – In: Zentrum für Türkeistudien (Hrsg.): Die Türkei in der EU-Zollunion: Empirie – Theorie – Perspektiven. – Münster 1999, S. 87-111.

MAIR (1995): Mair, Frank: Strategisches Global Sourcing. – Frankfurt am Main 1995.

MÄNNEL (1969a): Männel, Wolfgang: Selbermachen oder kaufen? – München 1969.

MÄNNEL (1969b): Männel, Wolfgang: „Wahl zwischen Eigenfertigung und Fremdbezug nach den Grundsätzen der Vollkosten- oder Deckungsbeitragsrechnung?". – In: Neue Betriebswirtschaft Nr. 4 (1969), S. 1-13.

MARCH ET AL. (1976): March, James G./ Simon, Herbert A.: Organisation und Individuum. – Wiesbaden 1976.

MATIASKE ET AL. (2002): Matiaske, Wenzel/ Mellewigt, Thomas: „Motive, Erfolge und Risiken des Outsourcings. Befunde und Defizite der empirischen Outsourcing-Forschung". – In: Zeitschrift für Betriebswirtschaft Nr. 6 (2002), S. 641-659.

MAYER (2005): Mayer, Alexander G.: „Prozessanalytische Betrachtung von Outsourcing-Projekten – Effizienz- und Effektivitätssteigerung durch Integration der Kooperationsphasen-Charakteristika". – In: Köhler-Frost, Wilfried (Hrsg.): Outsourcing. Schlüsselfaktoren der Kundenzufriedenheit. – Berlin 2005 (5. Auflage), S. 175-193.

MEFFERT ET AL. (1998): Meffert, Heribert/ Bolz, Joachim: Internationales Marketing-Management. – Stuttgart, Berlin und Köln 1998 (3. Auflage).

MERKLE (2004): Merkle, Wolfgang: „Mango und Zara – Besonderheiten der neuen vertikalen Anbieter im deutschen Textileinzelhandel". – In: Riekhof, Hans-Christian (Hrsg.): Retail Business in Deutschland. Perspektiven, Strategien, Erfolgsmuster. – Wiesbaden 2004, S. 429-448.

MILGATE (2001): Milgate, Michael: Alliances, Outsourcing, and the lean organization. – Westport (Connecticut, USA) und London 2001.

MORAN ET AL. (1996): Moran, Peter/ Ghosal, Sumantra: „Theories of Economic Organization: The Case for Realism and Balance". – Academy of Management Review Nr. 1 (1996), S. 58-72.

MÜLLER ET AL. (1997): Müller, Hans-Erich/ Prangenberg, Arno: Outsourcing-Management. Handlungsspielräume bei Ausgliederung und Fremdvergabe. – Köln 1997.

MÜLLER-STEWENS (1993): Müller-Stewens, Günter: „Strategische Partnerschaften". – In: Wittmann, Waldemar/ Kern, Werner/ Köhler, Richard/ Küpper, Hans-Ulrich/ Wysocki, Klaus von (Hrsg.): Handwörterbuch der Betriebswirtschaft. – Stuttgart 1993 (3. Auflage), Sp. 4063-4075.

NAGENGAST (1997): Nagengast, Johann: Outsourcing von Dienstleistungen industrieller Unternehmen. Eine theoretische und empirische Analyse. – Hamburg 1997.

NAISBITT ET AL. (1990): Naisbitt, John/ Aburdene, Patricia: Megatrends 2000. Zehn Perspektiven für den Weg ins nächste Jahrtausend. – Düsseldorf, Wien und New York 1990 (4. Auflage).

NETTESHEIM ET AL. (2003): Nettesheim, Christoph/ Grebe, Michael/Kottmann, Dietmar: „Business Process Outsourcing – aber richtig!". – In: Information, Management und Consulting Nr. 3 (2003), S. 24-30.

NIESCHLAG ET AL. (1994): Nieschlag, Robert/ Dichtl, Erwin/ Hörschgen, Hans: Marketing. – Berlin 1994 (17. Auflage).

NUENO (2003): Nueno, José Luis: „Flexibel, schnell, billig". – In: GDI_Impuls Nr. 4 (2003), S. 15-21.

NUNNENKAMP (1995): Nunnenkamp, Peter: „Verschärfte Weltmarktkonkurrenz, Lohndruck und begrenzte wirtschaftspolitische Handlungsspielräume. Die Textil- und Bekleidungsindustrie im Zeitalter der Globalisierung". – In: Aussenwirtschaft. Schweizerische Zeitschrift für internationale Wirtschaftsbeziehungen Heft IV (1995), S. 545-569.

NORDAS (2004): Nordas, Hildegunn Kyvik: The Global Textile and Clothing Industry post the Agreement on Textiles and Clothing. Discussion Paper No 5 (WTO). – Genf 2004. – Im Internet: http://www.wto.org/english/res_e/booksp_e/discussion_papers5_e.pdf (Abruf am 09.03.2005).

NOVAK (2003): Novak, Andreas: „Benötigt die Bekleidungsindustrie SCM und ECR?". – In: Groth, Uta-Maria/ Kemper, Bernd (Hrsg.): Jahrbuch für die Bekleidungswirtschaft. – Berlin 2003, S. 183-189.

OECD (2004): OECD Economic Surveys 2004. Turkey. – Paris 2004.

OECKING ET AL. (2005): Oecking, Christian/ Westerhoff, Thomas: „Erfolgsfaktoren langfristiger Outsourcing-Beziehungen". – In: Köhler-Frost, Wilfried (Hrsg.): Outsourcing. Schlüsselfaktoren der Kundenzufriedenheit. – Berlin 2005 (5. Auflage), S. 35-52.

OXFORD ADVANCED LEARNER'S DICTIONARY (2000): Wehmeier, Sally (Hrsg.): Oxford Advanced Learner's Dictionary of Current English. – Oxford 2000 (6. Auflage).

ÖZIPLIK (2005): Öz-İplik İş Sendikası (Hrsg.): Tekstil Sektörü. Sorunlar ve Çözüm Önerileri [Industriegewerkschaft Öziplik (Hrsg.): Der Textilsektor. Probleme und Lösungsvorschläge]. – Ankara, 2005. – Im Internet: http://www.hakis.org.tr./raporlar/ozipliktekstilraporu.pdf (Abruf am 10.05.2006).

PAUSENBERGER (1993): Pausenberger, Ehrenfried: „Unternehmenszusammenschlüsse". – In: Wittmann, Waldemar/ Kern, Werner/ Köhler, Richard/ Küpper, Hans-Ulrich/ Wysocki, Klaus von (Hrsg.): Handwörterbuch der Betriebswirtschaft. Teilband 3. R-Z. – Stuttgart 1993 (5. Auflage), Sp. 4436-4448.

PERLITZ (2000): Perlitz, Manfred: Internationales Management. – Stuttgart 2000 (4. Auflage).

PICOT (1982): Picot, Arnold: „Transaktionskostenansatz in der Organisationstheorie: Stand der Diskussion und Aussagewert". – In: Die Betriebswirtschaft Nr. 42, Heft 2 (1982), S. 267-284.

PICOT (1999): Picot, Arnold: „Geleitwort". – In: Grandke, Sven: Strategische Netzwerke in der Bekleidungsindustrie. – Wiesbaden 1999, S. V-VI.

PICOT ET AL. (2001): Picot, Arnold/ Reichwald, Ralf/ Wigand, Rolf T.: Die grenzenlose Unternehmung. Information, Organisation und Management. Lehrbuch zur Unternehmensführung im Informationszeitalter. – Wiesbaden 2001 (4. Auflage).

PICOT ET AL. (2003): Picot, Arnold/ Reichwald, Ralf/ Wigand, Rolf T.: Die grenzenlose Unternehmung. Information, Organisation und Management. Lehrbuch zur Unternehmensführung im Informationszeitalter. – Wiesbaden 2003 (5. Auflage).

PLATE (2003): Plate, Bernard von: „Grundzüge der Globalisierung". – In: Bundeszentrale für politische Bildung (Hrsg.): Globalisierung. Informationen zur politischen Bildung, Heft 280 (2003), S. 3-7. – Im Internet: http://www.bpb.de/publikationen/5G4WQM,0,0,Grundz%FCge_der_Globalisierung.html (Abruf am 20.02.2005).

POHMER ET AL. (1994): Pohmer, Dieter/ Bea, Franz Xaver: Produktion und Absatz. Betriebswirtschaftslehre im Grundstudium der Wirtschaftswissenschaft. Band 2. – Göttingen 1994 (3. Auflage).

PORTER (1980): Porter, Michael E.: Competitive Strategy. Techniques for Analyzing Industries and Competitors. – New York und London 1980.

PORTER (1985): Porter, Michael E.: Competitive Advantage. Creating and Sustaining Superior Performance. – New York und London 1985.

PORTER (1999a): Porter, Michael E.: Wettbewerbsstrategie. Methoden zur Analyse von Branchen und Konkurrenten. – Frankfurt am Main 1999 (10. Auflage).

PORTER (1999b): Porter, Michael E.: Wettbewerbsvorteile. Spitzenleistungen erreichen und behaupten. – Frankfurt am Main 1999 (5. Auflage).

PRACHT ET AL. (1999): Pracht, Dieter/ Riegl, Werner: „Berücksichtigung rechtlicher Implikationen beim Outsourcing-Entscheidungsprozeß". – In: Wißkirchen, Frank (Hrsg.): Outsourcing-Projekte erfolgreich realisieren. Strategie, Konzept, Partnerauswahl. – Stuttgart 1999, S. 243-282.

PRAHALAD ET AL. (1990): Prahalad, Coimbatore K./ Hamel, Gary: „The Core Competence of the Corporation". – In: Harvard Business Review Nr. 68 (1990), S. 79-91.

PRAHALAD ET AL. (1991): Prahalad, Coimbatore K./ Hamel, Gary: „Nur Kernkompetenzen sichern das Überleben". – In: Harvard Business Nr. 2 (1991), S. 66-78.

QUACK (2000): Internationale Kooperationen. Ein Wegweiser für mittlere und kleine Unternehmen. – Frankfurt am Main 2000.

RAFFÉE (1993): Raffée, Hans: „Gegenstand, Methoden und Konzepte der Betriebswirtschaftslehre". – In: Bitz, Michael (Hrsg.): Vahlens Kompendium der Betriebswirtschaftslehre. Band 1. – München 1993 (3. Auflage), S. 1-46.

RAGNITZ (2004a): Ragnitz, Joachim: "EU-Osterweiterung: Auswirkungen auf Direktinvestitionen und Handel". – In: Wirtschaft im Wandel [Zeitschrift des Instituts für Wirtschaftsforschung, Halle] Nr. 7 (2004), S. 199-204.

RAGNITZ (2004b): Ragnitz, Joachim: „Beschleunigter Strukturwandel durch EU-Osterweiterung". – In: Wirtschaftsdienst. Zeitschrift für Wirtschaftspolitik Nr. 5 (2004), S. 283-286.

RATHKE (1996): Rathke, Kay M.: Die Zukunft der deutschen Textil- und Bekleidungsindustrie. Auswirkungen der Integration des Welttextilabkommens in die allgemeinen GATT-Regeln. – Mainz 1996.

REINECKE (1996): Reinecke, Sven: Marketing für komplexe Informationstechnologie-Dienstleistungen. Management von IT-Outsourcing- Kooperationen aus Anbietersicht. – St. Gallen 1996.

REUTER (2004): Reuter, Bärbel: Flexible Kooperationen steuern. Ein Controllingsystem für Netzwerke. – Lohmar und Köln 2004.

RIESCH (1998): Riesch, Roman: Lage und Perspektiven der Textil- und Bekleidungsindustrie. – Mainz 1998.

RIPPERGER (1998): Ripperger, Tanja: Ökonomik des Vertrauens. Analyse eines Organisationsprinzips. – Tübingen 1998.

RUOFF (2001): Ruoff, Michèle: Strategic Outsourcing. Steigerung der Unternehmenseffizienz durch Outsourcing. – Zürich 2001.

SCHÄTZER (1999): Schätzer, Silke: Unternehmerische Outsourcing-Entscheidungen. Eine transaktionskostentheoretische Analyse. – Wiesbaden 1999.

SCHNEIDER (2004): Schneider, André: Internationalisierungsstrategien. Eine empirische Untersuchung der deutschen Textil- und Bekleidungsindustrie. – München 2004.

SCHÖPPENTHAU ET AL. (2002): Schöppenthau, Philip von/ Egerer, Julia/ Brenton, Paul/ Buelens, Christian: Die Auswirkung der ATC-Liberalisierung auf die deutsche Textilwirtschaft. Studie im Auftrag von: Bundesministerium für Wirtschaft und Technologie, Gesamtverband der Textilindustrie in der Bundesrepublik Deutschland, Industrievereinigung Chemiefaser e.V. IG Metall. – Brüssel 2002. – Im Internet: http://www.bmwa.bund.de/Redaktion/Inhalte/Pdf/branchenfocus-textil-atc,property=pdf.pdf (Abruf am 25.02.2005).

SCHRÄDER (1996): Schräder, Andreas: Management virtueller Unternehmungen. Organisatorische Konzeption und informationstechnische Unterstützung flexibler Allianzen. – Frankfurt am Main und New York 1996.

SCHRENK (2000): Schrenk, Andreas: Strukturelle Probleme der deutschen Bekleidungsindustrie nach der Uruguay-Runde des GATT. – Tübingen 2000.

SCHREY (2003): Schrey, Joachim: „Rechtliche und aufsichtsrechtliche Aspekte (Outsourcing/ Insourcing/ Kooperationen)". – In: Betsch, Oskar/ Merl, Günther (Hrsg.): Zukunft der Finanzindustrie. Das Überdenken von Geschäftsmodellen. – Frankfurt am Main 2003, S. 179-198.

SCHREYÖGG (2003): Schreyögg, Georg: Organisation. – Wiesbaden 2003 (4. Auflage).

SEIDMAN (2004): Seidman, Lisa A.: „Textile Workers in Turkey, 1922-2003". – Im Internet: http://www.iisg.nl/research/turkey2.pdf (Abruf am 26.06.2006).

SEZGIN ET AL. (2000): Sezgin, Selime/ Uray, Nimet/ Burnaz, Sebnem: „Marketing practices and performance of the turkish clothing industry firms exporting to the European Union". – In: Yaprak, Attila/ Tütek, Hülya (Hrsg.): Globalization, the multinational firm, and emerging economies. – New York 2000, S. 163-190.

SIMON (1981): Simon, Herber A.: Entscheidungsverhalten in Organisationen. – Landsberg am Lech 1981.

SIMON (2005): Simon, Dirk F. W.: Strategisches Outsourcing. – Berlin 2005.

SJURTS ET AL. (2004): Sjurts, Insa/ Stieglitz, Nils: „Outsourcing aus kostenrechnerischer, transaktionskosten- und strategietheoretischer Sicht". – In: Achenbach/ Wieland, Moormann, Jürgen/ Schober, Holger (Hrsg.): Sourcing in der Bankwirtschaft. – Frankfurt am Main 2004.

SOMMERLAD (2000): Sommerlad, Klaus W.: „Vertrag und rechtliche Rahmenbedingungen beim Outsourcing in der Informationsverarbeitung". – In: Köhler-Frost, Wilfried (Hrsg.): Outsourcing. Eine strategische Allianz neuen Typs. – Berlin 2000 (4. Auflage), S. 281-300.

SOZIALPOLITISCHE DATEN (2004): Gesamtverband der deutschen Textil- und Modeindustrie e.V.: Die Textil- und Bekleidungsindustrie in der Bundesrepublik Deutschland. Sozialpolitische Daten. 43. Jahrgang. – Eschborn 2004.

STAATLICHES INSTITUT FÜR STATISTIK (2005): Devlet İstatistik Enstitüsü (Hrsg.): Türkiye İstatistik Yıllığı 2004 [Staatliches Institut für Statistik (Hrsg.): Statistisches Jahrbuch 2004]. – Ankara 2005.

STAUDACHER (2000): Staudacher, Richard: „Steuerliche, gesellschaftliche und arbeitsrechtliche Aspekte von Outsourcing-Maßnahmen". – In: Köhler-Frost, Wilfried (Hrsg.): Outsourcing. Eine strategische Allianz neuen Typs. – Berlin 2000 (4. Auflage), S. 301-314.

STORZ ET AL. (2004): Storz, Edgar/ Schäfer, Michael: „Training Process Outsourcing". – Im Internet: http://www.unilog-integrata.de/training/tpo/whitepaper-tpo.pdf (Abruf am 19.01.2005).

STRUBE (1999): Strube, Bettina: Entwicklung der Textil- und Bekleidungsindustrie. Entwicklungen und Tendenzen der nationalen und internationalen Textil- und Bekleidungsbranche, unter Berücksichtigung des Welttextilabkommens im Rahmen des GATT bzw. der WTO. – Berlin 1999.

SYDOW (1992): Sydow, Jörg: Strategische Netzwerke. Evolution und Organisation. – Wiesbaden 1992.

TAN (2001): Tan, Baris: „Overview of the Turkish Textile and Apparel Industry". – Im Internet: http://www.hctar.org/pdfs/GS06.pdf (Abruf am 29.05.2006).

TAYMAZ (2002): Taymaz, Erol: „Competitiveness of the Turkish Textile and Clothing Industry". – Im Internet: http://www.inovasyon.org/pdf/ET.textile%20and%20clothing%ind.15_09_02.pdf (Abruf am 29.05.2006).

THOMMEN ET AL. (2003): Thommen, Jean-Paul/ Achleitner, Ann-Kristin: Allgemeine Betriebswirtschaftslehre. Umfassende Einführung aus managementorientierter Sicht. – Wiesbaden 2003 (4. Auflage).

TRÖNDLE (1987): Tröndle, Dirk: Kooperationsmanagement. Steuerung interaktioneller Prozesse bei Unternehmungskooperationen. – Bergisch Gladbach und Köln 1987.

TÜCKING (1999): Tücking, Ebbo: Die deutsche Bekleidungsindustrie im Zeitalter der Globalisierung. Eine Marktanalyse unter besonderer Berücksichtigung marktwirtschaftlicher Rahmenbedingungen. – Münster 1999.

ULRICH ET AL. (1979): Ulrich, Peter/ Hill, Wilhelm: „Wissenschaftstheoretische Aspekte ausgewählter betriebswirtschaftlicher Konzeptionen". – In: Raffée, Hans/ Abel, Bodo: (Hrsg.) Wissenschaftstheoretische Grundfragen der Wirtschaftswissenschaften. – München 1979, S. 161-190.

VARWICK (2001): Varwick, Johannes: „Globalisierung". – In: Woyke, Wichard (Hrsg.): Handwörterbuch Internationale Politik. – Opladen 2001, S. 136-147 (8. Auflage).

VERHEUGEN (2003): Verheugen, Günter: „EU-Osterweiterung: Chance oder Risiko für Deutschland?". – In: Wisu – Das Wirtschaftsstudium Nr. 11 (2003), S. 1313-1314.

VETTER (2005): Vetter, Reinhold: „Die Neuen bringen frisches Wachstum. Europa profitiert von der Osterweiterung: Die EU wird auf internationalem Parkett konkurrenzfähiger". – In: Handelsblatt Nr. 47 (08.03.2005), S. 6.

WILLIAMSON (1975): Williamson, Oliver E.: Markets and Hierarchies. Analysis and Antitrust Implications. – New York und London 1975.

WILLIAMSON (1979): Williamson, Oliver E.: „Transaction-Cost Economics. The Governance of Contractual Relations“. – In: The Journal of Law and Economics Nr. 12 (1979), S. 233-261.

WILLIAMSON (1981): Williamson, Oliver E.: „The Economics of Organizations: The Transaction Cost Approach“. – American Journal of Sociology Nr. 3 (1981), S. 548-577.

WILLIAMSON (1985): Williamson, Oliver E.: The Economic Institutions of Capitalism. – New York 1985.

WILLIAMSON (1990): Williamson, Oliver E.: Die ökonomischen Institutionen des Kapitalismus. Unternehmen, Märkte, Kooperationen. – Tübingen 1990.

WIßKIRCHEN (1999a): Wißkirchen, Frank (Hrsg.): Outsourcing-Projekte erfolgreich realisieren. Strategie, Konzept, Partnerauswahl. – Stuttgart 1999.

WIßKIRCHEN (1999b): Wißkirchen, Frank: „Beurteilung der Vorteilhaftigkeit von Outsourcing unter der Berücksichtigung von Prozeßkosten und Transaktionskosten“. – In: Wißkirchen, Frank (Hrsg.): Outsourcing-Projekte erfolgreich realisieren. Strategie, Konzept, Partnerauswahl. – Stuttgart 1999, S. 283-313.

WOLF (1994): Wolf, Joachim: Internationales Personalmanagement. Kontext, Koordination, Erfolg. – Wiesbaden 1994.

WÖHE ET AL. (2000): Wöhe, Günter/ Döring, Ulrich: Einführung in die Allgemeine Betriebswirtschaftslehre. – München 2000 (20. Auflage).

ZSCHIEDRICH ET AL. (2003): Zschiedrich, Harald/ Adali, Filiz: „Auswirkungen der Zollunion mit der EU auf die Wirtschaft der Türkei“. – In: Südosteuropa Nr. 4-6 (2003), S. 292-314.

Lebenslauf von Baris Calisan:

28.04.1976	Geburt als Sohn von Ibrahim Calisan (Kaufmann) und Hatice Calisan, geb. Yazicioglu (Lehrerin) in München
1982-1986	Grundschule an der Droste-Hülshoff-Straße in München
1986-1995	Erasmus-Grasser-Gymnasium in München
1995	Schulabschluss: Allgemeine Hochschulreife
1995-2002	Studium an der Ludwig-Maximilians-Universität München
2002	Hochschulabschluss: Akademischer Grad eines Magister Artium (M.A.)
2004-2009	Promotion an der Fakultät für Wirtschafts- und Sozialwissenschaften der Universität Hamburg (Rechtsnachfolge der HWP – Hamburger Universität für Wirtschaft und Politik)
2009	Akademischer Grad eines Doktors der Wirtschafts- und Sozialwissenschaften (Dr.rer.pol.)